可持续混凝土结构导论

AN INTRODUCTION TO SUSTAINABLE CONCRETE STRUCTURES

肖建庄 著

科学出版社

北京

内 容 简 介

可持续发展已经成为世界范围的共识，混凝土结构可持续性设计与施工将是今后国际混凝土学术界与工程界的热点与前沿。本书结合作者在混凝土结构方向近20年的科研实践与思考，开展了混凝土结构减量化、混凝土结构再利用、混凝土结构再生循环等方面的原理阐述和关键技术分析工作，并在此基础上，提出了混凝土结构可持续性设计的基本原则和方法。全书分为10章，第1章概述土木工程发展的历史及混凝土结构对环境的负面影响；第2章从对混凝土结构生命周期的回顾中引出可持续土木工程的基本概念；第3～6章则分别从混凝土结构生命周期的各个阶段提出减量化、再利用以及循环再生等关键技术路径与优选方案；第7～8章分析可持续混凝土结构的生态环境效益和社会经济效益；第9章阐述混凝土结构可持续性设计与评价方法；第10章介绍未来可持续混凝土结构发展的新方向。

本书可供从事混凝土结构研究的科研、设计和施工管理等技术人员参考，也可作为高等院校土木工程类专业的教学参考书。

图书在版编目(CIP)数据

可持续混凝土结构导论/肖建庄著. —北京：科学出版社，2017.12
ISBN 978-7-03-054361-5

Ⅰ．①可… Ⅱ．①肖… Ⅲ．①混凝土结构-可持续性发展-研究
Ⅳ.①TU37

中国版本图书馆 CIP 数据核字（2017）第 216469 号

责任编辑：童安齐 / 责任校对：刘玉靖
责任印制：吕春珉 / 封面设计：耕者设计工作室

科学出版社 出版
北京东黄城根北街 16 号
邮政编码：100717
http://www.sciencep.com

北京中科印刷有限公司印刷
科学出版社发行 各地新华书店经销
*
2017 年 12 月第 一 版 开本：B5（720×1000）
2017 年 12 月第一次印刷 印张：21 3/4
字数：496 400
定价：98.00 元
（如有印装质量问题，我社负责调换〈中科〉）
销售部电话 010-62136230 编辑部电话 010-62130750

前　言

近 100 年来，混凝土结构的快速发展与广泛应用，对人类社会的发展和现代化进程做出了巨大的贡献。据统计，2015 年我国商品混凝土用量已达 16 亿 m^3、砂石骨料需求量超过 120 亿 t，消耗量已经跃居世界第一。考虑资源、能源和生态发展的要求，混凝土结构必须创新，以应对下一个 100 年的需求和应用，而可持续混凝土结构将是必然选择。因此，实现可持续混凝土结构的设计与施工是当今土木工程领域的关键科学和重大技术问题。

在国家杰出青年科学基金、国家自然科学基金、国家科技部、国家教育部以及上海市科委等科研项目的资助下，以混凝土结构的生命周期过程为对象，本书作者紧紧围绕混凝土结构的生态环境效益和社会经济效益，结合多年来的基础科研及国内外文献的梳理与深入分析，利用减量化（Reduce）、再利用（Reuse）和再生循环（Recycle）的"3R"一般性规律，开展了混凝土结构减量化、混凝土结构再利用、混凝土结构循环再生等方面的原理阐述、关键技术分析和方法探讨。在此基础上，本书作者又提出了可持续性设计的新概念，力图建立混凝土结构可持续性设计的基本原则和方法，并对今后可持续混凝土材料和结构的发展趋势进行预测和展望。

本书共分为 10 章，第 1 章阐述混凝土结构发展的历史以及混凝土结构对环境的负面影响，提出了可持续性设计的重要性；第 2 章从对混凝土结构生命周期的剖析中引出可持续土木工程的基本概念；第 3~6 章则分别从混凝土结构生命周期的各个阶段提出可持续混凝土结构的减量化、再利用以及循环再生等关键技术路径与优选方案；第 7~8 章分析混凝土结构碳足迹以及可持续混凝土结构的生态环境效益和社会经济效益，并通过案例分析介绍了可持续混凝土结构所具有的优势；第 9 章阐述混凝土结构可持续性设计方法和原则，讨论了建筑结构进行可持续性评价的思路，并对比分析了我国与国外有关可持续性评价标准和法律法规；第 10 章介绍当前土木工程的发展前沿，为未来可持续混凝土结构发展阐明了方向。

　　由于作者认识水平和理论分析的能力有限，书中难免有所不足甚至谬误之处，敬请读者批评指正。

肖建庄

2015 年中秋初稿、2016 年仲夏二稿、

2016 年国庆三稿于同济园

Summary of the Book

It is well known that the sustainable development has become a worldwide consensus. The sustainable design and construction for concrete structures will be a popular hot topic and frontiers concerned by both the academics and engineers in the coming future.

Combined with the author's practice and scientific research on concrete structures in the past 20 years, this book describes the principle and key technology about reducing, reusing and recycling along with other aspects of concrete structures. On basis of these research studies and engineering practice, this book also presents the basic principle and methodology about the sustainability design of concrete structures.

The whole book is classified into ten Chapters. Chapter 1 summarizes the history of civil engineering development and the negative impact of concrete structures on the environment. Chapter 2 introduces the basic concept of sustainable civil engineering from the point view of the life cycle of concrete structures. Chapter 3 to Chapter 6 proposes the key technology and optimization scheme to reduce, reuse and recycle along with other aspects of the concrete structures from each stage of the concrete structure's life cycle respectively. Chapter 7 and Chapter 8 put forward analyses on the ecological, environmental and economic benefits of sustainable concrete structures. Chapter 9 describes the sustainable design method and principle of concrete structures. Chapter 10 recommends some new directions in the development of sustainable concrete structures in the future.

This book can be used as a scientific research and teaching reference book for teachers and students majored in civil engineering. It can also be referenced in the work of scientific research, design and construction management of concrete structures for civil engineers.

目　　录

前言

Summary of the Book

第 1 章　绪论 ··· 1

　1.1　可持续土木工程的概念 ·· 1

　　1.1.1　土木工程的概念 ··· 1

　　1.1.2　可持续的定义与原则 ··· 2

　　1.1.3　可持续土木工程的基本原则 ··· 3

　1.2　混凝土结构与工业文明 ·· 4

　　1.2.1　工业文明发展历史 ·· 4

　　1.2.2　混凝土材料发展历史 ··· 5

　　1.2.3　混凝土结构发展历史 ··· 6

　　1.2.4　混凝土结构发展与工业文明发展的关系 ····························· 8

　1.3　混凝土结构对人类文明的贡献 ·· 9

　　1.3.1　建筑工程 ··· 9

　　1.3.2　桥梁工程 ·· 10

　　1.3.3　道路与隧道工程 ·· 12

　　1.3.4　海洋工程 ·· 13

　　1.3.5　市政基础设施 ·· 14

　1.4　混凝土结构对生态环境的负面影响 ·· 17

　　1.4.1　混凝土原材料对环境的影响 ·· 17

　　1.4.2　混凝土结构对环境的影响 ··· 19

　　1.4.3　混凝土结构可持续性设计的必要性 ··································· 20

　1.5　本书的主要内容 ··· 20

　　1.5.1　本书的目的 ··· 20

　　1.5.2　本书的内容 ··· 21

　　1.5.3　各章节之间的逻辑关系 ·· 21

　参考文献 ··· 22

第 2 章　混凝土结构生命周期概览 ··· 23

　2.1　混凝土结构设计方法回顾 ··· 23

　　2.1.1　安全性设计 ··· 23

2.1.2 适用性设计 ·· 23

2.1.3 耐久性设计 ·· 24

2.1.4 传统结构设计方法存在的问题 ·· 25

2.2 生命周期设计回顾 ·· 25

2.2.1 生命周期设计的发展历史 ··· 25

2.2.2 工业产品生命周期设计历史 ·· 27

2.2.3 混凝土结构的生命周期设计可行性分析 ···························· 28

2.3 混凝土结构设计拓展 ··· 29

2.3.1 骨料的来源、生产与加工 ··· 29

2.3.2 水泥的生产 ·· 30

2.3.3 混凝土的制备与养护 ··· 30

2.3.4 混凝土结构的改造与再用 ··· 31

2.3.5 混凝土结构的拆除与再生 ··· 32

2.3.6 闭合型生命周期框图 ··· 32

2.4 生命周期与可持续性的关系 ·· 33

2.4.1 混凝土结构可持续性的定义 ·· 33

2.4.2 在生命周期框架下考察混凝土结构可持续性 ····················· 35

2.4.3 在可持续性的要求下审视混凝土结构生命周期 ·················· 35

2.4.4 新一代的设计方法——可持续性设计 ······························· 36

2.5 本章小结 ··· 37

参考文献 ·· 38

第3章 混凝土结构减量设计与防灾 ··· 39

3.1 混凝土结构原材料减量化 ··· 39

3.1.1 混凝土材料的本地化 ··· 39

3.1.2 混凝土材料的高性能化 ·· 40

3.1.3 钢筋材料的高性能化 ··· 42

3.1.4 其他新型材料的应用 ··· 44

3.1.5 广义的减量化 ··· 48

3.2 混凝土结构选型 ·· 49

3.2.1 充分利用混凝土受压的结构 ·· 49

3.2.2 钢-混凝土组合结构 ··· 51

3.3 混凝土结构的抗震 ··· 52

3.3.1 混凝土结构抗震概念设计 ··· 53

3.3.2 混凝土结构抗震计算设计 ··· 56

3.3.3 混凝土结构抗震构造设计 ··· 56

3.4 混凝土结构的抗火 ··· 57

　　　3.4.1　混凝土结构的防火设计 ……………………………………… 58

　　　3.4.2　混凝土结构的抗火设计 ……………………………………… 59

　　　3.4.3　混凝土结构的合理消防 ……………………………………… 61

　　　3.4.4　混凝土结构的其他灾害 ……………………………………… 63

　3.5　混凝土结构的耐久性提升 …………………………………………… 65

　　　3.5.1　混凝土结构长寿命是最大的减量化 …………………………… 65

　　　3.5.2　混凝土结构耐久性材料优选 …………………………………… 67

　　　3.5.3　混凝土结构耐久性设计优化 …………………………………… 68

　3.6　本章小结 ……………………………………………………………… 71

　参考文献 …………………………………………………………………… 71

第 4 章　混凝土结构改造与再用 …………………………………………… 73

　4.1　混凝土结构的加固与改造 …………………………………………… 73

　　　4.1.1　混凝土结构的加固与改造原则 ………………………………… 74

　　　4.1.2　混凝土结构的加固与改造典型方法 …………………………… 76

　4.2　混凝土结构的修复 …………………………………………………… 80

　　　4.2.1　混凝土结构的主要修复方法 …………………………………… 80

　　　4.2.2　混凝土的微生物自修复方法 …………………………………… 86

　　　4.2.3　混凝土结构的再碱化技术 ……………………………………… 87

　4.3　混凝土结构的维护 …………………………………………………… 88

　　　4.3.1　混凝土结构的阴极保护 ………………………………………… 88

　　　4.3.2　混凝土结构的涂层保护 ………………………………………… 92

　4.4　混凝土结构拆除构件的再利用 ……………………………………… 94

　　　4.4.1　基于再利用的混凝土构件拆除方法 …………………………… 95

　　　4.4.2　混凝土结构拆除构件的再利用评价 …………………………… 97

　　　4.4.3　混凝土结构拆除后再利用案例分析 …………………………… 99

　4.5　本章小结 ……………………………………………………………… 105

　参考文献 …………………………………………………………………… 105

第 5 章　混凝土结构拆除与再生 …………………………………………… 109

　5.1　混凝土结构的拆除 …………………………………………………… 109

　　　5.1.1　混凝土结构爆破拆除 …………………………………………… 109

　　　5.1.2　混凝土结构机械拆除 …………………………………………… 110

　　　5.1.3　混凝土结构拆解分析 …………………………………………… 112

　5.2　废混凝土的回收 ……………………………………………………… 113

　　　5.2.1　建筑废物的组成 ………………………………………………… 113

5.2.2 废混凝土的分类与回收标准 ······················ 113

5.3 废混凝土的破碎 ······························· 114

5.3.1 移动式破碎 ······························ 114

5.3.2 固定式破碎 ······························ 115

5.4 再生原料 ·································· 116

5.4.1 再生粗骨料 ····························· 116

5.4.2 再生细骨料 ····························· 118

5.4.3 再生粉体 ······························ 121

5.5 再生混凝土 ································· 122

5.5.1 再生混凝土制备 ·························· 123

5.5.2 再生混凝土力学性能 ······················ 125

5.5.3 再生混凝土耐久性能 ······················ 128

5.5.4 再生混凝土的动力与阻尼特性 ················· 131

5.6 再生混凝土结构 ······························ 133

5.6.1 再生混凝土基本构件 ······················ 133

5.6.2 再生混凝土框架结构 ······················ 137

5.6.3 典型再生混凝土工程 ······················ 139

5.7 本章小结 ·································· 141

参考文献 ····································· 141

第6章 混凝土结构绿色建造 ··························· 147

6.1 绿色混凝土 ································· 147

6.1.1 自密实混凝土 ·························· 148

6.1.2 清水混凝土 ··························· 153

6.1.3 环保型混凝土 ·························· 155

6.1.4 自感知混凝土 ·························· 161

6.2 混凝土结构的预制与装配 ····················· 163

6.2.1 混凝土预制构件 ························· 163

6.2.2 预制构件的运输与吊装 ···················· 167

6.2.3 混凝土预制构件的装配连接 ················· 170

6.3 施工信息化与工业化 ························· 172

6.3.1 信息化与 BIM 的应用 ···················· 172

6.3.2 工业化 ····························· 180

6.3.3 自动化 ····························· 183

6.4 本章小结 ································· 191

参考文献 ···································· 191

第7章　混凝土结构碳足迹 ································· 194

　7.1　碳足迹与碳标签 ····································· 194

　　　7.1.1　碳足迹 ······································ 194

　　　7.1.2　碳标签 ······································ 195

　7.2　CO₂减排 ··· 196

　　　7.2.1　减少水泥熟料的使用 ······················· 196

　　　7.2.2　再生骨料的应用 ·························· 201

　　　7.2.3　结构改造与构件再利用 ····················· 202

　7.3　CO₂吸收 ··· 206

　　　7.3.1　混凝土碳化与CO₂吸收 ····················· 206

　　　7.3.2　基于CO₂吸收效率的结构选型 ··············· 212

　　　7.3.3　再生混凝土应用的生态优势 ················· 214

　7.4　混凝土结构外围护 ································· 216

　　　7.4.1　外墙保温 ···································· 217

　　　7.4.2　屋顶保温 ···································· 218

　　　7.4.3　屋顶绿化与垂直绿化 ······················· 219

　7.5　本章小结 ··· 220

　参考文献 ··· 221

第8章　可持续混凝土结构效益分析 ····················· 224

　8.1　社会效益分析 ····································· 224

　　　8.1.1　混凝土结构的初始阶段 ····················· 225

　　　8.1.2　混凝土结构的发展与成熟阶段 ··············· 225

　　　8.1.3　混凝土结构的可持续发展阶段 ··············· 226

　8.2　环境与生态效益分析 ······························· 227

　　　8.2.1　混凝土结构生命周期评价 ··················· 228

　　　8.2.2　可持续混凝土结构生命周期评价——以再生混凝土结构为例 ··· 230

　8.3　经济效益分析 ····································· 236

　　　8.3.1　混凝土结构的生命周期成本 ················· 236

　　　8.3.2　可持续混凝土结构的生命周期成本——以装配式混凝土结构为例 ··· 238

　8.4　本章小结 ··· 244

　参考文献 ··· 245

第9章　混凝土结构可持续性设计与评价方法 ············· 247

　9.1　可持续性设计方法与原则 ··························· 247

　　　9.1.1　减量化（Reduce）··248
　　　9.1.2　再利用（Reuse）···249
　　　9.1.3　再生循环（Recycle）··251
　　　9.1.4　再生修复（Regeneration）····································252
　　　9.1.5　可恢复（Resilience）·······································253
　　9.2　混凝土结构可持续性设计···254
　　　9.2.1　设计流程··254
　　　9.2.2　设计要点··256
　　　9.2.3　基于 CO_2 排放的混凝土结构可持续性设计······················257
　　　9.2.4　基于 CO_2 排放的可持续性设计案例·························259
　　9.3　可持续性评价··264
　　　9.3.1　结构性能评价··264
　　　9.3.2　生态环境评价··266
　　　9.3.3　经济效能评价··267
　　　9.3.4　可持续性评价··269
　　9.4　可持续性设计主体、人员与平台····································271
　　　9.4.1　设计人员的素养···271
　　　9.4.2　设计平台··273
　　9.5　可持续性设计的法律法规与评价标准·································278
　　　9.5.1　国外可持续性评价体系·······································278
　　　9.5.2　国内可持续性评价体系与法律法规·································280
　　9.6　本章小结···284
　　参考文献··284

第 10 章　可持续混凝土结构未来发展·······································287
　　10.1　新材料··287
　　　10.1.1　海水海砂···288
　　　10.1.2　纤维增强复合材料（FRP）····································292
　　　10.1.3　高性能再生混凝土···295
　　　10.1.4　非传统水泥基混凝土··299
　　　10.1.5　吸能混凝土··301
　　10.2　新结构··305
　　　10.2.1　仿生结构···305
　　　10.2.2　可移动结构··310
　　　10.2.3　自复位结构··314
　　　10.2.4　组合混凝土结构··316

10.3　新施工 ·· 318

　　10.3.1　可拆装结构 ·· 318

　　10.3.2　模块式结构 ·· 321

　　10.3.3　3D 打印结构 ·· 324

10.4　本章小结 ·· 329

参考文献 ·· 330

致谢 ·· 332

第1章 绪 论

　　土木工程是人类文明发展的重要载体和标志。在工业革命之前，土木工程所采用的原材料主要包括土、木、石等天然材料，这些材料可以从大自然中获取，也可以有序地回归到大自然中去，因此对环境产生的负面影响很小。纵观中国五千年的历史，人类建造了大量的建筑物，但这些并未影响到现在人类的生存和发展。

　　随着人类工业革命的兴起，混凝土结构越来越广泛地被运用于生活和生产建设中。与此同时，与混凝土有关的环境问题也日益突出：水泥生产消耗大量能源，造成环境污染；骨料的开采与运输破坏生态环境；废混凝土的填埋浪费资源……这些问题若不能得到妥善处理，必将危及当代人甚至后代人的生存！因此，实现混凝土结构的可持续发展是当今土木工程的关键问题之一。

　　本章阐述了土木工程的概念以及可持续的定义与原则，并从中引出了可持续土木工程的概念和原则，阐明了可持续发展的宗旨。同时，介绍了混凝土结构的发展历史及其对人类文明的贡献和对环境的负面影响，说明了混凝土结构可持续性设计的必要性。最后梳理了本书各章节之间的逻辑关系。

1.1 可持续土木工程的概念

1.1.1 土木工程的概念

　　土木工程（Civil Engineering）是建造各类工程设施的科学技术的统称。它既指工程建设的对象，即建造在地上、地下、水中的各种工程设施，也指所应用的材料、设备和所进行的勘测、设计、施工、保养、维修等专业技术[1]。建造工程设施的物质基础是土地、建筑材料、建筑设备和施工机具。借助于这些物质条件，经济而便捷地建成既能满足人们使用功能和审美要求，又能安全承受各种荷载的工程设施，是土木工程学科的出发点和归宿。

　　土木工程的目的是形成人类生产或生活所需要的、功能良好且舒适美观的空间和通道。它既是人类对物质方面的需要，也是人类对精神方面的需求。随着社会的发展，工程结构越来越大型化、复杂化，超高层建筑、特大型桥梁、巨型大坝、复杂的地铁系统不断涌现，这不仅满足了人们的生活需求，同时也演变为社会实力和繁荣程度的象征。

土木工程需要解决的首要问题是如何保证工程的安全性，使结构能够抵抗各种自然或人为的作用力。任何一个工程结构都要承受自身重量，以及使用荷载、风荷载和温度变化等作用。在地震区，土木工程结构还应考虑承受地震作用。此外，风灾和洪水等自然灾害以及爆炸、振动等人为作用对土木工程的影响也不能忽视。

土木工程是一个系统工程，涉及许多方面的知识和技术，是运用多种工程技术进行勘测、设计和施工的成果。土木工程随着社会科学技术和管理水平而发展，是技术、经济、艺术统一的历史足迹与见证。影响土木工程的因素繁多，这使得土木工程对实践和理论的依赖性均很强。

1.1.2　可持续的定义与原则

可持续发展是一种注重长远发展的经济增长模式，指既满足当代人的需求，又不损害后代人满足其需求的发展，是科学发展观的基本要求之一。

可持续发展的概念最初于 1972 年在斯德哥尔摩（Stockholm）举行的"联合国人类环境研讨会"上正式讨论，会议中提出将"发展"由"单纯的经济增长"引申为"经济增长中的数量与质量的改善"，提醒人们关注人类与资源环境之间的问题[2]。可持续发展的正式定义是在 1987 年由"世界环境及发展委员会"所发表的《布伦特兰报告书》中提出的：可持续发展是既满足当代人的需求，又不对后代人满足其需求的能力构成危害的发展。2005 年，"世界社会发展首脑会议"确定可持续发展目标为经济发展、社会发展和环境保护的统一[3]。

可持续发展包含三大基本原则，分别为公平性原则、持续性原则和共同性原则。

公平性原则指的是本代人之间的公平、代际间的公平和资源分配与利用的公平。可持续发展是一种机会、利益均等的发展，它既包括同代内区际间的均衡发展，即一个地区的发展不应以损害其他地区的发展为代价；也包括代际间的均衡发展，即既满足当代人的需要，又不损害后代的发展能力。该原则认为人类各代都处在同一生存空间，他们对这一空间中的自然资源和社会财富拥有同等享用权和同等的生存权。

持续性原则指的是人类经济和社会的发展不能超越资源和环境的承载能力，即在满足需要的同时必须有限制因素，发展的概念中一定包含着制约的因素。因此，在满足人类需要的过程中，必然有限制因素的存在。目前，人类发展的主要限制因素有人口数量、环境、资源，以及当前技术状况和社会组织对环境满足眼前和将来需要的能力限制。其中，最主要的限制因素是人类赖以生存的物质基础——自然资源与环境。因此，持续性原则的核心是人类的经济和社会发展不能超越资源与环境的承载能力，从而真正将人类的当前利益与长远利益有机结合。

共同性原则指的是各国可持续发展的模式虽然不同，但公平性和持续性原则是共同的。地球的整体性和相互依存性决定全球必须联合起来，认知人类的共同家园。可持续发展是超越文化与历史的障碍来看待全球问题的。只有全人类共同努力，才能将人类的局部利益与整体利益结合起来，从而实现可持续发展的总目标。

从上述可持续发展的概念原则可以看到，对土木工程来说，结合现代科技走可持续发展道路，是其研究与发展中必定面临的重要问题。

1.1.3 可持续土木工程的基本原则

传统的土木工程一直沿用高投入、高污染、低效益的生产模式，对自然资源造成了极大的浪费，并且给环境带来了不利的影响。因此，土木工程领域的可持续发展受到越来越多的关注。不同学者和研究机构对土木工程领域的可持续发展作出了各自相应的阐述。

（1）联合国环境规划署（United Nations Environment Programme，UNEP）认为土木工程可持续是"将环境、社会经济和文化因素考虑在内，以实现可持续发展的途径。具体而言，它涉及工程建设设计和管理、原料和工程性能、能源和资源消耗等多个问题"。

（2）瑞士的豪瑞可持续建筑基金会（Holcim Foundation for Sustainable Construction）则推行"三重底线"理论。该理论主张，要实现长期可持续发展，首先必须达到经济发展、环境保护和社会责任三个方面的平衡发展。基于这个理念，提出了具有创新变革及可移植性、符合道德标准及社会平等、保证生态质量和资源效率、产生经济效益和可适应性、体现文脉呼应和美学概念这五项土木工程可持续的评选指标。

（3）1994 年召开的第一届工程建设可持续国际会议上，Charles J.Kibert 教授提出了"工程建设可持续"的六个主要原则：资源消耗最小化；资源再利用最大化；使用可再生、再循环的资源；保护自然环境；创造无毒害的环境；在所创造的建设环境中追求质量。

因此，综合可持续发展的基本原则，本书认为可持续的土木工程应满足减量化（Reduce）、再利用（Reuse）、再生循环（Recycle）、再生修复（Regeneration）和可恢复（Resilence）的"5R"原则。

减量化原则，要求用较少的原料和能源投入来达到既定的生产目的或消费目的，从经济活动的源头就注意节约资源和减少污染。土木工程领域中减量化原则的应用主要指的是在设计、建造的源头上减少对天然资源的消耗以及建筑废物的产生等，主要手段包括绿色设计与施工、绿色材料的应用等。

再利用原则，要求构件或者材料能够以初始的形式被再次使用。土木工程领域中再利用原则的应用，主要指的是建筑结构在服役期满或者需要拆除的时候，其结构构件可以得到再次利用的机会，实现其二次生命。

再生循环原则，要求生产出来的物品在完成其使用功能后能重新变成可以利用的资源，而不是不可循环的废物。土木工程领域中再生循环原则的应用，主要是实现建筑废物的再生循环利用。

再生修复原则，是指针对建筑结构的构件开裂、剥落、破损、缺失等问题进行修复甚至自我修复过程，使建筑结构的构件能够保持原有的性能，同时不影响结构的整体性，从而延长结构的使用寿命。

可恢复原则，是指通过保护、恢复或者改善和修复基本结构和功能等合适的方式，灾害对结构的影响能够被预测、吸收、适应或者恢复，便于再利用和提高其应对自然和人为灾害的能力。

目前在工程界较为熟知的是包含减量化（Reduce）、再利用（Reuse）、再生循环（Recycle）的"3R"原则。

1.2 混凝土结构与工业文明

1.2.1 工业文明发展历史

工业文明是指工业社会文明，即未来学家 Alvin Toffler 所言的第二次浪潮文明，是以工业化为重要标志、机械化大生产占主导地位的一种现代社会文明状态，有学者把它分为以下五个阶段。

（1）16 世纪初到 18 世纪工业革命前，工业文明首先在西欧兴起。

（2）工业革命开始以后到 19 世纪末，人类真正进入工业社会，同时工业文明从西欧扩散到全球。

（3）20 世纪上半期，工业文明全面到来，社会出现了巨大的震荡，人类也进行了调整和探索。

（4）第二次世界大战后到 20 世纪 70 年代初，人类吸取了上一阶段的经验教训，工业文明顺利推进。

（5）20 世纪 70 年代以来，工业文明深入发展。

迄今为止，工业文明是最富活力和创造性的文明。相对于农业社会僵化的等级划分和低下的生产效率，工业文明以其规模化、创新性等优势为人类创造了大量的财富，但同时也加剧了对地球资源的消耗以及对环境的污染。因此，21 世纪的后工业化时代将必然向追求可持续发展的循环经济、生态经济的高科技经济模式发展。

1.2.2　混凝土材料发展历史

土木工程的材料发展一直伴随着人类社会和文明的进步[4]。

17 世纪 70 年代，人类开始在土木工程中使用生铁；19 世纪初，熟铁开始被用于建筑的建造中；19 世纪中叶，随着钢材冶炼技术的成熟，钢材开始出现于结构上；19 世纪 20 年代，随着波特兰水泥的发明，混凝土材料开始被广泛使用，钢筋混凝土和预应力混凝土随之出现，并很快成为主流建筑材料。

混凝土，英文为 "Concrete"，是由胶凝材料将骨料胶凝成整体的工程复合材料的统称。"Concrete" 来源于拉丁语 "Concretus"，是紧凑、浓缩的意思，也有 "成长" 的引申含义。

建筑用混凝土材料的发展历史可以追溯到古希腊、古罗马时代，甚至可能在更早的古代文明中已经使用了混凝土。古代混凝土所用的胶凝材料主要为黏土、石灰、石膏、火山灰等。人们利用这些胶凝材料将石头和砖黏结在一起增加其承载力。

早在公元前 3000 年左右，埃及人在建造胡夫金字塔时就开始使用以石膏作为胶凝材料的混凝土。在公元前 1 世纪，古罗马等地区就开始将石灰砂浆作为胶凝材料运用到建筑中，如罗马角斗场、加尔桥等。

但直到 18 世纪，人们才开始对混凝土材料的性能展开研究。

1756 年，Smeaton 通过一系列的实验发现含有大量黏土材料的石灰石制成的砂浆具有较好的性能。

19 世纪，随着波特兰水泥的发明，以水泥为胶凝材料的混凝土逐渐发展壮大起来。

1824 年，英国的烧瓦工人 Joseph Aspdin 调配石灰岩和黏土，首先烧成了人工的硅酸盐水泥（波特兰水泥），成为水泥工业的开端，为混凝土的大量使用开创了新纪元。由于用它配制成的混凝土具有工程所需要的强度和耐久性，而且原料易得，造价较低，特别是能耗较低，因而用途极为广泛。

1854 年，法国技师 J.L.Lambot 将铁丝网布置于混凝土中制成了小船，并于第二年在巴黎博览会上展出，这可以说是最早的钢筋混凝土制品。

1867 年，法国技师 Joseph Monier 取得了用格子状配筋制作桥面板的专利，钢筋混凝土工艺迅速地向前发展。同样在这一年，法国工程师 Hennebique 在巴黎博览会上看到 Joseph Monier 用铁丝网和混凝土制作的花盆、浴盆和水箱后，受到启发，开始设法把这种材料应用于房屋建筑上。

1877 年，美国的 Thaddeus Hyatt 研究了混凝土梁的力学性质。

1879 年，钢筋混凝土楼板开始制造，以后发展为整套建筑使用由钢箍筋和纵向筋增强的混凝土结构梁。仅几年后，Hennebique 在巴黎建造公寓大楼时采用了经过改善、迄今仍普遍使用的钢筋混凝土柱、横梁和楼板。

1884 年，德国建筑公司购买了 Joseph Monier 的专利，进行了第一批钢筋混凝土的科学实验，研究了钢筋混凝土的强度、耐火能力、钢筋与混凝土的黏结力。

1887 年，德国的 Konen 提出了用混凝土承担压力和用钢筋承担拉力的设计方案，德国的 J.Baushinger 确认了混凝土中的钢筋锈蚀等问题，于是钢筋混凝土结构又有了新的发展。

1895～1900 年，法国用钢筋混凝土建成了第一批桥梁和人行道。

1918 年，Abram 发表了著名的计算混凝土强度的水灰比理论。钢筋混凝土开始成为改变这个世界景观的重要材料。

早期混凝土组分简单，主要成分即水泥、砂、石子和水，其配制的混凝土强度等级低。从 20 世纪中期开始，混凝土外加剂开始应用，这也成为混凝土材料发展史上的另一座里程碑。

从 20 世纪 30 年代起，苏联就开始开展在混凝土中应用表面活性剂的实验。

20 世纪 40～50 年代国外混凝土外加剂技术迅速地发展，日本对普通减水剂加以改进和发展，使得减水剂得到了广泛应用。

20 世纪 60 年代以后是混凝土外加剂发展最具历史意义的时期，日本、德国纷纷研究出高效且性能优良的新型减水剂。此外，为满足混凝土多种性能的要求，还大力发展了兼有多种性能的复合多功能外加剂以及特殊性能的外加剂。

随着科学技术的不断进步，外加剂已得到越来越多的应用，外加剂已成为混凝土四种基本组分（水泥、砂、石子和水）以外的第五种重要组分。

此后，各种外加剂研发又促使混凝土材料的性能不断提升。今天，轻质、高强、自密实等新型混凝土不断发展，推动混凝土材料的不断革新。

进入 21 世纪以来，人们以更为全面、长远的眼光来进行混凝土材料的研发。而随着社会的进步和发展，如何更有效地利用地球上的有限资源和能源；如何全面改善人类的生活和工作环境，扩大人类的活动空间；如何满足人类越来越高的安全、舒适、美观、耐久的要求，已成为了土木工程将要面临的重大考验。

实现混凝土结构的可持续发展将成为土木工程面临的新挑战，也对混凝土材料提出了更多和更高的要求。混凝土材料正向着高性能、多功能、安全和可持续的方向改进和创新发展。

1.2.3　混凝土结构发展历史

混凝土结构（Concrete Structure），是以混凝土为主要材料建造的结构。包括素混凝土结构、钢筋混凝土结构和预应力混凝土结构等。从现代人类的工程建设史上来看，相对于砌体结构、木结构和钢结构而言，混凝土结构是一种新兴结构，它的应用也不过一百多年的历史。然而，混凝土结构在人类历史进程中已留下了不可磨灭的痕迹，它推动着人类文明的进程，给人类社会带来了翻天覆地的变化。

混凝土结构是在 19 世纪中期开始得到应用的，由于当时水泥和混凝土的质量都很差，同时设计计算理论尚未建立，所以发展比较缓慢。直到 19 世纪末以后，随着生产力的发展，以及试验工作的开展、计算理论的突破、材料及施工技术的改进，混凝土结构才得到了较快的发展和应用。目前混凝土结构已成为现代工程建设中应用最广泛的建筑结构之一。

20 世纪末期，混凝土的计算理论逐渐成熟，相关的技术标准也逐渐颁布并修订，对各结构体系的受力特点也有了更为深刻的认识。根据不同建筑物的使用功能和高度，正确地选择结构体系是决定结构建造成本的关键因素之一。例如，多层混凝土结构采用框架结构，高层结构采用剪力墙结构或框架-剪力墙结构，超高层结构采用框架-筒体结构或筒中筒结构等。合理的结构体系不仅能保证结构的安全性，而且可以更为充分地发挥材料性能，力求结构经济、适用和安全。钢筋混凝土结构已是广泛应用的结构形式，在工业、大型民用和公共建筑以及水利工程、桥梁等工程中都有普遍应用。

钢筋混凝土结构虽然改善了混凝土抗拉强度过低的缺点，但仍存在着易于开裂等问题，这对于混凝土结构的耐久性能极为不利。为了克服混凝土结构易开裂的特点，人们展开了对预应力混凝土结构的探索。预应力混凝土的概念由 1866 年美国工程师 P. H. Jackson 及 1888 年德国 C. E. W. Dochring 分别提出，但是由于当时对混凝土的收缩和徐变认识不够，导致预应力很快在混凝土徐变和收缩后丧失。直到 1928 年法国工程师 E. Freyssine 将高强钢丝用于预应力结构，才解决了这些问题。预应力混凝土的广泛应用始于第二次世界大战结束以后。欧洲由于钢材短缺，大量采用预应力混凝土代替钢结构。预应力混凝土除了用于需要大跨度和小截面的建筑结构，也用于高层建筑、桥隧结构、海洋结构、压力容器、飞机跑道及公路路面等，还可运用于核电站反应堆压力容器及安全壳、低温液化天然气储罐等特殊结构。国内高度为 468 m 的上海东方明珠电视塔就是采用预应力混凝土结构。

在工程应用方面，混凝土结构最初仅在较简单的构筑物（如拱、板等）中使用。随着水泥和钢材工业的发展，混凝土和钢材的性能在不断改进、强度在逐步提高，混凝土结构的应用也越来越广泛。混凝土材料方面，目前实验室做出的活性粉末混凝土抗压强度最高已达 800 MPa[5]。钢材方面，目前的超高强度钢强度可以达到 1400 MPa[6]。这些均为进一步扩大钢筋混凝土结构的应用范围创造了条件，特别是自 20 世纪 70 年代以来，很多国家已把高强度钢筋和高强度混凝土用于大跨、重型、高层结构中，在减轻自重、节约钢材上取得了良好的效果。目前世界上最高的钢筋混凝土建筑——迪拜塔已经达到 162 层,高828 m;最高的全轻质混凝土结构的高层建筑——休斯敦贝壳广场大厦为 52 层,高 215 m。

在混凝土结构发展以及推广的同时,混凝土结构的施工技术也在不断提高。第二次世界大战后,飞速发展的机械工业给混凝土生产运输以及施工带来了一场翻天覆地的革命。20 世纪末期,出现了集中生产搅拌混凝土的专业企业,并逐步发展出了泵送混凝土施工技术,实现了混凝土生产的商业化。混凝土的专业化、标准化生产不仅提高了混凝土质量,而且也提高了生产效率,降低了生产成本。同时,现场施工技术体系也得以创新,如模板工程从传统的木模搭建发展到大模板、爬模、滑模等多样化施工方式,根据结构特点合理选择模板类型,能够进一步提高机械化程度,加快工程建造速度,缩短工期。

"十三五"期间,我国政府开始大力推行预制混凝土构件和装配式混凝土结构。今后,会有越来越多的工程应用预制混凝土构件和机械化装配施工,混凝土结构的施工正迈入"建筑工业化"的时代。

21 世纪是以科技信息为主题的时代,混凝土结构的发展将结合计算机技术、机械工业技术、先进检测分析研究技术以及现代管理技术。目前,对于防射线混凝土、纤维混凝土等特种混凝土的研究已有显著突破,并已在有特殊要求的结构上开始应用。混凝土结构的创新发展将为未来建造更高的建筑、跨度更大的桥梁以及海上浮动城市、海底城市、地下空间开发等提供技术保障。

1.2.4　混凝土结构发展与工业文明发展的关系

开始于 18 世纪 60 年代的工业革命拉开了人类社会从农业文明转向工业文明的序幕。工业革命发源于英格兰中部地区,是资本主义工业化的早期历程,完成了从"工场手工业"向"机器大工业"过渡的阶段。工业革命是以机器取代人力,以大规模工厂化生产取代个体工场手工生产的一场生产与科技革命。机器的发明及运用成为这个时代的标志,因此历史学家称这个时代为"机器时代"(the Age of Machines)。18 世纪中叶,英国人 James Watt 改良蒸汽机之后,一系列技术上的革命,引起了从手工劳动生产向动力机器生产的重大飞跃。这场革新随后向英国乃至整个欧洲大陆传播,19 世纪传至北美,造就了工业文明。一般认为,蒸汽机、煤、铁和钢是促成工业革命技术加速发展的四项主要因素。

混凝土结构的发展起始于 19 世纪中期,发展于 20 世纪后期,其发展从时间上看,晚于工业文明的发展,是工业文明发展到一定程度后的产物。从材料方面来讲,1824 年波特兰水泥的发明及 1867 年钢筋混凝土开始应用是混凝土结构发展的萌芽。1859 年转炉炼钢法的成功使得钢材得以大量生产并应用于房屋、桥梁等结构。混凝土和钢材的推广,使得土木工程师可以运用这些材料建设更为复杂的混凝土结构工程和设施。工业革命大大推动了工业的进步，也极大地推动了结构材料的发展，相继出现了钢材、水泥、混凝土、钢筋混凝土等新材料，并逐渐发展成为现代建筑的主要结构材料。同时，在这一时期，产业革命促进了工业、交通运输业的发展，为土木工程的建造提供了新的施工机械和施工方法。打桩机、压路机、挖土机、掘进机、起重机、吊装机和盾构机等机械纷纷出现，为快速高效地建造土木工程结构提供了有力的手段[7]。

工业文明的发展促使了混凝土结构的全面革新，高强度、高性能材料不断替代旧有材料，预应力、膜结构等新技术、新结构不断改进着原有建筑形式。随着工业的发展、城市人口的集中，城市用地愈加紧张，交通愈加拥挤，迫使房屋建筑和道路交通向高空和地下发展，使工业厂房向大跨度厂房发展，民用建筑向高层建筑演变。

由于科学技术的快速发展，混凝土结构工程的使用功能在不断扩展，生产要求也在不断提高。现代公用建筑和住宅建筑不再仅仅是传统意义上的房屋，其采光、通风、保温、隔声、防火、抗震等功能越来越受到人们的重视。有的特种工程结构，例如核工业的发展带来了核电站、加速器工程等新的工程类型，要求结构具有较好的抗辐射和抗高温能力。电子工业和精密仪器制造业要求结构具有较好的防微震能力。随着生产力发展水平的提升，现代混凝土结构工程对装配式结构构件的生产和安装尺寸的精度要求也随之提高，施工过程的工业化程度也随之提高。

1.3 混凝土结构对人类文明的贡献

1.3.1 建筑工程

19 世纪中叶，钢筋混凝土建筑随着混凝土和钢材的批量化生产而被人们广泛地采用。由于混凝土结构良好的耐久性和使用性能，公用建筑和民用建筑等中低层建筑开始大量采用混凝土结构，其设计的基础理论也在实践中逐步完善。

世界经济和现代科学技术的迅速发展，为建筑结构的进一步发展提供了强大的物质基础和技术手段，功能的多样化又为建筑结构的材料、设计、施工等方面提出了更高的要求。由于高强度、高性能混凝土的不断发展，混凝土更多地应用于超高层建筑的主体结构中。现今大多数超高层建筑的主体结构已经可以部分或全部采用钢筋混凝土，如金茂大厦(1999 年建成，高 420.5 m)、台北 101 大楼(2001年建成，高 508 m)、上海环球金融中心(2008 年建成，高 492 m)[8]、迪拜哈利法塔(2010 年建成，高 828 m)、上海中心(2015 年建成，高 632 m)等。图 1.1所示为上海的三个地标性超高层建筑。

　　（a）金茂大厦　　　　　　　（b）上海环球金融中心　　　　　　（c）上海中心

图 1.1　上海的地标性超高层建筑

1.3.2　桥梁工程

　　桥梁是为客运、物流等提供跨越能力的基础设施，是交通工程的咽喉要道，混凝土工程则是桥梁工程的核心和主体。早在 1875 年，法国的一位园艺师 Joseph Monier 建成了世界上第一座钢筋混凝土桥，之后混凝土结构一直被广泛应用于桥梁工程中。我国于 2007 年建成的杭州湾跨海大桥就是一座混凝土结构桥梁。杭州湾跨海大桥全长 36 km，其中跨越海域长近 32 km，大桥主体结构除南北航道桥用钢箱梁外，其余均为混凝土结构，混凝土用量约为 250×10^4 m^3，设计使用寿命为 100 年[9]，如图 1.2 所示。

图 1.2　杭州湾跨海大桥

　　伴随着全球化进展，洲际交通成为全球工程师共同奋斗的目标。博斯普鲁斯（Bosporus）大桥就是位于土耳其伊斯坦布尔的一座悬索桥，为第一座跨越博斯普鲁斯海峡并连接亚洲与欧洲两大陆的跨海大桥。大桥全长 1560 m，两座塔桥之间跨越海峡水面部分的桥长 1074 m，桥宽 39 m，高出海面 64 m，如图 1.3 所示。整个桥身用两根粗大的钢索牵引，每根钢索由 11 300 根 5 mm 直径的钢丝拧成，也是世界上第四大悬索桥。超大跨径桥梁的建设已成为当代科学家和桥梁工程师的热议话题，其抗风、抗震、抗浪技术与深水基础形式和深海施工方法等关键技术措施也成为桥梁工程师主要的关注对象。相信构建全球七大洲的陆路交通网这一目标能在 21 世纪中期实现。

图 1.3　博斯普鲁斯大桥

　　另外，在高速铁路建设中，高速铁路桥梁起到了至关重要的作用。我国高速铁路桥梁的建设发展迅速，实际工程中也颇具特色。

　　桥梁建设作为高速铁路土建工程的重要组成部分，主要功能是为高速列车提供平顺、稳定的桥上线路，以确保运营的安全和旅客乘坐的舒适。以京沪高速铁路为例，如图 1.4 所示，它经过的区域多为东部经济发达地区，全长为 1300 多公里，其中桥梁占 1000 多公里，约为全长的 77%。我国的高速铁路建设通过借鉴德国、日本等国家的高速铁路桥梁的先进技术和成功建设经验，在逐渐完善技术的同时形成自己的特色，是中国高铁技术的优势之一。

图 1.4　京沪高速铁路桥梁

1.3.3　道路与隧道工程

水泥混凝土路面是指用水泥混凝土作面板或基层所组成的路面,亦称刚性路面,它包括普通混凝土路面、钢筋混凝土路面、碾压混凝土路面、钢纤维混凝土路面、连续配筋混凝土路面与预应力混凝土路面等。其中,由波特兰水泥混凝土铺筑成的刚性路面是最常用的一种路面。第一条水泥混凝土道路于 1908 年建于美国密歇根州底特律市。2009 年,我国已建成的高等级公路中,普通混凝土路面占10%~20%[9]。

由于修筑黑色路面需要的高质量沥青材料的缺乏,其价格也较高,20 世纪 90年代末期水泥混凝土高等级公路发展非常迅猛。加之我国生产水泥的资源丰富,普通混凝土路面又具有承载力大、养护费用少、寿命长、行车节油等优点,故普通混凝土路面成为我国主要的路面类型之一[10]。

随着国民经济的迅速增长,交通的需求量日益剧增,交通工程必须为加快城镇化建设提供有力支撑,高速公路便在这样的环境下应运而生。高速公路是西方发达国家在 20 世纪 30 年代发明的专为汽车交通服务的基础设施,其在运输能力、速度和安全性方面具有突出优势。我国的第一条高速公路——沪嘉高速公路,如图 1.5 所示,于 1984 年 12 月 21 日开始建造,1988 年 10 月 31 日通车。之后随着改革开放的进行,中国高速公路迎来了建设的高潮。据中经未来产业研究院发布的《2016—2020 年中国高速公路行业发展前景与投资预测分析报告》显示,截至2015 年,全国高速公路里程已达 12.35 万 km,极大地提升了我国的客运物流效率。图 1.6 为京沪高速公路,于 1987 年 12 月动工,1990 年 9 月北京至天津杨村段建成通车,1991 年 12 月杨村至宜兴埠段建成通车,是中国大陆第一条全线建成高速公路的国道主干线。高速公路建设不仅仅是交通运输现代化的重要载体,更是国家现代化的重要标志。

图 1.5　沪嘉高速公路　　　　　　　图 1.6　京沪高速公路

隧道是修建在地下、水下或山体中，用于行人、铺设铁路或修筑公路供机动车辆通行的构筑物。根据其修建位置可分为山岭隧道、水下隧道和城市隧道三大类。这三类隧道中修建最多的是山岭隧道。隧道工程中，大量应用了混凝土材料，用以支承作用。近年来，随着对地下空间的不断开发，我国隧道工程中的混凝土结构越来越多，典型工程案例如下。

2000 年 10 月开通的外滩观光隧道，位于上海浦东新区东方明珠广播电视塔和黄浦区南京东路外滩之间，是隧道建筑史上的一个创举，是中国第一条越江行人隧道，全长 646.70 m，总建筑面积近 17 500 m²，两边的地下建筑均为地下 3 层、局部 4 层结构。

武汉长江隧道（图 1.7）于 2004 年 11 月破土动工，是中国第一条开建、最先贯通的长江公路隧道，2008 年 4 月 19 日，武汉长江隧道双线贯通，2008 年 12 月 28 日试通车。

2003 年 5 月 1 日正式全线通行的玄武湖隧道全长约 2.66 km，其中暗埋段为 2.23 km，总宽度为 32 m，为双向六车道，单洞净宽为 13.6 m，通行净高为 4.5 m。根据设计，隧道通车后按满负荷计算，每小时可通行 7000 余辆机动车，是南京市市政工程建设史上工程规模最大、建设标准最高、项目投资最多、技术工艺最为复杂的现代化大型隧道工程。

被誉为"亚洲第一长隧"的我国甘肃乌鞘岭隧道（图 1.8）于 2006 年 3 月 30 日正式开通运营，是我国铁路历史上首次长度突破 20 km、亚洲最长的陆地铁路隧道，全长 20.05 km，是我国长距离隧道施工技术的重要标志。

图 1.7　武汉长江隧道

图 1.8　甘肃乌鞘岭隧道

1.3.4　海洋工程

海洋大约占地球表面积的 71%，充分利用海洋空间，对于缓解目前陆地空间紧张的现状十分重要。海洋工程，包括防波堤、海底隧道等沿岸结构物和海上石油钻井平台、储油罐等近海结构物。海洋工程一般采用钢筋混凝土结构，投资巨大且对耐久性要求非常高，因此，混凝土的高强化、高性能化对于海洋工程的发展起着较大的推动作用。1989 年挪威在北海建造的石油开采平台是由 24 个直径 28 m、高 5 m 的储油罐和用于支撑 5 万 t 钢结构的 4 根混凝土管柱组成，混凝土结构总高度达 262 m，混凝土总用量达 24 万 m³[11]。如图 1.9 所示，在海岸码头以及港口等海洋工程的建设中，混凝土也起到很大作用。海洋的开发和利用必须依赖海洋工程设施，如何面对恶劣的海洋环境、减少海洋工程的施工成本和延长海洋工程结构物的使用年限成为新的机遇和挑战。

（a）混凝土码头 　　　　　　　　　　　　　（b）混凝土港口

图 1.9　混凝土结构海洋工程

1.3.5　市政基础设施

随着经济的发展、人口的增加和物质需求的增长，人类因居住和从事商业活动而引起的土地矛盾也日益增加，因此，地下空间资源的开发与综合利用成为人们迫在眉睫的需求。现阶段，城市的地下空间开发深度已达 30 m，国际上新加坡等城市对地下空间的规划已达到地下 100 m。地下空间的开发对改善城市交通、减少城市污染等方面都具有积极作用，是城市现代化建设的新出路。

地下工程通常按使用功能分为地下交通工程、市政管道工程、地下建筑工程。地下工程通常以混凝土作为衬砌材料。高性能混凝土的不断发展促进了混凝土各项性能的不断提升，高强度、高流动性、自密实、耐久性、抗腐蚀性能良好的混凝土已广泛地应用于各种市政基础设施的建设中。目前防水混凝土已经广泛应用于一般工业与民用建筑地下工程的建（构）筑物，如地铁隧道、地下室、地下停车场、地下转运站等工程。图 1.10 为地铁隧道建设所用的钢筋混凝土衬砌管片。

我国地铁轨道交通发展迅速。中国第一条地铁在北京，于 1965 年 7 月 1 日开工，1969 年 10 月 1 日完工通车，全长 23.6 km，共设 17 个车站，是中国地铁之先河。上海地铁第一条线路为上海轨道交通 1 号线，于 1993 年 5 月 28 日正式运营，是继北京地铁、天津地铁建成通车后中国大陆投入运营的第三个城市轨道交通系统。图 1.11 为上海地铁内部结构图。

图 1.10　盾构地铁隧道用的钢筋混凝土衬砌管片

（a）上海地铁站厅层结构　　　　　　　　　　（b）上海地铁站台层结构

图 1.11　上海地铁内部结构图

近年来，随着城市快速发展，地下管线建设规模不足、管理水平不高等问题凸现，一些城市相继发生大雨内涝、管线泄漏爆炸、路面塌陷等事件，严重影响了人民群众生命财产安全和城市运行秩序。2008～2010 年间全国仅媒体报道的地下管线事故平均每天高达 5.6 起，每年由于路面开挖造成的直接经济损失高达2000 亿元。

传统的城市地下管线各自为政地敷设在道路的浅层空间内，当管线增容扩容时，不仅会造成"拉链路"现象，而且会导致管线事故频发，极大地影响了城市的安全运行。目前，我国城镇化进程十分迅速，为提升管线建设水平，保障市政管线的安全运行，有必要采用新的管线敷设方式——综合管廊。

综合管廊工程是指在城市道路下面建造一个市政共用隧道,将电力、通信、供水、燃气等多种市政管线集中在一体,实行"统一规划、统一建设、统一管理",以做到地下空间的综合利用和资源的共享。如图 1.12 所示为上海所建地下综合管廊。

图 1.12　上海所建地下综合管廊

另外,由于强降水或连续性降水超过城市排水能力,城市产生内涝灾害的现象越来越普遍。为解决这个问题,近年来提出了"海绵城市"的概念,这对混凝土结构市政基础设施的建设又有了新的要求。以透水路面和地下调蓄设施为主的基础设施可补充地下水,提高地下水位;减轻城市排水压力;将雨水利用于工农业生产和市政杂用,缓解水资源供需矛盾。有关地下调蓄设施的建设,日本已有较为成熟的技术与经验,如图 1.13 所示为日本所建地下混凝土结构调蓄设施。

图 1.13　日本所建地下混凝土结构调蓄设施

1.4　混凝土结构对生态环境的负面影响

混凝土作为近代最常用的建筑材料，具有强度高、弹性模量大、耐久性好、可模性好、造价低廉、施工简便、整体结构性能更为优越等优点。据国家统计局的数据显示，2011 年，我国商品混凝土产量为 7.43 亿 m^3；2012 年为 8.88 亿 m^3，同比增长 19.6%；2013 年为 11.70 亿 m^3，同比增长 31.7%，2014 年为 15.54 亿 m^3，同比增长 32.9%；2015 年，为 16.4 亿 m^3，同比增长 2.1%。如此巨量地使用混凝土不仅需要消耗大量的自然资源，而且传统混凝土的生产与使用方式也会对生态环境产生显著的负面影响。因此，传统混凝土工艺存在可持续发展上的缺陷，有巨大的提升空间。

1.4.1　混凝土原材料对环境的影响

1. 水泥

水泥作为混凝土的凝胶材料，是混凝土材料中不可缺少的组分。水泥厂一直被看作是巨大的污染源，主要原因是水泥生产时产生的粉尘和烟尘会引起严重的环境污染，同时其排放的大量 CO_2 是环境代价最高的"温室气体"[12]。生产 1 t 水泥熟料要向大气中排放大约 1 t 的 CO_2，全球水泥工业向大气中排放的 CO_2 约占全球 CO_2 排放总量的 7%。它们不仅污染环境，还会造成全球气候变暖和诱发其他全球性自然灾害[13]。在我国，水泥生产粉尘排放量占全国工业生产粉尘排放量的 27.1%；CO_2 排放量占全国工业生产排放量的 21.8%；SO_2 排放量占全国工业生产排放量的 4.85%[14]。因此，水泥工业是造成温室效应的 CO_2 和形成酸雨的 SO_2 及 NO_x 的排放大户。另外，生产 1 t 水泥熟料的综合能耗为 3000～5000 kJ[13]，水泥生产事实上正同社会经济发展和人民生活争夺着地球上有限的能源和资源，阻碍着社会经济的可持续发展。因此，水泥工业不仅在中国，在全世界也必须走优质、低耗、高效益、环境相容的可持续发展道路[15]。

目前，发展低熟料水泥和无熟料水泥是一个较好的解决方案。低熟料水泥是指以较少水泥熟料、适量石膏和一定比例的混合材料而组成的水硬性胶凝材料。低熟料水泥是在优化水泥熟料组成、提高熟料性能的基础上，大幅度提高混合材掺量，尽可能少用能耗大、污染严重的硅酸盐水泥熟料，采用先进的技术工艺制得的环保效益和生态效益良好的新型胶凝材料。

无熟料水泥由活性混合材料（如粒化高炉矿渣、粉煤灰、火山灰等）和碱性激发剂（如石灰、氢氧化钠等）或硫酸盐激发剂（如石膏等），按比例配合、磨细而成。无熟料水泥一般以它所采用的原料来命名，如石膏矿渣水泥等。生产无熟料水泥，不但主要原料可以利用工业废渣，而且激发剂也可用工业副产品，如以磷石膏、氟石膏等代替天然石膏使用。因此，生产无熟料水泥是对工业废渣或副产品和天然资源很好的综合利用。由于无熟料水泥的生产不经过生料制备和熟料烧成两道工序，因此耗能很低。无熟料水泥包括磷酸盐水泥以及碱激发水泥等，其中磷酸盐水泥属于化学结合水泥，也就是以金属和酸溶液或盐为基本组分通过化学反应而形成。用磷酸盐胶结料制取材料时不需要进行高温煅烧，而且材料在许多侵蚀性介质中都是稳定的。相比于传统水泥，其具有很大的环境优势。

2. 骨料

生产混凝土需用大量的砂石骨料，据统计，中国建筑用混凝土每年消耗的天然骨料为 50 亿～80 亿 t。开采天然骨料会破坏植被，致使山体裸露，造成水土流失隐患，严重破坏生态环境，影响生态平衡。随着对天然砂石的不断开采，天然骨料资源亦趋枯竭。

基础设施建设的进程加快，带动了市场上砂石需求量的大幅度增加，市场利益的诱使导致在砂石开采中出现了一些乱采乱挖的不良现象。我国一半以上的地区已经出现了天然砂石资源逐步减少的情况，一些地区甚至出现了无石可采的困境，砂石供需矛盾日益突出。在许多国家和地区，混凝土的原材料资源已经出现了严重危机，需要从外地远距离运送。例如，俄罗斯不少地区的砂石运费已经达到成本价格的 1.5 倍，上海的部分砂需要从 780 km 外的福建省外送，部分石子需从 470 km 外的安徽省长距离运输。

3. 外加剂

随着高性能混凝土材料的不断发展，各种外加剂在研发生产及使用过程中都产生了大量的污染物，尤其是气体和液体污染物，对大气环境及水环境造成了较大的生态破坏。减水剂是混凝土外加剂中的最核心材料，我国目前减水剂品种以萘系和聚羧酸类产品为主体。然而萘系外加剂的主要成分就是芳香族磺酸盐与甲醛的缩合物，如果不严格控制甲醛的投入量，极易引起甲醛的污染[16]。

聚羧酸系高性能减水剂是继以木钙为代表的普通减水剂和以萘系为代表的高效减水剂之后发展起来的第三代高性能减水剂，是目前世界上最前沿、科技含量最高、应用前景最好、综合性能最优的一类高效减水剂。经与国内外同类产品性能比较表明，聚羧酸系高性能减水剂在技术性能指标、性价比方面都达到了当今国际先进水平。该产品稳定性好，低温时无沉淀析出，是绿色环保产品，有利于可持续发展。

4. 钢筋与钢材

随着城市化进程的加快，高层建筑的不断增加，城市建设所需要的钢材用量不断增长。数据统计显示：我国 2014 年全年钢材产量达 11.26 亿 t，与 2013 年相比，增长 4.5%。然而，钢材生产过程中，会产生大量污染物、固体废物如高炉渣、钢渣等；液体废物如含镉、铬、铜、锌、汞废水等；气体废物如含镉、铬、铜、锌、汞粉尘等。这些废物都会对土壤、水源、大气造成严重危害。

1.4.2 混凝土结构对环境的影响

1. 混凝土结构原材料的长距离运输

制备混凝土的材料在运输上的能耗和费用也相当惊人。由于城市内环境控制需求，大部分的水泥、外加剂、钢材厂都分布在城市外围，而我国目前大部分的土木工程建设都是在城市中进行的，这就造成了各种建筑材料必须进行长途运输，其能源消耗非常巨大。

建筑材料的原材料和产品都具有体重、量大、运输能耗多等特性。以水泥为例：根据计算，每生产 1 t 强度等级为 42.5 的普通硅酸盐水泥（P.O 42.5），仅原料、燃料、混合材料、成品等的运输量即高达 2.5 t 以上。因而建筑材料生产企业是属 "材料密集型" 和 "劳动密集型" 企业，建材企业在生产过程中所需运输成本和耗用的物资大大多于其他行业。另据统计，建筑材料和非金属矿产品的运输量高达铁路总货运量的 22%，而且建材生产企业的原料和产品，多为粉体或易耗物，所以运输途耗较多，且有一定的粉尘污染，如袋装水泥的运输损失占 5%~10%。

2. 施工过程的污染及对周边的影响

生产混凝土需要消耗大量的水资源，全球每年用于生产混凝土的水量已超过数十亿 m^3，这些还不包括清洗和养护用水，这对地球上缺乏淡水资源的区域来说无疑是一种沉重的负担。施工过程中的场地平整、土方开挖、施工降水、永久及临时设施建造、场地废物处理等均会对场地上现存的动植物资源、地形地貌、地下水质等造成影响；还会对场地内现存的文物、地方特色资源等带来破坏，影响当地文化的继承和发扬。同时，施工过程中大量的粉尘也会对施工现场周边的空气质量产生不良影响。

据欧洲建筑师协会测算[17]，建筑消耗了 42% 的水资源与 50% 的原材料，并对 48% 的农地减少量负责。同时，24% 的空气污染、50% 的温室气体效应、40% 的水污染、20% 的固体废物和 50% 的氟氯化物均来自于建筑。另外，施工产生的扬尘对 PM2.5 也有所贡献。据研究[18]，2013 年，成都城区施工扬尘对 PM2.5 贡献为 14.3%，济南市施工扬尘对 PM2.5 贡献为 15.4%，南京市施工扬尘对 PM2.5 贡献占 30% 左右。

3. 建筑废物的填埋

目前，建筑废物的排放量正逐年增加，而这些建筑废物大部分未经处理就直接运往郊外或农村，采取堆放或填埋方式处理。这些建筑废物中的废砂浆、混凝土块中含有水合硅酸钙和氢氧化钙，会使渗滤水呈强碱性；废石膏中的硫酸根离子会转化成硫化氢；废金属可使渗滤水中含有大量的重金属离子等。

上述这些因素会使周边的地下水、地表水、土壤和空气受到污染，而且受污染的地域还可以扩大至堆放地之外的其他地方。一般情况下，堆放的建筑废物要经过数十年才可趋于稳定，而即使建筑废物达到稳定程度，不再释放有害气体，渗滤水不再污染环境，大量的无机物仍会占用大量土地和耕地，并继续导致持久的环境问题。

1.4.3 混凝土结构可持续性设计的必要性

从以上的分析可以看出，混凝土结构对人类做出重大贡献的同时，也存在对环境的负面影响，因此必须从更全面的角度审视混凝土结构。

可持续发展是当今世界的一个伟大构想，为了在满足我们需求的同时，不损害我们后代的利益，关于混凝土结构的可持续设计必须努力做到以下几点。

（1）采取措施弥补过去所犯下的错误，彻底地清理已被污染了的水和土壤。

（2）阻止继续污染空气、水和土壤，并减少具有"温室效应"气体的排放。

（3）合理地使用自然资源，无论是原材料还是能源，对它们的使用比例不超出它们自身的再生率。

（4）在经济发展和环境维护之间找到一个合理的平衡点，在提高生活水平和改善生活质量的同时，不要对环境造成有害的影响[13]。

混凝土产业在为人类的土木工程事业做出巨大贡献的同时，也给人类生存环境造成了严重的危害。混凝土产业只有走可持续发展之路，不断改革混凝土的传统生产与使用方式，努力克服和弥补混凝土可持续发展的缺陷，才有可能减轻和避免混凝土产业对环境的危害，使混凝土成为可持续的建筑材料。

在混凝土结构工程建设的各个环节引入可持续概念，是一个涉及多学科的复杂的系统工程。不仅在设计阶段，而且在规划时就应该注重可持续的理念。规划设计时须结合当地生态、地理、人文环境特征，收集有关气候、水资源、土地使用、交通、基础设施、能源系统、人文环境等资料，力求做到工程与周围的生态、人文环境的有机结合，增加人类的舒适和健康，最大限度提高能源和材料的使用效率，做到可持续发展[19]。可持续性设计关注的是整个混凝土结构的生命周期，另外，未来可持续性设计不仅要关注地标性高层建筑，更要关注量大面广的多层建筑与中小跨桥梁，因为这些土木工程与百姓生活密切相关。

1.5 本书的主要内容

1.5.1 本书的目的

本书旨在研究探讨混凝土结构设计、施工、使用及拆除等生命周期中的可持续措施，对其可行性及推广程度进行挖掘与分析，提出最有效的实施方法。本书可供高等学校土木工程类专业的师生作为参考教材，并可供从事混凝土结构的科研、设计和施工管理等技术人员在工作中参考，使相关人员认识到可持续混凝土结构的重要性，掌握可持续性设计和施工的基本原理和方法，为我国建筑业的可持续发展奠定理论基础。

1.5.2 本书的内容

本书综合了作者和国内外专家学者在可持续混凝土材料与结构方面的研究成果，其主要内容涉及混凝土结构生命周期概览，混凝土结构减量与防灾，混凝土结构改造与再用，混凝土结构拆除与再生，混凝土结构的绿色建造，混凝土结构碳足迹，可持续混凝土结构效益分析，混凝土结构可持续性设计与评价方法，以及可持续混凝土结构未来发展。

1.5.3 各章节之间的逻辑关系

本书共分为 10 章，逻辑关系为依次递进，如图 1.14 所示。第 1 章概述土木工程发展的历史以及混凝土对环境的负面影响；第 2 章从对混凝土结构的生命周期的回顾中引出可持续土木工程的基本概念；第 3～6 章则分别针对混凝土结构生命周期的各个阶段提出了可持续发展的方案；第 7～8 章分析混凝土结构的碳足迹以及生态环境效益和社会经济效益，并通过案例分析介绍了混凝土结构所具有的优势和不足；第 9 章阐述混凝土结构可持续性设计方法和原则，讨论对建筑结构进行可持续性评价的方法，并对比分析了我国与国外有关可持续性评价标准和法律法规；第 10 章介绍当前土木工程的发展前沿，为未来可持续混凝土结构发展指明了新的方向。

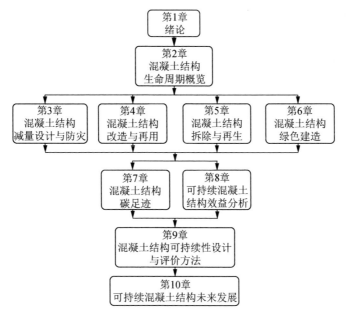

图 1.14 本书章节逻辑关系图

参 考 文 献

[1]　项海帆, 沈祖炎, 范立础. 土木工程概论[M]. 北京: 人民交通出版社, 2007.

[2]　魏一鸣. 中国可持续发展管理理论与实践[M]. 北京: 科学出版社, 2005.

[3]　UNITED NATIONS GENERAL ASSEMBLY, 2005. 2005 World summit outcome[R]. Resolution A/60/1. United Nations, 2005.

[4]　JAHREN P, SUI T B. History of Concrete: A Very Old and Modern Material[M]. Beijing: Chemical Industry Press, 2016.

[5]　郑文忠, 吕雪源. 活性粉末混凝土研究进展[J]. 建筑结构学报, 2015, 36（10）:44-58.

[6]　柳木桐, 刘建华, 钟平. 超高强度钢耐腐蚀性能研究进展[J]. 科技导报, 2011, 28（9）:112-115.

[7]　孙伟, 缪昌文. 现代混凝土理论与技术[M]. 北京: 科学出版社, 2011.

[8]　喻乐华. 现代混凝土的进展及应用[J]. 华东交通大学学报, 2010, 27:1-6.

[9]　张树建. 水泥混凝土路面的现状与发展[J]. 黑龙江交通科技, 2009, 32（2）:24-27.

[10]　向源, 张兰军. 道路路面材料发展现状及趋势[J]. 公路交通技术, 2007（2）: 75-79.

[11]　陈宁. 结构混凝土加强措施及在海洋结构工程中的应用前景[J]. 武汉造船, 2000（4）:11-15.

[12]　范毓林. 我国新型干法水泥生产技术的创新历程[J]. 水泥技术, 2007（2）: 21-23.

[13]　朱锦章, 刘幸, MEYER C. 混凝土与可持续发展[J]. 混凝土, 2006（4）: 21-22+69.

[14]　孙星寿. 循环经济与水泥工业发展[J]. 中国资源综合利用, 2005（3）:30-34.

[15]　吴中伟. 绿色高性能混凝土与技术创新[J]. 建筑材料学报, 1998, 1（1）:1-7.

[16]　康怡平, 朱小红, 黄立钧. 混凝土外加剂的甲醛污染情况[J]. 建材发展导向, 2005, 3（6）: 55-57.

[17]　MAGEE L, SCERRI A, JAMES P, et al. Reframing social sustainability reporting: towards an engaged approach[J]. Environment Development & Sustainability, 2013, 15（1）:225-243.

[18]　沈惠, 陈前火. PM2.5 的来源、现状、危害及防控措施[A]//中国环境科学学会. 2014 中国环境科学学会学术年会论文集（第六章）, 中国环境科学学会, 2014:6.

[19]　JAHREN P, SUI T B. Concrete and Sustainability[M]. Beijing: Chemical Industry Press, 2013.

第2章　混凝土结构生命周期概览

2.1　混凝土结构设计方法回顾

2.1.1　安全性设计

建筑物在其生命周期内承受着各种荷载及环境因素的作用，当遭遇强烈的外界因素作用时，可能会发生破坏甚至倒塌，所以设计时应保证其安全性。

建筑结构的安全性是指，在正常施工和正常使用的条件下，结构应能承受可能出现的各种荷载作用和变形而不发生破坏，在偶然事件发生后，结构仍能保持必要的整体稳定性。例如，厂房结构平时受自重、吊车、风和积雪荷载时，均应坚固不坏，而在遇到强烈地震、爆炸等偶然事件时，容许有局部的损伤，但应保持结构的整体稳定而不发生倒塌。

建筑物的安全性若不能得到保障，将直接给人们的生命、财产带来巨大损失。结构工程作为建筑物的"骨架"，其首要任务就是保证建筑物的安全性，防止其发生破坏倒塌。

混凝土结构应用已有一百多年历史，同其他材料的工程结构一样，人们在最初设计混凝土结构时，主要关心的就是将其作为建筑物的"骨架"，承受各种荷载及环境因素的作用，形成"支撑体系"，为建筑物的力学安全性能提供保障。

由于建筑结构安全性的重要性，早期有关混凝土结构设计的研究针对的几乎均为混凝土（材料、构件、结构）的力学行为以及抗震性能。随着高层结构、大跨度结构等结构形式的不断推广，在将混凝土应用于这些工程时，设计、研究人员首要关注的仍是混凝土结构的安全性，为此逐步发展了混凝土结构构件承载能力可靠度设计、混凝土结构抗震设计、混凝土结构有限元分析等一系列理论体系和学科方向。

2.1.2　适用性设计

随着混凝土结构的不断推广应用，在混凝土结构使用过程中出现了许多新问题，最为常见的即为混凝土结构表面的裂缝。当裂缝宽度较大时，会给人们造成精神上较强的不适感。随着裂缝问题的产生，人们开始发现混凝土结构设计所要考虑的问题不再只是为了保障建筑物的安全性能，其使用性能也很重要。于是人们对混凝土结构提出了除安全性以外的新要求，即适用性。

建筑结构的适用性是指，在正常使用时，结构应具有良好的工作性能。例如，水池出现裂缝便不能蓄水，结构出现裂缝会使人感到不适，吊车梁变形过大会使吊车无法正常运行等。上述对混凝土裂缝的控制即为混凝土结构适用性的重要要求。除此之外，混凝土构件的变形、混凝土楼板的振动与舒适性等问题，也是混凝土结构适用性设计需要考虑的主要内容。

随着结构抗震设计理论的不断发展，结构在较低设防水准下的抗震性能也被纳入结构使用性能范围内。近年来基于性能的结构抗震设计理论发展迅速，人们从过去对抗震性能较为笼统的两阶段设计，逐渐发展到现在的不同性能指标、不同设计要求的基于性能的设计方法。基于抗震性能的设计方法的特点是：从抗震设计的宏观定性目标得到具体量化指标，建设单位或设计者可选择相应的性能目标，然后对确定的性能目标进行深入的分析论证，再通过专家的审查进行设计。

在现行规范中，混凝土结构关于适用性设计及抗震性能化设计已经在逐渐深化中，可以看到人们对建筑结构的性能要求越来越高，也越来越细。

2.1.3　耐久性设计

随着建筑物的使用与服役时间的逐渐增长，一些混凝土结构纷纷进入老化期，混凝土结构逐渐暴露出了新的问题或显现出了固有缺陷，如混凝土保护层的剥落、钢筋的腐蚀、裂缝的发展等。在过去，人们对于混凝土结构设计通常较为关注其安全性和适用性，相对而言，混凝土结构的耐久性并未得到人们的重视，导致许多混凝土结构因出现上述严重的耐久性问题而达不到预期的设计寿命。随着混凝土结构使用时间的逐渐增长，耐久性问题逐渐凸显，人们开始逐渐认识到混凝土结构耐久性研究的重要性和紧迫性。

建筑结构的耐久性是指，在正常维护的条件下，结构应能在预计的使用年限内满足各项功能要求。对混凝土来说，是指混凝土结构在自然环境、使用环境及材料内部因素作用下，在设计要求的目标使用期内，不需要花费大量资金加固处理而保持其安全、使用功能和外观要求的能力。

我国 20 多年来逐渐认识到混凝土结构耐久性设计的重要性，在《建筑结构可靠度设计统一标准》（GB 50068—2001）中明确提出结构在规定的设计使用年限内，应具有足够的耐久性能的要求。《混凝土结构设计规范》（GB 50010—2010）及《混凝土耐久性设计规范》（GB/T 50476—2008）针对混凝土耐久性设计提出了具体的要求与方法，包括混凝土的最大水胶比、最低强度等级、最大氯离子含量和最大碱含量等指标。

2.1.4　传统结构设计方法存在的问题

参照上述介绍的混凝土结构的设计要求，按我国现行设计规范开展混凝土结构设计时，采用的是以概率理论为基础的极限状态设计方法，其结构设计理念是基于人们对结构弹塑性受力性能的研究以及对结构使用性能的要求。在结构设计时，认为只要按规范规定的分项系数取值，即能满足相应目标可靠指标的要求。传统的结构设计理念主要存在三个方面的问题。

（1）设计指标相对独立，未能全面综合考虑各个方面的相互影响，尤其是耐久性对于安全性和适用性的影响，没有或者很少考虑荷载作用和材料自身性能随时间的变化。例如，就传统结构设计方法的具体表达公式来看，结构计算式中抗力分项系数的取值并没有考虑结构抗力随时间劣化的影响，结构整个生命周期内的可靠指标不一定能满足目标可靠指标的要求。

（2）设计指标考查的对象较为狭隘，缺少对混凝土结构生命周期内经济效益、生态环境效益、可持续发展能力等方面的综合评价及考核。

（3）考虑的时间范畴也较为狭隘，现行规范对混凝土结构的设计仅仅考虑了其施工和使用的过程，并未考虑混凝土原材料的开采、运输与加工；混凝土结构的运营维修、改造、加固、拆除以及再利用等环节。

随着节能减排和可持续发展的要求不断提高，混凝土结构的设计理念应站在生命周期的层面上，对传统性能评价指标进行进一步拓展和综合运用。

2.2　生命周期设计回顾

2.2.1　生命周期设计的发展历史

生命周期设计（Life Cycle Design），是考虑产品生命周期的设计。

生命周期设计理论最初来源于对传统产品设计的探究。早期，传统产品设计的原则主要有功能满足原则、质量保障原则、工艺优良原则、经济合理原则和社会使用原则。然而，随着现代工业的发展，环境污染、资源枯竭和生态破坏的状况日益严重，直接影响到了人类的生存环境。因此，人们开始逐渐认识到，为达到人与环境和谐发展，产品设计的原则还应该具有环境友好原则和资源有效利用原则，设计时应该站在生命周期的角度掌握产品在设计、生产、运输、销售、服务、使用、回收等阶段的生命周期属性。

一种产品的生命周期是指该产品从最初的开采物资，经过设计、加工制造、包装、运输和销售，直至进入市场并投入使用、维修，最终回归自然进行再循环或作为废物丢弃的过程，如图 2.1 所示。

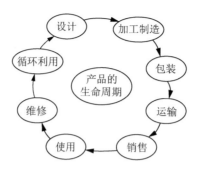

图 2.1　产品的生命周期

关于产品生命周期设计的研究与应用，始于 20 世纪 80 年代初的面向装配与拆卸的设计[1]。自 1985 年起，美国国家自然科学基金会（NSF）在 "Design Theory & Methodology Program" 这个项目中就开始了对产品生命周期设计的研究，目的是弄清楚产品开发的整个过程，并开发出合理的设计方法和工具，以提高设计质量和效率、降低开发成本。

自 20 世纪 90 年代初起，生命周期设计才初步形成系统的概念和结论，主要成果有：美国于 1992 年 9 月发表研究报告 "Green Products by Design: Choices for a Cleaner Environment"，于 1993 年发表研究报告 "Life Cycle Design Guidance Manual"；日本学术会议于 2000 年 4 月发表研究报告 "产品生命周期设计的基础学术问题"；欧盟于 2001 年发表相关集成产品政策（Integrated Product Policy，IPP）绿皮书[1]。

1990 年 8 月，国际环境毒理学和化学学会（Society of Environmental Toxicology and Chemistry，SETAC）在有关生命周期设计的国际研讨会上，首次提出了"生命周期评价"（Life Cycle Assessment，LCA）的概念。另外，国际标准化组织（International Organization for Standardization，ISO）也对 LCA 进行了较权威的定义和诠释。

SETAC 指出，LCA 是一个评价与产品、工艺或行动相关的环境负荷的客观过程，它通过识别、量化能源与材料的使用量以及污染物排放量，来评价这些能源与材料的使用对环境的影响。该评价涉及产品、工艺以及活动的整个生命周期，包括原材料提取和加工，产品生产、运输和分配，使用、再使用和维护，再生循环以及最终处置等一系列过程。同时，可将生命周期评价的基本结构归纳为 4 个有机联系的部分，即定义目标与确定范围（Goal and Scope Definition）、清单分析（Inventory Analysis）、影响评价（Impact Assessment）和改善评价（Improvement Assessment）。这一方法将在第 8 章做进一步介绍。

ISO 认为，LCA 是对一个产品系统的生命周期中输入、输出及其潜在环境影响的汇编和评价。在 ISO 14040 的系列标准中，把 LCA 的实施步骤分为目标和范围定义（ISO 14040）、清单分析（ISO 14041）、影响评价（ISO 14042）和结果解释（ISO 14043）4 个部分[2-7]。

2.2.2　工业产品生命周期设计历史

生命周期设计理论最初来源于对传统工业产品设计的探究，因此在工业产品中利用生命周期设计的例子较多。对于工业产品，商家们通常都希望它们能够为自己带来最大的经济利益，这样就要求产品具有较强的竞争力以满足消费者不断求新的消费需求。因此，研究产品的生命周期理论就显得尤为重要，产品的生命周期使设计者能更直观地从市场角度来观察一个产品的使用寿命和市场寿命，以便提出新的改进方案，对产品进行完善。

1969 年，美国中西部研究所受可口可乐公司委托，对饮料瓶进行了从原材料的开采到废物的最终处理的整个生命周期的跟踪与定量分析。尔后，一直到20 世纪 80 年代，生命周期评价开展的范围一直较小，而且局限于工业制成品，在评价过程中考虑的指标也很有限。20 世纪 80 年代以后，欧美国家中某些研究工艺流程和环境关系的科研机构和顾问公司对生命周期评价（LCA）方法进行了探讨，并引入了"能量输入输出流动平衡理论"来考察产品生命周期的各个环节，即从原材料开采、产品制造、运输与分配、使用、循环回收，直至最后废弃的整个过程。

例如，美国摩托罗拉（Motorola）公司曾基于生命周期理论对其手机外壳进行生态设计与改进。该公司针对手机外壳的四种喷涂技术——喷涂、真空镀、电镀及镶件注塑，展开了生命周期评价，并进一步开发了手机外壳生命周期数据库。该数据库的核心是手机外壳制造相关工艺过程中的能耗、物耗以及环境排放，这些数据有助于设计者识别与产品相关的环境表现。在上述分析基础上，该公司发现电镀比真空镀更具有环境上的优越性，且镍和锌是最值得关注的矿物原料，从而改进了手机外壳表面处理的工艺。

丹麦著名的电冰箱厂 GRAM 通过对其原有产品生命周期各个阶段的分析，发现电冰箱在使用阶段对资源和能源的消耗最大，而在用后的处理阶段对臭氧层损耗和全球变暖影响最大。在上述分析的基础上，该电冰箱厂设计出了低能耗、无氯氟烃（CFC）的新一代电冰箱 LER200，在市场上取得了很好的经济效益[8]。

汽车工业既是拉动世界经济发展的支柱产业，也是高消耗、高排放、高污染的重点行业。汽车作为一种复杂的现代工业产品，其制造、使用以及报废阶段对现代经济、社会的影响十分巨大。汽车产品的生命周期设计正是基于当代的实际情况，结合可持续发展的战略要求应运而生的。

由于较早受到交通领域能耗和排放所带来的环境压力，一些发达国家著名的汽车生产公司早已开始利用生命周期评价的方法对汽车进行设计与制造。1995年，日本丰田汽车公司研了一套汽车拆卸回收工艺，其中详细阐述了汽车拆卸程序。这一套工艺的研究使得公司产品具有良好的回收性，提高了其市场竞争力。1996年，德国大众汽车公司首次对其生产的一款 Golf 汽车进行了生命周期能源消耗和排放分析，包括车辆周期（材料生产、车辆制造、维护和车辆寿命末端粉碎）和燃料周期（原油开采、提炼运输、汽油/柴油燃烧以及废油处理）。此后，德国大众汽车公司对其投入市场的每款新车均发布了生命周期环境影响评价报告。瑞典沃尔沃汽车公司采用生命周期评价方法计算产品的环境影响，并依据计算结果出具产品环境声明，使消费者明确其产品的环境影响，为消费者购买汽车提供更详细的参考资料[9]。2010年，沃尔沃汽车公司在欧洲的所有新卡车都完成了生命周期评价。加拿大一家汽车分解公司 AADCO 在生命周期评价方法下建立了汽车塑料循环网络，在该网络下，能源需求和温室气体的排放下降了 50%[10]。目前在发达国家，汽车生命周期评价报告已经成为众多汽车公司宣传旗下汽车先进技术的一条不可缺少的途径。

国内生产的汽车中，就目前而言，很少有一款能够充分考虑生命周期的设计理念。目前国内汽车行业对汽车的生命周期设计主要体现在生命周期的某个阶段，较为常见的有汽车回收再利用、发动机的再制造及新能源汽车的开发等。但近年来上海部分企业也开始针对汽车整车回收处理启动了相关研发工作，说明生命周期设计越来越受到国内工业界的重视。

2.2.3　混凝土结构的生命周期设计可行性分析

就像汽车、家电等工业产品一样，混凝土结构同样可以视为一项产品，只是相对而言其规模更大、生命周期更长。仿照工业产品的生命周期，混凝土结构的生命周期是指：混凝土结构从原材料开采开始，经过原材料加工、运输、设计和施工，然后由消费者使用、维修，最终再生循环或作为废物处理的整个过程，如图 2.2 所示。

图 2.2　混凝土结构的生命周期

从前述混凝土结构设计的三大性能目标出发，衍生出了生命周期设计的三大核心指标，即时间指标、性能指标和经济指标。在生命周期分析和设计中，结构的安全性、适用性、耐久性是结构最重要的性能指标。这些性能指标在结构生命周期内是随着结构使用时间的变化而逐渐变化的，即结构性能具有时变性。从已有对结构性能变化发展的过程以及耐久性对安全性和适用性影响的研究来看，结构耐久性是结构的综合性能，耐久性反映了结构性能（包括安全性、适用性等）随时间的变化程度。从这个意义上来说，针对不同服役环境、受力状态、设计使用年限开展混凝土材料与结构的时变性能研究，考虑一种在生命周期框架下基于性能设计的耐久性极限状态是可行的。

另外，混凝土结构对环境的影响日益受到重视，为了满足工程结构可持续发展的要求，混凝土结构设计有关的考核指标需进一步拓展。于是相应地提出了绿色指标的要求，利用生命周期过程的碳排放量、生命周期材料回收再利用率等作为混凝土结构生命周期的绿色指标，对混凝土结构的可持续性进行评价。

建立混凝土结构生命周期设计方法，一方面需要以混凝土结构生命周期为研究对象，建立综合的性能评价指标体系（包括绿色指标和核心指标），提出基于时变性能的混凝土结构设计方法；另一方面，需进一步开展退役后混凝土结构重复利用的研究，建立再生或再利用混凝土结构的可持续性设计理论体系。

综合上述分析，站在混凝土结构生命周期的层面上，构建混凝土结构生命周期设计体系，提出混凝土结构生命周期设计方法是可行的。

2.3　混凝土结构设计拓展

按照生命周期理论，混凝土结构作为一个建筑产品系统，设计混凝土结构时所考虑的生命周期阶段应该加以拓展，在现有的设计理念上还需考虑到以下步骤：混凝土材料的开采与加工、运输、制备与养护、建筑施工、建筑装饰、建筑使用和维护、改造再利用、拆除、回收循环再生等基本过程。

2.3.1　骨料的来源、生产与加工

骨料也称为集料，是指在混凝土中起骨架或填充作用的组分，包括天然风化而成的漂石、砾石、卵石、砂等天然骨料和废混凝土经破碎、分级并且按一定比例混合后形成的再生骨料。工程上一般将骨料分为细骨料和粗骨料两种。

砂石作为建筑和基本建设所用的重要基础材料，到目前尚无其他材料能够替代。改革开放 30 多年来，在国民经济快速发展的强劲带动下，砂石行业也呈现出快速发展的趋势。全国砂石产量从 1981 年的不足 5 亿 t 增长到 2015 年的 120 亿 t，

为国家基础设施建设做出了重要的贡献[11]。

在骨料开采、加工过程中容易对自然环境和人类生产、生活环境产生破坏和危害，包括料场开采对植被和山坡稳定的破坏，破碎筛分过程中所产生的粉尘、噪声对环境的影响，冲洗筛分所产生的废水、废渣对河流、山谷、陆地自然环境造成的影响等。骨料的粗放式加工，需要很大的能耗，而且加工场地尘土漫天，会给周围居住环境带来严重污染。

因此，为混凝土建筑业的可持续发展，混凝土结构设计时必须考虑骨料来源和加工这一阶段，从而达到生产、加工优选的目标。天然骨料或人工骨料加工工艺流程的设计，应在满足混凝土骨料技术要求的前提下，尽量选择对环境影响相对较轻的干法生产工艺。选择湿法生产工艺时，必须采取合理的废水处理工艺对废水、废渣进行综合利用，变废为宝，尽量减少废渣的弃置，使其达到生态环保要求。

2.3.2　水泥的生产

凡磨细成粉末状，加入适量水后成为塑性浆体，既能在空气中硬化，又能在水中硬化，并能将砂、石等散粒或纤维牢固地胶结在一起的水硬性胶凝材料统称为水泥。

目前我国的水泥总产量居世界第一位，并且在未来一段时期内仍将维持在一个较高的水平。从国家统计局的数据中可以得知，2013 年水泥产量为 24.2 亿 t，2014 年为 24.92 亿 t，2015 为 23.48 亿 t。

水泥在生产过程中能源、资源的消耗量较高且污染物的排放量较大，对生态环境有极大的影响，主要体现在温室效应、不可再生能源消耗和不可再生资源消耗等方面。因此，在水泥工业快速发展的同时也带来了严重的能源、资源消耗及环境污染等问题。混凝土结构设计时，应该充分考虑到水泥的使用和运输环节，从而提高混凝土结构的可持续性。

2.3.3　混凝土的制备与养护

混凝土的制备与养护是混凝土结构工程施工的重要组成部分，合理地制备与养护混凝土将大大提高混凝土结构的可持续性，同样应在混凝土结构的生命周期设计中加以考虑。

目前，我国混凝土结构施工主要有三种混凝土制备方式，即搅拌站生产、施工现场集中搅拌合施工现场零星少量混凝土搅拌。可持续的混凝土结构设计应当优先选用搅拌站生产方式。因为搅拌站生产属于专业化工厂生产，具备资质，生产工艺成熟，且生产条件符合环保、节能等要求，其制备的混凝土质量比较稳定。

目前我国大中城市均已建立数量众多的搅拌站，搅拌站生产已成为土木工程结构混凝土的主要制备方法。

施工现场如果受到条件限制或由于其他原因不能采用预拌混凝土，施工规范允许在施工现场搅拌混凝土，但宜首选现场集中搅拌的方式。所谓集中搅拌，是指采用具有自动计量装置的搅拌设备在施工现场搅拌。集中搅拌由于采用的搅拌、计量设备以及混凝土的生产方式均与搅拌站相同，能够较好地控制混凝土拌合物的质量，达到和预拌混凝土基本相同的水平。当上述条件均不具备时，才允许采用第三种方式，即在施工现场采用人工计量、机械搅拌的方式制备混凝土。这种在各个施工现场小规模分散制备的方式，所得混凝土的质量稳定性和保证率显然不如前两种方式[12]。

在混凝土的养护过程中，要避免低温、干燥及温度急剧变化带来的有害影响，同时还要防止在硬化过程中受到冲击、振动及过早加载，要采取相应的保护措施以及促使其正常硬化或加快硬化的措施。混凝土的养护将直接影响到混凝土的力学及使用性能，建议今后可以考虑建立一支专业化的队伍，以实现混凝土养护的专业化。

2.3.4　混凝土结构的改造与再用

随着城镇化建设的大力推行，既有房屋的改造、加固日益增多，有的由于使用功能改变而导致荷载增加；有的为增加使用面积，在层高较大的部位或在屋顶上进行夹层或加层；有的为满足节能有关规定，需将楼层周边凹凸部分补平改造；有的需要进行抗震加固；有的由于遭受火灾、超载、地基不均匀沉降等原因需要进行加固处理等。今后，既有房屋的改造加固设计工作将会越来越多，因此，建筑结构设计人员应不仅能熟练地从事新建筑的结构设计，还要熟悉和掌握既有房屋的改造和加固设计工作。

既有建筑的改造，是研究建筑生命的后半部分，其改造类型可分为以下三类，即既有建筑的维护改造、既有建筑功能改变的再利用改造、既有建筑拆除后的循环再生利用。

既有建筑的改造与再用，从环境角度讲，它使老化或废弃的既有建筑获得再生，而不是将其拆除重建，这样既节约了土地资源和建筑材料，也避免了产生大量的建筑废物；从经济角度讲，对旧建筑实现再利用一般比新建建筑节约1/4～1/3 的费用，主要原因是其施工工期大大缩短，意味着投资方可以在短期内收回投资；从社会效益角度讲，借助于已经成熟的社区和公共设施，既有建筑在改造后可以延续原有的城市空间肌理与文脉，保留人文历史符号，促进社区的活力与健康发展。

加固建筑项目也属于建筑产品的一种，由于建筑已经存在并且运营使用了一段时间，因此既有建筑结构加固项目生命周期经济分析中的全寿命周期应该是建筑的剩余寿命期，包括结构加固项目决策过程、设计过程、实施过程、项目运营维护过程和拆除过程。

既有建筑结构加固项目全寿命经济分析的最终目的，是为对既有建筑结构进行加固维修，寻求在既有建筑剩余寿命周期内，费用最佳的加固维修决策方案。

除了混凝土结构房屋改造再用以外，今后，混凝土结构桥梁、隧道等的改造再用任务也会越来越多，值得工程界关注。

2.3.5　混凝土结构的拆除与再生

据统计，目前我国建筑平均寿命仅为 30 年，而欧美等发达国家如英国、法国、美国的建筑平均寿命分别是 125 年、85 年、80 年。在我国，许多建筑未达到设计使用年限即被拆除，甚至有些建筑刚投入使用不久即被拆除，这不仅造成了资源和能源的极大浪费，还产生了大量建筑废物，造成了严重的环境问题。

建筑使用寿命短的主要原因有：城市规划变更频繁，规划调整导致大量建筑物被拆除；建筑维护维修不及时，损坏严重，影响使用；建筑材料耐久性差或施工质量不高；对使用空间和用途不能满足新要求的建筑，多采用拆除的方式。

随着城镇化进程的加快，社会对混凝土的需求量迅速增加。作为混凝土重要原材料的粗细骨料出现了明显不足和质量下降的问题，因此对数量庞大的废旧混凝土进行合理的回收利用，既解决了天然粗细骨料缺少的问题，又节省了废旧混凝土填埋费用，并有利于环境保护，对获得良好的社会经济效益可起到不可估量的有利作用。

2.3.6　闭合型生命周期框图

以往的生命周期都是直线型的，即"从摇篮到坟墓（Cradle-to-Grave）"的模式。对于某个产品而言，就是从自然中来，回到自然中去的全过程，包括制造产品所需的原材料的采集、加工等生产过程；产品储存、运输等流通过程；产品的使用过程以及产品报废或处置等废弃回到自然过程。

新的闭合型生命周期则是一种"从摇篮到摇篮（Cradle-to-Cradle）"的模式。在生命周期内，信息流动不仅要求可以向前继续进行，还可以作为反馈循环流动，这一概念和系统称作闭合型生命周期。在荷兰，代尔夫特大学提出了代尔夫特阶梯，如图 2.3 所示，以图解的形式描述了结构的闭合型生命周期[13, 14]。

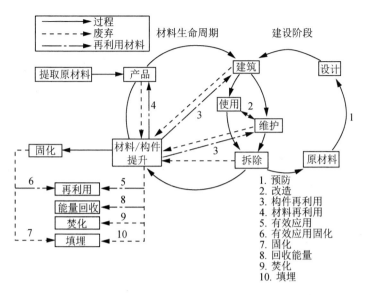

图 2.3　代尔夫特阶梯[13,14]

2.4　生命周期与可持续性的关系

2.4.1　混凝土结构可持续性的定义

世界环境与发展委员会（WCED）在 1987 年《我们共同的未来》报告中，把可持续发展表述为"既满足当代人需要，又不对后代人满足其需要的能力构成危害的发展"。所以，可持续性包含了对我们的子孙后代的利益予以尊重的含义。但即使这样，仍然存在着许多不同意见和不确定性[15]。

可持续性对不同的人和不同的行业有不同的意义，而且涉及的领域很广泛，不仅包括通常所理解的环境资源方面，还包括社会、经济、文化等方面。可持续发展是一种思想，一种处理事情的方法，是一个抽象的蓝图，要具体对可持续性进行各方面都较系统的定义，是极为困难的，也一定是不完备的。但是，根据不同行业领域的状况，以及对可持续性原则的把握，可以对某一具体领域的可持续性进行不同层次的定义，在满足可持续性各项原则的基础下，这些定义都是相通的。

"可持续性"是指一个特定空间的可持续发展系统，在规定目标和预设阶段内，可以成功地将其发展速度、协调度和持续度，稳定地约束在可持续发展目标的阀值内的概率。它是一个特定的系统成功地延伸至可持续发展目标的能力，即一个系统可以达到可持续状态的水平[16]。Herman Daly 在 1991 年提出可持续性由三部分组成：一是使用可再生资源的速度不超过其再生速度；二是使用不可再生资源的速度不超过其可再生替代物的开发速度；三是污染物的排放速度不超过环境的自净容量[17]。Mohan Munasinghe 和 Walter Shearer 认为，可持续性应该包括：一是生态系统应该保持稳定，不随时间衰减；二是生态系统可以无限地保持永恒存在的状态；三是生态系统资源潜力永恒得到保持[18]。

土木工程的可持续性主要涉及以下几个方面：第一是合理利用自然资源，包括节约能源、节约土地和既有土木工程设施的再利用等；第二是拓展现有的生存空间，包括向太空、向地下、向海洋和沙漠的拓展；第三是开发和利用再生资源和绿色资源，包括再生混凝土和其他绿色工程材料等。

目前一些学者已对建筑的可持续性以及对建设项目的可持续性进行了相关定义。

建筑"可持续性"定义可从两个层面来阐述[19]：从宏观方面，它指在使用功能上既能满足当代人当前的需要，又考虑能适应或者不危害后代人对其建筑功能的种种需要，同时在能源使用上不仅能考虑当前利益与经济关系，又能考虑后代的利益与经济的关系，尽可能地使资源得到高效利用的建筑；从微观方面，它是指在建筑的生命周期内（包括各类建筑物和环境设施的选址、规划、设计、施工、运营、改建、拆除以及所用的建筑材料、构件和设备的生产、运输、安装等）都必须贯彻最大限度节省资源，最大程度减少对自然环境的破坏，营造健康舒适的人类居住环境的可持续发展理念。

建设项目"可持续性"定义，有学者表述为[16]：建设项目的可持续性是指建设项目成功地延伸至可持续发展目标的能力，即项目可以达到可持续状态的水平，并且指出建设项目的可持续性具有高度的复杂性：一是生命周期，注重工程项目规划、设计、施工、运营一体化；二是体现社会、环境和历史对工程项目的要求；三是工程项目经济、技术（包括结构、设备、建材）、管理、法律的综合。也有学者将建设项目可持续性定义描述为[19]，建设项目在其生命周期内，维持各种效应和影响之间的动态均衡，约束发展速度和发展质量相互适应，可以成功地延伸至项目目标的属性。可持续性体现了建设项目一个特定的状态，同时也蕴含了项目的一种能力。

关于混凝土结构的"可持续性"定义，还没有什么明确的表达。有学者认为，可持续的混凝土结构是基于已有技术和经济条件，将整个混凝土结构作为一个整体，充分考虑和实施了有效措施，使其对环境影响最小的结构[20]。

综合上述对可持续性的不同的见解，本书认为，混凝土结构可持续性是指在从混凝土材料开采与运输、混凝土结构设计与建造、混凝土结构使用与维护一直到混凝土结构拆除与资源化的生命周期内，混凝土结构在满足安全性和适用性的前提下，具备资源消耗最小、环境影响最低、经济和社会因素相协调的总能力。

2.4.2 在生命周期框架下考察混凝土结构可持续性

我国现行的《绿色建筑评价标准》（GB/T 50378—2014）中有关建筑环境影响评价的判断依据，对建筑材料仅有一般性的要求，没有涉及原材料开采、生产和运输，也没有考虑结构建造和维护以及最终废弃处置过程中对环境的影响。

相同形式的建筑，使用寿命较长的会比使用寿命较短的对环境的影响小，因为考虑相同的时间下，寿命较短的建筑会提前进入第二个生命周期。假设各生命周期阶段所产生的环境影响相近，则平均下来，寿命较长的建筑对环境的影响较小。

生命周期方法涉及建材产品生产过程的综合能耗和环境影响指标，而这些指标对最终的评价结果有非常重要的影响。因此，从生命周期的角度来考虑建筑的可持续性，才能合理评价建筑材料和建筑物对环境的影响。

代尔夫特阶梯的提出是为了帮助设计者确保最有效地利用物质资源，减少运送到垃圾填埋场的建筑废物量，从而实现可持续的目的。在闭合型生命周期的指导下，混凝土结构的可持续性设计应该考虑的先后次序如下所述。

（1）预防——考虑如何在设计时避免废弃物产生。例如，在建筑系统设计之初，就考虑到未来结构的可拆装性和可回收性。

（2）改造加固——考虑如何延长建筑结构的使用寿命。例如，通过改造加固建筑物及其构件的方式，让建筑物再继续保持使用，避免拆除，减少材料的消耗和污染。

（3）构件再利用——考虑如何实现一个构件被移除后可重复使用。通过维护、修缮和翻新等方法，重复再利用建筑结构的构件，再现建筑设计的初衷和功能。

（4）材料再生利用——考虑如何实现建筑拆除后其材料的再生使用（如再生混凝土、再生砖等）。

（5）其他应用方式——考虑如何将材料或元件进行回收或新的应用加以重复使用。例如，在临时结构中使用废弃材料、构件等。

我国已经成为世界上建筑量最大的国家，随着节能减排和可持续发展要求的进一步深入，改变传统的高消耗产业，发展绿色建筑成为必然选择。对于绿色混凝土结构建筑，我们不仅关注建造过程对环境资源的消耗，还应进一步关注其生命周期的各个环节对能源、环境的需求和影响，真正实现混凝土结构的可持续性设计。

2.4.3 在可持续性的要求下审视混凝土结构生命周期

在可持续性的要求下审视混凝土结构生命周期，就是要实现混凝土结构生命周期各个阶段的"绿色化"。所谓绿色化，是指在生命周期内的每一个环节，最大限度地节约资源（节能、节地、节水、节材）、保护环境、减少污染。若混凝土结构生命周期的各个阶段都能满足可持续性的要求，则可以带来显著的环境、经济和社会效益。

为实现生命周期中水泥、骨料生产阶段的可持续性设计，生产制造阶段可以采取以下措施：以工业固体废物为主要原料，通过水泥生产工艺制造水硬性胶凝材料，并且与普通水泥混合用于制备混凝土；优化改进水泥生产工艺，将旋转立窑与窑外预分解技术结合起来。

生命周期中的施工阶段，为了解决机械化、自动化施工过程中带来的噪声、粉尘污染问题，施工阶段可以使用免振捣的自密实高性能混凝土。自密实高性能混凝土无须振捣，靠自重能均匀、密实地填充模板或其他构件，和易性好，具有优良的施工工作性能。

生命周期中的使用阶段，一般来说，普通钢筋混凝土结构的使用寿命在 50 年左右，而高性能混凝土建造的混凝土结构寿命可达 100 年以上。增加混凝土结构的耐久性，可大量降低能源和资源的消耗以及大量节约投资金额，同时也可减少拆建带来的环境污染与生态影响。

2.4.4　新一代的设计方法——可持续性设计

现代混凝土材料科学技术和工程应用技术的发展，为混凝土作为 21 世纪最主要的土木工程材料奠定了基础，从中国的发展实践来看，混凝土是最主要的工程建筑材料之一。

由于水泥产业高能源消耗、高 CO_2 排放的特性，从低碳经济的意义上来说，中国水泥混凝土材料产业的发展给可持续发展带来了严峻的挑战。一些大城市如北京、上海已经严格限制了水泥产业的发展，甚至将水泥产业迁出城市。基于混凝土生产和应用的现状，为实现可持续发展，需要从以下几个方面考虑。

1）水泥和混凝土材料生产使用减量化

2014 年，我国水泥产量已超过 24 亿 t，按照一般混凝土中水泥的用量，相当于 72 亿 t 左右的混凝土。按每 m^3 混凝土约 2.5 t 重计，即每年要消耗 180 亿 t 的砂石、水泥等天然及人造资源。因此，对水泥与混凝土产业来说，"减量化"是必然的选择，而应用高性能及超高性能混凝土是实施"减量化"的重要举措。

2）发展再生骨料混凝土

在利用建筑废物制造再生骨料和再生混凝土及相关制品方面，我国已经取得了一些进展。但是，如果考虑材料加工过程中的能源与自然资源消耗及碳排放，真正解决问题的方法不仅是如何使用再生骨料，而且是如何从源头减少建筑废物。

3）混凝土掺合料的工业化制造

矿物掺合料能够在很多方面改善混凝土的性能。目前，中国 70%的电力来自于燃煤电站，这使得中国年产高炉矿渣 1.5 亿 t、磨细粉煤灰 7 亿 t。同时，采矿业的各种尾矿（如锂矿）、化工业的磷矿以及钢铁业的钢渣等大量固体废弃物都亟待处理与功能化。当经过均化、超细化、表面改性、级配调整、热活化等处理后，这些材料将会为高性能混凝土的发展提供重要支撑。

4）全面推广应用高性能混凝土

水泥和混凝土需求日益增长的一大原因是混凝土性能低和质量差导致的混凝土结构使用寿命过短。全面推广应用高性能混凝土能够延长混凝土建筑物的服役寿命，是混凝土建筑业最大的节能减排，也是对水泥混凝土材料的最大节约。

目前针对高性能混凝土结构的设计使用年限都超过 100 年，我国政府已经提高了住房和基础设施建筑的设计寿命要求，住房城乡建设部在《建筑业"十二五"发展规划》中提出，"十二五"期间高性能混凝土的用量要达到 10%以上。住房和城乡建设部、工业和信息化部于 2014 年 8 月 31 日专门联合发文，强调推广应用高性能混凝土。

5）设计及应用标准化高性能混凝土预制构件

北京、上海、沈阳等大城市政府主管部门，已经出台促进发展预制混凝土建筑的鼓励性政策。预制混凝土建筑要采用高性能混凝土材料、高性能保温隔热材料和高性能防水密封材料，确保预制混凝土建筑绿色设计、绿色制造、绿色施工。同时，推广设计标准化构件，提高工业化水平和生产效率，使得预制混凝土建筑拆除时能更多地回收和重复使用标准化的预制混凝土构件。

6）可回收、高附加值混凝土

由于混凝土的回收目前还只是作为再生骨料重复利用，因此现行中国绿色建筑评价标准中并未将混凝土作为绿色材料。目前有两个主要问题需要解决：一是较多废混凝土中掺杂废砖，再生骨料的质量较低，只能配制低强度等级混凝土和制品；二是许多细粉材料不能得到很好的利用。为此，可以采用优化破碎加工工艺和分级使用再生骨料等措施，提高回收废混凝土的附加值。

已有的研究表明，由于采用天然河砂作为细骨料，回收利用的废混凝土作为水泥生料的易烧性很差。因此，在选用混凝土原材料时，应考虑是否适合于用作水泥原材料。对于废混凝土加工过程，采用先进的粉体加工技术，以提高再生粉体的利用价值，也是今后的一个发展方向。

2.5　本 章 小 结

本章从混凝土结构的安全性、适用性和耐久性等传统结构设计理念的回顾入手，对比并分析了以往设计方法的不足。通过把混凝土结构看作一种基础工业产品的方式，借鉴汽车工业的设计实践和最新理念，拓展了混凝土结构生命周期。基于闭合型生命周期分析方法，将再生利用这一重要环节补上，引出了混凝土结构基于生命周期设计的可行性分析。

最后，本章提出了混凝土结构可持续性设计的定义，并探讨了从生命周期视角开展混凝土结构设计与施工的重要性和必要性。

参 考 文 献

[1] 于随然. 产品全生命周期设计与评价[M]. 北京: 科学出版社, 2012.

[2] THORMARK C. A low energy building in a life cycle-its embodied energy, energy need for operation and recycling potential [J]. Building and Environment, 2002, 37（4）: 429-435.

[3] 彭文正. 以生命周期评估技术应用于建筑耗能之研究[D]. 中国台湾: 台湾朝阳科技大学, 2003.

[4] 王小兵, 邓南圣, 孙旭军. 建筑物生命周期评价初步[J]. 环境科学与技术, 2002, 25（4）: 18-20.

[5] 陈利, 陈卫. 建设项目环境影响因素分析[J]. 城市环境与城市生态, 2003, 16（6）: 236-237.

[6] 王寿兵, 王如松, 吴千红. 生命周期评价中资源耗竭潜力及当量系数的一种算法[J]. 复旦学报（自然科学版）, 2001, 40（5）: 553-557.

[7] BENGTSEN M. Weighting in practice: implications for the use of life-cycle assessment in decision making [J]. Journal of Industrial Ecology, 2001, 4（4）: 47-60.

[8] 杨建新. 产品生命周期评价方法及应用[M]. 北京: 气象出版社, 2002.

[9] 李书华. 电动汽车全生命周期分析及环境效益评价[D]. 长春: 吉林大学，2014.

[10] 尹家绪. 基于产品生命周期工程的汽车制造业制造模式研究及其应用[D]. 长春: 吉林大学，2008.

[11] 胡幼奕. 我国砂石行业的发展现状及趋势[J]. 混凝土世界, 2013（12）: 14-20.

[12] 张元勃, 冷发光, 李小阳.《混凝土结构工程施工规范》GB 50666—2011 编制简介——混凝土制备与运输[J]. 施工技术, 2012, 41（06）: 1-7.

[13] ADDIS W, SCHOUTEN J. Design for reconstruction-principles of design to facilitate reuse and recycling[M]. London: CIRIA, 2004.

[14] KRISTINSSON J, HENDRIKS C F, KOWALCZYK T, et al. Reuse of secondary elements: utopia or reality[C]. CIB World Building Congress, Wellington, New Zealand, 2001.

[15] TOMA M A, 夏光. "可持续性"定义的困难[J]. 世界环境, 1995（3）: 4-6.

[16] 成虎, 叶少帅. 关于建设项目"可持续性"的研究[J]. 铁道工程企业管理, 2005（5）: 12-14.

[17] HOLDREN J P, DAILY G C, EHRLICH P R. The meaning of sustainability: biogeophysical aspects[J]. Defining and Measuring Sustainability: The Biological Foundations, 1995: 3-17.

[18] MUNASINGHE M, SHEARER W. An introduction to the definition and measurement of biogeophysical sustainability[M]. Defining and Measuring Sustainability. The Biogeophysical Foundations. The United Nations University and The World Bank, Washington, DC, 1995.

[19] 朱嬿, 牛志平. 建设项目可持续性概念与后评价研究[J]. 建筑经济, 2006（1）: 11-16.

[20] 段建华. 可持续混凝土结构用预应力钢的发展展望[A]//中国土木工程学会混凝土及预应力混凝土分会, 中国建筑科学研究院. 第十一届后张预应力学术交流会论文集. 中国土木工程学会混凝土及预应力混凝土分会, 中国建筑科学研究院, 2011: 9.

第3章 混凝土结构减量设计与防灾

人口数量的增多，加大了资源的消耗，特别是土木工程领域中的消耗，随着城镇化建设的推进，每年建筑材料的使用量非常巨大。混凝土结构为社会建设、经济发展提供基础动力的同时，也给环境和能源带来了不少负面影响。在我国，随着混凝土基础工程建设的迅猛发展，钢筋、水泥的用量持续快速增长，所带来的环境问题亟待解决。

目前在工程界较为熟知的"3R"（Reduce，Reuse，Recycle）理念，是实现混凝土结构可持续性设计的重要措施。其中，"Reduce"即"减量化"，主要是指直接从源头上减少设计、建造中产生的碳排放量和废物的数量，是混凝土结构可持续性设计需要考虑的第一要素。若能在保证结构安全的情况下，减少材料用量或延长结构使用寿命，将会产生巨大的环境、经济和社会效益。

为了适应国家可持续发展的需要，建设资源节约型社会，混凝土结构设计时，需要十分重视混凝土结构的减量与防灾，即实现混凝土结构的"Reduce"。具体设计时要做到：在材料层面上，应该合理选择材料，提高材料的性能指标；在结构构件层面上，应该加强结构构件在地震、火灾等灾害下的抵抗能力，概括起来主要有以下方式。

（1）混凝土结构组分材料本地化。这样可以减少运输距离，从而降低能耗、成本以及减少交通运输工具排放的污染物。

（2）混凝土实现高性能化。这里所说的高性能化，不仅仅是高强度，还包括混凝土良好的施工性、变形能力和耐久性。

（3）钢筋实现高性能化。例如，可以使用能抗腐蚀的配筋材料[1]代替混凝土结构内的中、低强钢筋（配置于普通钢筋混凝土结构）和高强钢丝、钢绞线（配置于预应力混凝土结构）等。

（4）提高混凝土结构防灾减灾的能力，如抗震性能和防火性能。要保证结构即便发生了地震和火灾，依旧具备良好的力学性能，这样既能满足人们的逃生需要，又可以在适当加固和修补后继续使用，从而减少了废混凝土的产生。

（5）充分发挥混凝土材料的性能，开发新型结构体系。采用合理的结构体系和结构形式，如薄壳结构、组合结构，实现混凝土材料性能的扬长避短。

3.1 混凝土结构原材料减量化

3.1.1 混凝土材料的本地化

混凝土一般是由水泥、细骨料、粗骨料、水和外加剂拌制而成。在一般土木工程项目中混凝土结构所需要的混凝土用量巨大，若能就地取材，使混凝土的组分材料本地化，则可缩短运输距离，大大减少运输成本。因此混凝土组分材料的本地化是减少运输过程资源和能源消耗、降低环境污染的重要手段之一。判定材料是否本地化的一个重要指标就是运输距离，运输距离是指建筑材料的最后一个生产工厂或场地到施工现场的距离。建材本地化的评价方法为：核查材料进场记录、本地建筑材料使用比例计算书以及有关证明文件[2]。

　　混凝土材料的本地化是节材设计的重要理念。美国绿色建筑评价标准（Leadership in Energy and Environment Design，LEED）对绿色建筑的评价条款数目所占的分值如表 3.1 所示，从中可以看出"材料和资源"这一项在各种建筑物的绿色评价中占有很大的比例。

表 3.1　LEED 评价分类及评分条款数目所占分值

项目	新建和大修项目	既有建筑	商业建筑室内	建筑主体与外壳	学校项目
可持续场地设计	14	14	7	15	16
有效利用水资源	5	5	2	5	7
能源和环境	17	23	12	14	17
材料和资源	13	16	14	11	13
室内环境质量	15	22	17	11	20
革新设计	5	5	5	5	6

　　在我国《绿色建筑评价标准》（GB/T 50378—2014）中，对选用本地生产的建筑材料数量进行了评分，评价总分值为 10 分，根据施工现场 500 km 以内生产的建筑材料质量占建筑材料总质量的比例按表 3.2 所示规则进行评分。

表 3.2　本地生产的建筑材料评分规则

施工现场 500km 以内生产的建筑材料质量占建筑材料总质量的比例 R_{1m}	得分
$60\% \leqslant R_{1m} < 70\%$	6
$70\% \leqslant R_{1m} < 90\%$	8
$R_{1m} \geqslant 90\%$	10

　　由于混凝土材料的随机性较大，决定采取材料本地化的措施后，应对本地相关的原材料进行调研、分析和筛选，并结合当地气候、施工环境进行制备工艺和性能参数的研究，研制出最适合本地使用且经济性良好的混凝土材料。

3.1.2　混凝土材料的高性能化

1. 高强混凝土

　　为了适应现代经济发展的需要，满足高层建筑、大跨度结构的设计要求，高强混凝土被越来越多地运用到实际工程中。以常规水泥、砂石为原材料并采用常规工艺配制生产的现代高强混凝土，是从 20 世纪 70 年代初期开始在混凝土组分中引入高效减水剂之后逐步发展起来的。高强混凝土用于建筑工程中，可以减小构件尺寸，节约材料用量，增大使用面积，减轻结构物自重[3]。在我国，通常将强度等级达到或超过 C60 的混凝土称为高强混凝土，这一标准比较适合我国的国情，并被中国土木工程学会高强与高性能混凝土委员会所认同[4]。美国至今仍采用美国混凝土学会（American Concrete Institute，ACI）在 1984 年提出的以圆柱体抗压强度标准值达到或超过 55MPa 的混凝土为高强混凝土的分类标准。

为了配制质量合格、性能良好的高强混凝土，我国《高强混凝土应用技术规程》（JGJ/T 281—2012）[5]对选用的原材料（包括水泥、矿物掺合料、细骨料、粗骨料、外加剂以及水等）进行了相应的规定，对各组分的比例也有相应的要求。相对于普通混凝土，高强混凝土主要具有以下几个优点。

（1）强度高。高强混凝土的抗压强度高于普通混凝土，特别是在以受压为主的构件（如钢筋混凝土柱和拱壳）中使用高强混凝土，可大幅提高承载力。

（2）流动性大，早期强度高。高强混凝土在配制过程中使用了高效减水剂等外加剂，能同时增加混凝土的坍落度和早强性能。其流动性大，可采用泵送等机械化施工工艺；其早期强度高，施工中可以早期拆模，缩短拆模时间间隔，加速模板的周转，缩短施工周期，提高施工效率。

（3）总用量少。使用高强混凝土，可以减小结构的截面尺寸，从而减少结构所用混凝土的总量，增加有效使用面积。

因此，高强混凝土的应用可显著增加建筑有效空间和跨度，其社会和经济效益十分显著。表 3.3 展示了我国部分应用高强混凝土工程的情况[6]。

表 3.3　国内部分应用高强混凝土工程

建筑名称	层数	高度/m	用途	强度等级	高强混凝土用量/m³
武汉世贸大厦	58	222	混凝土柱	柱 C55，基础 C60	16 000
深圳鸿昌广场大厦	59	218	混凝土柱	C60	8 092
北京航华科贸中心主楼	34	142.5	混凝土柱	C60	2 000
长沙国际金融大厦	43	163	混凝土柱	C55	12 000
柳州银龙大厦	26	100	混凝土柱	C55	3 820
上海金茂大厦	88	382	钢柱加混凝土	C60	17 488

随着现代高强混凝土技术的发展，对高强混凝土的应用已不仅仅满足于强度和工业化生产施工的需要。比如，美国在高层建筑钢管柱中采用 C120 强度等级的高强混凝土只是出于增加结构刚度的需要，挪威采用 160 MPa 高强混凝土修筑道路则是为了防止冬季带钉防滑轮胎造成路面磨损。

另外，高强混凝土在破坏时容易出现脆性破坏，为解决这个问题，可以通过箍筋与型钢等对高性能混凝土进行合理的约束，从而增加其延性。

2. 高性能混凝土

目前绝大多数的基础设施需要用到混凝土，其中大量的混凝土结构正面临着老化困扰，混凝土的维修与更新将带来众多环境、经济和社会问题。20 世纪 80 年代末期，基于现代高强混凝土技术的"高性能混凝土"的概念被正式提出，随后以高工作性和高耐久性为主要特征的高性能混凝土在全球范围内得到了较为广泛的发展与应用，有效缓解了混凝土老化的问题。

高性能混凝土（High Performance Concrete，HPC）是指采用常规材料和工艺生产的，具有混凝土结构所要求的各项力学性能，具有适宜强度、高耐久性、高工作性和高体积稳定性的混凝土[7]。

为了使混凝土满足高性能的要求，一方面要降低混凝土的渗透性，另一方面要提高混凝土的流动性。从这两方面出发，可以归纳出制备高性能混凝土的技术途径主要有限制水灰比和胶凝材料用量、添加矿物掺合料和加入高性能减水剂等。

目前，高性能混凝土已经在世界范围内广泛应用，主要集中于桥梁工程、多高层建筑、预制混凝土构件、港口和海洋工程以及特种结构中。例如，美国华盛顿的 Pasco-Kennewick 桥、纽约 Trump 塔楼、日本的 Kalllinohislna 公路桥以及我国的衡广复线武水大桥等。

虽然高性能混凝土具有高体积稳定性、高耐久性等优点，但值得注意的是，高性能混凝土由于密实度高，使得其在火灾下，更容易爆裂，且高性能混凝土的强度随温度升高而下降的情况比普通混凝土更加严重。

3.1.3 钢筋材料的高性能化

高强钢筋是指抗拉屈服强度达到 400 MPa 级及以上的螺纹钢筋，如我国的 HRB500 和 HRB400 级钢筋。高强钢筋一般是通过对钢筋成分的微合金化而开发出来的，具有材质稳定、物理性能良好等特点，我国现行的代表钢种主要有 20MnSiV、20MnSiV（N）、20MnSiNb 等。《热轧带肋钢筋》（GB 1499.2—2007）[8] 对钢筋的屈服强度 R_{eL}、抗拉强度 R_m、断后伸长率 A 以及最大力总伸长率 A_{gt} 等力学性能特征值进行了相关规定，如表 3.4 所列各力学特征值，可作为交货检验的最小保证值。

表 3.4　高强钢筋力学特征值

牌号	R_{eL}/MPa	R_m/MPa	A/%	A_{gt}/%
	≥			
HRB400	400	540	16	7.5
HRB500	500	630	15	

　　由于高强钢筋优异的性能，2012 年住房和城乡建设部、工业和信息化部颁布了《关于加快应用高强钢筋的指导意见》：对大型高层建筑和大跨度公共建筑，优先采用 500 MPa 级螺纹钢筋，逐年提高 500 MPa 级螺纹钢筋的生产和使用比例。对于地震多发地区，重点应用强屈比高、均匀伸长率高的高韧性抗震钢筋。

　　采用高强钢筋主要有以下原因。

　　（1）随着建筑结构高度、跨度以及荷载的增加，市政工程基础设施和高层建筑等工程结构对钢筋性能的要求不断提高。为满足结构的安全性以及抗震性能，在提高钢筋强度的同时，还需具备良好的综合性能。文献[9]中对采用不同强度等级的钢筋组成的钢筋混凝土框架结构进行了研究，结果表明配 500 MPa 级钢筋的框架结构具有良好的耗能能力。

　　（2）对于高强材料结构，只要结构具有足够的阻尼耗能能力，同样可以抵御地震作用。在地震作用下，由于使用高强材料，结构依然处于弹性范围，其变形可自行恢复，可以预计，其结构损伤会较小。由于高强钢筋具有比较强的自复位能力，结构在震后的残余变形明显较小，减小了结构在地震中的损坏程度，从而降低了结构震后修复的难度和费用。

　　（3）应用高强钢筋可以节约钢筋和混凝土用量，降低工程成本，获得巨大的直接或间接经济效益。根据测算，如果能够按照规范的要求，将钢筋混凝土的主要受力钢筋强度提高到 400～500 MPa，则可以在目前用钢量的水平上节约 10% 左右，我国每年钢筋消耗量为 6654.61 万 t，这样算下来，可节约钢材 665 万 t。按 2015 年 7 月份国内螺纹钢平均价格约 1900 元/t 计算，2014 年可节省资金约 126.45 亿元。除可以获得以上直接经济效益外，应用高强钢筋还可以获得巨大的间接经济效益，如减少能源消耗和污染物排放。现在钢材的价格越来越便宜，为高强钢筋的普及提供了方便，因此，大力推广高强钢筋可以明显提高建筑企业的经济效益。

　　（4）高强材料的应用，解决了目前建筑结构中"肥梁胖柱"的问题，不仅能增加建筑使用面积，还可以使结构设计更加灵活和轻盈，增加建筑的使用功能。另外，采用高强材料还可以提高施工作业效率，提高建筑质量，延长建筑使用寿命，减少维护费用，以及避免钢筋过于密集，难以施工或施工质量不易控制。

　　（5）在经济高速发展、基础设施不断完善的同时，我国经济发展模式正逐渐由粗放耗能型向资源节约型和环境友好型发展。采用高强钢筋可以节约大量的能源、电力、运输、加工费等，减少烟气、粉尘和污染物的排放。

　　（6）目前发达国家已很少生产和使用强度等级 400 MPa 以下品种的钢筋，我国一些国外企业已用到强度等级 500 MPa 高强钢筋，一些地方已提出高强钢筋的相关规范，如苏州行业标准《热处理带肋高强度钢筋混凝土结构技术规程》（JG/T 054—2012）。全国推广使用高强钢筋和制定相应的规范标准势在必行。

　　在使用高强钢筋时，需要注意的是，并不是钢筋强度越高，对结构性能越有利。尽管高强钢筋的强度增加，但高强钢筋的弹性模量增加幅度有限。因而与低强度等级钢筋相比，高强钢筋达到其屈服强度时，必然会产生更大的变形。这将使结构产生过大的变形和裂缝，进而影响结构的耐久性，导致构件更容易发生脆性破坏，不利于地震时逃生，以及震后的加固重建。

3.1.4　其他新型材料的应用

1.　纤维增强复合材料

复合材料是指由两种或两种以上不同性质的材料复合而成的新型材料，主要由增强材料和基体材料构成。根据其中增强材料的形状，复合材料可分为颗粒复合材料、板式复合材料、层叠式复合材料和纤维增强复合材料等。

纤维增强复合材料（Fiber Reinforced Polymer/Plastic，FRP）是由纤维材料与基体材料按一定比例混合，并经过一定工艺复合形成的高性能新型材料。这种材料从20世纪40年代问世以来，在航空、航天、船舶、汽车、化工、医学和机械等领域得到广泛的应用。近年来，FRP以其高强、轻质、耐腐蚀等优点，开始在土木与建筑工程结构中得到推广应用，并受到工程界的广泛关注[10]，如图3.1所示。

（a）FRP 板材

（b）FRP 型材

图 3.1　FRP 材料

FRP 材料形式多种多样，其性能与钢材和混凝土等传统结构材料有很大的不同，制品形式也多种多样。纤维是 FRP 中的主要受力材料，按其长度可分为长纤维和短纤维，工程结构中使用的 FRP 以长纤维增强为主。表 3.5 中列出了常用纤维和金属材料（钢材、铝）的主要力学性能。从表中可见，纤维材料的比强度（拉伸强度/密度）为钢材的 20 倍以上，最大甚至达到 57 倍，其高强轻质性能十分突出；玻璃纤维的比模量（拉伸模量/密度）与钢材相当，芳纶纤维的比模量为钢材的 2～5 倍，碳纤维的比模量为钢材的 5～15 倍。从比强度和比模量来看，在实际工程中，应用碳纤维材料的效果最佳，但碳纤维材料的延伸率很小，因此有时需要配合其他纤维混合应用，以取得最佳的综合性能。近年来发展起来的玄武岩纤维，在强度、耐高低温、耐腐蚀、隔热及阻燃等方面亦有着优异的性能。

表 3.5　代表性纤维轴向力学性能参数与钢、铝的比较

材料名称	材料种类	拉伸强度/GPa	弹性模量/GPa	热胀系数/（×10⁻⁶/℃）	延伸率/%	比强度/GPa	比模量/GPa
玻璃纤维	E	3.5	74	5	4.8	1.37	29
	S	4.9	84	2.9	5.7	1.97	34
	M	3.5	110	5.7	3.2	1.21	38
	AR	3.2	73.1	6.5	4.4	1.19	27
	C	3.3	68.9	6.3	4.8	1.31	27
碳纤维	标准型（T300）	3.5	235	−0.41	1.5	2	134
	高强型（T800H）	5.6	300	−0.56	1.7	3.09	166
	高模型（M50J）	4	485	−0.6	0.8	2.13	213
	极高模型（P120）	2.2	830	−1.4	0.3	1.01	381
芳纶纤维	Kelvar 49	3.6	125	−2	2.5	2.5	87
	Kelvar 149	2.9	165	−3.6	1.3	2	114
	HM-50	3.1	77	−1	4.2	2.23	55
钢	HRB400 钢筋	0.42	206	12	18	0.05	26
	高强钢绞线	1.86	200	12	3.5	0.24	26
铝		0.63	74	22	3	0.23	27

综上所述，与传统结构材料相比，FRP 材料在力学性能和经济性方面具备以下优势。

（1）轻质高强。FRP 的抗拉强度为普通钢筋的 10 倍左右，而密度仅为钢材的 1/4，因此采用 FRP 材料可有效减轻结构自重。

（2）良好的耐腐蚀能力。FRP 可以在酸、碱、氯盐和有机溶剂等腐蚀介质中长期使用，这是传统结构材料难以比拟的。

（3）可设计性良好。FRP 属于人工材料，可以通过使用不同的纤维材料、纤

维含量和成型方法，设计出各种强度、弹性模量以及特殊性能要求的 FRP 产品，且 FRP 产品成型方便，形状可灵活设计。

（4）具有很好的弹性性能。FRP 材料的应力-应变曲线接近线弹性，在发生较大变形后还能恢复原状，塑性变形小，有利于结构偶然超载后的变形恢复。

（5）施工便捷。FRP 产品适合于在工厂生产、现场安装的工业化施工过程，有利于保证工程质量、提高劳动效率和推行建筑工业化。

（6）其他优势。FRP 的透电磁波、抗疲劳性能优良，绝缘、隔热，热胀系数小等。

与传统材料不同，FRP 制品通常为各向异性材料，其沿纤维方向的强度和弹性模量较高，而垂直纤维方向的强度和弹性模量很低，FRP 材料的剪切强度、层间拉伸强度和层间剪切强度仅为其抗拉强度的 5%～20%，这使得 FRP 构件的连接成为突出的问题。FRP 结构可采用铆接、栓接和胶接，可无论采用哪种连接方式，连接部位往往都容易成为整个构件的薄弱环节。因此在 FRP 结构设计中，一方面要尽量减少连接，另一方面要重视连接的设计。

FRP 是一种线弹性脆性材料，容易导致结构发生脆性破坏；在承受高温时，常规 FRP 的力学性能会迅速退化，所以在应用 FRP 的工程中应特别注意防火设计。由于 FRP 线材和型材的研究尚未成熟，FRP 加筋结构还没有得到广泛的应用，但作为一种高性能材料，它必将成为钢筋和混凝土等传统结构材料的必要补充甚至是替代。目前 FRP 在结构工程中主要有以下几个方面的应用。

（1）结构构件的加固补强。将 FRP 片材粘贴在构件表面受拉侧，可以增强构件的受力性能。早在 20 世纪 80 年代，这项技术在我国的工程实践中就曾尝试过，云南海孟公路巍山河桥的加固中就采用了外贴 GFRP、内夹高强钢丝的方法。

（2）FRP 筋和预应力 FRP 筋混凝土结构。FRP 筋中纤维体积含量可达到 60%，具有轻质高强的优点，质量约为普通钢筋的 1/5，强度为普通钢筋的 6 倍，且具有抗腐蚀、低松弛、非磁性、抗疲劳等优点。

（3）FRP 结构及 FRP 组合结构。FRP 结构是指用 FRP 制成各种基本受力构件所形成的结构；FRP 组合结构则是指将 FRP 与传统结构材料，主要是混凝土和钢材，通过受力形式上的组合，共同工作来承受荷载的结构形式。

2. 高延性水泥基复合材料

美国密歇根大学（University of Michigan）Victor C. Li 教授提出的基于细观力学设计的高延性水泥基复合材料（Engineered Cementitious Composites，ECC），是一种具有超高韧性的乱向分布短纤维增强水泥基复合材料。这种材料可以满足一些特殊的结构和构件对耐久性、韧性、抗爆性能、抗冲击性能及抗疲劳性能的要求，如梁柱节点、海洋平台、军事工程等。

　　高延性水泥基复合材料以水泥、砂、水、矿物掺合料和化学外加剂为基体，用纤维体积掺量低于 3% 的高强、高弹模短纤维作增韧材料，硬化后具有应变硬化和多微裂缝开裂特征[11]。在 ECC 材料的研究过程中，最早使用聚乙烯（polyethylene，PE）纤维作为增韧材料，称之为 PE-ECC。由于高强、高弹性模量聚乙烯醇（polyvinylalcohol，PVA）纤维的成本是等体积 PE 纤维的 1/8，且 PVA 与水泥基有强烈的化学黏结力，从 1997 年开始，Victor C. Li 等改用 PVA 纤维代替 PE 纤维，研发出了性能更加优良的 PVA-ECC 材料。现应用于实际工程中的 ECC 材料主要以水泥、矿物掺合料以及平均粒径不大于 0.15 mm 的石英砂作为基体，大多数采用 PVA 纤维作增强材料。

　　ECC 在纤维体积掺量为 2% 的情况下，其极限拉应变能达到 3% 以上。ECC 可以有效地提高水泥基材的韧性，使其呈现应变硬化的特征，并且提高基材的抗拉、抗剪强度，使基材呈现多微裂缝开裂特征。在增强结构的安全性、耐久性以及可持续性方面，ECC 相比普通混凝土有以下几个特点。

　　（1）抗疲劳能力强。ECC 有很强的变形能力，可以用于承受重复荷载作用的结构，如桥面板、桥梁连接板、飞机跑道和铁轨枕木等。

　　（2）抗爆、抗冲击性能好，耐火性好。ECC 在冲击和爆炸荷载作用下，基体中分布的纤维能产生"桥联"效应，可起到耗能、缓冲和连接各个碎片的作用。在遭遇火灾时，ECC 中的纤维可起到融化吸热的作用，且可形成导气通道，导出 ECC 中的高温水汽，避免由于水汽积聚所造成的局部爆裂，提高了耐火性能。

　　（3）裂缝控制效果好、耐久性好。在限制干燥收缩的条件下，ECC 的裂缝宽度限值甚至可以达到 30 μm。在经过 10^6 次循环荷载后，ECC 连接板的多微裂缝开裂特性可以把裂缝宽度控制在 50 μm 左右，而普通混凝土连接板的裂缝超过了 60 mm[12]。ECC 这种良好的裂缝控制效果，在一定程度上阻止了外界物质侵入，减少了内部钢筋的锈蚀，从而提高了结构的耐久性。

　　（4）抗震性能好。ECC 的耗能能力强，可以通过大变形、多缝开裂和应变硬化等特性耗散地震能，是一种很好的抗震消能材料，可以用于梁柱节点位置，提高结构的抗震性能。

　　与普通混凝土相比，ECC 具备较好的可持续性。文献[11]在假定桥梁的服务年限为 60 年的基础上，通过对比采用 ECC 无接缝连接板和传统机械伸缩缝的桥面，对两个设计系统的生命周期能耗、温室气体排放、建设和修复的费用及社会成本（包括因施工导致的交通延误及环境污染成本）进行了量化分析。结果表明：ECC 无接缝连接板与传统伸缩缝相比有 37% 的经济成本优势，主要能耗减少了 40%，CO_2 排放量减少了 39%。

　　ECC 凭借超强的韧性和独特的多微裂缝开裂特性以及丰富的产品种类，在土木工程领域有着广阔的应用空间。经过最近十几年的发展，ECC 材料已经从试验室走向了实际工程，美国、日本等发达国家都已经开展了 ECC 的工程应用：日本岐阜的一座混凝土边坡墙采用了 ECC 材料进行加固，美国密歇根州的一座混凝土公路桥梁的桥面板采用了 ECC 材料进行修复，日本横滨一座 40 层的建筑核心筒连梁全部采用预制 ECC 以提高建筑的抗震性能等，这些应用均取得了不错的效果。

3. 地质聚合物混凝土

地质聚合物混凝土是以地质聚合物为胶凝材料制备的一种具有优异性能的新型混凝土类材料。地质聚合物（Geopolymer）最早由 Joseph Davidovits 于 1978 年提出，它是以烧黏土（偏高岭土）或其他以硅、铝、氧为主要元素的硅铝质材料为主要原料，经适当的工艺处理，在较低温度条件下通过化学反应得到的一类具有特殊的无机缩聚三维氧化物网络结构的新型无机聚合物材料。地质聚合物混凝土具有以下优点。

（1）原料来源广泛、能耗小、污染小。地质聚合物混凝土的原料包括：地质聚合物胶凝材料、骨料和水。其中骨料和水在自然界中大量存在，且我国制备地质聚合物的高岭土资源十分丰富。高岭土的煅烧温度低（700～900℃），能耗低且不排出有害气体（NO_2、SO_2），是一种“绿色胶凝材料”。

（2）力学性能良好，耐久性好。已有的研究表明，地质聚合物混凝土强度性能稳定，耐久性优于硅酸盐水泥混凝土。地质聚合物混凝土的优异性能主要来自于地质聚合物，地质聚合物具有材料强度高、硬化快、耐酸腐蚀性优良、渗透率低、热膨胀系数可调、耐高温、低导热率、可自调温调湿等优点。

由于地质聚合物具有比陶瓷、水泥和金属更好的性能，并且原料来源广泛，对环境友好，可以回收利用，已被应用于汽车及航空工业、土木工程、交通工程等领域。但地质聚合物的脆性较大，导致地质聚合物混凝土也表现出脆性较大的缺点。

3.1.5　广义的减量化

由上述可知，通过材料的本地化、混凝土和钢筋材料性能的提高、其他新型材料的使用等多种途径，能够减少材料用量、延长材料的使用寿命，获得较好的环境、经济和社会效益。但减量化的范畴并不仅仅局限于此，广义的减量化还应包括混凝土结构防灾能力的提高，精细化的设计与施工，以及耐久性的提升等内容。

在设计时，合理布置结构构件、优化构件的受力状态、提高结构的整体性，从而提高结构的防灾能力，在自然灾害的作用下，不但可以减少结构的损伤，减轻因结构破坏和倒塌带来的财产损失和人员伤亡，同时灾后还能通过加固和维护继续使用，避免了因推倒重建而产生的费用，还减少了建筑废物的产生。

合理预应力的施加与建立，可以使混凝土结构节省材料、提高抗裂度、降低变形以及提高抗剪和抗扭承载力，也是一种减量化技术。

另外，从混凝土结构的生命周期考虑，在建筑规划选址时，合理选择工程场地，做出长久合适的建筑规划，既能使结构受灾概率减小，也能避免不当规划带来的不必要的拆除浪费；在建造选材初期，可以通过建筑材料的优选、耐久性设计的优化等措施，延长混凝土结构的使用寿命；在建造时，采取工程总承包制度和独立的顾问制，使整个建造过程的规划、设计、施工、运营维护等系列流程一体化，减少其中错综复杂的利益纠纷，从而能够减少浪费，且能够保证质量。这种思路虽然可能导致项目初期的投资费用增加，但是会使其后期的维护、加固的费用降低，在生命周期内的成本并未增加，而且由于材料的优选，结构方案的优化，可使结构具备较好的防灾减灾能力。

3.2　混凝土结构选型

随着现代建筑的不断发展，其跨度和高度都在不断增加，对结构材料和结构形式的要求也越来越高。由于混凝土的自重大且抗拉强度较低，在大跨度或超高层结构设计中，不能直接应用一般的混凝土结构，需要选择合理的结构形式。例如，在大跨度结构中，可以采用拱结构、薄壳结构等特殊结构形式，使得混凝土结构主要承担压力；在高层和超高层结构中，利用混凝土材料与其他建筑材料相结合，以组合结构的形式共同工作，若设计合理，则可以充分发挥材料各自的优势，满足经济合理的要求。

3.2.1　充分利用混凝土受压的结构

由于混凝土材料的抗压强度一般是抗拉强度的 5 倍以上，若所选结构形式使得混凝土构件主要以受压为主，则可以提高结构的承载力，减少材料的用量。薄壳结构和拱结构就是典型的例子，其体形为曲线，造型优美，且可以充分利用混凝土材料的抗压强度。

1）薄壳结构

壳是一种曲面构件，主要承受各种作用产生的平面内的力。大跨建筑中的壳体结构通常为薄壳结构，其壳体厚度与壳体最小曲率半径之比小于 1/20，为薄壁空间结构的一种，包括球壳、筒壳、双曲扁壳和扭壳等多种形式，材料大都采用钢筋混凝土。壳体能充分利用材料的抗压强度，同时又能将承重与围护两种功能融合为一。

壳体结构的特点在于，通过发挥结构的空间作用，把垂直于壳体表面的外力分解为壳体面内的薄膜力，再传递给支座，弥补了一般薄壁构件的面外薄弱性质，以较小的结构自重、较大的结构刚度以及较高的承载能力实现结构的大跨度。

早在一两千年前所建的罗马万神庙就采用了砖石圆顶的壳体结构，如图 3.2 所示。但是壳体结构的发展比较缓慢，直到 19 世纪后半叶，由于新材料的出现，尤其是钢筋混凝土的出现，壳体结构才有了大的发展。意大利、法国、西班牙以及墨西哥等国对钢筋混凝土壳体结构的发展做出了重要贡献。意大利建筑师 Nervi 发明了钢丝网水泥薄壳，其断面很薄，并具有很好的弹性。于 1960 年建成的罗马奥运会体育馆，其壳体折算厚度仅 6 cm，壳体质量为 0.15 t/m²，堪称结构与建筑有机结合的典范。印度的 Sundaram Architects 公司近年来一直致力于混凝土薄壳结构的建设，图 3.3 所示为其在 1999 年所建成的混凝土薄壳结构建筑，其外形柔和、优美，与周围环境融为一体，尽显混凝土薄壳结构所带来的力与美的结合。

图 3.2　罗马万神庙　　　　　　　　图 3.3　混凝土薄壳结构

现代建筑工程中所采用的壳体一般为薄壳结构。薄壳结构为双向受力的空间结构，在竖向均布荷载作用下，壳体主要承受曲面内的轴向力（双向法向力）和顺剪力作用，曲面轴力和顺剪力都作用在曲面内，又称为薄膜内力。只有在非对称荷载（风、雪等）作用下，壳体才承受较小的弯矩和扭矩。

壳体内主要承受以压力为主的薄膜内力，且薄膜内力沿壳体厚度方向均匀分布，所以材料强度能得到充分利用；而且壳体为凸面，处于空间受力状态，各向刚度都较大，因而用薄壳结构能实现以最少的材料满足结构强度和刚度的需要。

由于壳体强度高、刚度大、用料省、自重轻、覆盖面积大、无须中柱，而且其造型多变、曲线优美、表现力强，深受建筑师们的青睐，广泛用于大跨度的建筑物，如展览厅、餐厅、剧院、天文馆等。

不过，薄壳结构也有其自身的不足之处。壳体体形多为曲线，复杂多变，采用现浇施工方式时，模板制作难度大，费模费工，施工难度较大；一般壳体既作承重结构又作屋面，由于壳壁太薄，隔热保温效果不好；另外，某些壳体（如球壳、扁壳）易产生回声现象，对音响效果要求高的大会堂、体育馆、影剧院等建筑不适用。

2）拱结构

拱结构是一种主要承受轴向压力并由两端推力维持平衡的曲线或折线形构件。与梁结构不同，梁结构以受弯为主，但合理的拱结构几乎可以不出现弯矩，只受到压力作用。因此，拱结构可使构件摆脱弯曲变形，具有比桁架结构更显著的力学优点，拱结构是以受轴向压力为主的结构，对于混凝土、砖、石等材料十分合适，可以充分利用这些材料抗压强度高的特点。

拱结构最早出现在公元前 2000 年的美索不达米亚（Mesopotamia）的砖建筑。如图 3.4 所示，瑞士 Salginatobel 桥镶嵌在阿尔卑斯山的山谷间，利用拱结构，产生了力与美的完美结合[13]。位于成渝铁路的一座老式连续拱桥，拱的推力由两端的桥台和中间的桥墩承受，由林同炎于 1938 年设计与建造，设计时由于受到抗拉材料缺乏的限制而没有采用系杆[14]。如图 3.5 所示，为主跨达 420 m 的四川万县长江大桥，这座采用钢管混凝土拱作劲性骨架的箱形拱桥，使我国的拱桥记录跃居首位。

　　　图 3.4　Salginatobel 桥　　　　　　　图 3.5　万县长江大桥

拱结构在支座（拱脚）处会产生水平推力，当跨度较大时这个推力也较大，要对付这个推力仍是一桩麻烦而又耗费材料之事。因为拱结构的这个特点，所以在实际工程应用上要采取可靠措施确保水平推力的安全传递。

3.2.2　钢-混凝土组合结构

组合结构泛指由两种或两种以上不同建筑材料组成的构件或结构，在荷载作用下能够共同受力、变形协调的结构，最常见的组合结构是钢-混凝土组合结构。钢-混凝土组合结构能发挥材料各自优良性能的特点，使得钢与混凝土的力学性能得到充分的发挥，具有延性大、抗震性能好、施工方便的优点，与钢结构相比造价低廉。钢-混凝土组合结构优点明显且形式多样，在土木工程领域得到了较广泛的应用。

土木工程中采用的钢-混凝土组合结构大致可分为四类[15]，即钢-混凝土组合梁、压型钢板混凝土组合板、型钢混凝土组合结构和钢管混凝土组合结构。在钢-混凝土组合结构中，结构钢材与混凝土紧密结合形成一个整体，共同工作、协调变形，能充分发挥材料各自的性能优势，最大限度地克服各自的缺点。例如，在简支组合梁中，结构钢材全部或大部分位于受拉区，而混凝土全部或大部分位于受压区，避免了钢材的受压失稳和混凝土的受拉开裂，最大限度地利用了钢材和混凝土各自的抗拉和抗压的强度优势。

从经济性的角度来看，采用组合结构可以加快施工进度，缩短施工周期。例如，在压型钢板组合楼层中，压型钢板既可作为楼层配筋，同时又可作为浇筑混凝土的模板。这样，各个楼层可以同时浇筑混凝土，免除了模板制造、支撑、拆除等工序，从而大大加快了施工进度。与钢结构相比可节约钢材近50%，与钢筋混凝土结构相比，可节约60%以上的混凝土，而用钢量大致相等或略大，在某些厂房结构中可节约大量预埋件。另外，由于结构自重减小，设计荷载相应降低，减小了地基基础处理的难度，并节约了基础造价。

组合结构可适用于大型、高层及重型建筑与构筑物。因为减小了构件尺寸，增大了使用空间，并且建筑上美观，一改"肥梁、胖柱、重楼盖"的老旧结构形式，具有很广泛的适用性。

组合结构与钢筋混凝土结构相比，具有耐火性差、容易锈蚀的缺点。但与钢结构相比，耐火性能和防锈蚀性能都有很大改善。

3.3　混凝土结构的抗震

地震灾害作用时间一般很短，但是影响面广、破坏性强，给社会带来了巨大的经济损失和人员伤亡。据1988年"国际减轻自然灾害十年"专家组的不完全统计，20世纪全球地震灾害死亡总人数超过120万人，占所有自然灾害死亡人数的58%，是对人类危害最严重的自然灾害。进入21世纪以来，中国、智利、印度尼西亚、日本等国家分别发生过7级以上的大地震，成千上万的人因此遇难。因此，需要对结构进行合理的抗震设计，提高结构在地震作用下的安全性，为人们的逃生提供足够的保障和时间，同时也可以减少建筑废物的产生。

我国是一个地震多发的国家，地震尤其是大地震给我国不但造成物资的巨大损失，还往往伴随重大人员伤亡。因此，抗震减灾对我国来说是一项长期而又艰巨的任务。2004年，国务院根据经济社会发展进程的要求，提出了新时期防震减灾的奋斗目标，即"到2020年，我国基本具备综合抗御6级左右、相当于各地区地震基本烈度地震的能力，大中城市、经济发达地区的防震减灾能力力争达到中等发达国家水平"。2010年，国务院又提出了"城乡建筑、重大工程和基础设施能抗御相当于当地地震基本烈度的地震；建成完备的地震应急救援体系和救助保障体系；地震科技基本达到发达国家同期水平"。这些奋斗目标的提出，对我国新时期防震减灾事业的发展产生了重要影响和指导作用。

　　一般说来，建筑抗震设计包括三个部分：抗震概念设计、抗震计算以及抗震构造措施。抗震概念设计是在总体上把握抗震设计的基本原则；抗震计算为建筑抗震设计提供定量手段；抗震构造措施则可以在保证结构整体性、加强局部薄弱环节等意义上保证抗震计算结果的针对性和有效性。上述三个层次的抗震设计内容是一个不可割裂的整体，忽略任何一部分，都可能造成抗震设计的失败。

3.3.1　混凝土结构抗震概念设计

　　随着计算机技术的不断发展，各种建筑结构的设计软件层出不穷，但目前结构抗震理论体系还未达到很科学严密的程度，过度精密的运算结果，往往并不能正确反映建筑结构的实际状态。在对几次特大地震震害调查研究后，工程师们逐渐认识到，对结构抗震设计来说，概念设计往往比结构计算设计更为重要。"建筑抗震概念设计"在 20 世纪 70 年代就已提出，其内涵是指根据地震灾害和工程经验等形成基本的设计原则和设计思想，并利用其进行建筑和结构总体布置和确定细部构造的过程[16]。

　　运用结构概念设计方法，可以在建筑设计的方案阶段就迅速有效地对结构体系进行构思、比较与选择，从而使方案概念清晰和定性正确，避免在后期设计阶段中出现一些不必要的烦琐运算，具有良好的经济性和可靠性，同时也可作为判断计算机程序内力分析输出数据是否可靠的主要依据。设计大量实际存在但无法精确计算的结构构件时，可以运用优秀的概念设计与合理的构造措施来满足结构设计的要求，从而弥补现有结构设计理论与计算理论之间存在的某些缺陷或不可计算性。抗震概念设计的具体做法可按照以下要求进行。

　　1）选择对抗震有利的建筑场地

　　选择建筑场地时，应根据工程需要，全面掌握地震活动情况、工程地质和地震地质的有关资料，对抗震有利、一般、不利和危险地段做出综合评价。设计新建筑时，要选择对建筑抗震有利的地段，避开对建筑抗震不利的地段。当无法避开时，结构工程师应该采取适当的抗震措施。在危险地段上，严禁建造抗震设防类别为甲类、乙类的建筑，不应建造丙类建筑。从"5·12"汶川大地震中可以看到，位于断裂带、滑坡体附近的建筑物，所受到的地震作用明显高于其他地段，其遭到破坏的可能性也更大。

　　2）采用对抗震有利的建筑平面、立面和竖向剖面布置

　　设计时，宜选择平面布置规则、简单、对称且具有良好整体性的结构形式，应减少凸出和凹进，不应采用严重不规则的布置。对由于不规则布置引起的抗震薄弱部位应该采取有效的抗震构造措施。

　　结构的平面布置，应尽量使结构的刚度中心与质量中心靠近或重合，减小地震作用使建筑物产生的扭转效应。另外，还应该增加结构自身的抗扭转能力，如

在建筑物周边布置刚度很大的框筒或者剪力墙。

结构的立面布置也应该规则、均匀，不应采用严重不规则的布置。建筑物的宽度宜上下相等或者由下向上逐渐减小，避免过大的外挑和内收。结构的抗侧刚度宜均匀变化，竖向抗侧力构件的截面尺寸和材料强度宜沿高度由下向上逐渐减小。

当建筑结构体形复杂或平面、立面特别不规则时，可按实际需要在适当部位设置防震缝，形成多个较规则的抗侧力结构单元，减小相邻结构单元在地震作用下的相互影响与碰撞。

3）选择技术和经济合理的结构体系

抗震结构体系的选择是建筑抗震设计的关键问题。抗震结构体系应根据建筑的抗震设防类别、抗震设防烈度、建筑高度、场地条件、地基、结构材料和施工等因素，经技术、经济和使用条件综合比较确定。

抗震结构体系应具有明确的计算简图和合理的传力路径。在地震作用下，结构应具备良好的变形能力和耗能能力，避免因部分结构或构件破坏而导致整体结构丧失抗震能力或对重力荷载的承载能力，对于可能出现的薄弱部位，应采取适当措施提高抗震能力。

另外，应设置多道抗震防线。为避免因部分结构或构件失效而导致整个结构体系丧失抗震能力或对重力荷载的承载能力，要求结构体系由若干延性较好的不同体系组成，且由延性较好的构件连接起来协同工作。例如，在框架-抗震墙体系中，延性抗震墙是第一道防线，承担全部地震作用，延性框架是第二道防线，承担墙体开裂后转移到框架的部分地震剪力。

另外，结构体系应有最大可能数量的内部、外部冗余度，保证结构体系在部分构件失效后不致变成可变结构。一般在地震开始时，这些构件就可能屈服，在随后的持续地震中吸收和耗散大量的地震能量，保护其他重要构件不致损坏。例如，在框架结构中要求"强柱弱梁"，就是通过梁先于柱屈服来实现内力重分布，提高耗能和变形能力。多肢墙中通过连梁的屈服来保护墙肢又是一个很好的例子。

4）保证结构的整体性和变形能力

结构体系的抗震能力综合表现在强度、刚度和变形能力三者的统一，即抗震结构体系应具备必要的承载能力和良好的延性或变形能力。如果抗震结构体系有较高的抗侧强度，但同时缺乏足够的延性，这样的结构在地震时很容易破坏。例如，不配筋又无钢筋混凝土构造柱的砌体结构，其抗震性能是很不好的。相反，如果结构有较大的延性，但抗侧力不符合要求，这样的结构在强烈地震作用下，必然产生相当大的变形，如纯框架结构，其抗震性能也是不理想的。因此，重视结构整体性与变形能力是防止在大震下结构倒塌的关键。

抗震规范中对不同的结构都做了相应的规定。对混凝土结构来说，钢筋混凝土框架、框架-抗震墙结构要求"强剪弱弯"，在梁、柱、节点核心区，利用约束箍筋来提高抗剪能力，防止剪切的脆性破坏；在抗震墙端部设边框或暗柱，将分布钢筋量的 80%集中于两端边缘构件处，可以防止初始的斜裂缝贯穿墙面，使变形能力有较大的提高。

5）非结构构件处理

非结构构件，一般不属于主体结构的一部分。非承重结构构件在抗震设计时往往容易被忽略，但从震害调查来看，非结构构件处理不好往往会在地震时倒塌伤人，砸坏设备财产，破坏主体结构，特别是现代建筑，装修造价占总投资的比例很大。因此，非结构构件的抗震问题应该引起重视。非结构构件一般包括建筑非结构构件和建筑附属机电设备。

非结构构件的抗震对策，可根据以下不同情况区别对待。

（1）做好细部构造，让非结构构件成为抗震结构的一部分。在计算分析时，充分考虑非结构构件的质量、刚度、承载能力和变形能力。

（2）与上述相反，在构造做法上防止非结构构件参与工作。抗震计算时，只考虑其质量，不考虑其承载力和刚度。

（3）防止非结构构件在地震作用下出现平面倒塌。

（4）对装饰要求高的建筑选用适合的抗震结构形式，主体结构要具有足够的刚度，以减小主体结构的变形量，使之符合规范要求，避免装饰破坏。

（5）加强建筑附属机电设备支架与主体结构的连接与锚固，尽量避免发生灾害。

6）选择抗震性能良好的材料

对于抗震结构，应该选用质量较轻、强度较高、材质均匀、经济技术合理的材料。结构对材料和施工质量有特别要求的，应在设计文件上注明。

7）隔振和消能减震设计

目前的抗震设计往往是通过提高结构自身的抗震能力来减轻震害。这种被动的抗震设防方法存在着构造复杂、造价高、施工难度大等缺点。地震时，地震能量通过场地传递给建筑基础，再传递给上部结构，使上部结构产生破坏。为了减小地震对建筑物上部结构的破坏，可以在地基和基础或者基础和上部结构之间采取隔振和消能措施。

综上所述，抗震概念设计的总体目标可概括为尽量保证结构的整体性以及稳定性、尽量保证结构的质量和刚度沿结构分布的均匀性和对称性、尽量确保结构构件传递地震作用的合理性和简洁性、尽量避免上部结构可能出现的潜在共振作用以及尽量使整个结构体系及其子体系能快速发挥耗散地震能量的作用[17]。

3.3.2　混凝土结构抗震计算设计

地震作用属于间接的动力荷载，与一般静荷载不同，其作用不仅取决于地震烈度的大小和近震、远震的情况，还与结构的动力特性（如结构自振周期、阻尼等）有密切关系。关于地震作用的计算理论有静力理论、反应谱理论、直接动力分析理论及非线性静力分析方法等。目前，在我国和其他许多国家的抗震设计中，广泛采用反应谱理论来确定地震作用，其中以加速度反应谱的应用最多。我国《建筑抗震设计规范》（GB 50011—2010）[18]中规定，各类建筑结构的抗震计算应采用下列方法。

（1）高度不超过 40 m、以剪切变形为主且质量和刚度沿高度分布比较均匀的结构，以及近似于单质点体系的结构，可采用底部剪力法等简化方法。

（2）其他建筑结构，宜采用振型分解反应谱法。

（3）特别不规则的建筑、甲类建筑和表 3.6 所列高度范围的高层建筑，应采用时程分析法进行多遇地震下的补充计算；当取 3 组加速度时程曲线输入时，计算结果宜取时程法的包络值和振型分解反应谱法的较大值；当取 7 组及 7 组以上的时程曲线时，计算结果可取时程法的平均值和振型分解反应谱法的较大值。

表 3.6　采用时程分析的房屋高度范围

烈度、场地类别	房屋高度范围/m
7 度及 8 度 I 、Ⅱ类场地	>100
8 度Ⅲ、Ⅳ类场地	>80
9 度	>80

采用时程分析法时，应按建筑场地类别和设计地震分组选用实际强震记录和人工模拟的加速度时程曲线，其中实际强震记录的数量不应少于总数的 2/3，多组时程曲线的平均地震影响系数曲线应与振型分解反应谱法所采用的地震影响系数曲线在统计意义上相符。弹性时程分析时，每条时程曲线计算所得结构底部剪力不应小于振型分解反应谱法计算结果的 65%，多条时程曲线计算所得结构底部剪力的平均值不应小于振型分解反应谱法计算结果的 80%。

3.3.3　混凝土结构抗震构造设计

作为抗震设计的一个组成部分，抗震构造措施是指，一般不需计算的，对结构和非结构各部分必须采取的各种细部要求。按照"强柱弱梁、强剪弱弯、强节点弱构件"的抗震设计思想，要使延性要求较高的混凝土结构达到预期的抗震设防目标，构件必须满足抗震构造措施的要求。

根据我国的《建筑抗震设计规范》（GB 50011—2010），以框架结构为例，简述抗震的构造措施及相应要求。

框架梁是框架结构承受地震作用的主要构件。对框架梁的抗震构造要求包括以下几点。

（1）梁的截面尺寸要求。梁的高宽比不能过大，否则会导致梁截面的抗剪承载能力下降，梁高增加会使梁的刚度增大，从而形成强梁，与"强柱弱梁"的原则相悖；而梁宽过小则不利于形成对节点核芯区的约束。

（2）梁的最大配筋率和受压区相对高度的限制。梁端纵向受拉钢筋的配筋率不宜大于 2.5%，考虑受压钢筋的梁端混凝土受压区高度和有效高度之比一般不应大于 0.25，抗震等级为二、三级时不应大于 0.35。

（3）梁内纵筋和箍筋的配置要求。

框架柱在地震作用下是弯、压、剪复合受力构件，为了防止柱发生脆性破坏，对框架柱的抗震构造要求包括以下几点。

（1）截面尺寸要求。框架柱截面的宽度和高度，在不同抗震等级下均有限制。例如，在抗震等级为四级或不超过 2 层时，不宜小于 300 mm；框架柱的剪跨比宜大于 2，且其截面长边与短边的边长比不宜大于 3。

（2）柱的轴压比[19]、纵向钢筋的最小配筋率要求。

（3）柱内纵筋和箍筋的配置要求，包括箍筋加密区的最大间距和最小直径等。

3.4　混凝土结构的抗火

在人类进化和社会发展的历程中，火起到了巨大的促进作用。但是，由火引起的火灾给人们的人身安全带来威胁，也给社会经济发展带来了重大损失。火灾是一种包括流动、传热、传质和化学反应及其互相作用的复杂燃烧过程，是极具毁灭性的灾害之一，其发生频率居各种自然灾害之首[20]。表 3.7 为 2005～2012 年我国火灾死亡人数。

表 3.7　2005～2012 年我国火灾死亡人数

年份	2005	2006	2007	2008	2009	2010	2011	2012
一般火灾死亡人数/人	1995	1190	1212	1131	964	890	739	805
较大火灾死亡人数/人	—	—	263	304	222	272	287	199
重大火灾死亡人数/人	—	288	105	37	49	43	82	24
特大火灾死亡人数/人	160	39	37	49	1	—	—	—
火灾死亡人数/人	2496	1517	1617	1521	1236	1205	1108	1028

火灾类型主要包括建筑火灾、工业生产火灾、森林火灾以及交通工具火灾等。其中，建筑火灾是最常见、对人类危害最严重的火灾。仅 2013 年，美国就发生了 124 万起火灾（引起公共消防机构接警出动），造成了 3240 人丧生和 115 亿美元的经济损失，其中建筑火灾 48.75 万起，直接经济损失达 95 亿美元。2013 年，我

国统计发生有火灾 38.8 万起，死亡 2113 人，受伤 1637 人，直接财产损失 48.5 亿元，其中建筑火灾 26 万起，直接经济损失 38.8 万元，分别占火灾总起数和总直接损失的 67% 和 80%[21]。

鉴于建筑火灾带来的巨大人员伤亡和经济损失，火灾及其防护已经成为建筑结构设计中不可忽视的部分。在各种材料的工程结构中，木结构由于其可燃性，不能防火；钢结构虽然不可燃，但钢材导热快，且钢构件都是由薄壁型钢或钢板拼装而成，遭受火灾时，会很快升温而丧失承载力或发生局部失稳，导致结构整体倒塌；而钢筋混凝土结构的主体材料为混凝土，是一种热惰性材料，且混凝土结构主要承重构件的截面均较厚实，故火灾时混凝土构件内部升温较慢，混凝土强度损失较少，且混凝土中的钢筋由于外侧有混凝土保护层，可延迟其温度的升高，使钢筋的强度损失也较缓慢。所以，在火灾时，混凝土结构承载力下降缓慢，抗火性能和耐火极限远优于钢、木结构。

当然，在火灾（高温）持续很长时间后，由于混凝土材料性能退化以及在构件截面上不均匀温度场的作用下，混凝土结构也将发生不同程度的损伤和破坏现象：构件表层龟裂、酥松，边角缺损，保护层爆裂和崩落，钢筋外露，构件下垂，局部混凝土逐层剥落，缺损区深入构件内部，甚至发生局部穿孔、塌陷和倒塌等现象。

因此，为了保证结构在火灾下的安全性，减少人员伤亡和经济损失，有必要从预防火灾和抵抗火灾两方面分别进行混凝土结构的防火设计和抗火设计。

3.4.1　混凝土结构的防火设计

混凝土属于不可燃材料，在常温下具有良好的力学性能，但在温度达到 300℃以后，其强度就开始下降，达到 500℃时强度约降低一半，800℃时强度几乎丧失。材料强度降低，将削弱构件的承载力，甚至造成结构倒塌，设备毁坏，人员伤亡。因此，有必要从混凝土材料的角度进行防火设计，一方面，可从混凝土原材料出发，通过选择合适的骨料、水泥等，以及在混凝土中添加外加剂（如掺入聚丙烯纤维）的方式改善其在高温下的性能；另一方面，可在混凝土结构表面涂上防火材料，保证受火时混凝土构件的温度不致过高，从而避免混凝土强度的严重下降。

混凝土骨料类型不同，随温度的升高，其强度降低幅度也不同。一般硅质骨料混凝土的热导率大于钙质骨料混凝土，在同样的加热制度下，硅质骨料的升温速度大于钙质骨料，从而加大了对硅质骨料的损伤，进一步引起其强度的降低。而在 500℃以下，硅质与钙质骨料混凝土强度降低幅度相差不多，其差异一般可以忽略。轻骨料混凝土抗火性能优于普通混凝土，其强度随温度升高下降较缓。与普通混凝土相比，再生混凝土由于孔隙率较大，具有良好的保温隔热性能。邢振贤等[22]研究表明，再生粗骨料取代率为 10% 的再生混凝土的热导率比普通混凝土低 28%，可见再生混凝土在保温隔热方面较普通混凝土优越。再生混凝土的其他热工系数，如线膨胀系数、比热等，仍需进一步研究。肖建庄等[23]研究表明，相同条件下，再生混凝土的高温爆裂效应要低于普通混凝土。

作为力学性能、耐久性能都非常优越的新型建筑材料，活性粉末混凝土的力学性能可以媲美金属，且其耐高温性、耐火性以及抗腐蚀能力远远高于钢材。因此在对承载力、耐久性以及耐火性有较高要求的房屋和桥梁中，活性粉末混凝土有着广泛的应用前景。

前面的章节中已经介绍过高强混凝土，由于其细观结构致密，在高温下易爆裂。针对这一缺点，有学者[24, 25]提出了在高强混凝土中掺入聚丙烯纤维的方法。聚丙烯纤维（Polypropylene Fiber，PPF）作为一种低弹性模量的有机纤维，已被广泛应用于建筑材料领域。由于 PPF 熔点较低，为 165℃左右，当掺入适量 PPF 的高强混凝土遭受高温作用时，PPF 熔化并在混凝土内留下互相连通的孔道，为蒸汽和热量逸出提供通道，从而抑制爆裂的发生并减小混凝土所受高温损伤。在高强混凝土中掺入聚丙烯纤维，可改善高强混凝土高温性能，防止高强混凝土在高温下爆裂，但掺量不宜过多，适宜掺量为 1.8～2.5 kg/m³。国内外学者对掺入适量聚丙烯纤维的高强混凝土的高温性能进行研究发现，掺入适量 PPF 不仅可以防止高强混凝土发生高温爆裂，而且可有效提高其高温后力学性能[26, 27]。

增强混凝土结构的耐火性能，除提高混凝土材料本身的耐火性外，还可以通过在混凝土结构表面涂上防火涂料来实现。我国有关混凝土结构防火涂料的研究始于 20 世纪 80 年代。混凝土防火涂料按防火机理，可分为膨胀型（PH）和非膨胀型（FH）两大类。目前，膨胀型防火涂料由有机材料组成，这些成分在高温下会产生有害气体，而且对湿度敏感，性能衰减较快，其耐火极限也比较低，在生产、施工过程中会对人体健康造成极大危害；非膨胀型防火涂料主要由绝热材料、黏合剂和防火添加剂等成分组成，它属于双组分涂料，给生产、运输、施工带来了不便，存在耐火时间短、涂层厚、不能用于户外和污染环境等问题。为规范防火涂料的使用，2012 年公安部颁布了《混凝土结构防火涂料》（GB 28375—2012）标准。

3.4.2　混凝土结构的抗火设计

人们从以往的火灾事故中吸取了教训和经验，明确了应对火灾的策略是"预防为上"，但防不胜防，须"立足于抗"。结构抗火设计的目的是保证建筑构件和结构具有足够的耐火时间，防止火灾发生时出现局部倒塌甚至整体倒塌。混凝土结构的抗火设计需要关注以下几个方面[27, 28]。

1）建筑构件的耐火极限与耐火等级

建筑构件的耐火极限定义为：构件在标准耐火试验中，失去稳定性、完整性或隔热性所用的时间，一般以小时（h）计。

失去稳定性是指结构构件在火灾中丧失承载能力，或出现不适宜继续承载的变形。对于梁和板，不适于继续承载的变形定义为最大挠度超过 $L/20$，其中 L 为构件的计算跨度。对于柱，不适于继续承载的变形可定义为柱的轴向压缩变形的速度超过 $3H$（mm/min），其中 H 为柱的受火高度，单位以 m 计。

失去完整性，是指分隔构件（如楼板、门窗、剪力墙等）当其一面受火作用时，在火灾过程中，构件出现穿透裂缝或穿火空隙，火焰穿过构件，使其背火面可燃物燃烧起火，这时，构件将失去阻止火焰蔓延和高温烟气穿透的性能。

失去隔热性，是指分隔构件丧失隔绝过量热传导的性能。在火灾中，试件背火面测点测得的平均温度超过初始温度 140℃，或背火面任一测点温度超过初始温度 180℃时，均认为构件失去隔热性。

我国建筑设计防火规范将建筑耐火等级分成四个等级。表 3.8 为我国对不同类型高层建筑的耐火等级规定以及结构构件耐火等级的划分。

表 3.8　建筑构件的耐火等级划分　　　　　　　　　　单位：h

构件名称		耐火等级			
		一级	二级	三级	四级
墙	防火墙	非燃烧体	非燃烧体	非燃烧体	非燃烧体
		4.00	4.00	4.00	4.00
	承重墙、楼梯间、电梯井的墙	非燃烧体	非燃烧体	非燃烧体	难燃烧体
		3.00	2.50	2.50	0.50
柱	支撑多层的柱、柱间支撑	非燃烧体	非燃烧体	非燃烧体	难燃烧体
		3.00	2.50	2.50	0.50
	支撑单层的柱、柱间支撑	非燃烧体	非燃烧体	非燃烧体	燃烧体
		2.50	2.00	2.00	
	梁	非燃烧体	非燃烧体	非燃烧体	难燃烧体
	桁架	2.00	1.50	1.00	0.50
	模板	非燃烧体	非燃烧体	非燃烧体	难燃烧体
		1.50	1.00	0.50	0.25
	屋顶承重构件	非燃烧体	非燃烧体	燃烧体	燃烧体
	屋面支撑、系杆	1.50	0.50		
	疏散楼梯	非燃烧体	非燃烧体	非燃烧体	燃烧体
		1.50	1.00	1.00	

2）抗火设计的原则

当进行结构的抗火设计时，可将结构构件分为三类：第一类为分隔构件（隔墙、吊顶、门窗等），当此类构件失去完整性或隔热性时，即达到其耐火极限；第二类为承重构件（梁、柱、屋架等），此类构件不具备隔断火焰和过量热传导功能，所以由失去稳定性这个单一条件来控制承重构件是否达到其耐火极限；第三类为承重分隔构件（承重墙、楼板、屋面等），此类构件具有承重兼分隔的功能。所以当构件在火灾中失去稳定性、完整性或绝热性中的任何一条时，构件即达到其耐火极限。

3）基于计算的混凝土结构抗火设计

结构抗震是通过将地震作用等效为静力荷载作用在结构上进行计算，并按抗力大于等于荷载作用的方式进行构件的设计。结构抗火设计也是如此，可以从两个途径进行设计：一是把火灾的高温作用等效为一种荷载，与结构上的其他荷载（恒载、活载、风载、地震作用等）一起参与荷载效应组合，按近似概率极限状态设计方法进行设计，即建立考虑高温作用的统一结构设计方法，但这一方法仍需要深入研究[27]；二是对已按常规方法完成设计的混凝土结构进行抗火能力验算，以满足相应的抗火要求。

3.4.3　混凝土结构的合理消防

建筑的防火是人类对火灾危险的"躲避"，而结构的抗火则是结构与火灾之间的"斗争"。为了抵御火灾，仅依靠建筑结构是不够的，还需要合理的消防设施，为人类预防和扑灭火灾提供保障。为使建筑消防设施功能完备、运行正常，达到火灾前期及时预报和火灾发生时快速灭火的目的，《建筑设计防火规范》（GB 50016—2014）[28]对消防设施的设置进行了相关规定。

在设计建筑消防给水和其他主动消防设施时，应充分考虑建筑类型、建筑高度、居住人员的数量与特点、火灾发生的可能性与危险性、建筑周边的环境条件和需配置的消防设施的适用性，使之既能快速控火、灭火或尽早报警、尽早疏散人员、及时排烟，又节约投资，保障建筑的消防安全。对于某些新技术、新设备的应用，应根据国家规定，在使用前提出相应的使用和设计方案与报告，并进行必要的论证或试验，以切实保证这些技术、方法、设备或材料在消防安全方面的可行性与技术可靠性。

建筑消火栓系统分为室内消火栓系统和室外消火栓系统两种。有关建筑室内外消火栓系统、火灾自动报警系统和防烟与排烟系统等灭火与报警系统、设施的设计以及建筑灭火器的配置标准，均应按照国家现行有关规范标准的要求进行。

1）建筑室内消火栓系统

室内消防系统指安装在室内，用以扑灭发生在建筑物内初起火灾的设施系统。它主要包括室内消火栓系统、自动喷水消防系统、水雾灭火系统、泡沫灭火系统、二氧化碳灭火系统、卤代烷灭火系统、干粉灭火系统、七氟丙烷灭火系统及气溶胶灭火系统等。

对于 27 m 以下的住宅建筑，主要采取加强被动防火措施和依靠外部扑救来防止火势蔓延和灭火。住宅建筑的室内消火栓可以根据地区气候、水源等情况设置干式消防竖管或湿式室内消火栓系统。干式消防竖管平时无水，着火后由消防车通过首层外墙接口向室内干式消防竖管输水，消防员自带水龙带驳接室内消防给水竖管的消火栓口进行取水灭火。如能设置湿式室内消火栓系统，则要尽量采用湿式系统。当住宅建筑中的楼梯间位置不靠外墙时，应在首层外墙设置消防水泵接合器，并用管道与干式消防竖管连接。干式竖管的管径宜采用 80 mm，消火栓口径应采用 65 mm。

当建筑物内存有与水接触能引起爆炸的物质，即与水能起强烈化学反应发生爆炸燃烧的物质（如电石、钾、钠等物质）时，不应在该部位设置消防给水设备，而应采取其他灭火设施或防火保护措施。但在实验楼、科研楼这类仅存有少数该类物质的建筑中，仍应设置室内消火栓。

2）建筑室外消火栓系统

建筑室外消火栓系统包括水源、水泵接合器、室外消火栓、供水管网和相应的控制阀门等。室外消火栓是设置在建筑物外消防给水管网上的供水设施，也是消防队到场后需要使用的基本消防设施之一，主要供消防车从市政给水管网或室外消防给水管网取水向建筑室内消防给水系统供水，也可以经加压后直接连接水带、水枪出水灭火。当建筑物的耐火等级为一、二级且建筑体积较小，或建筑物内无可燃物或可燃物较少时，灭火用水量较小，则可直接依靠消防车所带水量实施灭火，而不需设置室外消火栓系统。

水泵接合器是建筑室外消防给水系统的组成部分，主要用于连接消防车，向室内消防给水系统、自动喷水或水喷雾等灭火系统或设施供水。在建筑外墙上或建筑外墙附近设置水泵接合器，能更有效地利用建筑内的消防设施，节省消防员登高扑救、铺设水带的时间。因此，原则上设置室内消防给水系统或设置自动喷水、水喷雾灭火系统、泡沫雨淋灭火系统等系统的建筑，都需要设置水泵接合器。但一些层数不多的建筑，如小型公共建筑和 6 层及以下的住宅建筑，也可在灭火时直接在建筑内铺设水带供水，而不需设置水泵接合器。

火灾烟气所包含的一氧化碳、二氧化碳、氟化氢、氯化氢等多种有毒成分以及高温缺氧等都会对人体造成极大的危害。及时排除烟气，对保证人员安全疏散、控制火势蔓延、便于扑救火灾具有重要作用。对于一座建筑来说，当其中某一位置着火时，应采取有效的排烟措施排除可燃物燃烧产生的烟气和热量，使得该局部空间形成相对负压区；对非着火部位及疏散通道等应采取防烟措施，以阻止烟气侵入，有利于人员的疏散和灭火救援。因此，在建筑内设置排烟设施，在建筑内人员必须经过的安全疏散区设置防烟设施，十分必要。

值得注意的是，在实际建筑设计中，很多安全疏散区存在安全隐患。不少单位将防烟楼梯间与电梯间布置在一块，且共用前室。由于工作电梯前室通往内走道处为了美观、方便，多数采用了敞开空间，而不设置防火门，致使防烟楼梯间降格为封闭楼梯间，其防火防烟性能严重受损，为火灾时人员逃离火场留下了重大隐患。而有的为满足前室的防火要求，在其前室通往内走道处增设了防火卷帘，此设计也不符合防烟楼梯间的设计要求。防烟楼梯间是高层建筑中人员逃生的唯一通道，如果防烟楼梯间不能防烟防火，那么高楼中的人是无法从火场中逃离出来的。因此，在设计中，防烟楼间的防烟防火功能是必须要保障的。

3）用水消防存在的风险

众多实验已经证明，处于高温中的混凝土，浇水冷却后的力学性能比自然冷却下的力学性能降低更为明显，严重影响混凝土的整体性。因此消防人员在用高压水枪灭混凝土结构的火时，一定要预判一下火灾发生的时间，混凝土经历的高温程度以及火灾中混凝土构件的持荷水平。国内外均有血的教训，证明了在高持荷水平下，受火时间过长的混凝土柱，高压水枪灭火可能引发混凝土结构的倒塌。

3.4.4 混凝土结构的其他灾害

除上述地震灾害和火灾外，对混凝土结构影响较大的灾害还包括风灾、爆炸、撞击等。

1）风灾

风灾是全球最常见和最严重的自然灾害，给人类社会带来了巨大的生命和财产损失，造成了大量工程结构的损伤和破坏，严重影响了社会经济和社会活动。风灾具有发生频率高、次生灾害严重（如暴雨、巨浪、风暴潮、洪水、泥石流等）、持续时间长等特点。

2005 年世界十大自然灾害中有两次是风灾。其中，美国"卡特里娜"飓风造成房屋损坏、桥梁倒塌、城市淹没、交通中断，导致约 2000 人死亡，直接经济损失高达 2000 亿美元以上。

桥梁结构受风灾影响大，1940 年 11 月 7 日，美国华盛顿州建成才 4 个月的主跨 853 m 的塔科马海峡悬索桥（Tacoma Narrow Bridge）在风速不到 20 m/s 的 8 级大风作用下发生了强烈的振动，桥面经历了 70 min 的振幅不断增大的扭转振动后，最终导致混凝土桥面结构折断坠落到峡谷中。

风对房屋建筑结构的破坏也十分严重，可分为低矮建筑风毁、多高层建筑受损和幕墙饰面破坏。大量的调查结果表明，风灾中造成巨大人员伤亡和财产损失的主要原因是低矮建筑的风毁。2003 年 6 月 23 日，台风"飞燕"造成福建省宁德市 6000 多间房屋倒塌、32 万多间房屋损坏。多高层建筑的抗风投入和关注程度较高，因此其整体破坏的例子几乎没有，但局部破坏的现象还是时有发生，更多的是发生幕墙及饰面的破坏。另外，体育馆场、会展建筑等大型空间结构的大跨屋盖也常遭受风灾。

为有效地预防和控制混凝土结构的风灾，应更深入地认识风的作用，积极展开有关风对结构的作用、结构对风的响应以及减小其响应的探索和研究，现已发展成为一门多领域交叉学科——风工程，涉及大气物理学、空气动力学等。

2）爆炸

爆炸是物体的能量（热、化学、电磁、核能或动能等）极快释放或转化的过程，包括物理爆炸、化学爆炸以及核爆炸等。爆炸的一个重要特征是在爆炸点周围介质中发生急剧的压力突跃，这种突跃就是造成结构破坏的直接原因。

结构对爆炸冲击荷载的响应，就是其吸收外界能量的过程，会使结构产生温度效应和应变效应，严重时会使结构产生塑性变形。爆炸作用会造成建筑的部分结构或构件破坏，从而引发连锁破坏甚至倒塌，这种倒塌称为"连续倒塌"（progressive collapse）。1968 年 5 月 16 日，英国 22 层的 Ronan Point 公寓发生燃气爆炸，该建筑为混凝土预制平板结构，18 层发生的爆炸导致建筑东南角的承重墙倒塌，随后其上的楼板坍塌，并导致上面几层的墙与楼板一起坍塌下来，由此产生了连锁反应，导致整个建筑东南角发生倒塌。这类"连续倒塌"越来越受到关注，成为混凝土结构防灾研究的一个热点。

爆炸破坏性的大小由两个因素决定：炸弹的尺寸（转换为 TNT 当量）和爆炸源距目标的水平距离。爆炸能量是通过冲击波释放出去的，因此研究爆炸必须要了解爆炸所产生的冲击波的特性。

3）撞击

撞击现象在我们日常生活中十分常见，是造成人类社会生命及财产损失的主要灾害之一。对于建筑物而言，无论是在建造阶段，还是在使用期间都有可能面临运动物体的撞击。例如，广东佛山九江大桥混凝土结构桥墩被运沙船撞塌等事故。

撞击可能造成结构局部直接破坏，继而引起结构的振动，甚至还可能引起结构连续性倒塌的严重破坏（如失事汽车、飞机对于结构的撞击等）。结构在撞击作用下的破坏机制非常复杂，影响撞击破坏效应的主要因素有如下几点。

（1）撞击体的特征，包括撞击物飞射体形状、参与撞击的有效质量、撞击速度及撞击部位等。

（2）被撞击结构的特征，包括构件的几何特征、材料的性能等。为了合理设计钢筋混凝土结构，减少各种运动物体撞击对建筑物造成巨大损害和大量人员伤亡，对钢筋混凝土结构在撞击荷载作用下非线性响应和破坏模式进行分析研究显得十分的必要。

目前，很多国家的建筑设计规范都建议将撞击作为一种偶然作用或灾害作用纳入建筑结构设计考虑的问题，我国现行规范对工业和民用建筑在设计时没有直接考虑撞击荷载的影响，仅在《建筑结构荷载规范》（GB 50009—2012）中提到。对于偶然组合，偶然荷载的代表值不乘分项系数；与偶然荷载同时出现的其他荷载可根据观测资料和工程经验采用适当的代表值。我国《人民防空地下室设计规范》（GB 50038—2005）中规定了动力荷载作用下材料强度综合调整系数：HPB235钢筋取 1.50；HRB335 钢筋取 1.35；C55 以下混凝土取 1.50。

另外，现代战争、恐怖袭击及意外事故等都可能是造成建筑结构破坏的原因，比如发生在 2001 年的"9·11"恐怖袭击事件。

3.5　混凝土结构的耐久性提升

混凝土的耐久性是混凝土结构在设计和使用过程中不得不面临和解决的问题。混凝土耐久性问题主要包括冻融作用、水渗透、氯离子侵入、碳化作用、混凝土中的钢筋锈蚀、硫酸盐侵蚀、碱–骨料反应、体积变形造成混凝土开裂等[29]。这些耐久性问题严重影响了混凝土结构的服役寿命，导致了很多不必要的经济损失。因此，无论从经济还是环境的角度来看，提升混凝土结构的耐久性显得十分的迫切和必要。

3.5.1　混凝土结构长寿命是最大的减量化

钢筋混凝土结构在土木工程领域有广泛的应用，但其中大量的结构在还未达到设计寿命时，便已提前失效。造成失效的原因有多种，如结构承载力较低或整体稳定性较差，但更主要的原因是混凝土结构的耐久性不良。钢筋混凝土结构的耐久性是近几十年以来人们普遍关注的一个问题，尤其是氯离子侵蚀环境下混凝土结构的耐久性。从工程实例和试验研究中人们认识到，混凝土结构在此环境条件下会受到物理和化学的强烈侵蚀作用，继而造成钢筋锈蚀、混凝土胀裂，使其耐久性能受到严重影响。

美国等发达国家研究发现，20 世纪 50 年代以后修建的混凝土基础设施工程结构，尤其是桥面板这类处于较为恶劣环境的结构，过早地出现了病害、开裂，甚至严重的损坏。1987 年美国国家材料顾问委员会提交的报告表明：约 25 万座混凝土桥梁的桥面板出现了不同程度的破坏，其中部分桥梁使用时间不到 20 年，并且这种破坏现象正以每年 3.5 万座的速度增长。1998 年美国土木工程学会发表了一份报告，对美国已有的基础设施工程进行了评估，认为美国现有 29% 以上的桥梁和 1/3 以上的道路存在老化问题，有 2100 个水坝不安全，估计需要有 1.3 万亿美元来改善这些基础设施中存在的不良安全状态。报告中将桥梁的等级评为"差"，在各种基础设施造成的损失中，桥梁结构占最大的份额，仅修复与更换公路桥面板一项就需要 800 亿美元。

在日本，混凝土结构的早期裂化成为社会问题要比西方国家稍晚些。日本经济高速增长期在 1955～1974 年，日本的混凝土年用量从 1966 年的 1.6 亿 t 上升到 1978 年的 6 亿 t。日本运输省 1986 年在检查混凝土码头时发现，凡使用期有 20 年以上的工程结构均存在大量的顺筋裂缝，需要马上修补；某些港湾建筑、桥梁结构等，建成后不到 10 年的时间，混凝土表面就已出现开裂、剥落、钢筋锈蚀外露的现象。

在加拿大，1987 年，Litvan 和 Bickley 发表了对加拿大停车场的检测报告，他们发现大量停车场在远比预计的服务寿命要早得多的时候就出现破坏。

根据英国运输部门 1989 年的报告，英格兰和威尔士有 75% 的钢筋混凝土桥梁受到氯离子侵蚀，维护维修费用是原来造价的 200%，为解决海洋环境下钢筋混凝土结构锈蚀与防护问题，每年要花费近 20 亿英镑[30]。英国英格兰岛中部环形快车道上 11 座混凝土高架桥，当初建造费用为 2800 万英镑，因为撒除冰盐引起的钢筋锈蚀使得混凝土胀裂，为此维修耗资了近 4500 万英镑，是造价的 1.6 倍，估计以后 15 年还要耗资 1.2 亿英镑，累计接近当初造价的 6 倍。

在我国，根据 1986 年国家统计局和建设部对全国 28 个省、自治区、直辖市的 323 个城市和 5000 个城镇进行的普查，城镇房屋 46.8 亿 m² 中，有 10 亿～12 亿 m² 需要加固改造才能正常使用。1995 年统计表明，当时 60 亿 m² 的城镇民用建筑中，有 30 亿 m² 需要加固，其中 10 亿 m² 急需加固。2013 年，我国现有城镇房屋建筑面积约 70 亿 m²，这些建筑物中有近 40 亿 m² 需要分项分期分批进行加固，其中有近 20 亿 m² 急需加固才能保证其正常使用。据 2000 年全国公路普查，到 2000 年底国内已有公路桥梁 278 809 座，总长 10 311 km，其中公路危桥已有 9 597 座，达到 323 451 m，公路桥梁每年实际的维修费用就高达 38 亿元。自 2001 年起至 2012 年年底，全国改造了 21 610 座危桥，共投入资金 438.8 亿元（其中交通运输部补投资 170 亿元）。海港和海上平台等混凝土结构，由于氯离子的侵蚀问题，耐久性问题显得更为严重。交通部曾多次对我国沿海港口工程混凝土结构破坏情况进行调查，其中 1980 年对华南地区 18 座码头的调查结果表明，80% 以上的结构都发生了严重或较严重的钢筋锈蚀破坏，从新建到出现锈蚀破坏时间有的仅为 5～10 年[31]。冯乃谦等对我国山东沿海地区的混凝土桥梁的耐久性状况进行了调查，结果表明这些桥梁在投入使用仅 10 年左右，就出现了不同程度的钢筋锈蚀和混凝土保护层脱落等现象；于 1989 年建成的某桥梁，由于长期受到海水的干湿循环作用，约有 10 cm 的混凝土被腐蚀掉[32]。2000 年对投产 8 年的惠州港 3 万 t 级油气码头进行调查，发现 50% 以上的构件发生了不同程度的损坏，并有长度不等的若干裂缝，各构件混凝土表面缺失面积达 28.34 m²。

综上所述，可以看到混凝土结构耐久性的问题已经给世界各国带来了巨大的经济损失，是目前亟待解决的工程难题。据报道，由于各种腐蚀问题（包括基础设施工程、生产设备、交通运输工具等），每年带来的直接、间接损失在美国约占 GDP 的 4.9%（1976 年）和 4.2%（1996 年）；英国 30 年来的腐蚀损失平均占 GDP 的 3.5%；澳大利亚因腐蚀导致的损失占 GDP 的 4.2%。在腐蚀损失中，土木基础设施工程的劣化损坏占有较大比例，可达 40%，其中主要是混凝土结构的腐蚀问题。虽然腐蚀损失不能完全避免，但是可以采取各种措施尽量减少损失。研究结果显示,如果对桥面板采取全寿命费用分析的优化投资维修策略,就可以节省 46% 的费用。

实施可持续发展是 21 世纪世界各国的重要任务。就水泥和混凝土工业而言,在生产过程中节约资源、能源和保护环境是十分必要的,但作为一个本身就是消耗资源和能源的产业,必将有其局限性。若提高混凝土的寿命到现在的几倍以上,则相应资源、能源、资金和环境污染等就可以减少很多,因此,提高混凝土的耐久性是实现混凝土结构可持续性的一项关键措施。提高混凝土结构的耐久性,延长混凝土结构的使用寿命,可以减少资源的消耗、节约成本,其实是最大的减量化。

3.5.2　混凝土结构耐久性材料优选

混凝土生产的第一步就是原材料的选择,不论在何地生产的何种混凝土必须首先选好原材料,因为原材料的性能及质量直接影响其所配制混凝土的性能。原材料不但要求品质必须合格,而且还要满足混凝土施工性能、力学性能以及耐久性等要求。所以,为了保证混凝土结构的耐久性,必须提出材料的耐久性要求与指标。如混凝土原材料的选择,混凝土的水胶比、强度等级和胶凝材料用量,混凝土的抗冻等级,氯离子扩散系数等。

1）水泥

在组成混凝土的材料中,水泥是影响混凝土抗裂性的主要因素之一。在目前的施工过程中,由于施工单位加快施工进度的需要,水泥生产企业不得不生产出比表面积高的早强水泥。这种做法对混凝土的耐久性是相当不利的。自 2001 年修改水泥强度标准以来,水泥的早强倾向更加严重。国内许多地方供应的普通水泥,现在几乎都已变成早强水泥。因此,要限制水泥产品过分追求早强的倾向。

水泥的用量也会影响到混凝土的耐久性。虽然水泥用量的提高可以提升混凝土的强度等级,但高强度的混凝土在早期和后期易产生裂纹,而裂纹对混凝土的耐久性是致命的。因此,在水泥的强度标准上,除了规定最低强度要求外,还应同时列入对最高强度的限制,对水泥的细度也应规定高限。这样才能保证同一品种的水泥产品具有比较稳定的质量,有利于配制耐久性良好的混凝土。

2）粗骨料

目前,国内市场上供应的用于配制混凝土的碎石多为颚式破碎机生产,该方式生产的石子粒形不良,针、片状的颗粒含量大,级配也较差。用这种骨料配制的混凝土不仅需要更多的水泥填充骨料间的孔隙,而且需要更多的拌合水,配制出的混凝土耐久性不良。由于目前骨料生产供不应求,厂家并无改进生产工艺和产品质量的压力,这个问题长期得不到解决。因此,有关部门应从技术政策上提出强制性要求,如在大城市中强制淘汰现场拌制混凝土而推行商品混凝土一样,尽快淘汰落后的破碎生产工艺。

3）海砂混凝土的控制与利用

我国沿海地区因滥用海砂配制混凝土已造成不少危害。海砂中含有氯盐，会引起钢筋严重锈蚀，导致严重的后果甚至灾难，在世界范围内已有过许多教训。海砂使用前如果清洗不彻底，氯盐含量超标，混凝土中的钢筋则可能在工程建成后十几年出现锈蚀问题，严重的可能在几年内就出现问题，后患无穷。

所以在推广应用海砂混凝土的地区，必须对混凝土用海砂制定非常严格的生产供应和质量检验标准并在混凝土浇筑前检测氯离子总含量，氯离子含量超标的混凝土，严禁施工。在土木工程，特别是商品房的竣工验收中，必须列入从已建结构混凝土构件中取样化验的强制检查规定，以检测混凝土的氯盐含量是否符合标准。

另外，我国建筑工程用砂量巨大，每年的消耗量达 30 亿 t 以上。2013 年我国天然砂用量占总砂石骨料用量的 24%，按照 2013 年砂石骨料用量为 130 亿 t 计算，2013 年我国建筑用混凝土消耗的天然砂约 31.2 亿 t。河砂资源濒临枯竭，我国要尽早开展海砂利用的研究[33]。日本在混凝土中应用海砂的比例已接近混凝土用砂量的 40%，在近海地区甚至达 90%，但这需要一系列配套的技术，将在第 10 章有进一步的描述。

4）矿物掺合料

来自海洋环境和除冰盐中的氯离子及混凝土的碳化，是造成钢筋锈蚀的主要原因。采用适当的矿物掺合料可有效地提高混凝土的耐久性能。

粉煤灰和矿渣等矿物掺合料能改善水化产物组成、优化界面结构，提高混凝土抗渗性；其本身较强的初始固化能力和二次水化反应产物的物理化学吸附固化作用，可降低氯离子在混凝土中的渗透速度，提高混凝土抵抗氯离子侵蚀的能力。其中，矿渣的吸附能力较粉煤灰要好，对提高混凝土抗氯离子侵蚀性能更有利。另外，粉煤灰和矿渣等掺合料的二次水化产物可降低混凝土的孔隙率，增大其密实性，同时优化水化产物，提高混凝土整体的抗硫酸盐侵蚀性能。由于矿渣的微细骨料及活性的效应更突出，在改善混凝土抗硫酸盐侵蚀性能中所起的作用更显著[34]。

矿物功能材料在提高混凝土抗氯离子渗透性方面有性能优化与降低成本的双重效用。矿物功能材料从两方面改善了混凝土的抗氯离子渗透性能：一是由于其功能效应，使混凝土内部形成了小孔径、低孔隙率、优化的水泥石-骨料过渡区的特殊微观结构，提高了混凝土对氯离子的扩散阻碍能力；二是由于其对氯离子的初始固化（物理吸附）和二次水化产物的化学固化与物理化学吸附，使混凝土对氯离子有较大的固化能力，提高了混凝土的抗氯离子渗透能力[35]。

3.5.3 混凝土结构耐久性设计优化

混凝土结构耐久性设计是在考虑影响混凝土结构耐久性的内、外因素下，保证新设计结构的可靠度，使其在规定的使用寿命内不低于规范要求，即所设计的结构在自然环境作用下的耐久寿命 T_n 大于预期的使用寿命 T_y。

1）混凝土结构耐久性设计原则和内容

目前对于钢筋混凝土结构耐久性失效的判断没有统一的标准，主要包括两种：一种是将结构由于耐久性能退化导致其变形不能满足正常使用的要求，多数以钢筋锈蚀发展到出现混凝土开裂作为正常使用耐久性失效标准；另一种是以结构性能退化导致结构承载能力降低到承载能力极限状态作为失效标准，称之为承载能力耐久性失效标准。前者比较容易识别，也有不少计算方法提出；而后者的失效标准难以界定，关于耐久性损伤混凝土结构承载能力的计算，目前还需继续研究。

我国混凝土结构耐久性设计的研究近年来有了很大发展[36]。一部分学者认为：混凝土结构耐久性设计应依据构件所处的工作环境来进行；确定结构的设计使用寿命是耐久性设计所要进行的首要工作；混凝土结构耐久性设计应根据结构工作环境的情况确定耐久性极限状态及标志。耐久性设计就是根据混凝土结构破损的规律来验算结构在设计使用寿命期内抵抗环境作用的能力是否大于环境对结构的作用。这种理论来源于欧洲 CEB 耐久性设计规范，仅解决了耐久性设计的构造要求部分。

另一部分学者认为，混凝土结构耐久性设计应包括两部分，即计算与验算部分和构造要求部分，其中计算与验算部分是混凝土结构耐久性设计的关键，它要求分析出抗力与荷载随时间变化的规律，使新设计的结构有明确的目标使用期，使改建或扩建的结构具有与原结构相同的使用寿命，达到安全、经济和实用的建设目的。

目前耐久性设计方法[36]包括参数控制型设计以及基于极限状态方程的方法。其中，参数控制型设计内容，我国《混凝土结构耐久性设计规范》（GB/T 50476—2008）中规定：混凝土结构的耐久性应根据结构的设计使用年限、结构所处的环境类别及作用等级进行设计。同一结构中的不同构件或同一构件中的不同部位由于所处的局部环境条件有异，应区别对待。结构的耐久性设计必须考虑施工质量控制与质量保证对结构耐久性的影响，必须考虑结构使用过程中的维修与检测要求。混凝土结构的耐久性设计一般应包括以下几点。

（1）结构的设计使用年限、环境类别及其作用等级。

（2）有利于减轻环境作用的结构形式、布置和构造。

（3）混凝土结构材料的耐久性质量要求。

（4）钢筋的混凝土保护层厚度。

（5）混凝土裂缝控制要求。

（6）防水、排水等构造措施。

（7）严重环境作用下合理采取防腐蚀附加措施或多重防护策略。

（8）耐久性所需的施工养护制度与保护层厚度的施工质量验收要求。

（9）结构使用阶段的维护、修理与检测要求。

2）混凝土结构耐久性极限状态设计

从结构性能变化发展的过程以及耐久性对安全性和适用性的影响来看，耐久性是结构的综合性能，就是要反映结构性能（包括安全性、适用性等）的变化程度。从这个意义上来说，考虑一种基于性能设计的耐久性极限状态是可行的，也是合理的。这种耐久性的性能极限状态具有以下特点。

（1）动态性。在结构全寿命性能变化过程中，每一个特定的时间点所对应的结构性能都是不同的，使用者对结构的目标期望性能可以根据需要而变化，即可以定义不同的性能极限状态。每一种性能极限状态，体现了业主或使用者对结构某项性能的要求。因此，性能极限状态是动态的性能状态。

（2）性能极限状态包涵了安全性、适用性以及其他性能的关键点。由于性能极限状态可以根据使用者的需要来定义，而这些需要可以是安全性的，也可以是适用性的，还可能是其他方面的（如混凝土碳化、钢筋锈蚀等）。若以混凝土碳化达到钢筋表面作为结构使用寿命终结的标准，那么混凝土碳化到钢筋表面的深度这一事件便是相应的性能极限状态。因此，性能极限状态不仅仅局限于与安全性、适用性有关的性能，还可以是其他方面的性能。

（3）性能极限状态可根据用户的特殊要求来确定，如结构的振动、视觉、采光、噪声、外观等性能的特殊要求。

（4）性能极限状态可通过经济与技术的可行性比较确定。如某结构当采取维修、加固、更换等措施已经不经济或技术上难以实现时，即可认为该结构达到了经济或技术性能指标的性能极限状态。

对同一结构构件而言，若采用不同的耐久性性能极限状态，结构的失效概率或使用寿命会有较大的差别。在实际的结构设计中，可根据业主或使用者对结构的具体要求、环境状况、结构的重要性、可修复性等方面的要求选择相应的性能极限状态，确定性能极限状态函数及可接受的最大失效概率（目标失效概率）。有了性能极限状态函数及失效概率，就可采用以失效概率或可靠指标表述的可靠度方法对耐久性极限状态进行设计。

混凝土结构耐久性极限状态设计方法基本思路如下所述。

（1）确定结构设计使用年限，这是进行耐久性设计的前提。

（2）确定结构工作环境和耐久性等级，这是建立耐久性极限状态的依据。

（3）建立在设计使用年限内，结构抵御环境作用的能力大于环境对结构作用效应的耐久性极限状态方程。

3）混凝土结构耐久性全寿命设计

按现行方法设计的混凝土结构，从设计的出发点来看，可保证在设计基准期内，结构不发生耐久性失效，而在服役满设计基准期之后，结构多会发生耐久性失效（实际上有些结构由于施工质量问题或其他一些原因，提前发生耐久性失效）。当结构发生耐久性失效后，若更换结构的费用较少，一般采用更换结构；反之，则考虑维修来延续结构的寿命。

在役且服役期较长的结构，多正在起着重要作用，其更换的间接费用较大，一般采用维修来延续它们的使用寿命。人们一直在试图寻求合适、经济、科学的修理方法，尽可能地延续正在服役结构的寿命。

从目前在用的旧混凝土结构的工作状态来看，如果使用得当，混凝土结构的使用寿命不难达到 150 年。如果建议混凝土结构的预期使用寿命为 150 年，相应的耐久性要求也取为 150 年，但是在取设计基准期为 50 年时（与现行规范一致，即抗力要求不增加），这样的结构是否能在耐久寿命内满足现行规范可靠指标（50年）的要求是一个重要的问题，有研究表明这是可行的[37]。

3.6　本　章　小　结

本章分别从混凝土结构设计阶段的材料优选、结构优化、抗震防火以及耐久性提升等方面，阐述了混凝土结构设计过程中的广义减量化概念、方法和基本步骤，并分析了基于减量化思考的新型混凝土结构的发展趋势。

与以往混凝土结构的设计工作和视角不同，本章从"减量化"的角度重新审视和梳理结构设计，将十分有助于人们对混凝土结构可持续性的认识与实践。

参 考 文 献

[1] 吕志涛. 高性能材料 FRP 应用与结构工程创新[J]. 建筑科学与工程学报, 2005, 22（1）: 1-5.

[2] 中华人民共和国住房和城乡建设部. 绿色建筑评价标准: GB/T 50378—2014[S]. 北京: 中国建筑工业出版社, 2014.

[3] 肖建庄. 高强混凝土结构性能及发展[J]. 建筑技术开发, 2002, 29（1）: 3-6.

[4] 陈肇元. 高强与高性能混凝土的发展及应用[J]. 土木工程学报, 1997（5）: 3-11.

[5] 中华人民共和国住房和城乡建设部. 高强混凝土应用技术规程: JGJ/T 281—2012[S]. 北京:中国建筑工业出版社, 2012.

[6] 朱金铨, 吴佩刚. 高强混凝土及其应用[M]. 北京: 清华大学出版社, 1992.

[7] 孙伟, 缪昌文. 现代混凝土理论与技术[M]. 北京: 科学出版社, 2011.

[8] 中华人民共和国国家质量监督检验检疫总局, 中国国家标准化管理委员会. 钢筋混凝土用钢第 2 部分: 热轧带肋钢筋: GB 1499.2—2007[S]. 北京: 中国标准出版社, 2007.

[9] 刘文锋, 王来其, 高彦强, 等. 高强钢筋混凝土框架抗震性能试验研究[J]. 土木工程学报, 2014, 47(11): 64-74.

[10] 叶列平, 冯鹏. FRP 在工程结构中的应用与发展[J]. 土木工程学报, 2006, 39（3）: 24-36.

[11] LI V C. 高延性纤维增强水泥基复合材料的研究进展及其应用[C]. 中国混凝土与水泥制品协会纤维混凝土工程材料 2012 高峰论坛, 2012.

[12] KIM Y Y, FISCHER G, LI V C. Performance of bridge deck link slabs designed with ductile engineered cementitious composite[J]. ACI Structural Journal, 2004, 101（6）.

[13] DYM C L, WILLIAMS H E. Stress and displacement estimates for arches[J]. Journal of Structural Engineering, 2010, 137（1）:49-58.

[14] 林同炎. 拱是结构也是建筑[J]. 土木工程学报, 1997（3）:11-15.

[15] 陈世鸣. 钢-混凝土组合结构[M]. 北京: 中国建筑工业出版社, 2013.

[16] 郭继武. 建筑抗震设计[M]. 北京: 中国建筑工业出版社, 2011.

[17] 赵真. 抗震概念设计刍论[D]. 哈尔滨: 中国地震局工程力学研究所, 2014.

[18] 中华人民共和国住房和城乡建设部. 建筑抗震设计规范: GB 50011—2010[S]. 北京: 中国建筑工业出版社, 2010.

[19] 肖建庄. 钢筋混凝土框架柱轴压比限值研究[D]. 上海: 同济大学, 1997.

[20] 范维澄, 王清安, 姜冯辉, 等. 火灾学简明教程[M]. 合肥: 中国科学技术大学出版社, 1995.

[21] 公安部消防局. 中国火灾统计年鉴 2014 年版[M]. 昆明: 云南人民出版社, 2015.

[22] 邢振贤, 周日农. 再生混凝土性能研究与开发思路[J]. 新型建筑材料, 1999（7）:28-31.

[23] XIAO J Z, FAN Y H, TAWANA M M. Residual compressive and flexural strength of recycled aggregate concrete after elevated temperatures[J]. Structural Concrete, 2013, 14（2）: 168-175.

[24] 鞠丽艳, 张雄. 聚丙烯纤维对高性能混凝土高温性能的影响[J]. 建筑材料学报, 2004（1）: 25-28.

[25] KALIFA P, CHÉNÉ G, GALLÉ C, et al. High-temperature behaviour of HPC with polypropylene fibres: From spalling to microstructure[J]. Cement & Concrete Research, 2001, 31（1）:1487-1499.

[26] POON C S, SHUI Z H, LAM L. Compressive behavior of fiber reinforced high-performance concrete subjected to elevated temperatures[J]. Cement & Concrete Research, 2004, 34（12）:2215-2222.

[27] 肖建庄. 高性能混凝土结构抗火设计原理[M]. 北京：科学出版社, 2015.

[28] 中华人民共和国住房和城乡建设部. 建筑设计防火规范: GB 50016—2014[S]. 北京: 中国计划出版社, 2015.

[29] 冷发光, 周永祥. 混凝土耐久性及其检验评价方法[M]. 北京: 中国建材工业出版社, 2012.

[30] 龚洛书, 柳春圃. 混凝土的耐久性及其防护修补[M]. 北京: 中国建筑工业出版社, 1990.

[31] 潘德强. 我国海港工程混凝土结构耐久性现状及对策[C]. 土建结构工程的安全性与耐久性科技论坛, 2001.

[32] 冯乃谦, 蔡军旺, 牛全林, 等. 山东沿海钢筋混凝土公路桥的劣化破坏及其对策的研究[J]. 混凝土, 2003（1）:3-6.

[33] XIAO J Z, QIANG C B, NANNI A, et al. Use of sea-sand and seawater in concrete construction: Current status and future opportunities[J]. Consiruction and Building Materials, 2017（155）: 1101-1111.

[34] 骆翔宇, 李文芳, 金雪莉. 辅助胶凝材料和外加剂对海工混凝土耐腐蚀性的影响[J]. 混凝土, 2009（10）: 67-70.

[35] 胡红梅, 马保国. 矿物功能材料对混凝土氯离子渗透性的影响[J]. 武汉理工大学学报, 2004, 26（3）: 19-22.

[36] 金伟良, 赵羽习. 混凝土结构耐久性[M]. 北京: 科学出版社, 2014.

[37] 李田, 刘西拉. 混凝土结构耐久性分析与设计[M]. 北京: 科学出版社, 1999.

第4章 混凝土结构改造与再用

新中国成立之后，随着经济的发展，新建了一大批办公楼和商场。近20年来，随着房地产市场的发展，又建设了一大批住宅。如此巨大的建设量也引发了全社会对工程质量的关注，正所谓"百年大计，质量第一"，建筑结构的安全性涉及广大人民群众的生命安全，而工程质量一直是工程建设中一个突出的问题，时而有工程安全事故见诸报端，不少工程结构确实存在着质量隐患，需要进行检测，并进行改造加固。

出现安全隐患的原因：一方面是随着科技和经济水平的发展，建筑物的荷载水平在不断提高，对于建筑结构的性能要求也越来越高，而过去建造的建筑标准相对较低，且经过长期的使用，会出现"老龄化"问题，部分构件会有不同程度的损坏，使其不能满足居住和生产的需求；另一方面是随着生活水平的提高，人们对于建筑物的功能需求也越来越繁复，有些既有建筑可能已经无法满足新的需求。因此对这些建筑需要进行修复、加固以及现代化改造，以满足新的使用要求。

混凝土结构的改造与再用体现了"3R"理念中的"Reuse"，即要求我们采取一定的措施，使得建筑能够在维持其结构功能的同时，延长其使用寿命，而当结构整体不适宜于继续安全工作时，可以通过回收构件再利用的形式使得结构的寿命实现另一种意义上的延续。

在保存原有建筑整体造型的基础上，对其结构的加固与改造，能够在提高结构安全性的同时，改善建筑的功能，同时相比于新建建筑，其投资少，对周边环境影响较小，工期短，能够获得环境效益和经济效益的双赢。另外，旧建筑的改造与加固减少了建筑废物的排放，对保护城市生态环境、文化环境起到了积极的作用。

混凝土结构的改造与再用，使得结构材料能够充分发挥其效用，减少了普通混凝土材料的生产，减少了建筑产业对于环境的影响，达到可持续混凝土结构的目标。混凝土结构的改造与再用的手段，概括起来主要包括改造与加固、修复、维护和构件再利用等几种方式。

4.1 混凝土结构的加固与改造

国家相关规范标准的提高、建筑使用功能的改变、自然或人为损坏以及原来城市布局不尽合理，需要对既有混凝土结构进行加固和改造。实践证明，加固与改造旧房与建新房相比有三大优点：工期短，投资少，效益高。以上海为例，一般经济效益可达到30～40倍[1]。对建筑业来说，21世纪就是"建筑改造的世纪"。

4.1.1　混凝土结构的加固与改造原则

当混凝土的修复无法实现建筑结构性能的改善时，就需要对混凝土结构进行改造和加固，以满足安全性的要求。

建筑结构需要进行加固和改造的原因主要有：错误的设计、低劣的施工以及不适当的使用使建筑物不能满足正常的使用要求；在恶劣环境下长期使用，使材料的性能恶化；结构使用要求、建筑功能和设计标准的变化；以及地震、火灾及爆炸等灾害的发生。混凝土结构的加固是对混凝土结构力学性能以及耐久性能上的补强。混凝土结构的改造更多是指，在建筑功能发生变化时，对其结构布置的改变，其中也包括以加固为目的的改造。在一些结构改造中，要先进行加固工作保证结构的安全性，才能进行后续的改造工作。

混凝土结构的加固与改造方法很多，但应根据各种结构形式的特点，因地制宜地采用不同的方法。混凝土结构的加固与改造，其一般程序是[2]：

（1）对已有建筑结构进行检测，检测内容包括材料强度、结构外观、裂缝位置及宽度、挠度、钢筋配置以及锈蚀情况、混凝土碳化情况、建筑物的整体变形情况等。

（2）根据建筑结构检测的结果，以可靠度理论及可靠性鉴定标准规范为依据，对建筑结构的安全可靠性进行评估。

（3）选择合适的加固与改造方案。加固与改造方案的选择对加固改造的实际效果起着重大作用，合理经济的加固与改造方案应达到以下要求：不影响使用功能、技术可靠、施工便捷、投入合理、满足建筑改造后的使用要求，以及结构的安全性。

（4）选定加固与改造方案后进行具体设计，包括构件的承载力计算、施工及正常使用状态验算、细部构造与施工图及施工方案的确定。

加固与改造方案应首先确保结构的安全性。安全性主要体现在结构构件的承载能力是否达到要求。由于结构构件的损伤程度不同，其承载能力下降的程度也不同，必须保证所有结构构件具有足够的承载力，且加固与改造后的荷载传递路径合理，受力明确。

加固还应确保加固部分和被加固部分的紧密结合。加固结构属二次受力结构，加固前原结构已受力，并且控制截面或构件的工作应力、应变水平都较高。加固效果的关键是，使新旧结构在外荷载作用下变形与受力协调一致，能够共同工作。因此，加固措施的重点是新旧结构结合面的处理，特别是新旧结构工作应变差较大时，其结合面往往是薄弱环节，可能出现拉、压、弯、剪复合应力。在受弯或偏压状态下，剪应力会相当大，故加固应保证剪应力的有效传递。

加固设计也应考虑结构的整体性，必须避免改变整体结构的动力性能，避免降低结构整体的抗风和抗震性能。

此外，加固与改造方案还应考虑施工的可行性，尽量减少对结构自身和相邻结构构件的影响，既能保证加固质量，又能缩短工期，同时应尽量降低修复加固费用。

混凝土结构有一些必须遵守的加固与改造原则[3]，它是专业人士按照自己对建筑结构的认识、设计、调查以及实际的施工实践总结得出的，这对指导实际工程施工尤为重要。混凝土结构加固和改造的主要原则包括以下几个方面。

1）从实际出发原则

对混凝土结构进行加固与改造前，不仅要对结构的安全可靠性进行严格的鉴定，而且还要对混凝土材料性能以及荷载现状进行实际调查研究，全方位地分析原有结构存在的缺陷以及损伤和破坏状态。

进行混凝土结构的加固设计工作时，要使材料、荷载和计算简图尽可能地符合实际情况，临时加固的要求可以降低一些，永久加固的要求应高一些。同时，临时加固的设计要尽可能地结合混凝土结构的永久加固的设计，提出最优方案。

2）全面比较原则

确定混凝土结构的加固与改造方案时，应该对混凝土结构构件的破损程度、自身建筑所占用的空间、各方面的技术因素（包括功能要求、加固技术等）和非技术因素，以及加固与改造后的效果等各种因素进行评估，并将所有方案进行比较分析，选择出最合适的方案，而不能仅根据自己的印象和经验做出选择。

当混凝土结构中仅有个别构件损坏，但不影响整个结构体系的受力性能时，可以进行局部加固。例如，设备爆炸引起个别梁板的破坏，这时只要将受破坏的梁板加固到原有抗力就可以。当混凝土结构整体不满足要求时，例如当结构在地震作用下的侧向变形不满足要求时，宜对结构整体进行加固。

3）协同受力原则

对混凝土结构加固与改造方案的确定，除了要全面比较分析外，还应该保证加固与改造方案可使新旧结构协同受力。制定加固方案时，应通盘考虑整个建筑的加固效果，应避免出现局部构件加强而整体抗力下降的现象。毫无疑问，当某些构件不满足安全度要求时必须进行加固，但结构体系的加固往往会被忽视。例如，个别构件加固后会引起刚度和承载能力分布情况的变化，这时应从整个结构体系安全的角度来考虑加固。通常采用的方法是要尽量保证新增加的部件、构件或者截面能与原有混凝土结构构件没有受到破损的部位共同受力、共同工作、共同承受加固后应承受的变形和荷载。

4）保留完好原则

在混凝土结构加固与改造截面、构件或部件时，要尽可能地不损伤它的自身结构，并且能将它有利用价值的部分保留下来，应该避免不必要的拆卸、更换以及凿损等。这样一方面能节省投资，另一方面能保证结构其他相邻部位的安全。

4.1.2　混凝土结构的加固与改造典型方法

在混凝土结构的加固与改造中，主要有两类目的：第一是结构受损后，为加固进行的改造；第二是由于结构的功能有所改变，需要对相应受力途径等进行改造。混凝土结构的加固改造典型方法主要包括以下几种。

1）增大截面法

增大截面法是一种采用钢筋混凝土、钢筋网砂浆层、配筋混凝土砌块等材料增大原混凝土构件截面面积，以增大构件承载力和刚度的直接加固方法。这种方法还提高了混凝土构件的稳定性以及抗裂性，可广泛应用于一般的梁、柱、板、墙等构件，如图 4.1 所示。

图 4.1　增大截面法加固梁

2010 年，上海市南洋模范中学的一个综合楼改建项目[4]中，原建筑使用用途主要为教室和阅览室，改建后要求作为餐厅和专用教室等。该楼建于 1993 年，为 5 层现浇框架结构，其结构的设计依据为《建筑抗震设计规范》（GBJ 11—89）和《上海市建筑抗震设计规程》（DBJ 08—9—92）。在结构功能变化之后，房屋主体的地基承载力满足要求，但原混凝土设计强度为 C28，实测强度等级推定值仅为 C18，按照最新的设计规范进行验算，发现大部分柱子的轴压比超限，部分框架梁、柱配筋不足，因此应采取一定的加固措施。

针对原框架柱轴压比超限、配筋不足的情况，在不影响建筑使用功能的前提下，对柱采用了增大截面加固法。根据中柱和边柱的不同，分别采用四边加大和三边加大截面的方法。加固后，柱截面能满足计算和构造设计要求。

2）置换混凝土加固法

置换混凝土加固法是指，针对结构的裂损、混凝土存在的蜂窝、孔洞、夹渣、疏松等缺陷，或混凝土的强度偏低等情况，采用挖补的方法，利用优质的混凝土将部分劣质混凝土置换掉，以恢复结构基本功能或增强构件的承载力。

该加固方法的关键在于，新旧混凝土结合面的处理效果是否可以达到采用协同工作假定的程度。该加固方法常用于混凝土强度等级低的混凝土结构，特别是对于混凝土强度等级低于 C10 的结构，其他加固方法很难实施，该方法则能较好地适用。某地一栋住宅楼[5]为 1995 年建的设置有架空层的 6 层砖混结构，正常使用过程中发现一层现浇板、圈梁存在裂缝，经过检测后发现多处混凝土构件的强度达不到设计要求，破损严重，该结构被判定为局部危房，必须对该结构进行加固。该结构的加固构件涉及范围广，其中圈梁的加固就采用了置换混凝土加固法。其流程大致为：对结构卸载，剔除圈梁的混凝土后，利用钢结构进行临时支撑，对钢筋表面进行修复处理，再进行支模，重新浇筑强度等级高的混凝土。

置换混凝土法在实际工程中对混凝土强度等级偏低结构的加固已有广泛的应用，从近几年的施工实践证明，该项技术可靠性强，经济效益显著。

3）外包钢加固法

外包钢加固法是一种在混凝土截面四周包裹钢板或型钢的加固方法，如图 4.2 所示。

当使用黏结剂（如乳胶水泥、环氧树脂等）将型钢与原有构件黏结时，称为湿式外包钢加固法。当型钢与原构件无连接，或者连接无法保证型钢与原构件之间的作用力能够有效传递，称为干式外包钢加固法。

这种方法非常适合运用在大型结构或大跨度结构中，特别是使用上不允许增大混凝土截面尺寸，而又需要大幅度地提高承载力，增大延性、刚度的混凝土结构。

图 4.2　外包钢加固法示例

4）预应力加固法

预应力加固法是指，采用外加预应力钢拉杆或型钢撑杆对结构构件或整体进行加固的方法。通过预应力手段强迫后加的拉杆或撑杆参与受力，改变原结构的内力分布，降低原结构的应力水平，如图 4.3 所示。

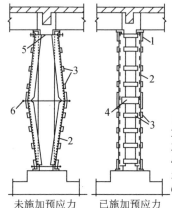

1. 底承板（传力底板）；
2. 撑杆；
3. 缀板；
4. 加宽缀板；
5. 安装螺栓；
6. 拉紧螺栓

未施加预应力　　已施加预应力

（a）预应力梁加固　　　　　　　　　（b）预应力柱加固

图 4.3　预应力加固法示例

预应力加固法可以起到加固、卸荷以及改变传力路径的效果，适用于大跨度结构，以及采用一般方法无法加固或加固效果不理想的，应力应变水平较高的大型结构，多数为体外预应力加固法。

某教学楼[6]最初设计为 5 层、局部 6 层的钢筋混凝土框架结构，2003 年 5 月开工，施工至第三层时，因为使用需要，业主要求该教学楼增加一层。经过复核计算后发现底层有 48 个柱的轴压比超限或配筋不足，考虑到利用预应力撑杆进行加固的施工过程是干作业，施工速度快，且加固后的使用年限较长，与原建筑的使用寿命相匹配。因此最终采取了预应力撑杆加固的方法。

5）外部粘钢加固法

外部粘钢加固法是指在构件受拉区（或受剪区）表面用专门的建筑结构胶粘贴钢板，使钢板与原构件结合成一个整体构件，并且通过粘胶将上部荷载产生的梁底拉力传递给钢板，使得钢板能够与原构件共同承担荷载，增强原构件的抗弯和抗剪承载力，从而达到加固效果的方法，如图 4.4 所示。

某 5 层综合楼[6]，采用混合结构，底层为钢筋混凝土框架结构，上部南北两跨结构不同。该结构于 1976 年竣工，在 1996 年其三楼楼面及以上部分出现了坍塌，因此对该结构进行了复核加固工作。为了加快施工进度，减少加固工作对结构工作产生的影响，该结构的改造加固采用了外部粘钢法，大致流程为：对混凝土表面的裂缝进行处理，打磨平整至石子外露，涂敷料、粘贴剂，将钢板固定加压养护后，拆除支撑，表面进行防腐防锈处理。

图 4.4　外部粘钢加固法示例

6）粘贴纤维增强塑料加固法

纤维增强塑料（FRP）是一种高性能复合材料。该加固方法是将纤维增强塑料等复合材料，用结构胶粘贴于结构构件的主要受力部位，以提高混凝土构件受弯、受剪以及混凝土抗压强度的加固方法[7]，如图 4.5 所示。

图 4.5　粘贴纤维增强塑料加固法示例

珠海的明珠山庄[8]于 1995 年开始施工，当时由于资金不足，成为烂尾楼。2005年，新开发商对该项目重新开发，由于原来已建成结构空置较久，且未进行维护和保护，部分构件已经不能满足重建后的使用要求，经过设计，最终梁板采取粘贴碳纤维布进行加固，并取得了良好的效果。

7）增加支点法

增加支点法是通过增设支点的方法来减小结构的计算跨度和变形，以提高构件的承载力，从而起到"加固"的作用。

按照支撑结构的受力性能可分为刚性支点法和弹性支点法两种方法。刚性支点法是依靠杆件的轴心受压将荷载直接传递给基础或其他承重结构。弹性支点法是以支撑结构的受弯或桁架作用来间接传递荷载。

增设支点法的优点是简单可靠,缺点是使用空间会受到一定影响,适用于梁、板、桁架等水平结构的加固。

8)托梁换柱法[9]

结构的托换是指通过对原有结构的改造,改变原有结构的荷载传力途径,通常是将原有结构的荷载传递到新增结构体系上。托梁换柱法是在不拆或少拆上部结构的情况下实施拆除、更换以及接长柱的一项改造技术,包括相关结构加固技术、上部结构顶升技术以及断柱技术等。在一定范围内,托梁换柱法通过改变结构的传力路径和计算简图,使结构内力发生了明显变化。

根据托换时间划分,托换技术分为临时性托换和永久性托换。临时性托换在工程完成后不再承担荷载并可以拆除;永久性托换在工程完成后成为工程的一部分,继续同改造结构一起承担荷载。根据是否改变结构承重体系划分,托换技术可分为不改变传力路径的托换和改变传力路径的托换。结构荷载增大,但传力路径不变的托换,称为不改变传力路径托换;由拆除部分构件改变结构传力路径的托换,称为改变传力路径托换。

4.2　混凝土结构的修复

在混凝土结构的施工及使用过程中,由于原材料的质量问题、施工养护方法不恰当、环境恶劣或是设计不合理,混凝土结构会出现非结构性裂缝等轻微的损伤,这类损伤对于结构的承载力影响不大,但有碍观瞻,会引起人们心理上的不适。另外,如果任由裂缝发展,引起混凝土内部的碳化及后续钢筋腐蚀,就会影响混凝土的结构功能,因此,要对混凝土结构出现的这种轻微损伤及时修复,以保证结构正常工作,满足适用性的要求。

4.2.1　混凝土结构的主要修复方法

混凝土结构的修复主要是对裂缝的修复,长期以来,混凝土的裂缝一直是学术界和工程界研究的一个重要课题。国内外已发表了大量有关混凝土裂缝的成因、评估与修补的文献,并取得了许多有价值的成果。混凝土裂缝的修复方法需根据混凝土结构的功能要求、开裂原因、裂缝形状,结构重要性和环境条件综合决定。现阶段实现裂缝愈合再生,从采取形式上来讲分为人工裂缝修复技术和混凝土裂缝自修复技术两种。

1. 人工裂缝修复技术

1)表面处理法

表面处理法[10, 11]是指在混凝土表面涂刷防水涂膜(如聚合物水泥膏、渗透性防水剂等)以封闭微细裂缝,从而恢复混凝土的防水性和耐久性。

　　该方法适用于修复对结构承载力影响不大，但会使钢筋锈蚀且影响美观的微细裂缝（裂缝宽度小于 0.2 mm）。对于较为稀疏的裂缝，可沿裂缝涂抹覆盖；而对于细密的裂缝，应在表面全部涂抹。

　　表面处理法施工简单，但是涂料无法深入到裂缝内部，目前还需开发耐久性和防水性可靠且价格适中的涂层材料。

　　2）灌浆法

　　灌浆法[10, 11]是指利用树脂浆液、水泥浆液或聚合物浆液等灌入裂缝，以填充裂缝，达到恢复结构整体性、耐久性和防水性的目的（图 4.6）。

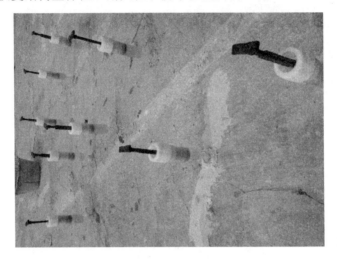

图 4.6　灌浆法处理混凝土裂缝

　　区别于表面处理法，该方法适用于宽度较大、深度较深的裂缝，特别是在荷载作用下，受拉造成的混凝土裂缝。

　　按照灌浆材料的不同，灌浆法可分为水泥灌浆法和化学灌浆法。当裂缝宽度大于 2 mm 时，常使用水泥灌浆法；裂缝宽度小于 2 mm 时，常采用化学灌浆法。化学灌浆具有黏度低、可灌性好、收缩小、黏结强度高及恢复效果好等优点。目前，环氧灌浆是化学灌浆主要使用的材料之一。

　　3）填充法

　　填充法[10, 11]是指将混凝土构件沿裂缝开凿成 U 形或 V 形槽，然后嵌填修补材料，以提高结构的防水性、耐久性和结构整体性，适用于数量较少、宽度较大的裂缝以及钢筋锈胀产生的裂缝（图 4.7）。

　　根据修补目的的不同，填充法使用的材料主要包括环氧树脂、环氧砂浆、聚合物水泥砂浆等。目前来看，许多工程采用环氧树脂和砂浆填补，但由于其收缩、老化，长期效果不甚理想。另外，填充法对有损伤的结构及对于混凝土梁、电线杆、轨枕等构件不宜采用。

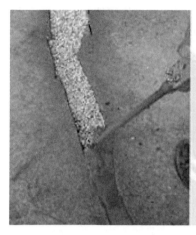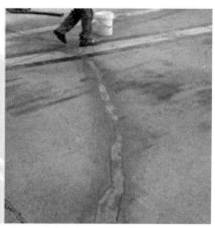

图 4.7　填充法处理混凝土裂缝

以上人工裂缝修补方法，就修补材料而言，分为水泥类材料和非水泥材料。水泥本身就是混凝土主要成分之一，在裂缝中填充水泥并未改变混凝土构件的组成，使构件保持原有的整体均质性。此外，研究发现，水泥水化后的主要产物 C-S-H（水化硅酸钙）可以渗入混凝土的裂缝中，从而提高混凝土的强度和耐久性，是常用的修补材料。除水泥类材料外，修补材料还有环氧树脂、甲基丙烯酸酯类等非水泥化学修补材料，这些化学修补材料具有稳定性好、室温固化、收缩小、黏结力强等一系列优点，对混凝土存在的裂缝能够进行有效修补。

目前，关于混凝土裂缝修复涂料已有相应的规范，包括《混凝土结构修复用聚合物水泥砂浆》（JGT 336—2011）、《混凝土裂缝修补灌浆材料技术条件》（JGT 333—2011）及《混凝土裂缝修复灌浆树脂》（JGT 264—2010）等。

人工裂缝修补是在已发现混凝土裂缝的前提下进行的，当裂缝从内部扩展到表面时才修补，具有一定的滞后性。人工裂缝修补也无法对表面无明显特征、内部开裂的情况做出及时反应，且即使已探明内部存在裂缝，在不破坏混凝土的情况下也难以进行修补。为了弥补人工裂缝修补技术的不足，科研工作者从生物体受伤自愈现象得到启发，进行了混凝土裂缝自修复技术的研究。

2. 混凝土结构裂缝自修复技术

混凝土裂缝自修复技术的发展首先从对水泥基体自修复的研究开始。Abrams[12]首次发现水泥基体具有自修复的特点，他将有损伤的混凝土试件置于户外环境 8 年后，发现其抗压强度变为 28d 强度的两倍多。水泥基体的这种自修复特性，是一种持续的、不依赖外部手段支持的过程。图 4.8 为水泥基体的自修复方式，包括裂纹处水泥颗粒的继续水化、松散颗粒及水泥水化产物的填充与封堵混凝土裂纹等，但是各方式的作用程度不同[13]。

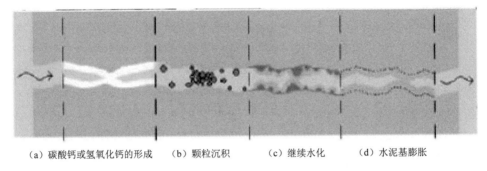

　　（a）碳酸钙或氢氧化钙的形成　　（b）颗粒沉积　　（c）继续水化　　（d）水泥基膨胀

图 4.8　水泥基材料自修复方式[13]

　　Huang 等[14]对水泥基材料自愈合行为进行了表征和量化，指出在水泥浆体养护前期，其自愈合行为主要靠未水化水泥颗粒的进一步水化。刘小艳等[15]研究了水泥粒径对混凝土损伤自愈合性能的影响，指出由于水泥大粒径颗粒含量较多，使得相同龄期混凝土试件中未水化水泥颗粒含量较多，自愈合效果较好。Lauer[16]研究了湿度环境对自愈合的影响，发现在相对湿度为 95%的条件下效果明显。Dhir 等[17]研究了龄期和配合比对混凝土自愈合性能的影响，发现强度恢复率随着水泥掺量的提高而提高，自愈合速率随着龄期的增加而降低。Edvardsen[18]指出在水养条件下，裂缝早期自愈合效果显著，而这些裂缝的自愈合几乎全是由碳酸钙晶体沉淀引起的，碳酸钙晶体的增长率与裂缝宽度和水压有关。

　　在上述自修复机理研究的基础上，产生了混凝土结构的自修复技术。混凝土裂缝的自修复是指，通过模仿动物骨组织结构创伤后的再生、恢复机理，使混凝土在一定的内部或外部条件下，释放或生成新的物质自行封闭、愈合其裂缝。目前主要的裂缝自修复技术有以下几种[19, 20]。

　　1）结晶沉淀法

　　结晶沉淀法[11]是一个自然修复过程，在水流或水介质作用下，裂缝区中形成的 $CaCO_3$-CO_2-H_2O 物质体系与水泥浆体中的 $Ca(OH)_2$ 发生反应，生成难溶于水的 $CaCO_3$，然后 $CaCO_3$ 与 $Ca(OH)_2$ 结晶沉淀在裂缝中不断生长，最终愈合裂缝。

　　2）渗透结晶法

　　渗透结晶法[21]是指，在混凝土中掺入活性外加剂或在外部涂敷一层含有活性外加剂的涂层，在一定的养护条件下，以水为载体，通过渗透作用，填充微孔及裂缝并促进混凝土中未完全水化的水泥颗粒继续发生水化反应，形成不溶性的晶体，填充裂缝（图 4.9）。

　　混凝土干燥时，该活性化学物质处于休眠状态；当混凝土开裂，有水渗入时，该物质则持续水化生成新的结晶，对裂缝进行自动填充，实现自修复。目前渗透结晶自修复技术已经应用于包括大坝工程在内的许多混凝土工程中[22]。

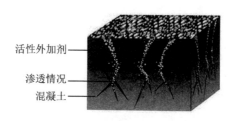

图 4.9　渗透结晶法示意图

3）聚合物固化法

聚合物固化法[11]是指，模仿生物组织对受创伤部位自动分泌某种物质，而使创伤部位得到修复的原理。在混凝土基体中添加含有修补剂的空心纤维或空心胶囊，当基体产生微裂缝时，空心纤维或空心胶囊会自动断裂从而释放出修补剂。修补剂能够在裂缝空气中固化，从而实现混凝土裂缝的自我修复，有些修补剂还能以基体成分作为催化剂，即使在不接触空气的情况下也能发生化学固化，能够对内部的细小裂缝进行修补[23]。

研究发现，与不经过修复开裂后的梁相比，采用聚合物固化仿生自修复的梁在修复后抗弯刚度普遍增加[24]，从力学性能上证明了该技术具有实际的修补效果。深圳大学的邢锋等[25]，采用有机微胶囊包覆环氧树脂修复剂的方法，实现了对混凝土裂纹的自修复，并对其力学性能进行了研究。该方法将微胶囊和环氧树脂固化剂均匀分散在混凝土内部，当混凝土内部出现裂缝时，裂缝扩展致使微胶囊破裂，胶囊内部环氧树脂流出，填充在裂缝中，与水泥基体中的固化剂相遇，固化黏合裂缝从而达到自修复的目的。

这种方法目前还存在一些关键性问题尚未解决，如胶囊及其空穴对强度的影响、裂缝多次可愈合性、胶囊的时效以及愈合的可靠性等。

4）电解沉积法

电解沉积法[21]修复混凝土裂缝是国际上近年来的一项新技术，特别适用于传统修复技术不适用或成本太高的混凝土结构裂缝修复。

电解沉积法就是利用电解作用在混凝土表面镀上一层化合物，如 $CaCO_3$、$Mg(OH)_2$、ZnO 等来填充混凝土的裂缝，以降低混凝土的渗透性。这一镀层作为混凝土的保护层，减少了混凝土内部气体和液体的流动。在混凝土结构中的钢筋（阴极）和位于水下的电极（阳极）之间，施加一定的直流电，可以使水环境中的混凝土裂缝或表面生成一层坚硬的电解沉积层。

电解沉积法裂缝修复技术适用于水工、海工结构。经过电解沉积法处理后的混凝土抗氯离子侵蚀或抗碳化等性能明显提高。同时，由于施加的电流强度较小，也不会析出氢氧根离子，就不会发生碱骨料反应。沉积作用主要受溶液中所含电解质的种类及其特性、电流密度、混凝土电阻率及其微观结构等因素的影响。

5）形状记忆合金的损伤控制

形状记忆合金（shape memory alloy, SMA）是智能结构中的一种驱动元件，其特点是具有形状记忆效应和超弹性效应，可以实现长期、在线、实时监测，并进一步实现结构的自修复功能[26]。将形状记忆合金材料在高温下定形，冷却到低温，并施加变形，使它存在残余变形。如果对形状记忆合金进行加热，就可以使低温状态所存在的残余变形消失，形状记忆合金将恢复到高温下所固有的形状，随后再进行冷却或加热，形状将保持不变。上述过程可以周而复始，形状记忆合金可恢复的应变量高达 7%～8%，形状记忆合金具有双程记忆效应和全程记忆效应[27]。

把经过预拉伸的 SMA 丝埋入混凝土构件的受拉区，当构件或结构在工作中出现了不允许的裂纹或裂纹宽度时，对处于裂纹处或裂纹附近的 SMA 丝通电加热激励，使其收缩变形，从而使裂纹闭合或限制裂纹的进一步发展，这样构件就成了具有自诊断、自修复功能的智能混凝土构件。

SMA 在混凝土结构损伤自诊断、裂纹自闭合、实现结构构件的紧急自修复应用方面具有很大优势，但是 SMA 电阻变化率敏感性和驱动性受 SMA 丝与混凝土的锚固、黏结和预张拉等因素的影响，目前尚在深入研究中。

6）基于空芯光纤和空芯纤维的自修复方法

空芯光纤是由纤芯、包层和涂敷层等多层介质组成的结构对称圆柱体，空芯光纤结构见图4.10。

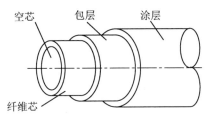

图 4.10　空芯纤维示意图[28]

空芯光纤与普通光纤相似，光纤的基本原理和理论也基本适用于空芯光纤。将纤芯含修复剂的空芯光纤网络埋于混凝土结构中，混凝土结构在外部荷载或温度变化时产生内部变形或损伤，导致光纤受到拉压、弯曲，光纤中的光损耗会迅速加大，使输出的光强度、相位、波长及偏振等发生变化。通过监控系统可及时监测到基体损伤，并精确判断损伤的具体位置。在注胶系统加压作用下，纤芯内的修复剂从破裂的空芯光纤管内迅速流出，对损伤处进行修复[29]。

空芯光纤弥补了工程应用中离线无损检测与修补方法的不足，对结构使用过程中的损伤、疲劳、冲击、缺陷、腐蚀和振动等情况进行实时监测的同时，对混凝土的损伤裂缝进行适时的快速修复[30]，实现了光传输、损伤诊断和损伤修复的一体化。

空芯光纤技术发展始于 20 世纪 90 年代，由于材料制备工艺复杂，空芯光纤自修复技术尚待进一步发展完善[31]。

基于中空纤维的损伤自修复方法与空芯光纤方法类似，中空玻璃纤维是外径为（60±3）μm 的细纤维，内径掏空率为 55%。中空纤维埋设时通常按组布置，内部储存具有自修复功能的物质。另外，中空纤维也可以用作加强筋。

4.2.2　混凝土的微生物自修复方法

混凝土裂缝的微生物自修复方法最早由 Gollapudi 等[32]在 1995 年提出，该方法利用微生物的矿化机理以及对裂缝的自修复能力修复混凝土裂缝。荷兰 Delft 大学[33-37]及比利时 Ghent 大学[38-40]的研究表明，利用该方法将微生物和底物作为外加剂，加入到混凝土中，对于修复裂缝具有一定作用，可修复宽度小于 0.47mm 的裂缝。Jonkers[41]用真空技术把芽孢菌和乳酸钙固定在预先置入混凝土中的多孔膨胀黏土颗粒中，使得该混凝土的裂缝因微生物产生碳酸钙而有效愈合。国内东南大学钱春香等[42]的研究发现，利用从高碱性盐湖土壤中提取的嗜碱芽孢杆菌培育出的能够产生碳酸钙晶体的改良型嗜碱芽孢杆菌，对于混凝土浅表裂缝可以起到良好的修复作用。尹晓爽等[43]发现了一种斯氏假单胞菌，其对碳酸钙结晶过程具有抑制作用，但可以诱导亚稳态球霰石和中孔方解石型碳酸钙的生成。

微生物自修复主要原理是通过在水泥基材料中加入处于休眠状态的好氧微生物，由于处于休眠状态，这类微生物能够在水泥基材中长时间存活；当混凝土产生裂缝时，好氧微生物与空气接触而打破休眠状态，通过生物作用生成一些相对不溶的有机和无机的化合物，从而达到修复裂缝的目的[44,45]。一般的微生物修复材料的组分主要是能在强碱性环境生存的噬碱菌，如巴氏芽孢杆菌、好氧嗜碱芽孢杆菌等，以及水、砂子、尿素和氯化钙。Jonkers[46]验证了通过好氧微生物新陈代谢来修复裂缝是可行的，并研究了多种嗜碱芽孢杆菌微生物及其掺入度、营养物质对水泥基材料抗压和弯曲抗拉强度的影响。

目前，混凝土裂缝的微生物自修复方法的机理[47-52]主要包括两种：一种是利用好氧微生物自身代谢产生 CO_2，并利用碳酸杆菌吸收周围空气中的 CO_2，使得在水泥裂缝中富集 CO_2，在这样高浓度的 CO_2 环境中，会引发水泥石中 $Ca(OH)_2$ 或者其他钙源反应生成 $CaCO_3$，从而修复裂缝；另一种是利用厌氧微生物转录合成脲酶，脲酶水解尿素继而产生碳酸钙。

在微生物修复的过程中，环境的 pH、钙离子浓度、温度和菌种等[47-52]都会对修复效果有一定的影响。理论上讲，相比聚合物固化仿生自修复，微生物只要周围有充足的养分就能不断繁殖，修复机制将更为长久。但是，微生物修复技术仍处于发展阶段，仍有许多要解决的问题，如微生物的存活时间，培养基对基体材料的影响，微生物死亡对基体材料的影响等。

混凝土内部高碱性的环境会对细菌的存活产生影响，同时微生物及营养物质的加入可能会影响混凝土本身的力学性能。为了解决这一问题，许多学者提出了利用固载微生物的方式将微生物加入到混凝土中，如利用多孔轻质骨料、硅藻土、微胶囊、陶粒等。

另外，在同济大学李沛豪等[53, 54]的研究中，利用微生物进行了建筑表面清洗和加固的尝试。他们利用硫酸盐还原菌的代谢过程将建筑物大理石表面风化产生的硫酸钙转化为方解石，在清洗污垢的同时，产生的碳酸钙还能够增强石质结构表层的稳定性；他们还利用芽孢八叠球菌分解钙源产生沉积物修补裂缝。

混凝土的生物自修复方法目前都是在实验室条件下进行的，对于实际工程，仍有许多问题有待于进一步探究。例如，厌氧菌在代谢过程中产生的氨气，可能对环境产生负面影响，微生物的载体对于混凝土的影响作用尚不明确。但利用微生物修复混凝土在技术上是可行的，经过深入研究是能够应用到实际工程中的，且具有重要的工程意义。若能够实现混凝土自身的自修复，将会大大减小混凝土维护工作的人工成本和时间成本。

4.2.3　混凝土结构的再碱化技术

混凝土再碱化的原理是利用碱性溶液渗入混凝土内部，以恢复碳化混凝土的内部碱度，从而达到维护混凝土结构耐久性的目的。为加速这一过程，常利用电化学原理，在钢筋与混凝土之间施加一个电场，将钢筋作为阴极，使高碱性溶液沿电位加速渗入至混凝土内部，恢复混凝土中的高 pH。

混凝土结构再碱化技术，可以应用于所有碳化的混凝土结构中。各国对再碱化技术的研究也成为时下研究的热点，但由于各国研究的侧重点不一样，目前国内外对碳化混凝土再碱化研究结果也就不尽相同。

关于再碱化过程控制理论研究，朱雅仙[55]认为碳化混凝土再碱化是由阴极钢筋处电化学反应所致。在电位的作用下，阴极反应产物（OH^-）由钢筋向混凝土表面迁移，阳离子（Na^+、K^+和 Ca^{2+}）由阳极向阴极迁移。其中，阴极钢筋处产生的 OH^- 除迁移外，还有一部分滞留在了钢筋周围的混凝土中，使得钢筋周围碳化混凝土 pH 升高，从而使得混凝土产生了再碱化。Emmanuel E.Velivasakis 等[56]认为，由于碳化混凝土内部多孔洞，外部的碱性溶液通过电渗作用渗透到混凝土内部，达到钢筋表面附近，恢复了钢筋周围混凝土的碱性环境，从而使得混凝土产生了再碱化。Emmanuel E.Velivasakis 等还认为，如果电渗作用不能进行，仅发生电化学反应也能使混凝土再碱化。Andrade 等[57]对电渗作用和电化学作用分别进行了独立分析，但未将两者结合，提出对再碱化过程有效的控制方法。屈文俊等[58, 59]综合分析了电渗作用和电化学作用，建议了再碱化过程有效的控制方法，虽然仍需要试验验证，但这是今后的一个方向。

碳化混凝土再碱化处理中最常用的电解液是碳酸钠溶液、饱和氢氧化钙溶液或氢氧化钠溶液，但有研究表明，在溶液中加入锂盐的电解液能形成不膨胀的凝胶，不易产生碱骨料反应。朱雅仙[55]认为再碱化过程通电的电流密度越大，所需再碱化时间越短，并且钢筋附近混凝土的 pH 不仅与电流密度有关，还与通电的电量有关。屈文俊等[58, 59]认为再碱化厚度分别与外加电压、电解质溶液浓度及再碱化时间成正比。

尽管碳化混凝土再碱化技术在各国已得到广泛关注，但它作为一项较新的技术，尚缺乏相关的技术标准及详细的施工规程，在实际应用中存在许多不便。另外，目前对电化学处理过程中的研究还存在一些不足，主要表现如下。

（1）电化学再碱化的作用机理仍不明确，尤其是在再碱化过程中，电渗、电迁移等过程与电化学作用之间的相互影响，目前还没有明确统一的结论。

（2）再碱化过程控制理论与方法仍不完善，仍需针对再碱化过程，综合各种效力因素作深入探索，建立再碱化控制理论。

（3）电化学再碱化对混凝土结构产生的负面效应如碱骨料反应、黏结力下降等的研究还很少，限制了再碱化技术的推广。

（4）电化学再碱化技术的耐久性研究不多，对再碱化时钢筋阴极产生的氢氧根离子反向扩散和再碱化效果的耐久性还有待于进一步的深入研究。

综上所述，从目前来看，混凝土再碱化的研究主要是理论和试验研究，在实际工程中还未得到大规模推广应用。

4.3　混凝土结构的维护

在房屋建筑、公路桥梁、水利工程中，常常会出现大量的钢筋锈蚀现象，严重影响混凝土结构的耐久性。通常情况下，混凝土具有强碱性，在钢筋表面会形成一层保护性氧化膜，氧化膜使得钢筋表面钝化，能够防止钢筋腐蚀。但在大气环境中，二氧化碳的侵入，会使混凝土碳化，pH 降低，破坏钢筋表面的钝化膜；在氯盐环境中，较高浓度的氯离子，也会破坏钢筋的钝化膜。钢筋的钝化膜破坏后，只要具备造成腐蚀的其他条件，就会发生严重的电化学腐蚀，进而使混凝土产生裂缝，导致氯化物或二氧化碳的进一步入侵，加速钢筋的腐蚀。

为避免钢筋的锈蚀，维护混凝土形成的碱性环境以保证混凝土结构的耐久性，国内外经过长期的研究，主要提出了阴极保护方法以及混凝土再碱化技术来维护混凝土结构，确保耐久性的要求。

4.3.1　混凝土结构的阴极保护

阴极保护技术是电化学保护技术的一种，其原理是在被腐蚀金属结构物表面施加一个外加电流，使被保护结构物成为阴极，从而使金属腐蚀发生的电子迁移得到抑制，避免或减弱金属的腐蚀。

阴极保护原理早在钢筋混凝土成为常用建筑材料之前就已确立，运用在钢筋混凝土中对钢筋保护时的做法，是利用人为外加电位形成电流与钢筋腐蚀时产生的电化学电位电流相反，可产生如下效果。

（1）钢筋电位向负方向偏移，发生阴极极化。

（2）使钢筋产生氢氧根离子，提高碱性，帮助钢筋生成钝化膜。

（3）氯离子从阴极流向阳极，减少钢筋表面氯化物含量。

基于以上效果，阴极保护技术抑制了钢筋的腐蚀进程。

阴极保护方法自 1973 年美国在其 50 号国道上的钢筋混凝土公路桥上成功应用后，不断发展并被许多国家广泛应用。现在主要的阴极保护方法有两种，即外加电流阴极保护方法以及其后发展的牺牲阳极阴极保护方法。

1）外加电流阴极保护方法

外加电流阴极保护方法是最初阴极保护法所采用的主要方法。如图 4.11 所示，外加电流保护系统包括以下几个部分。

（1）直流电源——以恒电位（或恒电流）模式运行，持续输出可控低压直流电流。

（2）控制系统——按需要，人工控制或微机自控。

（3）阳极系统——具有多种形式，是目前研究的重点。

（4）阴极系统——被保护范围内的钢筋。

（5）电解质——包括被保护的钢筋周围的混凝土基体中的孔隙液。

（6）阳极馈线、阴极馈线及配电箱——阳极系统通过阳极馈线和配电箱连接直流电源的正极；阴极系统通过阴极馈线和配电箱连接直流电源的负极。这两种馈线务必不能接错，否则将导致钢筋成为阳极，反而加剧锈蚀。

（7）检测系统——用以检测阴极保护效果，并为控制系统提供控制依据，由检测仪表、引线和探头（参比电极）等三部分构成。

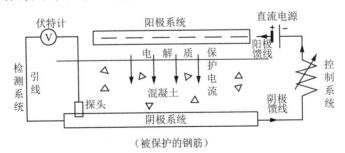

图 4.11　外加电流保护系统

综上所述，阳极系统的研究和应用是外加电流保护方法研究的重点。几十年来，国内外先后开发出了多种阳极系统[60,61]，分为导电涂层式、贴阳极网式和插入阳极棒式三种，如图 4.12 所示。

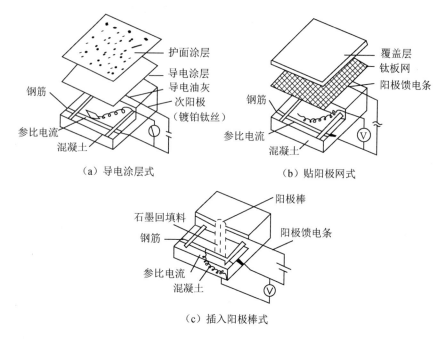

图 4.12　阳极系统示意图

（1）导电涂层式。在预处理的混凝土表面，开浅槽（间距 1～3 m），埋入镀铂钛丝，再浇注掺石墨（或球墨、炭黑）的导电树脂浆体，构成主阳极；然后在混凝土表面，全面涂覆含大量炭黑填料的水性或溶剂性导电涂层（耐酸、耐候、抗菌、有触变性）构成次阳极层，待导电涂层固化后，再涂覆一道耐候、绝缘、美观的配套护面涂层。

这种阳极系统成本较低，外观好，易修补，缺点是不耐磨，不适于保护要求耐磨的面板的顶面，其不必维护的使用寿命至少有 10 年，是目前国际上应用最广泛的一种阳极系统。

（2）贴阳极网式。这是仅次于上述导电涂层式的一种广泛采用的阳极系统。一般是在安装好所有阳极馈线、阴极馈线、检测用引线和探头之后，直接在预处理的混凝土表面固定阳极网，然后喷涂或人工抹或立模板浇筑一层优质水泥砂浆或聚合物改性水泥砂浆的覆盖层。该阳极网常为以多种金属氧化物的混合物涂覆的钛网（MMO 网）。

该方式的优点是阳极表面积大，阳极反应不会产生氯气，使用寿命长，适用于任何表面（立面、顶面和底面），在不同面积上可按不同的保护电流密度要求，通过改变网格尺寸或层数来适当调节其输出电流，因此具有适用范围广的特点。缺点是结构增加 50～80 kg/m^2 的自重（视覆盖层厚度而定），对覆盖层的施工也需要加以关注。

（3）插入阳极棒式。按保护电流分布的具体需要，在被保护构件表面上以适当间距，钻若干直径约 12 mm 的孔（达到规定深度）。埋入一根阳极棒（或一段直径小于 3 mm 的镀铂钛丝，或 MMO 条），然后将电阻小于 50Ω 的一种胶凝材料混合石墨粉和水拌成的流态、无收缩浆体灌入孔中作为导电的回填料。

使用该插入阳极棒式阳极系统，被保护结构表面不必处理，对结构外观无影响，不会增加结构自重，阳极小而轻，施工方便，成本较低，长期效果更好，适合保护梁、柱等构件，能避开其他构件、专对某些构件实施阴极保护（如既有普通钢筋又有预应力筋的结构；或有砌砖、石护面的钢框架混凝土的历史性古建筑，可集中保护深处的钢筋）。缺点是需要钻孔，尤其是在钢筋密集的混凝土中钻孔，既要绝对保证插入孔中的阳极棒及其周围的石墨浆体完全埋在混凝土中，不得与被保护的钢筋有任何电接触，又必须在结构形状复杂和最不利的钢筋布局情况下，以适当的孔距、走向与深度，保证保护电流分布符合设计要求。

2）牺牲阳极阴极保护方法

区别于利用辅助阳极的外加电流保护法，牺牲阳极的阴极保护法则是利用电负性更强的材料（即牺牲阳极）与钢筋相连，通过混凝土层构成电路，以阳极与钢筋之间的电位差作为驱动力，通过阳极材料溶解提供电子，驱动电子形成电流，使钢筋极化至保护电位，从而达到保护的目的。

牺牲阳极的阴极保护方法的特点主要是结构简单，安装方便，易于维护以及不会产生过保护现象。电负性强于铁，成本较低且适用于工程的金属较少，主要包括铝、锌、镁等，因此牺牲阳极材料一般为铝、锌、镁以及以它们为基体的合金。目前，工程中使用的牺牲阳极系统主要包括以下几种[60, 61]。

（1）电弧喷锌或电弧喷铝-锌-铟合金保护系统。这种阳极系统是通过去除已破坏的混凝土，露出钢筋并进行清理，然后将金属锌或铝-锌-铟合金直接喷涂在清理过的钢筋以及相邻混凝土的表面上所形成的阳极系统。单纯的锌涂层可能发生钝化，导致保护电流减弱，加入铟之后，保护电流明显提高。目前该系统已经利用在德克萨斯州的一座大桥上。

（2）锌网-水泥浆护套保护系统。这种阳极系统由锌网阳极和玻璃钢护套和水泥胶合材料组成，多用于保护桥梁混凝土桩基潮差及浪溅区。锌网固定在护套之内，在护套和混凝土桩之间的空间内浇筑水泥胶合材料。由于护套事先已装配好，现场安装十分方便。

（3）粘贴锌片阳极保护系统。这种阳极系统是通过在锌箔一侧涂刷离子导电的黏结剂，将 0.25 mm 厚的锌箔粘贴在清理过的干燥混凝土表面上，来保护钢筋混凝土结构。

（4）埋入式保护系统。这种阳极系统是将改进的牺牲阳极包裹在水泥胶合材料中组成的埋入式牺牲阳极。在局部修补时安装这种阳极，可以消除修补混凝土中的钢筋和老混凝土中的钢筋之间形成的腐蚀电池,阻止老混凝土中钢筋的腐蚀,从而延长钢筋混凝土结构经过维修之后的寿命。

（5）浇注的锌和铝牺牲阳极。大体积的锌和铝牺牲阳极已经被成功应用于保护平均水位以下和潮差区的钢筋混凝土结构。阳极放置在被保护的钢筋混凝土结构附近的海水里。

3）工程应用

阴极保护技术是用于保护已受腐蚀特别是暴露于大气中的旧混凝土钢筋最有效的方法,在我国已有一定的工程应用。

青岛海湾大桥位于我国黄海中部,胶东半岛南岸的胶州湾,地处青岛市,是我国在冰冻海域的第一座特大型桥梁集群工程,该地区的气候特点为光照时间长,雨水丰富,夏季气温高,大气中盐分及二氧化硫含量高,在这样的气候环境中,对于结构的防护就显得十分重要。于是,青岛海湾大桥[62]采用了外加电流保护技术,并与计算机通信技术相结合,使得对大桥的保护情况可以进行实时监控,其主要保护的区域为通航孔桥主塔、辅助墩、过渡墩等-2.4 m 高程至+6 m 高程区域的钢筋混凝土,每个桥墩分为两个阳极区进行保护,-2.4～+2.5 m 区域,采用分离式阳极,+2.5～+6.0 m,采用带网状阳极。分离式阳极焊接在墩柱内的钢筋笼内,辅助电极由一个 240 mm 和两个 100 mm 长的 MMO 独立式阳极组成,参比电极采用了永久性银/氯参比电极和钛参比电极。

4.3.2　混凝土结构的涂层保护

混凝土结构涂层保护是指在混凝土表面采用特殊的涂料,从而对混凝土和钢筋混凝土起到保护作用并提高使用性能的技术方法。采用合适的涂层可以保证混凝土结构的耐久性、耐火性等,起到维护以及延长其使用寿命的作用。

在混凝土结构维护阶段,混凝土保护涂层主要目的是防止或限制侵蚀性介质与混凝土接触的可能性,其作用本质是将混凝土与侵蚀性介质隔绝。

混凝土涂层的功能包括[63,64]防止碳化、限制氯离子的扩散、防止硫酸盐侵蚀、保护钢筋以及防止水的渗透等。同时,混凝土涂层应具有足够的伸长率,保证其在混凝土受拉时不开裂。混凝土保护涂层根据其使用的环境而应具有比较突出的一种或几种性能。例如,寒冷地区中小型水工混凝土结构因冻融剥蚀产生的破坏是其破坏的主要形式,引起冻融破坏的直接原因除施工质量、低温作用外,水的侵入是根本的原因。在这种环境下,对于选用的混凝土保护涂层来讲,防止水蒸气和水的进入是非常重要的。

混凝土涂层可分为以下三种类型。

（1）表面成膜型:防护涂层在混凝土表面形成隔离层。

（2）渗透型:涂层能够渗入混凝土结构表面一定的深度,进而成为憎水性涂层。

（3）封闭型：介于前面两种涂层之间，有一部分渗入到结构内部，部分仍留在混凝土的外表面，形成封闭型涂层。

混凝土保护涂层起作用的方式主要有两种：物理方式和化学方式。物理方式是利用混凝土保护涂层自身成膜来屏蔽腐蚀介质进入混凝土的内部，这种方式的混凝土保护涂层的效用跟形成的膜的性质密切相关，膜性质的好坏将直接影响混凝土结构耐久性的优劣；另一种方式为化学方式，是指混凝土保护剂渗入混凝土内部，与水泥石孔隙中的水泥水化产物发生复杂的物理化学反应生成新的物质，新生成的物质堵塞腐蚀介质进入混凝土内部的通道，从而有效阻止腐蚀介质的渗入。

目前国内外主要使用混凝土表面密封剂，常用的封闭涂料主要有以下几种。

（1）环氧涂料：液体的环氧树脂有足够低的分子量以及对混凝土的润湿性，因而在混凝土表面有较高的渗透深度，在混凝土表面润湿性高的溶剂的配合下，环氧树脂浸润表面后发生反应，使渗透区域强度升高。目前，环氧涂料已广泛用于混凝土表面，因为其优异的耐碱性和相容性，与混凝土的附着力强。但其在户外耐候性差、漆膜易粉化、失光、丰满度差，常被用作底漆。为了改善环氧树脂涂料的缺陷，人们用有机硅、橡胶、聚合物等对环氧树脂进行了改性，取得了良好的效果。

（2）乙烯基涂料：该类涂料既耐酸又耐碱、回弹性及韧性优异，是一类非常好的混凝土涂料，乙烯基涂料因其分子量大，黏度大，涂装时需预涂稀释底涂料。涂刷乙烯基稀释底料，可使涂料对混凝土有一定的渗透性，虽达不到液态环氧树脂的程度，但可以很大程度提高乙烯基涂料的附着力。由于干燥速度较快，后道涂料在几分钟内就可施工。

（3）沥青涂料：沥青涂料包括煤沥青涂料和厚浆型煤焦沥青涂料两类，其中具有较好耐水性的煤沥青涂料和具有较好耐候和耐光性的石油沥青涂料，均广泛用于混凝土的涂装中。通常情况下先用低黏度沥青涂料作底涂料层，然后用高黏度沥青涂料作面层来阻挡水的渗透。厚浆型煤焦沥青涂料在混凝土抵抗化学和水侵蚀方面有极佳的功能。

（4）氯化橡胶涂料：氯化橡胶涂料具有优异的耐水和耐化学腐蚀性能，同时兼具混凝土涂料所必需的附着力和耐碱性。由于是溶剂挥发型涂料，干燥速度相对较快。在高湿度的条件下，涂层仍然能保持完好。但是氯化橡胶不耐动植物油和油脂，因而不宜作为油水环境下的混凝土结构。

以上几种涂料虽然防水、防腐效果能够起到防止钢筋混凝土腐蚀的作用，但都存在共同的缺陷，即涂料在混凝土表面均形成了密封膜，这些密封膜封闭了混凝土的毛细管道，当混凝土内部水气散出时会使得这种封闭膜破裂，使用寿命大大缩短。

随着技术的不断进步，混凝土涂层保护将会以其简易、低成本的优势，在混凝土结构维护中起到重要作用。目前，关于混凝土保护涂层已有相关规范，包括《烟囱混凝土耐酸防腐蚀涂料》（DL/T 693—1999）、《混凝土桥梁结构表面涂层防腐技术条件》（JT/T 695—2007）以及《防腐蚀涂层涂装技术规范》（HG/T 4077—2009）等。

4.4　混凝土结构拆除构件的再利用

随着我国城市化步伐的加快，在城市规划中，大量建筑物和构筑物被拆除，产生了大量的建筑废物。在国内，住宅的平均使用寿命仅有 30 年。在这些被拆除的建筑中，有很多还未达到设计使用寿命，且大量的材料和构件仍具有较高的残余使用价值，而目前对这些建筑的拆除措施大多为机械拆除和控制爆破拆除，这种粗放式的建筑拆除方式使大部分原建筑材料破碎、混合，变为很难回收、只得填埋的建筑废物。

因此，在建筑的拆除与建造之间便形成以下矛盾：一方面，由于建筑物的建造需要大量建筑材料，造成了目前资源紧张的形势，并产生了大量能量的消耗和环境的污染；另一方面，不科学的建筑拆除方式，使拆除过程中产生了大量建筑废物，浪费了资源。在推行可持续发展的时代，这一矛盾日趋尖锐[65, 66]。

对于建筑在使用后的拆除这一问题，从 20 世纪 90 年代以来，国外学者就开始关注。"建筑拆装"的概念最早在 1996 年第一届旧建筑材料协会（Used Building Materials Association，UBMA）的会议被提出。美国学者 Bradley Guy 对"建筑拆装"有如下描述："建筑拆毁"方式使结构拆除后材料只得填埋，而"建筑拆解"是从建筑结构中以人工或机械方式回收旧构件和旧材料的过程，"建筑拆装"强调的是建筑物的拆卸、分解和旧构件的修复及再利用的整个过程。与简单的"建筑拆毁"方式相比，"建筑拆装"具有以下几种优势。

（1）减少建筑废物的数量及其对环境的污染。

（2）促进旧构件循环利用，从而减少二氧化碳的排放量以及能耗。

（3）显著提高建筑材料的再利用率，保护了自然资源。

"建筑拆装"的概念满足了减少资源消耗总量的社会需求，通过对材料和构件的再生循环及再利用提高了资源的利用率。国外的研究成果表明，理想的状态是从建筑设计阶段就把建筑设计为可拆装的，在拆除阶段采用恰当的拆除方法，以获得更多完整的旧构件和旧材料，进而对这些构件和材料进行简单处理后出售，在新的建设中实现其再利用，从而形成一个良性循环。

在对旧建筑构件再利用的过程中，由于门窗构件、木构架以及钢构件等构件的拆卸比较方便，而且其再利用的技术要求也较低，特别是对于一些标准化的钢构件，其构件间的连接大多数采用螺栓或者其他连接件的方式，易于拆卸和再利用时的安装，所以现在国内的旧建筑构件的再利用一般都以这些构件为主。对于一般建筑中使用量较大的混凝土墙体、楼板、柱子和楼梯等构件的再利用，由于相关的研究较少，而且对其再利用的技术要求以及经济成本相对较高，所以很少有相关的实践。而在国外，对建筑构件的再利用已提出了相应的指导手册[67]，并且近年来对混凝土构件的再利用也逐渐受到重视，相关的研究和实践也越来越多。

4.4.1　基于再利用的混凝土构件拆除方法

基于再利用的混凝土构件拆除方法应遵循一定的步骤和原则，应该尽量避免对构件的损坏，使拆下来的构件尽可能地在更高层次（而不是破碎）上进行重复利用，以减少再利用时的施工工作量，这种精细化的拆除方式叫作建筑拆解。

目前，主要的建筑拆解方法包括以下三种。

（1）手工拆解，是指从建筑上以手工的方式移除材料，进行回收和再利用。该拆解方式使用锤子、撬棍，手持式电动工具（如圆锯）进行结构构件的拆除工作；使用升降机、木板吊索或挖掘机，用来运输工具或单件的建筑材料。

（2）成块拆解，是指从建筑上移除复合的装配构件，将它们部分或全部留存以再利用。具体做法为，首先将组件从建筑上移除，再使用切割工具把组件切割成易控制的部分，然后在建筑场地或附近位置进一步将其分成单独的构件或材料。分拣的方法包括手工分拣和机械辅助分拣。手工分拣是使用手工工具和劳力，把组件分成单独的块的过程。机械辅助分拣是使用机械援助与手工工具，把组件分成单独的块的过程。

（3）机械拆解，是指采用镐头机、液压剪等大型机械设备进行拆除。该方法施工速度快、工期短，在主体结构拆除时，无须人员直接接触作业点。在国外的实践中，常用的切割机械包括钻石锯和气锤，其中钻石锯产生的切口较为平整，施工精确，对于混凝土构件产生的损伤较小，有利于构件的再利用，但钻石锯的缺点是其相对价格较高，噪声较大。而气锤的价格较为便宜，但对混凝土的损伤较大，且使用时会产生大量的粉尘。由于采用气锤的经济性较好，目前仍是主要使用的破碎机械。但从生命周期的眼光来看，钻石锯的成本均摊到整个生命周期来看，是较为合算的，势必会逐渐成为主要的切割拆除机械。

随着时代的进步，结构的拆除工作将有更高的要求。例如，提高拆除作业工人的健康和安全标准，使拆除工作更安全；减少拆除工作的费用以及建筑材料的废弃量；在更短的时间内完成结构的拆除工作等。

具有一定商业价值，即可以再利用的构件和材料，需要在拆除之前的检查中做好标记和登记，这在很大程度上会影响拆除工作的开展。例如，是否需要选择性的拆除，拆除时是否需要注意不造成更大的结构性损伤等。因此，在拆除工作前，要进行基本的调查和规划，包括以下内容。

（1）初步记录所有可用的信息。

（2）完成结构的拆除审批报告。

（3）进行详细的现场调查。

（4）确认所有结构构件的特征以及潜在的风险。

（5）考虑相关的法律问题。

（6）提出安全合理的工作安排。

（7）选择合适的拆除方法。

在完成上述工作以后，就可以获得拆除过程中与安全、健康、环境风险相关的信息，完成拆除的风险评估，确立危险或无用废弃物的拆除方法，从而保证拆除过程的经济性、安全性以及高效性。

建筑拆除的顺序依赖于建筑结构的类型、规模等，但大致按照以下顺序进行拆除。

（1）内部软装修。

（2）屋面外部装饰。

（3）屋面梁。

（4）木材结构。

（5）内部石膏板。

（6）外表面装修与装饰。

（7）楼面。

（8）主要结构构件。

（9）结构基础。

在这些拆除阶段，能够获得的建筑材料主要有固定装置、锚索、通风管道、屋面材料、石膏板、木材、钢材、混凝土及砌块等。

在上述各拆除阶段中，内部软装修的拆除是建筑拆除的重要阶段，无论采取何种拆除方案，这都是建筑拆除的第一阶段。这一阶段需要较多的人工参与，并且有大量的材料可以回收。

典型的内部软装修拆除工作内容包括以下几个方面。

（1）进行相应的调查工作，包括对现存无用设施、设备的定位与隔离等，这一过程需要严格按照之前制定的原则进行。

（2）对危险性材料进行检查，以确保现场工作人员的健康及安全。

（3）安装临时照明、电源以备拆除阶段使用。

（4）首先移除地毯、窗帘、家具、门窗等部件，这一步应从顶层开始，以便不影响后续的拆除工作。

（5）拆除危险性的材料，如石膏板等，通常由专业人员完成。

（6）在第一阶段同时，对于剩余的设备设施要进行标记、保护，必要的时候进行转移。

（7）在转移设施设备的同时，要进行非结构构件的拆除，如分隔墙等。

现阶段的拆除工作，主要考虑拆除的速度和效率，以及如何使价值较高的材料能够得到充分的保护以重复利用，对于较低利用价值的材料回收不是非常看重。影响材料价值的重要因素是材料拆除的便利性。材料越难拆除，其回收的成本越高，回收再利用的意义就相对越小。

4.4.2　混凝土结构拆除构件的再利用评价

建筑拆除时，要对部分旧构件再利用的原因是，它们具有相应的使用价值与美学情感价值。只有恰当地利用这些价值才能符合可持续发展的要求，节约经济造价以及减少对环境的影响。具体到再利用实践中，构件的再利用应该符合以下原则[68]。

1）安全性原则

安全性原则是指废旧构件的再利用，应当建立在保证结构使用安全的前提下，因为可持续建筑并不意味降低结构的安全性能。我国《绿色建筑评价标准》（GB/T 50378—2014）在提及建筑构件再利用时，就强调首先要保证性能。

2）就近利用原则

就近利用原则是指应尽量将可循环利用的材料、构件和设备等控制在当地范围内使用，以节省运输耗能。至于当地范围的具体标准，我国的《绿色建筑评价标准》（GB/T 50378—2014）将 500 km 内的建筑材料视为当地材料，LEED 中这一范围的距离为 500 mile（804.7 km）。

虽然循环利用来自废旧建筑的建材和构件可以节约造价与资源，但长距离运输会造成更多的二次耗能，抵消原有的节能效果，应尽量避免。另外，这些建材产品承载的美学与情感价值是与其所存在过的场所紧密相连的，它们呈现的形式与沧桑感正是对该特定场所的精神回应。例如，生锈的工厂设备，是厂区内曾经如火如荼生产直到产业渐渐衰败的见证。因此，也只有在废旧建筑材料、构件和设备等存在过的场所或者地域内，它们的这些美学与情感价值才能得到最好的表现。

3）适度修复原则

适度修复原则是指在新建筑中再次利用来自废旧建筑的构件时，应根据结构构件的情况进行适度的修复。如果修复结构构件所产生的能耗远远大于使用新构件的能耗，直接使用新构件才是更好的选择，否则仍然违背可持续性原则。

为符合这一原则，在对废旧建筑的构件进行再利用时，应对构件的现状进行评估，从而选择适合再利用的构件，使用恰当的方式用在恰当的部位。适合再利用的构件是指结构性能良好，不需要过多的修复即可达到使用要求的建材，如金属、木材等构件，其本身就易于拆卸、存放、运输并再利用。对具有一定损伤的构件，可采取适当的修复方法达到再利用的标准，并要做到成本可控。

由于在建筑建造过程中不可避免的误差，以及在使用过程中可能出现的变形及损伤，构件的几何尺寸和力学性能都有可能与设计图纸不一致，在对结构构件进行再利用之前，要对结构进行评估，即所谓的再利用评价，使得结构能够以合理、安全的方式得以再利用。混凝土结构的再利用评价包括以下六个阶段。

再利用评价[69]的第一阶段，是全面检查现有的建筑信息，包括建筑设计图纸，结构设计图纸、设计说明，结构设计计算书，材料清单，建筑设计时使用的规范标准。这些资料可去建筑业监管部门、建筑设计单位及建设单位查询，也可以通过对业主及现场员工的访谈调查获得这些信息。这些信息能够帮助工程师对该建筑结构的再利用做出一些基本的判断，包括该建筑是否适于再利用，是否易于拆除等。如果由于各种原因，如年代久远等，可以查询到的信息较少，那么工程师就需要通过更多的后续工作来获取充足的信息。

在这一阶段，工程师可以汇总整理所获得的建筑信息，形成结构构件的详细清单，包括构件的几何尺寸、材料信息以及数量等，便于后续的回收工作。同时，为了充分利用各个构件，需对每个构件进行编号（相当于人的身份证号），并使编号与构件能够互相唯一对应，继而建立每个构件的档案（Element Identify，EID），档案（相当于身份证）中包含构件的各种详细信息。

在这一阶段，EID 应该得到初步的建立，并在后续工作中不断地完善。在后续的设计中，也可以与 BIM（Building Information Modelling）系统进行对接，建立起完善的建筑信息系统。

再利用评价的第二阶段，是清除所要拆除建筑的非结构部分，留下建筑的结构部分，以便进一步对现场进行调查和评价。建筑非结构部分清除后，也有利于建筑进一步的拆除或是改造工作。

但要注意的是，非结构构件清除后，结构构件失去了保护，可能对其性能有所影响，因此，后续工作要尽快开展。

再利用评价的第三阶段，是进行现场检查，工程师要进行实地测量，通过各种手段，获得结构构件详尽的信息。

现场检查需要获得的信息有：构件的实际几何尺寸、混凝土的实际强度、配筋情况以及钢筋的强度、腐蚀情况等。如果检查得到的信息与第一阶段获得的信息相差不多，可以认为构件的实际承载力与设计承载力相符，在其设计承载能力范围内，失效概率很小。为获得这些信息，一般情况下应进行非破坏性的检测。如果第一阶段获取的信息较少，在必要情况下，可以进行破坏性的检测，包括对钢筋截取取样和混凝土的钻孔取样等。对于混凝土结构的损坏情况，包括开裂、剥落、挠曲等，可以通过直观的观察得到。混凝土的碳化、氯盐腐蚀情况则需要通过测试获得数据。通过现场检查获得的数据、信息都需要记录在 EID 内，完善构件和材料信息。

再利用评价的第四阶段，是对构件的损伤评估，即对第三阶段的结果做进一步深化分析，对于存在的损伤（如剥落、开裂等）及其严重性进行进一步检查，评估其对再利用的影响。如果发现损伤对于构件的性能影响较大，要做进一步的检查，如检测碳化深度、腐蚀程度等。

如果经济合理，可以进行一定的修复以恢复其性能。如果损坏到一定程度，修复的费用过大，则可以放弃对该构件的再利用，可以对该构件进行材料层面的回收再生利用。

再利用评价的第五阶段，是对结构构件进行拆除，拆分到构件层次，方便进一步运输到再利用的场地、储存起来或进行进一步的检查。

将结构拆分到构件层次后，构件的截面将暴露出来，方便工程师进行进一步的检查，这就是再利用评价的第六阶段。同时，在利用之前，进行这样的检查也可以及时发现在拆除过程中可能造成的损伤，并采取一定的措施。

在这一阶段可以对构件进行一定的维护修复，如表面的粉刷，拔除表面的螺丝、钉子，对构件的变形进行一定的修正，对孔隙进行填补，根据新的构造要求在构件上进行开洞等。

在确定了再利用评价的方法之后，需要明确的问题还有，再利用的层次是结构层面、构件层面还是材料层面，以及什么样的结构（构件、材料）是可以再利用的，也就是下面所述再利用评价的标准[66]。

（1）结构体系明确，传力途径清晰，易于识别的建筑，易于拆除。

（2）整个建筑的结构有高度的对称性，即结构系统和材料都是类似的，布置较为规律的结构，易于拆除。

（3）构件的连接方式较为简单，则拆除方便，且不易对构件产生新损伤。

（4）构件数量少，则拆解过程便利。

（5）单个构件的破损程度低甚至没有破损，且变形小，碳化程度低，裂缝开展不多，则其仍然具有良好的耐久性。

（6）建筑若为预制装配式的结构体系，如果以较小的结构为单位建造，则拆解时相应以结构单元为单位拆解，若以构件为装配单元，则拆解也应拆解至构件层次；而对于适于拆解的现浇混凝土结构，则应以建筑中的自然分割如伸缩缝等来进行分解，以避免破坏构件完整性。

4.4.3　混凝土结构拆除后再利用案例分析

1. 试验研究

为了研究可拆装混凝土结构的性能，以悬臂梁这一结构形式为载体，探索性地设计了一种可拆装的混凝土节点连接形式——企口式连接节点。

图 4.13 给出了采用了企口式连接节点的框架结构原型。试验所采用的企口式节点的连接形式，预制柱端伸出部分形成类似牛腿的短梁，可拆装梁的端部也制作成阶梯状，并与预制柱的短梁相契合。同时两个预制构件的梁顶和梁底的纵筋均在端部外伸，在连接处通过焊接的形式连接。当预留的焊接空间在焊接施工工

序结束以后，就可以通过后浇细石混凝土的方式填充，以达到保护钢筋和传递压应力的作用。设计时应当尽量减少后浇混凝土的使用量，以方便后期的拆装施工过程。连接的细节设计方法如图 4.14 所示。这种连接形式的优点在于回避了梁柱节点区和塑性铰区复杂的配筋构造。同时，为保证连接处具备足够的抗剪能力，连接处应布置箍筋并加强配筋构造。设计中借用牛腿配筋的方式保证企口式的搭接短梁牛腿不被剪坏。

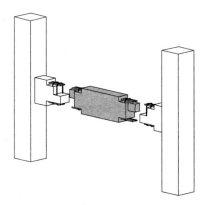

图 4.13　企口式连接节点的结构原型

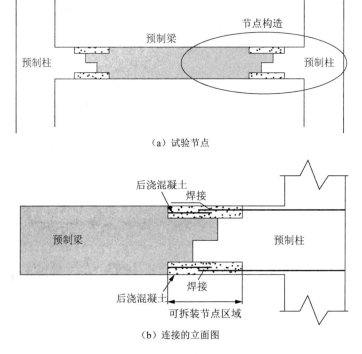

（a）试验节点

（b）连接的立面图

图 4.14　企口式连接节点的细部构造

在拆除时，需要将后浇混凝土凿除，同时机械切断钢筋即可实现混凝土构件的分离。构件分离后的可拆装梁部分，基于前期对后续再安装过程中的精细化设计，可以实现其二次应用于混凝土结构中。详细的试验结果和结论可见参考文献[70]。

为了验证这种可拆装设计的可行性，相关加载试验后，对可拆装试件进行了拆除试验。首先将少量包围焊接钢筋的后浇混凝土去除，可以采用小型的手提钻来凿除后浇混凝土。为了避免破坏钢筋，尽量做到对钢筋损伤最小，这一步需要格外的小心。该施工过程见图 4.15。从图 4.15 可以看到后浇混凝土被凿除后，接触面还是比较平整的。当后浇混凝土被去除，连接纵筋完全裸露后，便需要采用机械的手段来切断钢筋，使构件分为两个部分。验证可拆装性的试验过程中发现因为后浇混凝土的量不是很大，尽管新老混凝土之间已经产生黏结，但拆除过程并非十分困难，产生的建筑废物也不多。拆除后仅需要对再使用的可拆装梁进行简单的局部修补即可。

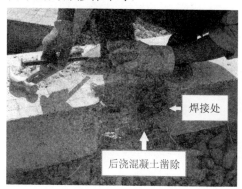
(a)可拆装试件拆除过程

(b)拆除后裸露的纵筋

图 4.15 可拆装性验证

2. 建筑师王澍的作品案例

普利兹克建筑奖得主、中国建筑师王澍在设计宁波博物馆时，从建筑新区拆掉的 30 个村庄里，回收了 40 多种 600 多万块废砖旧瓦，作为建造博物馆的材料之一。博物馆墙面通过两种方式装饰而成。第一种方式利用民间收集的上百万片明清砖瓦手工砌成瓦爿墙，体现了江南特色和节约理念。另一种方式利用竹条加入混凝土，在表面展现竹的纹理，体现了环保理念。宁波博物馆建成开放后，连续 3 个月参观人数破万，如图 4.16 所示。

中国美术学院象山校区整体建筑的结构形式，选用了最常见的钢筋混凝土框架与局部钢结构加砖砌填充墙体系，建筑师王澍利用这种体系，大量使用回收旧砖瓦，并充分利用手工建造方式，将这一地区特有的多种尺寸旧砖的混合砌筑传统与现代建造工艺结合，形成一种有效隔热的厚墙体系，在当地夏季炎热冬季阴冷地区能有效减少空调的使用。整个校园建筑和景观共使用多达 700 万片回收旧砖瓦，体现了可持续发展的理念，如图 4.17 所示。

　　　　（a）结构整体　　　　　　　　　　　　　　（b）再利用瓦片墙

图 4.16　宁波博物馆

　　　　（a）旧建筑　　　　　　　　　　　　　　　（b）新建筑

图 4.17　中国美术学院象山校区

中国传统的建筑一向都是善于回收利用的，在中国的传统理念中关于"可持续发展"有一套特殊的办法，传统建筑用料不昂贵，表面上看上去容易朽坏，但采用"拆一块补一块修一块"的循环办法，使得很多建筑能维持五百年、一千年，甚至更久。而现代的建造，使得这种传统的体系被中断，传统的建筑在拆除后，材料即被扔掉，这是一种巨大的浪费。

3. Big Dig Building 案例

在美国的波士顿，随着中央干道/隧道改造（Boston's Big Dig）相关工程的展开，城市中原有的高速中央高架干道以及一些临时的道路设施陆续地被拆除，产生了数以百万吨的旧混凝土预制构件、钢构件及废弃材料。这些材料和构件如果按常规的方式进行破碎填埋，不但会造成巨大的资源浪费和环境破坏，还会带来相应的处理费用，使原来已经耗资巨大的改造工程陷入财政困难之中。针对这一问题，美国 SSD 建筑事务所提出了名为"Big Dig Building"[71]的方案，如图 4.18

所示。在该方案中，他们提出将拆除工程中所产生的混凝土预制构件和钢构件用作新建筑的结构组件。由于这些构件的受力性能远远高于普通的框架结构，而且其搭建起的结构体系具有很强的适应性，能够适应居住、办公等不同建筑功能的需求。此外，从建造技术方面来说，该建筑方案的建造方式与普通的预制装配式建筑极为相似，只要在现场通过机械进行安装即可，而且还可以通过不同的构件组合方式来满足不同的建筑功能的要求。

图 4.18　SSD 建筑事务所提出的 Big Dig Building 方案鸟瞰图

在 2006 年，该事务所在马萨诸塞州的列克星敦地区，利用 "Boston's Big Dig" 工程中产生的混凝土构件和钢构件，建设了一栋名为 "Big Dig House" 的别墅建筑，从而向公众证明了回收混凝土结构构件用于住宅、学校、图书馆等建筑建设的可行性。在这栋 3400 ft^2（约 316m^2）的建筑当中，主体结构主要由 "Boston's Big Dig" 工程中拆卸下来的混凝土构件和钢材构成，其中废弃材料的总用量超过了 60 万 lb（约 27 万 kg），如图 4.19 和图 4.20 所示[71]。

图 4.19　Boston's Big Dig 工程中回收的旧构件　　　　图 4.20　Big Dig House 别墅

由于工程中使用的都是现成的构件以及成熟的预制装配技术，大大地缩短了建设的周期，原来需要 2 周时间的结构建设，在不到两天的时间就已经完成。同时，该工程不但有效利用了废弃的建筑材料和构件，节约了建设的成本，缩短了建设周期，而且在建设中没对构件进行破坏，保存了构件中所固化的资源。

4. 旧桩基的再利用

随着城镇化的快速推进，旧城区改造项目日益增多，许多新建建筑物将建于拆除建筑物的旧址之上。然而，旧建筑拆除后，会存在许多余留混凝土桩（既有桩），这些旧桩将对新建筑物的基础设计与施工产生较大影响。若完全废除旧桩基础，不但会造成已有资源的浪费，还需要承担很高的拔桩费用，而且在处理过程中会造成严重的环境污染。这种情况在大中城市的城市改造更新中将会越来越多。

为贯彻绿色环保的施工理念，实现工程建设可持续发展的目标，应该要充分合理地运用现有资源。旧桩仍具有一定的承载能力，在旧桩的布置和承载能力基础上，合理地布置新桩，形成新旧桩的组合桩基础，能安全、有效地利用工程中的既有桩基，实现混凝土结构较大的经济效益和环境效益。

在上海某建设项目的桩基工程中[72, 73]，原方案将该区域内 1000 余根既有老混凝土桩（方桩）全部拔除并加固处理，原拔桩合同签订额为 980 万元。而采用不拔除既有桩基并利用部分既有老桩的方案，在经过设计验算和专家评审后，可节约全部拔桩费用。在本工程中，7#房、8#房、9#房分别利用 36 根、30 根和 30 根既有桩作新建建筑的抗压桩，11-05 地库、14-06 地库分别利用 96 根和 20 根既有桩作新建建筑的抗拔桩，共利用的既有桩数量为 212 根，按对应的新桩成本核算，共节约费用 217 万元，如图 4.21 所示。

图 4.21　某厂既有桩利用工程现场施工情况（图中顶部植筋的桩为旧混凝土桩）

该项目中，旧混凝土桩的再利用，既节省了拔桩费用，还减少了新桩工程费用，两项合计达 1197 万元，取得了可观的经济效益。同时，减少了环境污染，做到了节能环保和绿色施工，取得了良好的社会效益。

这种新旧桩组合桩基础的具体施工步骤如下。

（1）对既有桩基场地进行细致的调查，对既有桩的布置、尺寸及现有承载能力进行测定。

（2）在既有桩的基础上，设计新桩基础。

（3）新桩施工以及旧桩的保护，当采用静压新桩时，应采取相应的减小挤土效应的措施，包括调整打桩顺序以及设置应力释放孔等方法。

这种新旧桩组合桩基础施工中，如何减少对既有桩的施工扰动，在新建建筑中充分合理利用既有桩的承载能力，并协调新、旧桩共同有效承载是一项崭新而有现实意义的工作，也是节约社会资源、加强环境保护以及促进桩基设计、施工技术进步的企业发展要求。

目前在项目实施和研究基础上，上海编写了《既有桩利用工程中静压桩施工技术指南》，今后，我们将会越来越多的遇到这类"如何在原有地基上建房子"的问题，这种旧混凝土桩再利用的方式，将会是一种有效并且可持续的地下混凝土结构方式。

4.5 本 章 小 结

本章首先从混凝土结构的安全性、适用性和耐久性等方面，分析了混凝土结构改造加固、修复和维护的主要方法，从而实现混凝土结构的"原位"再用，这是混凝土结构可持续性的重要表现和路径之一。

当混凝土结构从服役阶段到达拆除阶段后，将会面临"移位"后混凝土结构的子结构、混凝土构件再利用的情况，这将是今后研究和应用的重点。在本章的最后，分析介绍了基于再利用的混凝土结构拆除方法以及再利用的典型案例与评价，为混凝土结构再用提供了借鉴。

参 考 文 献

[1] 朱伯龙, 刘祖华. 建筑改造工程[M]. 上海: 同济大学出版社, 1998.

[2] 郭陆军. 某在役高层建筑结构加固改造对结构性能影响的分析研究[D]. 南宁: 广西大学, 2014.

[3] 武真真. 钢筋混凝土结构加固原则及加固技术分析[J]. 江西建材, 2015（16）, 16: 82-84.

[4] 戴旻. 某混凝土框架结构教学楼抗震加固设计与施工[J]. 工程建设与设计, 2010（11）: 59-63.

[5] 陈尚建, 刘海波, 欧阳普英, 等. 置换混凝土法在结构加固设计中的应用[J]. 武汉大学学报（工学版）, 2008（S1）: 77-79.

[6] 郭健. 钢筋混凝土结构加固改造方法的研究及工程应用[D]. 长沙: 湖南大学, 2005.

[7] 肖建庄. 混凝土梁抗剪加固研究[D]. 上海: 同济大学, 1994.

[8] 林达宇. "烂尾楼"加固改造综合研究[D]. 广州: 华南理工大学, 2012.

[9] 姜迪. "托梁换柱"结构改造技术的研究[D]. 南昌: 南昌大学, 2014.

[10] 张芳. 混凝土裂缝修复技术及材料的研究[D]. 大庆: 大庆石油学院, 2009.

[11]　王燚, 李振国, 罗兴国. 混凝土裂缝的修复技术简述[J]. 混凝土, 2006（3）: 91-93.

[12]　ABRAMS A. Autogenous healing of concrete[J]. Concrete, 1925:10-50.

[13]　NYNKETER H. Crack Healing in Hydrating Concrete[D]. Netherlands: Delft University of Technology, 2005:4-10.

[14]　HUANG H, YE G, DAMIDOT D. Characterization and quantification of self-healing behaviors of microcracks due to further hydration in cement paste[J]. Cement and Concrete Research, 2013, 52（10）: 71-81.

[15]　刘小艳, 姚武, 郑晓芳, 等. 混凝土损伤自愈合性能的试验研究[J]. 建筑材料学报, 2005, 8（2）: 184-188.

[16]　LAUER K R. Autogenous healing of cement paste[C]. Journal Proceedings. 1956, 52（6）: 1083-1098.

[17]　DHIR R K, SANGHA C M, MUNDAY J G L. Strength and deformation properties of autogenously healed mortars[J]. ACI Structural Journal, 1973, 70（3）: 231-236.

[18]　EDVARDSEN C. Water permeability and autogenous healing of cracks in concrete[J]. ACI Materials Journal, 1999, 96（4）: 448-454.

[19]　范晓明, 李卓球, 宋显辉, 等. 混凝土裂缝自修复的研究进展[J]. 混凝土与水泥制品, 2006（4）: 13-16.

[20]　邢锋, 倪卓, 汤皎宁, 等. 自修复混凝土系统的研究进展[J]. 深圳大学学报（理工版）, 2013, 30（5）:486-494.

[21]　蒋正武. 国外混凝土裂缝的自修复技术[J]. 建筑技术, 2003, 34（4）: 261-262.

[22]　李海川, 邵式亮. 机敏混凝土[J]. 建筑技术开发, 2003, 30（8）: 51-52.

[23]　DRY C. Matrix cracking repair and filling using active and passive modes for smart timed release of chemicals from fibers into cement matrices[J]. Smart Materials & Structures. 1994, 3（3）: 118-123.

[24]　LI V C, YUN M L, CHAN Y W. Feasibility Study of a Passive Smart Self-Healing Cementitious Composite[J]. Composites Part B Engineering. 1998, 29（6）: 819-827.

[25]　邢锋, 倪卓, 黄战. 微胶囊–玄武岩纤维/水泥复合材料的力学性能[J]. 复合材料学报,2014, 31（1）:133-139.

[26]　袁慎芳. 结构健康监控[M]. 北京: 国防工业出版社, 2007.

[27]　吴波, 李惠, 孙科学. 形状记忆合金在土木工程的应用[J]. 世界地震工程, 1999, 15（3）:1-13.

[28]　崔迪, 李宏男, 宋钢兵. 形状记忆合金混凝土梁力学性能试验研究[J]. 工程力学, 2010, 27（2）:117-123.

[29]　杨红, 梁大开, 陶宝祺, 等. 空心光纤在复合材料断裂位置测量中的研究[J]. 复合材料学报, 2001, 19（1）:122-125.

[30]　杨红, 孙小菡, 张明德. 用于智能结构自诊断、自修复的新型光纤传感测试仪[J]. 仪器与仪表, 2002(9):13-15.

[31]　杨红, 陶宝棋, 梁大开,等. 光纤应用于结构自修复的研究[J]. 材料保护, 2001,34（1）:40-43.

[32]　GOLLAPUDI U K, KNUSTON C L, Bang S S, et al. A new method for controlling leaching through permeable channels [J]. Chemosphere, 1995, 30（4）: 695-705.

[33]　JONKERS H M. Self-healing concrete: a biological approach[C]. Self-Healing Materials-An Alternative Approach to 20 Centuries of Materials Science. Springer: The Netherlands, 2007: 195-204.

[34]　JONKERS H M, SCHLANGEN E. A two component bacteriabased self-healing concrete[C]. 2nd International Conference on Concrete Repair, Rehabilitation and Retrofitting. London: Taylor & Francis Group, 2008: 215-220.

[35]　JONKERS H M, SCHLANGEN E. Development of a bacteriabased self-healing concrete[C]. Tailor Made Concrete Structures. London: Taylor & Francis Group, 2008:425-430.

[36]　JONKERS H M, THIJSSEN A, MUYZER G, et al. Application of bacteria as self-healing agent for the development of sustainable concrete [J]. Ecological Engineering, 2010, 36（2）: 230-235.

[37]　WIKTOR V, JONKERS H M. Self-healing of cracks in bacterial concrete [C]. 2nd International Symposium on

Service Life Design for Infrastructures. Delft, The Netherlands, 2010: 825-831.

[38] MUYNCK W D, COX K, BELIE N D, et al. Bacterial carbonate precipitation as an alternative surface treatment for concrete [J]. Construction and Building Materials, 2008, 22（5）: 93-103.

[39] TITTELBOOM K V, BELIE N D, MUYNCK W D, et al. Use of bacteria to repair cracks in concrete [J].Cement and Concrete Research, 2010, 40（1）: 157-166.

[40] De MUYNCK W, De BELIE N, VERSTRAETE W. Microbial carbonate precipitation in construction materials: a review [J]. Ecological Engineering, 2010, 36（2）: 118-136.

[41] JONKERS H M. Bacteria-based self-healing concrete[J]. Heron, 2011, 56: 195.

[42] 钱春香, 李瑞阳, 潘庆峰, 等. 混凝土裂缝的微生物自修复效果[J]. 东南大学学报（自然科学版）, 2013, 43（2）: 360-364.

[43] 尹晓爽, 张慧, 杨文忠, 等. 一种假单胞菌诱导 $CaCO_3$ 结晶[J]. 应用化学, 2010, 22（7）: 911-915.

[44] 袁雄洲, 孙伟, 陈惠苏. 水泥基材料裂缝微生物修复技术的研究与进展[J]. 硅酸盐学报, 2009, 37（1）: 161-167.

[45] GAO L, SUN G. Development of Microbial Technique in Self-healing of Concrete Cracks[J]. Journal of the Chinese Ceramic Society, 2013, 41（5）: 627-636.

[46] JONKERS H M. Self Healing Concrete: A Biological Approach[M]. Springer Netherlands, 2007, 195.

[47] 钱春香, 任立夫, 罗勉. 基于微生物诱导矿化的混凝土表面缺陷及裂缝修复技术研究进展[J]. 硅酸盐学报, 2015, 43（5）: 619-631.

[48] 肖彬. 基于微生物技术的混凝土裂缝自修复研究[J]. 技术与市场, 2015, 22（7）: 235-237.

[49] 彭慧, 张金龙, 刘冰, 等. 混凝土的微生物自修复技术研究进展[J]. 混凝土, 2014（8）: 38-42.

[50] 钱春香, 罗勉, 潘庆峰, 等. 自修复混凝土中微生物矿化方解石的形成机理[J]. 硅酸盐学报, 2013, 41（5）: 620-626.

[51] 徐晶. 基于微生物矿化沉积的混凝土裂缝修复研究进展[J]. 浙江大学学报（工学版）, 2012, 46（11）: 2020-2027.

[52] 王瑞兴, 钱春香, 王剑云. 微生物沉积碳酸钙研究[J]. 东南大学学报（自然科学版）, 2005, 35（S1）: 191-195.

[53] 李沛豪, 屈文俊. 细菌诱导碳酸钙沉积修复混凝土裂缝[J]. 土木工程学报, 2010, 43（11）: 64-70.

[54] 李沛豪, 屈文俊. 生物修复加固材料在土木工程中的应用研究进展[J]. 材料科学与工程学报, 2008, 26（5）: 810-815.

[55] 朱雅仙. 碳化混凝土再碱化技术的研究[J]. 水运工程, 2001（6）: 12-14.

[56] VELIVASAKIS E E, HENRIKSEN S K, WHIRMORE D W. Chloride extraction and realk-alization of reinforced concrete stop steel corrosion [J]. Performance of Constructed Facilities,1998, 12（2）: 77-84.

[57] ANDRADE C, CASTELLOTE M, SARRÍA J, et al. Evolution of pore solution chemistry, electro-osmosis and rebar corrosion rate induced by realkalisation[J]. Materials & Structures, 1999, 32（6）:427-436.

[58] 屈文俊, 陈璐, 刘于飞. 碳化混凝土结构的再碱化维修技术[J]. 建筑结构, 2001, 31（9）: 58-60.

[59] 朱鹏, 屈文俊. 碳化混凝土再碱化控制理论研究的探讨[J]. 材料导报,2006, 20（3）: 125.

[60] 葛燕, 朱锡昶. 钢筋混凝土阴极保护和阴极防护技术的状况与进展[J]. 工业建筑, 2004, 34（5）: 18-20.

[61] 茹以群. 混凝土结构阴极保护技术综述[J]. 建筑结构, 2009（S2）: 168-171.

[62] 许成虎, 张保民, 王善武, 等. 青岛海湾大桥通航孔桥混凝土结构防腐工程——外加电流阴极保护[C]. 公路交通与建设论坛, 2003.

[63] 李伟华, 王爱华, 于杰. 混凝土结构的涂层防护[J]. 现代涂料与涂装, 2007, 10 (8): 26-29.

[64] 刘玉军. 混凝土保护涂层性能和测试方法的研究[D]. 北京: 中国建筑材料科学研究院,2004.

[65] 史文煜. 国外建筑拆解与旧材料再利用研究[D]. 天津: 天津大学, 2009.

[66] ADDIS W, SCHOUTEN J. Design for reconstruction-principles of design to facilitate reuse and recycling[M]. London: CIRIA, 2004.

[67] ADDIS B. Building with reclaimed components and materials: A design handbook for reuse and recycling[M]. Routledge, 2012.

[68] 余恺. 可持续理念下的既有建筑改造设计策略研究[D]. 合肥: 合肥工业大学, 2013.

[69] GLIAS A. The "Donor Skelet" Design with reused structural concrete elements[D]. Nether Land: Delft University of Technology, 2013.

[70] XIAO J Z, DING T, ZHANG Q T. Structural behavior of a new moment-resisting DfD concrete connection[J]. Engineering Structures, 2017, 132: 1-13.

[71] 卢永钿. 旧建筑资源再利用研究[D]. 天津: 天津大学, 2009.

[72] 姚建平. 既有桩再利用及新旧桩混合使用条件下的静压新桩施工控制工艺研究[J]. 建筑施工, 2016, 38 (4): 402-405.

[73] 李镜培, 张凌翔, 李林, 等. 天然饱和黏土中新、旧桩荷载－沉降关系研究[J]. 岩石力学与工程学报, 2016, 35 (9): 1906-1913.

第 5 章　混凝土结构拆除与再生

当混凝土结构无法进行改造和再利用时，往往需要拆除。实际上，自改革开放以来，我国城镇化的快速推进引发了一系列的社会问题。在城镇化建设过程中，城市的建设大多采用的是"大拆大建"的发展方式，大量建筑遭到不合理拆除，其中以混凝土结构为主，产生了大量的建筑废物。中国建筑科学研究院 2014 年发布的《建筑拆除管理政策研究》[1]报告指出，"十一五"期间，中国共有 46 亿 m² 建筑被拆除，年均 9.2 亿 m²，其中近一半建筑在拆除时寿命不足 40 年。据国家发改委发布的《中国资源综合利用年度报告（2014）》指出[2]，2013 年，我国建筑废物排放量约为 10 亿 t，其中拆除建筑产生的建筑废物约 7.4 亿 t，建筑施工产生的建筑废物约 2.6 亿 t。

面对这一现状，为实现混凝土结构的可持续性，就需要运用"3R"中的"Recycle""Recycle"即要求实现建筑废物的再生循环利用。混凝土结构的拆除与再生，概括起来主要包括结构的拆除、废混凝土的回收、废混凝土的破碎、再生骨料的应用等基本过程。

5.1　混凝土结构的拆除

目前建（构）筑物的拆除方法主要包括爆破拆除法、机械拆除法和人工拆除法。人工拆除法是最为原始的一种拆除方法，施工人员作业危险性大，安全难以保障，且施工速度慢，工期长；机械拆除法是随着施工机械化的进步而发展起来的，它靠机械逐步破碎结构，施工较为安全且简便，但受到作业高度的限制，工期也较长；爆破拆除法是自 20 世纪中期发展起来的，改革开放后在我国得到了广泛应用，尤其是对于高大钢筋混凝土建筑物和构筑物的拆除工程。

5.1.1　混凝土结构爆破拆除

对于高、大型钢筋混凝土建（构）筑物的拆除工程来说，爆破拆除法解决了人工拆除法和机械拆除法工期长、危险性大等突出难题，是这类建筑物拆除工程中最为快速及安全的施工方法。

目前，我国在爆破拆除方面已经积累了丰富的工程经验。近十几年，采用爆破手段成功拆除各类高、大型建（构）筑物的例子已有很多。例如，1995 年 12 月在武汉市，由武汉爆破公司联合十家爆破科研、设计及施工单位成功地利用定向倒塌控制爆破技术，拆除了一栋正在倾斜的 56 m 高的大楼；2007 年，北京达安爆破工程部与河北宏达爆破工程有限公司合作爆破拆除了保定市一栋 18 层的燕赵大酒店大楼，取得了圆满成功，且达到了设计要求；2008 年 7 月，在成都市成华区的华能成都电厂内成功爆破拆除了一座高达 210 m 的钢筋混凝土烟囱；2009 年，爆破拆除了中山市石岐山顶花园的一栋高达 104 m 的烂尾楼；2015 年，高 118 m、总建筑面积 37 290m^2 的环球西安中心金花办公大楼成功地进行了爆破拆除，如图 5.1 所示。

图 5.1　环球西安中心金花办公大楼爆破拆除

　　爆破拆除虽然是建筑物拆除工程中最为快速的拆除方法，但也存在很多弊端。例如，在爆破拆除工程中，可能出现结构爆破后不倒、倒塌方向偏离设计、爆炸及倒塌过程中产生飞石伤人等各种不良情况，同时，在爆破过程中还会产生大量的粉尘等污染物。目前，爆破拆除所采取的方法，是对许多建筑"一爆了之"，这种方式会使整座建筑沦为建筑废物，造成对资源的极大浪费，为后续的资源化增加了难度和投入。尤其是对一些寿命较短的建筑，如上述提到的环球西安中心金花办公大楼，对其进行爆破时，在楼内安装了 1.4 t 订制炸药和 1.2 万枚雷管，大楼在 10 s 内顷刻倒塌，而此楼自 1999 年封顶后从未投入使用，其爆破后腾起的粉尘扩散距离达一个街区，堆积起来的建筑废物达 20m 高，占地面积约两三个足球场。据《建筑拆除管理政策研究》，近年来，我国的建筑垃圾每年已逾 4 亿 t，建筑垃圾占比达垃圾总量的近 40%。

5.1.2　混凝土结构机械拆除

　　爆破拆除并不是拆除混凝土建筑物的唯一方法，当建筑物高度较低、体量较小时，可采用大型机械进行拆除。

　　如果建筑物高度较低，体量较小，可利用液压式挖掘机、起重机和推土机等工具进行拆除。采用挖掘机从地基开始拆除建筑物，采用推土机推倒建筑物的墙壁，推土机经常装有巨大的耙状物，如图 5.2 所示，采用旋转液压式大剪把钢材和混凝土切碎。如果遇到体量较大的建筑物，就要使用较大型的机器实施拆除工作。

图 5.2　瑞士潜艇训练中心拆除

在 20 世纪 50～60 年代，破碎球是拆除的主要工具，吊在起重机上的大铁球通过摆动，从建筑物墙体一侧撞入，将建筑物碰毁。这种方式是在当时水平条件下拆除混凝土建筑物最有效的一种方法。但是由于铁球的力度很难控制，与更新的机械拆除方法相比，破碎球的使用越来越少。目前，拆除机械已有很大的改进，现在的挖掘机拥有长长的伸缩臂，可以达到建筑物的上层，能在更好的控制条件下进行拆除工作。

另外，日本建筑公司开发了一种环保创新型拆除方法。从建筑物内部一寸寸将其"变矮"直至最终消失，该方法从上至下逐步拆除结构构件，直到建筑完全解体也不毁坏屋顶构造。在建筑内部架设临时支柱支撑屋顶，每两层一个单位逐步解构建筑内部，随后撤下撑起支柱的千斤顶，无须借助落锤破碎机，不仅减少了噪声和粉尘，还加速了工程进度。如图 5.3 所示，为位于东京都千代田区纪尾井町赤坂王子大饭店的拆除过程。

图 5.3　高度已缩减的结构（左）与原来结构（右）对比图

5.1.3　混凝土结构拆解分析

　　混凝土结构的拆解是指在拆除建筑物的过程中，努力保存有价值的构件，并将其重新利用，而不是把它们统统送进垃圾场，即实现混凝土结构由"拆毁"向"再利用"的转变。

　　混凝土结构的拆解是一种符合可持续理念的方法，如图 5.4 所示。虽然该方法没有那些在短时间内就能拆掉建筑物的方法快捷，但是在清理现场时，这种方法产生的建筑废物最少。拆解建筑物后的再用与再生，可以减少耗费地球上的自然资源，另外，这种方法还减少了能源的损耗和污染气体的排放量，因为该方法获得的大量结构构件可以重新利用，避免了开采额外的新材料和制造额外的新构件。

图 5.4　美国纽约德意志银行集团建筑物拆解

　　建筑结构的拆解过程是材料力学、结构力学和施工技术等综合运用的过程，在拆除顺序和方式的设计与施工中要考虑各构件的拆除对整体结构的影响，选择安全合理、快捷的拆除方案。

　　另外，建筑层次理论对建筑设计和建筑拆解有重要影响，层次之间的交接处就是拆除过程中的主要拆解点，拆除时，施工可逆的刚性连接应被更多的应用。杜菲和普兰德等专家都指出，合理的建筑拆解方式有很大的社会经济效益。建筑拆解技术包括建筑拆除技术、材料加工技术和再利用设计方法[3]。

　　目前绝大多数混凝土结构建筑依然采用拆毁的方法进行拆除，对于混凝土结构拆解力学分析和施工工艺的研究将是今后发展的一大方向。

5.2　废混凝土的回收

5.2.1　建筑废物的组成

建筑物拆除产生的建筑废物的组成成分较为复杂，不同结构形式的建筑物所产生的废物类型也有所区别，但其基本组成是一致的，主要包括泥土、渣土、散落的砂浆和混凝土、剔锉产生的砖石和混凝土碎块、打桩截下的钢筋混凝土桩头、金属、沥青、竹、木材、装饰装修产生的废料、各种包装材料和其他废弃物。旧建筑物拆除产生的建筑废物数量非常大[4]，常见的建筑废物构成如图 5.5 所示。混凝土、陶瓷和砖石等可再生资源占建筑废物比例较大，为"3R"中的"Recycle"的实施提供了可行途径。

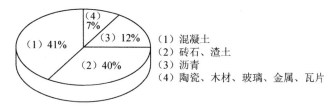

图 5.5　建筑废物的组成

5.2.2　废混凝土的分类与回收标准

基于对废混凝土回收利用的经济性以及对再生骨料性能要求的考虑，可将拆除产生的废混凝土分为两类，即一类为可回收的废混凝土，另一类为不可回收的废混凝土。性能较差、有害杂质含量较高以及可能影响到新拌再生混凝土使用性能的废混凝土不宜回收。废混凝土能否回收可根据其来源、使用环境、暴露条件和碳化程度等加以确定，建议下列情况下的废混凝土不宜回收或直接再生循环。

（1）废混凝土来自于轻骨料混凝土或加气混凝土。

（2）废混凝土来自于有特殊服役史的混凝土（如沿海港口工程、核电站、医院放射间等）。

（3）废混凝土出现硫酸盐、氯盐侵蚀严重，或遭受碳化等耐久性破坏。

（4）废混凝土已受重金属或有机物污染。

（5）废混凝土存在碱-骨料反应。

（6）废混凝土中含有大量不易分离的木屑、污泥、沥青等杂质。

不同设计强度等级、使用环境下的混凝土性能差异较大，在拆除建筑物、回收废混凝土时，宜按废混凝土的原始设计强度等级、使用环境等分类拆除并分开堆放、转运。不宜直接再生循环的废混凝土需经特殊处理。

5.3　废混凝土的破碎

废混凝土块或废钢筋混凝土块的回收、破碎和再生骨料生产工艺是废混凝土能够进行充分再生循环的前提。在对国内外现有的废混凝土破碎和再生骨料加工工艺进行综合分析的基础上,结合我国工程实际,肖建庄[5]给出了适合我国国情的废混凝土破碎工艺与再生骨料加工工艺的建议。目前,废混凝土的破碎设备主要有固定式与移动式两大类。用于生产再生骨料的固定式破碎设备可参照天然骨料的破碎设备。移动式破碎设备为破碎筛分的成套设备,是从原来的固定式破碎设备演变而来的,由各单机设备组合而成,并安装于可移动的设备之上,便于主机设备移动。近年来的工程实践表明,废混凝土的前端分拣与分选,对于后续再生骨料的生产质量与效率有明显的影响。

5.3.1　移动式破碎

目前,代表性的移动式混凝土破碎及筛分设备有以下三种类型[6]。

1)大型牵引式移动破碎机

这种机型安装着高性能的反击式破碎机,是集供料、破碎、筛分为一体的移动式生产机械。虽是移动式,但却是集给料机、一级和二级破碎机、磁性分选机和筛分机为一体的破碎成套设备。该机拥有自动供料系统,能无人运行;机身设计合理精巧,并顾及了噪声、灰尘等对环境的影响;自动化程度、生产效率都很高,能够连续生产再生骨料。

2)中型履带式破碎机

这种机型装有给料系统、辊式破碎机和高效的筛分系统,在作业现场以粗破碎为主要目的。两轴辊式破碎机装有特殊的强有力的齿棍,通过齿棍的正转和反转运行,可在破碎腔内将钢筋简单地除去,并能轻松地破碎混凝土。该机种具有优异的工位移动机动性和作业场地适应性,生产效率高、环保,但是只能生产再生粗骨料。

3)小型移动式破碎机

该机种由于在拆除工地、建筑工地等现场,拥有良好的机动性和生产效率,受到了很高的评价。虽然属于小型机,但装备齐全,并且充分发挥了小型机机动灵活的特点。该机安装有给料机,能稳定地进行供料和生产,并能根据原料情况设定供料量;噪声低,振动小,有利于保护环境,即使在都市作业也不用担心影响周围环境;采用了橡胶履带,不会损坏地面;可以安装二级输送机和磁性分选机,也常用于应急处理和加工再生骨料。

5.3.2 固定式破碎

固定式破碎需要建立废混凝土破碎站，破碎站位置需根据建筑废物的场地来定，固定式废混凝土生产线一般规划较复杂，占地面积较大，设施较完善，建设及规划使用周期较长，投资较大，可以集中和大规模地处置废混凝土。

固定式破碎站可根据建筑废物来源和产品的需要灵活组合，适应性强。各种破碎站有多种配置，可根据不同的破碎工艺要求组成"先碎后筛"或"先筛后碎"的流程，破碎与筛分功能也可分开使用；可按实际需求组成粗、细碎两段破碎筛分系统，也可组成粗、中、细三段破碎筛分系统或独立运行，有很大的灵活性。

目前，由于以往城市规划的原因，固定式破碎站缺乏建设场地；另外，固定式破碎站需要考虑对周围环境的影响，注意生产过程二次污染防控等问题。

肖建庄等[7]经过比较分析国内外再生骨料的生产工艺，在 2007 年提出了一套适合我国实际情况的工艺流程，见图 5.6。考虑到目前我国劳动力成本相对较低，且机械不适宜处理大块杂质，因此选择使用人工法对废混凝土块进行分选，除去钢筋和木材。鉴于铁屑和碎塑料等细微杂质很难采用人工分离，工艺设置了磁铁分离器和分离台，以便降低骨料的杂质。通过筛分机进行筛分，得到不同粒径的再生骨料。对粒径 0.08～4.75 mm 的再生细骨料以及 0～0.08 mm 的再生粉体按相应规程进行处理。

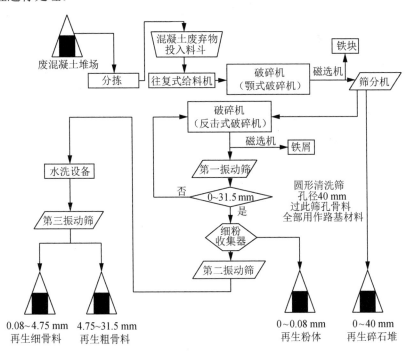

图 5.6 再生骨料生产工艺流程

5.4　再　生　原　料

5.4.1　再生粗骨料

混凝土用再生粗骨料（Recycled Coarse Aggregate for Concrete）是指由建（构）筑废物中的混凝土、砂浆、石、砖瓦等加工而成，用于配制混凝土的、粒径大于 4.75 mm 的颗粒，见图 5.7。再生粗骨料主要由独立成块的和表面附着老水泥砂浆的天然粗骨料组成，因其表面粗糙，棱角较多，导致再生粗骨料与天然粗骨料存在一定差异。近年来，国内外关于再生粗骨料的基本性能已进行了一些研究[8-12]，表明再生粗骨料因废混凝土来源不同而具有较大的随机性和变异性。

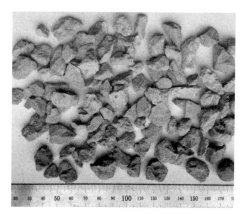

（a）再生粗骨料（4.75～25 mm）

（b）再生粗骨料（25～31.5 mm）

（c）再生粗骨料的特征

图 5.7　再生粗骨料

1．再生粗骨料基本性能指标

1）级配

由于表面附着老砂浆，再生粗骨料与天然粗骨料相比级配有所不同。可以通过调整粒径为 4.75～25 mm 和 25～31.5 mm 两种粒径范围的再生粗骨料的调配比例，得到符合规范要求的级配。经试验，当粒径为 4.75～25 mm 和 25～31.5 mm 的再生粗骨料的质量比为 3：2 时，其级配较优。再生粗骨料按粒径尺寸分为连续粒级和单粒级。连续粒级分为 5～16mm、5～20mm、5～25mm 和 5～31.5mm 四种规格，单粒级分为 5～10mm、10～20mm 和 16～31.5mm 三种规格。按照《再生混凝土应用技术规程》（DG/TJ 08—2018—2007）的规定，再生粗骨料的颗粒级配应符合表 5.1 的规定。

表 5.1　再生粗骨料颗粒级配

公称粒径/mm		累积筛余/%							
		方孔筛筛边孔长/mm							
		2.36	4.75	9.50	16.0	19.0	26.5	31.5	37.5
连续粒级	5～16	95～100	85～100	30～60	0～10	0			
	5～20	95～100	90～100	40～80	—	0～10	0		
	5～25	95～100	90～100	—	30～70	—	0～5	0	
	5～31.5	95～100	90～100	70～90	—	15～45	—	0～5	0
单粒级	5～10	95～100	80～100	0～15	0				
	10～20		95～100	85～100		0～15	0		
	16～31.5		95～100		85～100			0～10	0

2）粒形与表面构造

再生粗骨料的外观略为扁平，同时带有若干棱角，外形介于碎石与卵石之间。再生粗骨料的表面较为粗糙，孔隙较多，天然粗骨料的表面则相对光滑。肉眼可以看到再生粗骨料表面大都附着或多或少的水泥砂浆。

3）密度

与天然粗骨料相比，再生粗骨料的堆积密度和表观密度分别降低 12% 和 10% 左右，原因主要是其表面附着的水泥砂浆含量较高。再生粗骨料密度降低将导致利用其拌制的再生混凝土的密度和弹性模量降低。

4）吸水率

再生粗骨料的 24 h 吸水率明显高于天然粗骨料，通常为 3%～8%。其原因主要是再生粗骨料表面附着部分水泥砂浆，孔隙率大。再生粗骨料吸水率高，导致为了使由其拌制的混凝土获得与普通混凝土相同的工作性需要增加拌合水的用量。再生粗骨料的高吸水率通常被认为是其区别于天然粗骨料最重要的特征。

5）空隙率

再生粗骨料的空隙率略高于天然粗骨料，空隙率在配制混凝土时可作为控制砂、石级配与计算配合比时的重要依据，根据骨料质量，为 47%～53%。

6）压碎指标值

压碎指标值反映的是粗骨料抵抗压碎的能力。再生粗骨料的压碎指标值高于天然粗骨料，为 12%～30%，表明再生粗骨料的强度较低，这主要是因为再生粗骨料表面附着的水泥砂浆含量较高、黏结较弱，且破碎过程中会产生大量微裂缝，导致再生粗骨料较天然粗骨料易破碎。

7）坚固性

坚固性是通过测定骨料在饱和硫酸钠溶液内抵抗分解的能力，以判断其在气候、环境变化或其他物理因素作用下抵抗碎裂的能力。研究表明，再生粗骨料的坚固性低于天然粗骨料，且再生粗骨料的力学性能较差，因此应对再生混凝土的耐久性进行改性。

8）含泥量

再生粗骨料的含泥量大于天然粗骨料，这主要受制于再生粗骨料的破碎工艺。由于含泥量过高会对混凝土的性能产生不利影响，如强度降低、收缩增大等，拌制混凝土前应该对再生粗骨料进行水洗或者改进其加工工艺。

2. 再生粗骨料的分级

按照《混凝土用再生粗骨料》（GB/T 25177—2010），混凝土用再生粗骨料按性能要求可分为Ⅰ类、Ⅱ类和Ⅲ类，如表 5.2 所示。

表 5.2　再生粗骨料性能指标

项　目	Ⅰ类	Ⅱ类	Ⅲ类
表观密度/（kg/m³）	>2450	>2350	>2250
空隙率/%	<47	<50	<53
微粉含量（按质量计）/%	<1.0	<2.0	<3.0
泥块含量（按质量计）/%	<0.5	<0.7	<1.0
针片状颗粒（按质量计）/%		<10	
吸水率（按质量计）/%	<3.0	<5.0	<7.0
压碎指标/%	<12	<20	<30
有机物		合格	
硫化物及硫酸盐（折算成 SO₃，按质量计）/%		<2.0	
氯化物（以氯离子质量计）/%		<0.06	
杂物（按质量计）/%		<1.0	
硫酸盐试验，5 次循环，质量损失/%	<5.0	<9.0	<15.0

5.4.2　再生细骨料

混凝土和砂浆用再生细骨料（Recycled Fine Aggregate for Concrete and Mortar）是指由建（构）筑废物中的混凝土、砂浆、石、砖瓦等加工而成，用于配制混凝土和砂浆的粒径不大于 4.75 mm 的颗粒。颗粒粒径 0.08～4.75 mm 的就是再生细骨料，如图 5.8 所示。

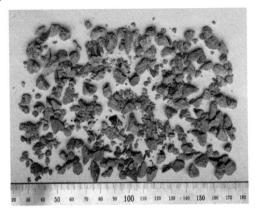

图 5.8　再生细骨料（0.08～4.75 mm）

1. 再生细骨料物理性能

在物理性能方面，传统再生细骨料主要由附着水泥石的天然砂、水泥石碎屑、天然骨料在破碎过程中产生的石屑、泥土以及各种杂质等组成。其颗粒棱角多、表面粗糙、孔隙率高、破碎时产生的微裂纹多，这些因素的综合作用导致再生细骨料吸水率高、堆积密度和表观密度低于天然细骨料。受到制备工艺制约，传统再生细骨料的颗粒级配较差，不能形成连续级配，通常需要通过筛分，来调整级配使用。同时，由于原始废混凝土存在差异，因此目前再生细骨料的研究数据离散性较大[13]。李秋义等[14]提出的颗粒整形方法，能较好地改善再生细骨料的性能。

再生细骨料的颗粒级配应符合表 5.3 的规定。再生细骨料按细度模数分为粗、中、细三种规格，其细度模数 M_x 分别为，粗 M_x=3.7～3.1；中 M_x=3.0～2.3；细 M_x=2.2～1.6。

表 5.3　再生细骨料颗粒级配

方孔筛筛孔边长 /mm	累计筛余/%		
	Ⅰ级配区	Ⅱ级配区	Ⅲ级配区
8.50	0	0	0
4.75	10～0	10～0	10～0
2.36	35～5	25～0	15～0
1.18	65～35	50～10	25～0
600	85～71	70～41	40～16
300	95～80	92～70	85～55
150	100～85	100～80	100～75

注：再生细骨料的实际颗粒级配与表中所列数字相比，除 4.75 mm 和 600μm 筛档外，可以略有超出，但超出总量应小于 5%。

2. 再生细骨料应用现状

由于再生细骨料颗粒级配差，饱和面干吸水率高，采用再生细骨料取代天然细骨料配制的再生砂浆、再生混凝土，工作性能、强度和耐久性能都会大幅降低，甚至无法使用[15, 16]。

上海市地方标准《再生混凝土应用技术规程》（DG/T J08—2018—2007）[17]建议再生细骨料不宜用作配制房屋结构与道路结构混凝土，但可用于生产砂浆、再生混凝土空心砌块和非承重保温墙体材料，可用于建筑物基础和道路路基的垫层，可作为市政管道、沟渠的回填材料，可用来改良土壤，防林护坡，增强土壤的黏聚力，还可用来铺设运动场地等。

3. 再生细骨料的分级

再生细骨料的原料废弃混凝土来源充足，但是受到技术的限制，再生细骨料的制备和应用实际上还没有得到很好推广。

为了更好地将再生细骨料应用到工程实际中，提高再生细骨料的经济效益和利用空间，华南理工大学杨医博等[18]提出把废弃混凝土全部破碎为 5 mm 以下得到再生细骨料，以此解决传统再生细骨料物理性能差及其在再生砂浆和再生混凝土中难以应用的问题。按照《混凝土和砂浆用再生细骨料》（GB/T 25176—2010），混凝土和砂浆用再生细骨料（以下简称再生细骨料）按性能要求分为 I 类、II 类、III 类，如表 5.4 所示。

表 5.4　再生细骨料性能指标

项　目		I 类	II 类	III 类
表观密度/（kg/m³）		>2450	>2350	>2250
堆积密度/（kg/m³）		>1350	>1300	>1200
空隙率/%		<46	<48	<52
微粉含量（按质量计）/%	*MB* 值<1.40 或合格	<5.0	<6.0	<9.0
	MB 值≥1.40 或不合格	<1.0	<3.0	<5.0
泥块含量（按质量计）/%		<1.0	<2.0	<3.0
云母含量（按质量计）/%		<2.0		
轻物质含量（按质量计）/%		<1.0		
有机物含量（比色法）		合格		
硫化物及硫酸盐含量（按 SO₃ 质量计）/%		<2.0		
氯化物含量（以氯离子质量计）/%		<0.06		
饱和硫酸钠溶液中质量损失/%		<7.0	<9.0	<12.0
单级最大压碎指标值/%		<20	<25	<30

5.4.3 再生粉体

再生粉体是将废混凝土和废砖经逐级破碎、粉磨达到一定细度的微细粉末,一般定义其粒径小于 0.08 mm。废混凝土和废砖中未水化的水泥颗粒被粉磨到一定细度后,所得到的再生粉体,可用作混凝土和砂浆的矿物掺合料,以发挥其填充效应和活性效应。目前,国内外对再生粉体的研究应用尚不成熟。国内更多的是把再生粉体作为掺合料开展研究,在再生粉体的制备工艺、组成分析、再生粉体制品的物理性能、力学性能及其耐久性能等方面都取得了一定的成果。

1. 化学成分和矿物成分

选取几组典型再生粉体与 P.O42.5 水泥和Ⅱ级粉煤灰的主要化学成分进行对比,由表 5.5 可见,各组再生粉体的主要化学成分一致,只是相对含量不尽相同。对比再生粉体与水泥和粉煤灰可以发现,水泥中 SiO_2 含量低,CaO 含量高,粉煤灰中 SiO_2 含量与再生粉体相近,CaO 含量低,但 Al_2O_3 含量明显高于再生粉体和水泥。可见,再生粉体与水泥和粉煤灰的化学成分基本一致,只是 SiO_2、CaO 和 Al_2O_3 的含量有差异,由此可推断再生粉体有潜在活性,作为水泥基制品的掺合料是可行的。表 5.6 所示为《再生砂粉应用技术规程》(DB31T 894.1—2014)中对再生粉体的技术要求。

表 5.5 再生粉体的主要化学成分

样品名称	主要化学成分/%								烧失量/%
	SiO_2	Al_2O_3	Fe_2O_3	CaO	MgO	Na_2O	SO_3	K_2O	
水泥	23.25	7.79	2.41	46.78	0.46	0.12	4.10	0.57	—
粉煤灰[22]	50.41	32.13	4.96	5.31	1.53	—	—	—	3.91
再生粉体 1[22]	37.90	9.88	4.01	24.26	2.68	—	—	—	15.60
再生粉体 2[23]	48.63	9.39	4.02	28.84	2.78	1.50	0.81	3.59	—
再生粉体 3[24]	38.61	7.13	3.19	41.22	1.35	2.01	1.04	1.57	—

表 5.6 再生粉体的技术指标

项目	技术要求	检验方法
需水量比(质量分数)/ %	≤115	GB/T 1596
烧失量(质量分数)/ %	≤15.0	GB/T 176
45μm 筛余(质量分数)/ %	≤25.0	GB/T 1345
含水量(质量分数)/ %	≤1.0	GB/T 1596
三氧化硫(质量分数)/ %	≤3.0	GB/T 176
游离氧化钙(质量分数)/ %	≤1.0	GB/T 176
氯离子(质量分数)/ %	≤0.02	GB/T 176
沸煮法安定性/ mm	≤5.0	GB/T 1596
强度活性指数/ %	≥70.0	GB/T 1596
放射性*	合格	GB 6566

* 放射性试验样品为硅酸盐水泥和再生粉体按质量比 70∶30 混合制成。

2. 物理性能

再生粉体的表观密度在 2600 kg/m³ 左右，比表面积较常用水泥的比表面积（300 m²/kg）大，再生粉体的平均粒径一般为 30～50 μm[19, 20]。综合各项物理指标来看，再生粉体的颗粒粒径较细，比表面积也大于常用水泥的比表面积，有利于再生粉体的活性和微粉颗粒填充效应的发挥，但同时也会导致需水量的增加。

3. 再生粉体的活性

再生粉体主要由未水化的水泥颗粒、已水化的水泥石、砂石骨料细粉组成。活性主要取决于所含未水化的胶凝材料。试验结果表明[21, 22]，再生粉体的活性一般为 60%～70%，可接近或达到活性掺合料使用的技术要求。如果在再生粉体制备使用过程中辅以适当的温度控制和激发剂，则可以得到具有更好活性的再生粉体。

4. 再生粉体制品

目前，再生粉体制品的研究开发尚不成熟，大规模的工程应用鲜有报道。只有少量企业生产再生粉体，用作生产水泥、混凝土、砂浆、砌块、砖等建材制品的掺合料，部分替代水泥或粉煤灰。已有的研究表明[23]，用再生粉体制备的砂浆和混凝土，其工作性能和耐久性能都有所降低；少量再生粉体可提高混凝土强度，而当掺量较大（>10%）时，强度也有所降低。现已施行《再生砂粉应用技术规程》（DB31/T 894.1—2014），可以指导再生粉体的应用。

5.5　再生混凝土

再生骨料混凝土（Recycled Aggregate Concrete，RAC）是指利用废混凝土破碎加工而成的再生粗骨料和再生细骨料，部分或全部替代天然骨料配制而成的混凝土，简称再生混凝土。其中，用再生细骨料取代天然细骨料的混凝土为再生细骨料混凝土，用再生粗骨料取代天然粗骨料的混凝土为再生粗骨料混凝土。再生粗骨料取代率是指再生粗骨料占总粗骨料质量（再生粗骨料和天然粗骨料质量之和）的百分率。

相对于再生粗骨料，再生细骨料的研究较少。目前，较为一致的结论是，掺入再生细骨料后，再生混凝土的强度和耐久性能会有很大程度的降低；同时，基于经济性的考虑，再生细骨料不宜用于结构混凝土中，因此下文所述的再生混凝土主要指再生粗骨料混凝土。

5.5.1　再生混凝土制备

再生混凝土的制备包括再生混凝土配合比设计和再生混凝土预拌。

1. 再生混凝土配合比设计

再生混凝土配合比设计的任务是确定能获得预期性能而又经济的混凝土各组成材料的用量。它与普通混凝土配合比设计的目的是相同的，即在保证结构安全使用的前提下，力求达到便于施工和经济节约的要求。5.4 节的描述已表明：再生粗骨料的基本性能与天然粗骨料有较大差异，如孔隙率大、吸水率大、表观密度低、压碎指标值高等。考虑再生粗骨料本身的特点，进行再生混凝土的配合比设计时应满足以下几个要求：

1) 满足结构设计要求的再生混凝土强度等级

再生混凝土抗压强度一般稍低于或低于相同配合比的普通混凝土，为了达到相同强度等级，其水胶比较普通混凝土应有所降低。

2) 满足施工和易性、节约水泥和降低成本的要求

由于再生粗骨料的孔隙率和杂质含量较高且其表面较粗糙，要满足与普通混凝土同等和易性的要求，则单位混凝土的水泥用量往往要比普通混凝土多。因此，在再生混凝土配合比设计中必须尽可能节约水泥，这对降低成本至关重要。

3) 保证混凝土的变形性能和耐久性能符合使用要求

由于再生粗骨料的吸水率较高、再生粗骨料中存在天然骨料与老砂浆之间的界面等，给再生混凝土的某些变形性能和耐久性能带来不利影响。所以，在配合比设计时，必须注意充分考虑适用性和耐久性的要求。

除了骨料种类的差异，再生混凝土所采用原材料与普通混凝土基本相同，制备普通混凝土所用的原材料基本适用于再生混凝土，包括胶凝材料、矿物掺合料、水和化学外加剂等。

再生骨料是再生混凝土有别于普通混凝土的关键性组分。关于再生骨料分类、性能和有关生产工艺等一系列问题，已在本章前 4 节做了介绍。

由于骨料全部采用再生骨料对混凝土性能影响较大，一般需用一部分天然粗骨料，而细骨料则全部采用普通砂。普通砂、碎石和卵石的各种技术指标必须符合《普通混凝土用砂、石质量及检验方法标准》（JGJ 52—2006）的要求。

我国普通混凝土配合比设计的基本思路是[24]：混凝土的配合比设计取决于水胶比、用水量和砂率三个参数。根据混凝土的配制强度和水泥的实际强度，由鲍罗米（Bolomy）公式计算得到水胶比；根据坍落度和粗骨料的最大粒径确定单方混凝土的用水量，然后根据粗骨料的最大粒径和水胶比选择适宜的砂率，最后即可根据容重法或体积法确定砂和石子的用量，经过试配和调整完成混凝土的配合比。

　　再生混凝土由于所用再生粗骨料的孔隙率和吸水率较高、不同来源的再生粗骨料性能差异较大以及由此带来的颗粒强度和弹性模量较低等特点，它还不可能像普通混凝土那样，用一个较公认的强度公式作为混凝土配合比设计的基础。虽然国内外都有不少研究[25, 26]，曾提出各种各样的强度公式，试图通过公式计算来设计再生混凝土配合比，但都有局限性，不能满足再生骨料性能差异很大的要求，离实际应用还有差距。所以，现阶段主要还是在普通混凝土强度公式的基础上，修正部分参数并最终通过试配的方法来确定各组分材料的用量。下面总结了张亚梅、史巍等[27, 28]以及上海市地方标准《再生混凝土应用技术规程》（DG/T J08—2018—2007）[17]等提出的将再生混凝土的用水量分为净用水量和附加用水量两部分的配合比设计方法，提出了制备再生混凝土有别于普通混凝土的关键步骤。

　　1）确定水胶比及用水量

　　由于再生粗骨料的吸水率较大，且不同来源的再生粗骨料吸水率有一定的差别，因而再生混凝土的用水量或水胶比的概念与骨料吸水率可以忽略不计的普通混凝土不同。

　　再生混凝土的用水量和水胶比，分净用水量和净水胶比与总用水量和总水胶比两种。所谓净用水量系指不包括再生粗骨料吸水在内的混凝土用水量，相应的水胶比则为净水胶比；而总用水量则是指包括再生粗骨料吸水在内的混凝土用水量，相应的水胶比则为总水胶比。

　　由于不同再生粗骨料的吸水率差别很大，所以在再生混凝土配合比设计中水胶比一般都用净用水量或净水胶比表示。只有在使用了再生细骨料时，因为再生细骨料的吸水率很难准确测定，才允许用总用水量和总水胶比表示。

　　考虑到同水胶比下再生混凝土的力学性能及耐久性能较普通混凝土低，进行配合比设计时适当调低由上式得出的参考水胶比 0.01～0.03（其中再生粗骨料取代率较大时，水胶比的降低应取较大值），依此作为最终的净水胶比 W/B。

　　根据《普通混凝土配合比设计规程》（JGJ 55—2011），在普通混凝土净用水量基础上增加 5% 作为再生混凝土净用水量，再按实测的再生粗骨料吸水率，求出每立方米再生混凝土的附加水量。净用水量与附加用水量之和为每立方米再生混凝土的总用水量。

　　2）选取合理的砂率 β_s

　　根据粗骨料的最大粒径和净水胶比，通过《普通混凝土配合比设计规程》（JGJ 55—2011）的相应表格，选取适宜的砂率。再生粗骨料表面比天然碎石粗糙，且再生粗骨料表观密度较天然碎石小，等质量取代下粗骨料的体积增大，因此砂率的取值应适当增大。

　　（1）坍落度为 10～60 mm 的再生混凝土砂率，可以根据粗骨料粒径及水胶比按表 5.7 选取。

表 5.7　再生混凝土的砂率　　　　　　　　　　　单位：%

水胶比 W/B	再生粗骨料最大粒径/mm		
	16	20	31.5
0.40	33～38	32～37	30～34
0.50	36～41	35～40	33～38
0.60	39～44	38～43	36～41
0.70	42～47	41～46	39～44

（2）坍落度大于 60 mm 的混凝土砂率，可经试验确定，也可在表 5.7 的基础上，按坍落度每增大 20 mm，砂率增大 1%的幅度予以调整。坍落度也可以通过选择合适的减水剂用量来调整。

2. 再生混凝土的预拌

推广再生混凝土的商品化应用，发展预拌工艺是必经之路，这可以从两个角度进行说明。首先，由于再生骨料性质不稳定、变异性较大，所以采用工厂预拌的方法，各组分质量控制准确，搅拌均匀，能使再生混凝土的质量相对容易控制，从而在一定程度上改善其性能变异性大的缺点；其次，从一个城市到另一个城市或一个区域的再生混凝土产业链建设的角度来看，废混凝土往往需要回收集中到一固定工场进行破碎，某些拆建工程如产生大量的废混凝土，也可以考虑采用移动式破碎设备，此时生产出来的再生骨料可直接进入预拌混凝土流程，制成商品再生混凝土销售使用，这样将大幅度降低运输成本，提高再生混凝土的综合效益。

在上述思路的指导下，本书提出完整的再生混凝土预拌工艺。制备再生混凝土的技术要求及步骤如下：

先在原材料堆料场对再生粗骨料喷水至饱和面干，待其表层的水分晾干后，再用计量设备按质量比依次称取天然细骨料、天然粗骨料、再生粗骨料、水泥和矿物掺合料各组分材料，并依次倒入搅拌机中搅拌混合均匀，最后加水（按净用水量计算）和外加剂（外加剂溶于水中），搅拌时间从所有原材料投入搅拌机之后开始计算不得少于 2 min。搅拌设备与泵送设备的选用与普通混凝土相同。

上述预拌再生混凝土具有工作性能和耐久性能好、强度高等优点，可替代普通商品混凝土而广泛应用于道路工程、结构工程和其他工程中。

5.5.2　再生混凝土力学性能

混凝土的力学性能是设计者和质量控制工程师最重视的性质，反映出混凝土质量的高低，是建筑结构设计的基本依据。由于再生骨料的物理力学性能与天然骨料不同，再生混凝土的力学性能与普通混凝土有较多差异。因此不能简单地把普通混凝土的力学性能应用到再生混凝土中来。本节将简要地介绍再生混凝土的各项力学性能。需要注意的是，以下均为基于相同水胶比下再生混凝土的性能，如果基于相同强度，则情况将大不相同。

1. 抗压性能

混凝土的抗压强度是混凝土各种力学性能中最重要最基本的一项，文献[29-31]均发现再生混凝土抗压强度随龄期的发展规律与普通混凝土类似。许多研究者发现，再生混凝土抗压强度低于普通混凝土。例如，Mandal等[32]的试验得出再生混凝土的各龄期抗压强度均低于普通混凝土，平均降低15%。同时，进一步的研究指出再生混凝土抗压强度降低的主要原因是由于再生骨料中天然骨料与老砂浆之间以及再生骨料与新砂浆之间较为薄弱的界面过渡区。为进一步考察再生混凝土抗压强度随龄期的发展规律及影响因素，作者所在的课题组也完成了635个试块的再生混凝土立方体抗压强度试验[33, 34]。关于再生混凝土的抗压性能的发展规律，试验结果表明再生混凝土的强度发展规律与普通混凝土基本一致。

影响再生混凝土抗压强度的因素较多，主要有再生粗骨料取代率、水胶比、砖含量、再生粗骨料的来源、再生细骨料取代率等。

1）再生粗骨料取代率

再生粗骨料取代率对再生混凝土的抗压强度影响很大。总体而言，再生混凝土的抗压强度随着再生粗骨料取代率的增加而降低。原因可能是由于再生粗骨料与新旧砂浆之间的黏结较为薄弱；同时，再生混凝土的用水量也有所增加，这些都可能导致再生混凝土的强度降低。但目前，国内外学者对再生混凝土抗压强度的研究成果离散性较大，还没有得出较为明确的抗压强度与再生粗骨料取代率之间的定量关系。

2）水胶比

水胶比与再生混凝土的抗压强度关系密切，随着水胶比增加，再生混凝土的抗压强度将降低。考察不同再生粗骨料取代率时水胶比对再生混凝土抗压强度的影响发现，当再生粗骨料取代率为30%、70%和100%时，再生混凝土抗压强度随水胶比的增加几乎呈线性降低。

3）砖含量

随着再生粗骨料中砖含量增加，再生混凝土强度降低，原因可以归结为两点：再生骨料中的碎砖强度低于混凝土骨料的强度；由于骨料中含有砖块，内力分配不均易产生应力集中。研究表明，再生粗骨料中砖含量低于5%时，对再生混凝土影响不大。

4）再生粗骨料的来源

原始混凝土的强度等级对再生混凝土抗压强度的影响较大，但由不同强度等级废混凝土混合后得到的再生粗骨料将显著降低再生混凝土的抗压强度。为此，在回收废混凝土时，应尽量将不同强度的废混凝土分开来回收。

5）再生细骨料取代率

研究表明，当用再生细骨料取代天然砂拌制再生混凝土时，再生混凝土的抗压强度将明显降低。其原因是由于再生细骨料砂浆含量多，杂质较多，且含有较多微裂纹，质量较粗骨料难控制，可采用一定方式优化骨料质量。

2. 抗拉性能

文献[35，36]发现再生混凝土的劈裂抗拉强度与普通混凝土差别不大。文献[37，38]则发现再生混凝土抗拉强度较普通混凝土低 6%～10%。Gupta[31]的试验发现，水胶比较低时，再生混凝土的抗拉强度低于普通混凝土，而水胶比较高时，再生混凝土的抗拉强度则高于普通混凝土；同时，还发现再生混凝土的抗拉强度随龄期增长的规律与普通混凝土相同。

为了进一步研究再生混凝土抗拉性能，肖建庄等[39]完成了再生粗骨料取代率分别为 0%、30%、50%、70%、100%的再生混凝土棱柱体试块共计 30 块的单轴受拉试验。结果表明，再生混凝土的抗拉强度随再生粗骨料取代率的增加而减小，而再生混凝土的峰值拉应变较普通混凝土略大；同时，再生混凝土的弹性模量较普通混凝土低，且随再生粗骨料取代率的增加而逐渐降低。

3. 抗折性能

近年来，国内外已有再生混凝土应用于刚性路面的工程实例，而路面设计就需要了解再生混凝土的抗折性能。

文献[35-37]的试验表明，再生混凝土的抗折强度和普通混凝土几乎相同。而文献[32, 38]的试验表明，再生混凝土的抗折强度均较普通混凝土低 10%～15%。Gupta[31]的试验发现，水胶比较低时，再生混凝土的抗折强度低于普通混凝土，而水胶比较高时，再生混凝土的抗折强度则高于普通混凝土；同时，还发现再生混凝土的抗折强度随龄期增长的规律与普通混凝土相同。

肖建庄等[39]完成了再生粗骨料取代率分别为 0%、30%、50%、70%、100%时的再生混凝土棱柱体试块共计 30 块的抗折强度试验。与普通混凝土相比，再生混凝土的抗折强度低很多。同时，再生混凝土的抗折强度 f_f 与立方体抗压强度 f_{cu} 的比值最小为 0.13，最大为 0.17，平均为 0.15，大于普通混凝土的比值。因此，对于再生混凝土抗折强度，需合理设计配合比，以达到受力要求。

4. 本构关系

典型的再生混凝土本构关系曲线如图 5.9 所示，可以看到，再生粗骨料的取代率对再生混凝土的本构关系曲线有一定影响，但其基本形状与普通混凝土相似。曲线可分为三个部分：线性阶段、非线性上升阶段以及下降阶段。在上升段中，其斜率随再生粗骨料的增加而降低，这是因为再生粗骨料中骨料与老砂浆的界面过渡区以及新砂浆与老砂浆的界面过渡区的弹性模量较小，当再生粗骨料取代率增加时，弹性模量减小得更明显，因此在相同应力下，其应变会增加。

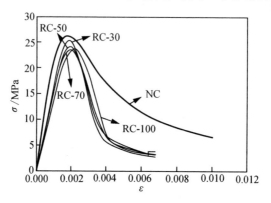

图 5.9　再生混凝土本构关系曲线[40]

总的来说，再生粗骨料的加入，改变了普通混凝土的本构关系曲线，主要表现在峰值应变（峰值应力所对应的应变）有所增加，以及其变形能力明显下降。

肖建庄等[40]根据过镇海提出的普通混凝土的本构关系模型，对再生混凝土的本构关系进行如下描述：

$$\frac{\sigma}{f_{c}} = \begin{cases} a\eta + (3-2a)\eta^{2} + (a-2)\eta^{3}, & 0 \leqslant \eta < 1 \\ \dfrac{\eta}{b(\eta-1)^{2} + \eta}, & \eta \geqslant 1 \end{cases} \qquad (5.1)$$

式中，$\eta = \varepsilon/\varepsilon_{o}$，$\varepsilon_{o}$ 为峰值应变，f_{c} 为峰值应力。基于试验数据，对系数 a 和 b 进行了修正，用于描述再生混凝土的单轴应力-应变关系，其中 r 为再生骨料取代率。

$$a = 2.2 \times (0.748r^{2} - 1.231r + 0.975) \qquad (5.2)$$
$$b = 0.8 \times (7.6483r + 1.142) \qquad (5.3)$$

5.5.3　再生混凝土耐久性能

再生混凝土的微观结构由于再生骨料的加入而变得比普通混凝土更为复杂，再生混凝土这种复杂的微观结构给再生混凝土耐久性机理的分析带来更大困难。同时，不同来源的再生骨料性能差异较大。目前对再生混凝土的研究中，耐久性的试验方法各异，不同学者的试验设计内容也不统一。下面分别就再生混凝土的抗冻性能、干燥收缩、徐变、抗渗性能、耐磨性能、碱骨料反应、抗硫酸盐侵蚀、抗碳化性能等八个方面，逐一简要介绍。

1）再生混凝土的抗冻性能

许多研究者[10, 41]的试验得出，再生混凝土具有良好的抗冻性能，甚至优于同水胶比的普通混凝土。其原因与轻骨料混凝土具有很好的抗冻性能相类似，尽管再生骨料改善混凝土抗冻性能的效果不如轻骨料，但再生骨料较大的孔隙率也可起到微养护的作用，还可降低界面处水泥砂浆的水胶比，从而改善界面的质量。

然而，更多研究结果[42-45]得出，再生混凝土的抗冻性能低于甚至明显低于普通混凝土。再生粗骨料是再生混凝土抗冻性能的薄弱环节，其主要原因是再生粗骨料很容易吸水饱和。10 min 可达饱和程度的 85%以上，30 min 可达饱和程度的 95%左右。根据 Witesides 等[46]的研究，冻融破坏的临界饱和度约为 92%，因而，再生粗骨料容易先于新水泥基体发生冻融破坏，成为再生混凝土抗冻性能的薄弱环节。

改善再生混凝土抗冻性能的基本方法有：降低水胶比以减小混凝土内部的孔隙，掺加引气剂以减少气泡间距，掺加掺合料以细化混凝土内部的孔结构，减小再生粗骨料最大粒径及再生骨料的强化，其中以掺加引气剂的效果最好。

2）再生混凝土的干燥收缩

再生混凝土的收缩机理同普通混凝土。在普通混凝土中，产生收缩变形的主要是水泥砂浆，粗骨料对水泥砂浆的收缩变形起着抑制作用。然而，由于再生骨料表层的老水泥砂浆失水后产生收缩以及再生骨料的弹性模量较小等原因，抑制作用降低。此外，为改善再生混凝土的工作性能，通常采用预湿再生骨料或者增加拌合水的方法等，均可增大再生混凝土的干缩变形。

综合国内外学者的试验结果[47-52]，再生混凝土的干缩变形大于普通混凝土。其基本规律为：再生混凝土干缩变形在前期增长很快，后期逐渐减慢；再生混凝土的干缩变形随再生粗骨料取代率的增加而增大，而采用再生细骨料取代天然砂时，其值将进一步增大；再生混凝土的干缩变形随水胶比、胶骨比（胶凝材料与骨料之比）的增加而增大，即随用水总量、胶凝材料总量的增加而增大；随再生粗骨料附着砂浆含量增加，再生混凝土干缩变形增大。

掺加矿物掺合料（如粉煤灰、矿渣等）、聚丙烯纤维、钢纤维、膨胀剂以及采用蒸汽养护等可以减小再生混凝土的干缩变形，其中以掺加膨胀剂的效果最好。

3）再生混凝土的徐变

再生骨料中含有大量的水泥砂浆，使得再生混凝土中总的砂浆含量大于同配合比的普通混凝土，导致再生混凝土的徐变较大。

国内外学者的试验得出[51-54]，再生混凝土的徐变较相同水胶比的普通混凝土大 20%～60%。再生混凝土徐变的基本趋势同普通混凝土是一致的，即随水泥用量、水胶比增加而增大。采用 DC-RR（Decompression and Rapid Release）搅拌方法可以降低再生混凝土的徐变。

从理论上来说，掺加粉煤灰、聚丙烯纤维、钢纤维、膨胀剂等可以减少再生混凝土收缩变形的方法，同样也可以减小其徐变。不过，这还需要进一步的试验加以验证。正是由于再生混凝土徐变较大，不宜用于预应力构件，而用于非预应力构件时需增大截面高度10%[55]。

4）再生混凝土的抗渗性能

再生骨料在破碎过程中产生的微观裂缝及其表层老水泥砂浆的孔隙，还有再生骨料中的老界面都将改变再生混凝土内部的孔结构，增大再生混凝土的孔隙率，从而增大其渗透能力。混凝土的抗渗性能与其孔隙率或密实度直接相关。因而，提高混凝土的密实度的方法均可以起到改善其抗渗性能的作用。

国内外学者通过试验[56-58]得出，再生混凝土抗水、气和氯离子的渗透性能低于相同水胶比的普通混凝土。再生混凝土抗渗性能的基本规律是：随再生粗骨料取代率的增加，再生混凝土抗渗性能降低。再生细骨料对再生混凝土抗渗性能的影响大于再生粗骨料；减小水胶比、掺加适量矿物掺合料（如粉煤灰、矿渣粉、硅粉等）及外加剂（减水剂、界面改性剂等）、对再生骨料进行改性处理以及采用蒸汽养护等均可以提高再生混凝土抗渗性能，达到规范中的抗渗要求，甚至超过普通混凝土的抗渗水平。掺加粉煤灰同时又采用蒸汽养护时再生混凝土抗氯离子渗透性能的提高效果可更加显著。采用两次搅拌工艺，也可以使再生混凝土抗氯离子渗透性能提高[59]。

5）再生混凝土的耐磨性能

耐磨性能是衡量混凝土路面性能的一个重要指标，主要取决于面层混凝土的强度和硬度。国内外学者的试验[60, 61]表明，再生混凝土的耐磨性能低于相同水胶比的普通混凝土。Dhir 等[60]的试验还进一步得出，再生混凝土的磨损深度随再生粗骨料取代率的增加而增大。然而，杨庆国等[62]的试验却得出，强度等级为 C30 的再生混凝土和普通碎石混凝土的磨耗量分别为 1.544 kg/m^3、1.600 kg/m^3，即再生混凝土的耐磨性能稍优于同强度等级的普通碎石混凝土。

综合以上的研究结果可以得出，再生混凝土的耐磨性能低于相同水胶比的普通混凝土。然而，再生混凝土要达到与普通混凝土相同的强度等级，往往需要增大水泥用量，这有助于提高其密实度。因而，再生混凝土的耐磨性能与同强度的普通混凝土相比有所改善。再生骨料中含有大量的水泥砂浆，再生混凝土的耐磨性能低于相同水胶比的普通混凝土也是合理的。混凝土的耐磨性能主要受混凝土强度、骨料性能（洛杉矶磨耗值）及面层混凝土质量的影响。故提高再生混凝土强度、对再生骨料进行改性、改善表层混凝土施工质量，均可以提高再生混凝土的耐磨性能。

6）再生混凝土中的碱骨料反应

国内外学者的研究[63, 64]表明，再生骨料引入到再生混凝土中的碱含量不可忽略，同时水泥可能大量积聚在再生骨料表面，这必将增大再生混凝土中产生碱-骨料反应（Alkali-Aggregate Reaction，AAR）膨胀破坏的可能性。由于目前还没有一个公认的再生骨料碱活性检测方法，因而，最安全的方法就是避免采用已经发生 AAR 膨胀破坏的废混凝土制备再生骨料，同时也应控制再生混凝土中的总碱含量（如使用低碱水泥、采用矿物掺合料取代部分水泥等），使其低于碱含量安全限值。例如，Shayan 等[65]的试验得出，用硅灰取代部分水泥可以减小再生混凝土的 AAR 膨胀率。

　　7）再生混凝土的抗硫酸盐腐蚀

　　硫酸盐溶液能与混凝土中水化产物发生化学反应，使混凝土产生体积膨胀而破坏。国内外学者的试验[60, 63, 66]均得出：再生混凝土的抗硫酸盐侵蚀性能略低于相同水胶比的普通混凝土，且再生粗骨料引入到再生混凝土中的硫酸盐不可忽略。再生混凝土抗硫酸盐侵蚀性能的基本规律是：随再生粗骨料取代率增加，再生混凝土抗硫酸盐侵蚀性能降低；掺加粉煤灰、高效减水剂（减小水胶比）、矿物外加剂以及对骨料进行改性处理均可提高再生混凝土抗硫酸盐侵蚀性能。

　　8）再生混凝土的抗碳化性能

　　关于再生混凝土碳化性能的研究国内外不少学者做了初步探讨，但是试验结果很分散，试验结果的可比性较差。Limbachiya 等[56]的试验得出，与同强度等级的普通混凝土相比，再生混凝土抗碳化性能有所改善。而更多国内外学者的试验[60, 67]得出：随再生粗骨料取代率的增加，再生混凝土的碳化深度增大；且随水胶比的增加，再生混凝土的碳化深度也将增大。肖建庄等[68]对再生混凝土抗碳化性能进行了试验，研究了水胶比、水泥用量、再生粗骨料性能、矿物掺合料、再生粗骨料取代率、荷载水平等因素对再生混凝土碳化性能的影响，试验结果表明：再生混凝土的碳化性能不仅受新砂浆的影响，而且还受再生粗骨料取代率及其自身强度的影响；矿物掺合料取代水泥使得再生混凝土的碳化深度增大；应力水平对再生混凝土碳化过程产生重大影响。

　　综合以上研究成果可以得出结论，再生混凝土的抗碳化性能略差于普通混凝土，可以通过减小水胶比改善再生混凝土的抗碳化性能。同时，采用二次搅拌工艺也可提高再生混凝土的抗碳化性能。

5.5.4　再生混凝土的动力与阻尼特性

1. 再生混凝土动态力学性能

　　再生混凝土是一种可持续混凝土，被认为是解决废混凝土问题的最有效措施之一。然而目前再生混凝土力学性能方面的研究绝大多数都是静态力学性能，其动态力学性能方面的研究很少。通过查阅文献可以看到，仅有 Lu 等[69]对再生混凝土的冲击性能进行了初步研究，以及 Rao 等[70]对不同再生骨料取代率下的再生混凝土梁的冲击性能进行了研究。而工程结构在其生命周期内均有可能遭受地震、冲击等动荷载的作用，因此对再生混凝土动态力学性能的研究是将再生混凝土应用到工程结构中不可或缺的内容。

　　为了对再生混凝土动态力学性能有较好的认识，肖建庄等[71-74]对再生混凝土单轴受压动态力学性能进行了试验研究和数值仿真研究。首先对再生混凝土在中低应变率（10^{-5}/s～10^{-1}/s）和高应变率（10^{1}/s～10^{2}/s）下的单轴受压动态力学性能进行了试验研究，分析了在不同应变率下再生混凝土峰值应力、峰值应变、弹性模量及破坏形态的变化规律，并且研究了再生粗骨料取代率、试件含水量等对再生混凝土应变率敏感性的影响。结果表明：随着应变率的增大，再生混凝土峰值应力、弹性模量、吸能能力增大，峰值应变变化规律不明显，高应变率时再生混凝土峰值应力和弹性模量的增长速度较中低应变率时更快；中低应变率时，各应变率下破坏形态没有明显差别，但冲击荷载下出现更多的骨料断裂现象；100%再生粗骨料取代率的再生混凝土的应变率敏感性比普通混凝土应变率敏感性大，即其动态强度和弹性模量的提高越明显；应变率在 10^{-5}/s～10^{2}/s 范围时，潮湿和自然干燥再生混凝土试件的应变率敏感性相差不大，说明试件含水量并非其应变率敏感性的主要因素。

2. 再生混凝土阻尼

混凝土的阻尼特性是影响其结构抗震性能的一个重要因素，通常采用损耗正切 $\tan\theta$（损耗因子）、比阻尼 ψ 和对数衰减率 δ 等用于表征材料的阻尼性能。再生混凝土的损耗因子高于普通混凝土，如果将其利用到一些承受振动荷载较大的部位，如振动机械的底座等部位，可以在不增加成本的前提下减少振动对主体结构的损害并减少噪声，因此具有很高的工程应用价值。目前再生混凝土的阻尼性能研究相对较少，国内主要是梁超锋等学者进行了相关的研究。

梁超锋等[75-78]进行了三点弯曲梁和悬臂梁阻尼性能的研究，结果表明，再生混凝土损耗因子分别随再生粗骨料取代率的增加及再生粗骨料平均粒径的减小而增加；随激振频率的增加及激振力幅值的减小而减小。当再生混凝土用于大宗结构性材料时，综合考虑其强度及阻尼性能，再生粗骨料取代率不宜超过 50%，并可复掺粉煤灰和矿粉进行综合改性。损耗正切角 θ 随着应力幅度增加而增加。再生混凝土的能量耗散能力优于普通混凝土，且可以通过改性外加剂进一步提高。再生混凝土悬臂梁阻尼比随损伤指数先增大后减小，峰值阻尼比是初试弹性阶段阻尼比的 2～3 倍；损伤指数相同时，再生混凝土悬臂梁阻尼比随再生粗骨料取代率的增加而增大，随再生粗骨料粒径的减小而增大；再生粗骨料的基本性质、取代率及其粒级对再生混凝土结构构件的阻尼比和损伤指数影响显著。

马辉等[79]和薛建阳等[80]分别对再生混凝土柱和框架进行了试验，结果表明再生混凝土柱的等效黏滞阻尼的平均值在极限荷载循环中约为 0.217；破坏时节点的等效黏滞阻尼系数介于 0.322～0.335；随着再生粗骨料取代率的增加，型钢再生混凝土框架中节点的抗剪承载力和耗能能力有所降低、延性减小。

以上学者的研究大多集中在混凝土构件和结构层面上，对相关的影响因素进行了较深入的研究，得出了再生混凝土阻尼性能优于普通混凝土，以及阻尼的变化规律，但是对再生混凝土本身的阻尼性能研究较少。而再生混凝土本身的复杂组成和较高的微裂纹含量是导致再生混凝土力学性能有别于普通混凝土的一个重要原因，今后希望有更多的研究者关注再生混凝土阻尼性能的相关研究。

总之，经过合理的配合比设计以及适当的改性，可使再生混凝土达到高性能化的目的，从而作为结构再生混凝土应用，同样可以满足安全性、适用性以及耐久性的设计条件，同时也更能体现可持续性的要求。另外，通过适当合理的设计，可以实现结构功能一体化的再生混凝土——功能再生混凝土，使再生混凝土具有保温、阻尼以及防火抗火等功能，这将会使再生混凝土的应用范围更加广泛。

5.6　再生混凝土结构

从前面各节的文献分析可以清楚地看出，以往国内外在再生混凝土方面的研究重点主要集中在材料层次，许多专家也认为再生混凝土技术主要是材料技术。事实上，再生混凝土不能大范围推广的另外一个重要原因是，人们对再生混凝土结构心存疑虑。基于国内外已经完成的试验和分析，本节主要介绍再生混凝土结构的力学性能。

5.6.1　再生混凝土基本构件

1. 再生混凝土梁

目前，对再生混凝土梁的基本性能各国学者已经进行了大量研究。下面介绍再生混凝土梁的受弯性能和受剪性能。

1）再生混凝土梁受弯性能

（1）平截面假定。平截面假定是受弯构件正截面研究的理论基础，这一假定是否也适用于再生混凝土受弯构件，对于再生混凝土梁受弯性能的研究具有重要的意义。肖建庄等[81]完成了不同粗骨料取代率梁（分别为 0%、50%、100%）的抗弯性能试验，结果表明，无论再生粗骨料取代率为多少，在梁受力的全过程中，从开裂直到最终破坏时，梁跨中截面上各点的混凝土平均应变曲线近似为直线。由此可见，再生粗骨料取代率对平截面假定没有影响，平截面假定仍然适用于再生混凝土梁；文献[81-83]在再生混凝土梁的受弯性能试验中，也得出了类似结论。这为再生混凝土构件的受弯性能分析提供了理论依据。

（2）破坏模式。结合文献[81]和国内外其他试验[82, 83]可以得出，合理配筋的再生混凝土梁的破坏模式与普通钢筋混凝土梁相同，分为弹性、开裂、屈服及破坏四个阶段。最终破坏均始于受拉区钢筋的屈服，终于受压区边缘混凝土的压碎。

（3）裂缝。文献[81]的试验发现，再生混凝土梁与普通混凝土梁的裂缝开展情况相似。梁开裂时，均伴有轻微响声，开裂后，裂缝宽度随荷载的增大而不断增加，纵向受力钢筋屈服后，裂缝宽度急剧增大，直至试验梁破坏。梁破坏时的裂缝间距基本相同，然而，在相同弯矩作用下，再生混凝土梁的挠度和最大裂缝宽度大于普通混凝土梁，开裂弯矩与极限弯矩略小于普通混凝土梁。

（4）变形与刚度。随着再生粗骨料取代率的增加，再生混凝土的弹性模量降低。当再生粗骨料的取代率超过 20%时，再生混凝土的弹性模量随取代率的增加而减小的趋势相对较快。周静海等[83]的试验发现，弹性模量的降低将导致其刚度降低，再生混凝土梁的刚度降低表现为挠度的增加。在文献[81]的试验中，梁未开裂时，在相同荷载作用下，取代率为 100%的梁挠度较大，50%的次之，普通混凝土梁最小。接近屈服弯矩时，普通混凝土梁挠度最小。

（5）极限承载力。文献[81]的试验结果表明，再生粗骨料取代率为 50%和 100%的梁极限荷载分别降低 1.5%和 3.8%。再生混凝土梁的极限承载力有降低的趋势，但差别较小，刘佳亮等[82]和周静海等[83]的试验也有类似的结论。

上述试验和其他学者的研究都表明，再生混凝土梁在弯矩作用下表现出与普通混凝土梁相似的性能，再生混凝土梁与普通混凝土梁的受弯机理基本相同，按照普通混凝土梁的受弯分析理论对再生混凝土梁进行受弯分析是可行的。采用《混凝土结构设计规范》（GB 50010—2010）（以下简称《规范》）公式计算再生混凝土梁的抗弯承载力，其结果与试验值的误差在工程允许的范围内。

2）再生混凝土梁的受剪性能

（1）裂缝开展及破坏模式。肖建庄等[84]对再生骨料取代率分别为 0%、50%、100%的简支梁进行抗剪试验研究。试验结果表明，合理配筋设计的再生混凝土梁的受剪破坏均属于典型剪压破坏；再生混凝土梁斜截面开裂荷载稍小于普通混凝土梁，而斜裂缝平均宽度略大于普通混凝土梁。再生混凝土梁的抗剪过程遵循普通混凝土梁的规律，但是斜裂缝出现较早。日本广岛大学的 Masaru Sogo 等[85]研究了再生混凝土梁的抗剪性能，试验也表明，再生混凝土梁斜裂缝的出现和展开以及破坏模式均与普通混凝土梁基本相同。

再生混凝土梁的抗剪破坏过程与普通混凝土梁相似。与普通混凝土梁相比，在相同条件下，再生混凝土梁斜截面的开裂荷载小于普通混凝土梁，而且随着再生粗骨料取代率的增大，开裂荷载有下降的趋势；再生混凝土梁斜裂缝的平均宽度略大于普通混凝土梁；再生混凝土梁的受剪极限承载力随着再生粗骨料取代率的增加而减小；再生混凝土梁箍筋的应变值与普通混凝土梁相近。可按照普通混凝土梁的受剪分析理论对无腹筋再生混凝土梁和有腹筋再生混凝土梁进行受剪分析。

（2）极限承载力。肖建庄等在文献[84]中指出，再生混凝土梁的抗剪极限承载力随着再生粗骨料取代率的增加而减小。Han 等[86]也研究了再生混凝土梁的抗剪承载力，试验结果表明，再生混凝土梁抗剪承载力较低，按照普通混凝土梁的设计方法设计将偏于不安全。

与普通混凝土梁一样,再生混凝土梁的受剪承载力与混凝土强度呈线性关系,且再生混凝土受剪表现与剪跨比的关系也与普通混凝土梁类似。对有腹筋梁来说,配箍率与再生混凝土梁的抗剪承载力基本呈线性关系。

而将已有试验数据与采用《规范》公式所得的计算值之间的比较分析,结果表明《规范》给出的抗剪计算公式适用于再生混凝土梁,但对于无腹筋梁其计算结果偏于不安全,对于有腹筋梁其计算结果偏于安全。

2. 再生混凝土板[87]

再生混凝土板的抗冲切承载能力比普通混凝土板略有降低,其冲切极限承载能力、变形能力及耗能能力均随着再生粗骨料取代率的提高而呈下降的趋势。结合板底钢筋应变和板顶混凝土应变发展规律,普通混凝土板的冲切破坏主要是由剪压区混凝土压坏所致,而再生混凝土板的冲切破坏趋向于斜拉破坏。基于试验结果,计算再生混凝土板的抗冲切极限承载力时,建议在现行普通混凝土规范公式的基础上考虑乘以折减系数 0.65。

3. 再生混凝土柱

目前,对再生混凝土柱的基本性能各国学者也同样进行了大量研究。下面在总结国内外已有研究成果的基础上,介绍再生混凝土柱的轴心受压性能和偏心受压性能。

1) 再生混凝土柱轴心受压性能

(1) 裂缝开展及破坏模式。周静海等[88]对再生混凝土柱和普通混凝土短柱进行轴心受压试验。结果表明,不同再生粗骨料取代率下的构件从加载到破坏都经历了三个阶段,即弹性阶段、带裂缝阶段和破坏阶段。在加载初期,构件尚处于稳定状态,混凝土和钢筋都处于弹性阶段,纵向钢筋和混凝土的压应变变化不大。随着荷载的增大,试件开始出现纵向的小裂缝,再生粗骨料取代率越大,混凝土柱出现裂缝的时间越早。荷载继续增大,混凝土的塑性变形更加明显,压缩变形的增加速度快于荷载增加速度,即应变与荷载的关系为非线性。同时,钢筋应变比混凝土应变增加得快。随着荷载的继续增加,混凝土柱开始出现微细裂缝,并且裂缝的宽度随着荷载的增加越来越大,此时为构件的带裂缝工作阶段。当混凝土达到极限压应变,混凝土柱四周出现明显的纵向裂缝,承载力不再增加,再生混凝土柱和普通混凝土柱最后破坏都是裂缝贯穿整个柱体发生破坏,破坏过程一样。肖建庄等[89]对轴心受压再生混凝土柱的试验研究也验证了再生混凝土柱的破坏模式与普通混凝土柱基本相同。

(2) 极限承载力。周静海等[88]指出,随着再生粗骨料取代率增加,试件的开裂荷载逐渐减小,柱的极限承载力随再生粗骨料取代率增加而逐渐降低,但幅度不大。文献[89]的结果也表明,再生混凝土柱的承载力与普通混凝土柱相差不多,可按现行规范计算其承载力。

2）再生混凝土柱偏心受压性能

（1）破坏模式。文献[89]完成了不同再生粗骨料取代率下再生混凝土偏心受压构件，其中包括小偏心受压、界限受压及大偏心受压三种情况。小偏压试件在加载初期，荷载与位移，荷载与钢筋应变基本上均呈线性变化，随着荷载的增大，裂缝呈现较多且较密，但其发展缓慢。在受拉钢筋屈服之前，受压区混凝土就已压碎，且破坏范围较大，为典型的受压破坏；界限受压试件在加载后期，有明显的主拉裂缝，在受拉钢筋屈服的同时，受压区混凝土压碎，试验现象比较接近界限破坏；大偏压试件在加载后期主拉裂缝明显，首先是受拉钢筋的屈服，中和轴上升，然后受压区混凝土压碎，为典型的受拉破坏。从以上试验可得出，再生混凝土柱与普通混凝土柱相似，都具有小偏压、界限破坏及大偏压三类破坏形态，再生混凝土柱受力过程和破坏机理与普通混凝土柱基本相同。

（2）N-M 相关曲线。根据试验结果，可得到 N-M 相关曲线。如图 5.10 所示从再生混凝土 N-M 曲线中可以看出，不论再生粗骨料取值多少，在小偏心破坏时，随着轴向荷载的增大，试件的抗弯能力减小；而大偏心破坏时，轴向荷载的增大反而提高了试件的抗弯承载力；界限破坏时，试件的抗弯承载力达到最大值。总体而言，再生混凝土柱的 N-M 相关性与普通混凝土柱相似。

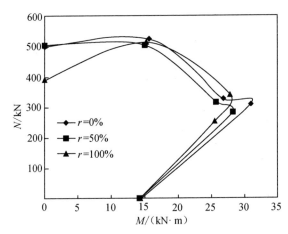

图 5.10　再生混凝土柱 N-M 相关曲线[90]

4. 再生混凝土梁柱节点

1）破坏模式

肖建庄等[91]完成了三种不同再生粗骨料取代率的再生混凝土框架边节点的抗震性能试验。研究表明，再生混凝土框架节点的破坏过程和普通混凝土框架节点类似，都经历了初裂、通裂、梁端屈服、极限、破坏五个阶段。文献[92-95]的试验也得出相同的结论。Corinaldesi 等[96, 97]的试验结果表明，由于再生混凝土的弹性模量较低，梁柱节点的破坏机制会有所不同。为了得到与天然骨料混凝土构件相同的延性破坏机制，梁柱节点需要设计得更强。较为一致的结论是再生混凝土节点的破坏过程与普通混凝土相同，但破坏过程的脆性特征更为明显，应配置足够多的抗剪箍筋，以加强节点的抗剪承载力，增加对节点的约束能力，并减小节点的剪切变形。

2）耗能能力与延性

文献[91]中指出，随着再生粗骨料的加入，再生混凝土节点的抗震性能有降低的趋势，表现为抗剪承载能力降低，耗能能力降低，延性减小。但总体上讲，再生混凝土节点的抗剪承载能力、延性、耗能均满足抗震要求。其他学者[92-97]的研究也得出再生混凝土节点的耗能能力和延性低于普通混凝土，但都能够满足抗震要求，因此在有抗震设防要求区域的框架节点中，通过合理设计采用再生混凝土是可行的。

3）承载能力

文献[91]的试验表明再生混凝土节点与普通混凝土节点相比其承载力并没有明显降低。贾胜伟等[92]的试验得到再生混凝土试件骨架曲线与普通混凝土试件大致吻合。因此可直接采用现行混凝土结构设计规范中普通混凝土节点抗剪承载力计算公式计算。

总的来说，再生混凝土节点的抗震性能与普通混凝土节点相比，并没有大幅度下降，满足抗震设计要求。由此试验结果可以得出，再生混凝土可用于有抗震设防要求的结构构件中。

5.6.2　再生混凝土框架结构

国外对于再生混凝土结构性能的研究还较少，而最近几年国内的学者针对再生混凝土框架结构的性能进行了一系列的研究。

肖建庄对再生混凝土在结构应用上的研究进行了深化总结[98]。国内已开展一系列再生混凝土构件和结构试验，静力和动力试验都有涉及。再生混凝土构件虽然一般都比普通混凝土性能上较差，但经过合理的设计与适当的改性，再生混凝土可以运用于结构中。

肖建庄等较早完成了对再生混凝土框架的研究[99-101]，包括 3 榀 1∶2 缩尺混凝土框架试件低周期反复加载试验（图 5.11），1∶4 缩尺的 6 层现浇再生混凝土空间框架结构的振动台试验以及相同尺寸和配筋的 6 层预制再生混凝土空间框架结构的振动台试验。

曹万林等[102]进行了两层两跨再生混凝土框架的低周反复水平加载试验研究。试验研究表明，随着再生粗骨料取代率的增加，再生混凝土框架结构的抗震性能有所降低，但耗能能力、延性等均满足抗震要求。再生混凝土框架可用于 8 度及以下地震区多层框架结构抗震设计中。

　（a）现浇框再生混凝土现架结构　　　　　　（b）预制再生混凝土框架结构

图 5.11　再生混凝土空间框架结构振动台试验

其他学者[103-106]也进行了再生混凝土框架的低周反复水平加载试验研究。试验结果都表明再生混凝土框架具有良好的抗震性能，能够满足现行规范对混凝土框架的基本要求，可以应用于实际工程。

同济大学吕西林等[107]进行了两个 8 层再生混凝土框架的模拟地震振动台试验研究。研究表明，小震作用下结构基本为弹性，中震作用下梁柱有开裂损伤但可修复，8 度罕遇地震作用下尽管结构有较严重的损伤，但仍具有足够的抗倒塌能力。

综合已有的研究可得出以下结论。

（1）再生混凝土框架结构可以满足"强柱弱梁"的抗震基本原则和"小震不坏，中震可修，大震不倒"的设防要求。其所表现出来的破坏机制、受力特性和破坏形态等抗震特性与普通混凝土框架结构无明显的差别，遵循普通框架结构的破坏规律。

（2）再生混凝土框架具有良好的承载能力和变形能力，抗震性能和普通混凝土框架抗震性能接近，能够满足现行规范对混凝土框架的基本要求。

（3）再生混凝土框架可用于 8 度及以下地震区多层框架结构抗震设计中。建议再生混凝土框架结构房屋用在 8 度抗震设防烈度要求的地震区时，抗震结构宜按比本地区抗震设防烈度要求提高 1 度的要求进行设计，在实际中推广时，还应采取必要措施加强梁柱节点的耗能能力。

总之，经过合理设计和科学施工，再生混凝土可以作为结构混凝土用于实际工程中。钢筋配置和结构构型可以看作是再生混凝土结构改性的重要手段，从而确保再生混凝土结构的安全。

5.6.3　典型再生混凝土工程

1. 汶川地震灾后重建工程

四川省都江堰市郊地震灾区重建抗震节能房屋建设科技示范工程建设项目[108]，含一栋再生混凝土结构建筑，此建筑为 2 层独栋住宅。一层层高 3.3 m，二层层高 3.0 m。主体采用再生混凝土框架结构，再生混凝土小型空心砌块作为填充墙（加强与主体结构的拉结），再生混凝土现浇楼板结构抗震体系，按 8 度抗震设防，再生粗骨料取代率达到 50%，工程竣工后实景图见图 5.12。

图 5.12　都江堰灾后重建示范再生混凝土房屋（2009 年）

框架结构虽然具有较好的抗震性能，但是如果结构体系本身不具备良好的拉结措施，仍然会表现出很多缺陷。震害调查表明，地震中混凝土结构典型破坏表现为填充墙的破坏。作者所在的课题组对再生混凝土结构体系房屋进行了较系统的研究，研究成果表明，再生混凝土"框架+良好拉结的再生砌块填充墙"结构体系能够完成预期抗震目标，其抗震性能好于传统的砖砌体结构，可较好地适用于多层住宅建筑，比传统的框架结构造价有所降低，易于推广应用。这种结构体系具有以下特点：以灾区建筑废物制备成的再生混凝土为主要结构材料，以三道抗震防线概念清楚的"框架结构"为主要抗震体系，加上良好拉结的"再生砌块填充墙"，可以确保良好的抗震性能和节能效果，适用于地震灾后重建多层房屋。同时，该类房屋具有以下特点：建筑空间分隔灵活、抗震性能好、环境友好、资源节约、成本低、施工速度快。

2. 沪上生态家

"城市，让生活更美好"是 2010 年中国上海世博会的主题。这一主题着重提出了"城市与可持续发展的关系"，也就是说，城市建设必须建立在可持续发展的基础上，而再生混凝土是对城市建设可持续发展的最好诠释，所以在世博会中进行再生混凝土的应用示范有着很重大的意义，而且也会对今后城市建设的可持续发展提供可靠依据。

上海世博园区再生混凝土工程——沪上生态家[109]，如图 5.13 所示，该建筑用地面积 1300 m²，总建筑面积 3001.17 m²，其中地上为四层建筑，建筑面积 2222.03 m²；地下建筑为一层，建筑面积为 779.14 m²，其中高于地面 1 m 的地下室折算面积为 195.18m^2。建筑主体混凝土结构均采用再生骨料混凝土，C30 中再生粗骨料取代率 100%，C40 中再生粗骨料取代率 50%，其中用矿渣粉、粉煤灰等工业废料代替部分水泥。建筑外墙墙体采用长江淤泥空心砖和用工业废料生产的粉煤灰空心砌块等，采用无机保温砂浆、脱硫石膏保温砂浆与相变材料复合的内外保温系统。内隔墙均采用废弃材料再生建材，如用建筑废物生产的混凝土小型空心砌块、用脱硫石膏生产的轻质石膏板隔墙、用长江口淤积粉细砂生产的蒸压灰砂砖、用粉煤灰生产的粉煤灰加气砌块等。建造现场产生的建筑废物，经筛选夯实后，直接作为建筑垫层使用。尽可能选择对环境影响小、破坏少、可再循环使用的建筑材料，如用适合江南地区气候条件的速生竹取代实木制品，用可回收的聚碳酸酯板作为立面遮阳件等。

　　　　（a）施工现场　　　　　　　　　　　（b）建筑外形

图 5.13　世博园区示范再生混凝土房屋——沪上生态家

3. 再生混凝土桥梁

位于西班牙瓦伦西亚马尼塞斯（Manises, Valencia, Spain）的一座横跨图里亚河（Turia River）的桥梁，于 2010 年建成，采用了再生骨料混凝土建造，并且是第一座采用全再生混凝土建造的桥梁。整座桥总共使用了 348m^3 的再生骨料，其再生骨料来源于一座拆除的旧桥，如图 5.14 所示。

图 5.14　原旧桥梁

为了提升承载力与增加使用功能，原旧桥梁被拆除改建以满足使用功能，拆除后产生的废混凝土加工处理为再生骨料运用于新桥建设中，新桥增设了自行车道以及人行道，并且优化了水文环境，如图 5.15 所示。其结构形式为斜拉桥，总长 165m，桥面板采用的是钢-再生混凝土组合板形式，与原旧桥梁相比，增加了跨度，减少了河床的桩基数量，桥面板高度也提升了 4m，更有利于河水的流通。这个首座全部使用再生混凝土材料的桥梁结构，其技术方案和设计方法，对桥梁混凝土工程的可持续发展有重大意义。

图 5.15　再生混凝土桥梁

5.7　本 章 小 结

当混凝土结构进入生命周期的拆除阶段，如果不具备"再利用"的可能，可以考虑"再生循环"。

本章从混凝土结构的拆除方法、废混凝土的回收与破碎、再生骨料的分级与指标、再生混凝土的制备、再生混凝土的力学与耐久性能，到再生混凝土构件和结构的受力性能，从一个较为完整的链条（产业链），阐明了混凝土结构再生的技术路径可行性与安全可靠性。

参 考 文 献

[1]　尹波. 建筑拆除管理政策研究[R]. 北京: 中国建筑科学研究院, 2014.

[2]　国家发展和改革委员会. 中国资源综合利用年度报告（2014）[R]. 北京: 国家发展和改革委员会, 2014.

[3]　贡小雷. 建筑拆解及材料再利用技术研究[D]. 天津: 天津大学, 2010.

[4]　王罗春, 赵由才. 建筑垃圾处理与资源化[M]. 北京: 化学工业出版社, 2004.

[5]　肖建庄. 再生混凝土[M]. 北京: 中国建筑工业出版社, 2008.

[6]　李炳珠, 黄白林, 张顶华. 可移动式破碎机在露天煤矿的应用研究[J]. 煤炭技术, 2003, 22（10）: 20-21.

[7]　肖建庄, 孙振平, 李佳彬, 等. 废弃混凝土破碎再生工艺研究[J]. 建筑技术, 2005, 36（2）: 141-145.

[8]　HANSEN T C. Recycled aggregates and recycled aggregate concrete second state-of-the-art report, developments from 1945-1985[J]. Material and Strutures, 1986, 19（5）: 201-246.

[9]　尚建丽, 李占印. 再生粗集料特征性能试验研究[J]. 建筑技术, 2003, 34（1）: 52-53.

[10]　王武祥, 刘立. 再生混凝土集料的研究[J]. 混凝土与水泥制品, 2001（4）: 9-12.

[11]　HENDRIKS C F, PIETERSON H S. Sustainable raw materials: construction and demolition waste [M]. RILEM Report 22, RILEM Publication Series, F-94235 Cachan Cedex, France, 1998.

[12]　李佳彬, 肖建庄, 孙振平. 再生粗集料特性及其对再生混凝土性能的影响[J]. 建筑材料学报, 2004, 7（4）: 390-395.

[13]　郑子麟. 全再生细骨料的制备及其在砂浆和混凝土中的应用研究[D]. 广州: 华南理工大学, 2014.

[14]　李秋义, 李云霞, 朱崇绩. 颗粒整形对再生细集料骨料性能的影响[J]. 新型建筑材料, 2006（01）: 17-19.

[15]　蔡秀兰. 再生细集料混合砂浆配合比及物理性能试验研究[D]. 郑州: 郑州大学, 2010.

[16]　肖建庄, 范玉辉, 林壮斌. 再生细骨料混凝土抗压强度试验[J]. 建筑科学与工程学报, 2011, 28（4）: 26-29.

[17]　上海市工程建设规范. 再生混凝土应用技术规程: DG/T J08—2018—2007[S]. 上海: 上海市质量技术监督局, 2007.

[18]　杨医博, 梁松, 莫海鸿, 等. 建筑废弃物的处理及再生利用方法[P]. 中华人民共和国: 200710028107. 7, 2007-05-02.

[19]　吕雪源. 再生微粉的基本性能及应用[D]. 青岛: 青岛理工大学, 2009.

[20]　严金海, 张霖, 孙艺涵. 基于化学方法的再生混凝土微粉改性研究[J]. 建材世界, 2012, 33（2）: 33-36.

[21]　王晓波, 陆沈磊, 张平. 建筑垃圾再生微粉性能研究及应用探讨[J]. 粉煤灰, 2012, 24（6）: 24-26.

[22]　吕雪源, 王乐生, 陈雪, 等. 混凝土再生微粉活性试验研究[J]. 青岛理工大学学报, 2009, 30（4）: 137-139, 179.

[23]　刘小艳, 金丹, 刘开琼, 等. 掺再生微粉混凝土的早期抗裂性能[J]. 建筑材料学报, 2010, 13（3）: 398-401, 408.

[24]　中华人民共和国建设部. 混凝土结构设计规范: GB 50010—2002[S]. 北京: 中国建筑工业出版社, 2010.

[25]　邓旭华, 罗迎社, 等. 再生混凝土强度公式中 A、B 值的确定[J]. 混凝土, 2007（2）: 29-30.

[26]　蒋业浩. 再生混凝土抗压强度及配合比设计研究[D]. 南京: 南京航空航天大学, 2006.

[27]　张亚梅, 秦鸿根, 孙伟. 再生混凝土配合比设计初探[J]. 混凝土与水泥制品, 2002（1）: 7-9.

[28]　史巍, 侯景鹏. 再生混凝土技术及其配合比设计方法[J]. 建筑技术开发, 2001, 28（8）: 18-20.

[29]　BUCK A D. Recycled concrete as a source of aggregate [J]. Journal of ACI, 1977（74）: 212-219.

[30]　RAVINDRARAJAH R, TAM C T. Properties of concrete made with crushed concrete as coarse aggregate[J]. Magazine of Concrete Research, 1985, 37（130）: 29-38.

[31]　GUPTA S M. Strength Characteristics of concrete made with demolition waste as coarse aggregate [A].In: Proceedings of the International Conference on Recent Development in Structural Engineering[C]. Kurukshetra, 2001: 364-373.

[32]　MANDAL S, GUPTA A. Strength and durability of recycled aggregate concrete[A]//IABSE Symposium Melbourne. Melbourne, Australia, 2002.

[33]　肖建庄, 李佳彬, 孙振平, 等. 再生混凝土的抗压强度研究[J]. 同济大学学报, 2004, 32（12）: 1558-1561.

[34]　李佳彬, 肖建庄, 黄健. 再生粗骨料取代率对混凝土抗压强度的影响[J]. 建筑材料学报, 2006, 9（3）: 297-301.

[35]　KAWAMURA M, et al. Reuse of recycled concrete aggregate for pavement[A]//Proceedings of the Second

International RILEM Symposium on Demolition and Reuse of Concrete and Masonry [C]. Tokyo, Japan, 1988: 726-735.

[36]　AHMAD S H. Properties of concrete made with North Carolina recycled coarse and fine aggregates [R]. Department of Civil Engineering, North Carolina State University, June 2004.

[37]　IKEDA T, YAMANE S. Strengths of concrete containing recycled aggregate[A]//Proceedings of the Second International RILEM Symposium on Demolition and Reuse of Concrete and Masonry. Tokyo, Japan, 1988: 585-594.

[38]　RAVINDRARAJAH R, TAM C T. Recycled concrete as fine and coarse aggregates in concrete [J]. Magazine of Concrete Research, 1987, 39（141）: 214-220.

[39]　肖建庄, 李佳彬. 再生混凝土强度指标之间的换算关系的研究[J]. 建筑材料学报, 2005, 8（2）: 197-201.

[40]　XIAO J Z, LI J B, ZHANG C Z. Mechanical properties of recycled aggregate concrete under uniaxial loading [J]. Cement and Concrete Research, 2005, 35（6）: 1187.

[41]　MULHERON M, O'MAHONY M. The durability of recycled aggregates and recycle aggregate concrete[A]// Proceedings of the Second International RILEM Symposium on Demolition and Reuse of Concrete and Masonry [C]. Tokyo, Japan, 1988: 633-642.

[42]　BURDETTE E G, SALEM R M. Resistance to Freezing and Thawing of Recycled Aggregate Concrete[J]. ACI Materials Journal, 2003, 100（3）: 216-221.

[43]　李占印. 再生骨料混凝土性能的试验研究[D]. 西安: 西安建筑科技大学, 2003

[44]　肖开涛. 再生混凝土的性能及其改性研究[D]. 武汉: 武汉理工大学, 2004.

[45]　陈德玉, 谭克锋. 再生混凝土抗冻性能的试验研究[J]. 粉煤灰综合利用, 2009（3）: 36-38.

[46]　WITESIDES T M, SWEET H S. Effect of moatar saturation in concrete freezing and thawing testing[C]. Precceedings of Highway Research Board, 1950, 30: 204-216.

[47]　HANSEN T C, BOEGH E. Elasticity and drying shrinkage of recycled aggregate concrete [J]. ACI Journal, 1985, 82（5）: 648-652.

[48]　GOMEZ J M V. Porosity of recycled concrete with substitution of recycled concrete aggregate: An experimental study [J]. Cement and Concrete Research, 2002, 32（8）: 1301-1311.

[49]　KHATIB J M. Properties of concrete incorporating fine recycled aggregate[J]. Cement & Concrete Research, 2005, 35（4）: 763-769.

[50]　KIMURA Y. High quality recycled aggregate concrete（HIRAC）processed by decompression and rapid release[C]. RILEM International Symposium on Environment-Conscious Materials and Systems for Sustainable Development. RILEM Publications SARL, France, 2004: 163-170.

[51]　肖建庄, 雷斌. 再生混凝土耐久性能研究[J]. 混凝土, 2008（5）: 83-89.

[52]　肖建庄, 郑世同, 王静. 再生混凝土长龄期强度与收缩徐变性能[J]. 建筑科学与工程学报, 2015, 32（1）: 21-26.

[53]　范玉辉, 肖建庄, 曹明. 再生骨料混凝土徐变特性基础试验[J]. 东南大学学报, 2014, 44（3）: 638-642.

[54]　罗俊礼, 徐志胜, 谢宝超. 不同骨料等级再生混凝土的收缩徐变性能[J]. 中南大学学报, 2013, 44（9）: 3815-3822.

[55]　RELEM RECOMMEDATION. Specification for concrete with recycled aggregates [J]. Materials and Structures, 1994, 27（10）: 557-559.

[56] LIMBACHIYA M C, LEELAWAT T, DHIR R K. Use of recycled concrete aggregate in high-strength concrete [J]. Materials and Structures, 2000, 33（10）: 574-580.

[57] ROUMIANA Z, FRANCOIS B, et al. Assessment of the surface permeation properties of recycled aggregate concrete [J]. Cement & Concrete Composites, 2003, 25（2）: 223-232.

[58] 张大长, 徐恩祥, 周旭洋. 再生混凝土抗渗性能的试验研究[J]. 混凝土, 2010（9）: 65-67.

[59] OTSUKI N, MIYAZATO S, YODSUDJAI W. Influence of recycled aggregate on interfacial transition zone, strength, chloride, penetration and carbonation [J]. Journal of Materials in Civil Engineering, 2003, 15（5）: 443-451.

[60] DHIR R K, LIMBACHIYA M C. Suitability of recycled aggregate for use in BS 5328 designed mixes[A]// Proceedings of the Institution of Civil Engineering [C]. 1999, 134（3）: 257-274.

[61] 杨宁, 赵美霞. 再生骨料混凝土路面耐磨性的研究[J]. 建筑科学, 2011, 27（7）: 75-77.

[62] 杨庆国, 易志坚, 祖伟等. 路面旧水泥混凝土的再生利用[J]. 中国公路, 2002, 33（18）: 54-55.

[63] MARTA S J, PILAR A G. Influence of attached mortar content on the properties of recycled concrete aggregate [A]. //Proceedings of the International Conference on Sustainable waste management and recycling: Construction and demolition waste [C]. 2004: 346.

[64] VÁZQUEZ E, HENDRIKS C F, JANSSEN G M T. The Role and Influence of Recycled Aggregate, in "Recycled Aggregate Concrete" [C]// International RILEM Conference on the Use of Recycled Materials in Building and Structures. RILEM Publications SARL, France, 2004: 665-674.

[65] SHAYAN A, XU A. Performance and properities of structural concrete made with recycled concrete aggregate [J]. ACI Materials Journal, 2003, 100（5）: 371.

[66] 闫宏生. 再生混凝土的硫酸盐腐蚀试验研究[J]. 混凝土, 2013（5）: 13-15.

[67] 应敬伟, 肖建庄. 再生骨料取代率对再生混凝土耐久性的影响[J]. 建筑科学与工程学报, 2012, 3（1）: 56-62.

[68] 雷斌, 肖建庄. 再生混凝土碳化性能试验研究[J]. 建筑材料学报, 2008, 11（2）: 605-611.

[69] LU Y B, CHEN X, TENG X, ZHANG S. Dynamic compressive behavior of recycled aggregate concrete based on split Hopkinson pressure bar tests[J]. Latin American Journal of Solids and Structures, 2014（11）: 131-141.

[70] RAO M C, BHATTACHARYYA S K, BARAI S V. Behaviour of recycled aggregate concrete under drop weight impact load[J]. Construction and Building Materials, 2011, 25（1）: 69-80.

[71] XIAO J Z, LI L, SHEN L M, YUAN J Q. Effects of strain rate on mechanical behavior of modeled recycled aggregate concrete under uniaxial compression [J]. Construction and Building Materials, 2015, 93: 214-222.

[72] LI L, XIAO J Z, POON C S. Dynamic compressive behavior of recycled aggregate concrete [J]. Materials and Structures, 2016, 49: 4451-4462.

[73] XIAO J Z, LI L, SHEN L M, POON C S. Compressive behaviour of recycled aggregate concrete under impact loading [J]. Cement and Concrete Research, 2015, 71: 46-55.

[74] 肖建庄, 袁俊强, 李龙. 模型再生混凝土单轴受压动态力学特性试验[J]. 建筑结构学报, 2014, 35（3）: 201-207.

[75] 梁超锋, 刘铁军, 邹笃建, 等. 再生混凝土材料阻尼性能研究[J]. 振动与冲击, 2013, 32（9）: 160-164.

[76] LIANG C F, LIU T J, XIAO J Z, ZOU D J, et al. The damping property of recycled aggregate concrete[J]. Construction and Buiding Material, 2016, 102（1）: 834-842.

[77] LIANG C F, LIU T J, XIAO J Z, et al. Effect of stress amplitude on the damping of recycled aggregate concrete[J].

Materials, 2015, 8（8），5298-5312.

[78]　梁超锋, 刘铁军, 肖建庄, 等. 再生混凝土悬臂梁阻尼性能与损伤关系的试验研究[J]. 土木工程学报, 2016, 49（7）：100-106.

[79]　MA H, XUE J Y, ZHANG X C, et al. Seismic performance of steel-reinforced recycled concrete columns under low cyclic loads[J]. Construction and Buiding Material, 2013: 229-237.

[80]　薛建阳, 鲍雨泽, 任瑞, 等. 低周反复荷载下型钢再生混凝土框架中节点抗震性能试验研究[J]. 土木工程学报, 2014, 47（10）：1-8.

[81]　肖建庄, 兰阳. 再生粗骨料混凝土梁抗弯性能试验研究[J]. 特种结构, 2006, 23（1）：9-12.

[82]　刘佳亮, 孙伟民, 郭樟根, 等. 再生混凝土梁抗弯承载力的试验[J]. 南京工业大学学报, 2008, 30（5）：38-42.

[83]　周静海, 张微, 刘爱霞. 再生粗骨料混凝土梁抗弯性能研究[J]. 沈阳建筑大学学报, 2008, 24（5）：762-767.

[84]　肖建庄, 兰阳. 再生混凝土梁抗剪性能试验研究[J]. 结构工程师, 2004, 20（6）：53-55.

[85]　SOGO M, SOGABE T, MERUYAMA I, et al. Sheer behavior of reinforced recycled concrete beams[C]. Conference on the Use of Recycled Materials in Building end Structures, November 2004, Bareelona, Spain.

[86]　HAN B C, YUN H D, CHUNG S Y. Shear capacity of reinforced concrete beams made with recycled aggregate[C]. Fifth CANMET/ACI International Conference on Recent Advances in Concrete Technology. Farmington Hills, MI, 2001.

[87]　肖建庄, 周正久, 马修斯. 再生骨料混凝土板冲切性能试验[J]. 同济大学学报（自然科学版）, 2015, 43（1）：41-46.

[88]　周静海, 杨永生, 焦度. 再生混凝土柱轴心受压承载力研究[J]. 沈阳建筑大学学报, 2008, 24（4）：572-576.

[89]　肖建庄, 沈宏波, 黄运标. 再生混凝土柱受压性能试验[J]. 结构工程师, 2006, 22（6）：73-77.

[90]　XIAO J, LI W, FAN Y, et al. An overview of study on recycled aggregate concrete in China （1996–2011）[J]. Construction & Building Materials, 2012, 31（6）：364-383.

[91]　肖建庄, 朱晓晖. 再生混凝土框架节点抗震性能研究[J]. 同济大学学报（自然科学版）, 2005, 33（4）：436-440.

[92]　贾胜伟, 李晓文, 刘超. 再生混凝土框架中间节点延性及耗能分析[J]. 新型建筑材料, 2010, 37（08）：7-10.

[93]　田雨. 再生混凝土框架顶层边节点的抗震性能试验研究[D]. 合肥：合肥工业大学, 2011.

[94]　吴童. 低周反复荷载下再生混凝土框架边节点受力性能试验研究[D]. 合肥：合肥工业大学, 2011.

[95]　符栋辉. 再生混凝土框架中节点抗震性能试验研究[D]. 合肥：合肥工业大学, 2011.

[96]　VALERIA C, GIACOMO M. Behavior of beam-column joints made of sustainable concrete under cyclic loading [J]. Journal of Materials in Civil Engineering, 2006, 18（5）：650-658.

[97]　VALERIA C, VIVIANA L, GIACOMO M. Behavior of beam-column joints made of recycled- aggregate concrete under cyclic loading [J]. Construction and Building Materials, 2011, 25（4）：1877-1882.

[98]　XIAO J Z, TAWANA M, HUANG X. Review of studies on structural performance of recycled aggregate concrete in China[J]. Science China Technological Sciences, 2012, 55（10）：2727-2739.

[99]　孙跃东, 肖建庄, 周德源, 等. 再生轻质砌块填充墙再生混凝土框架抗震性能的试验研究[J]. 地震工程与工程振动. 2005, 10（5）：124-131.

[100]　王长青, 肖建庄. 再生混凝土框架结构模型振动台试验[J]. 同济大学学报（自然科学版）, 2012, 40（12）：1766-1772.

[101]　肖建庄, 丁陶, 范氏鸢. 预制再生混凝土框架模型模拟地震振动台试验[J]. 同济大学学报（自然科学版）, 2014, 42（2）：190-197.

[102]　曹万林, 尹海鹏, 张建伟, 等. 再生混凝土框架结构抗震性能试验研究[J]. 北京工业大学学报, 2011, 37（2）：

191-198.

[103] 闵珍, 孙伟民, 郭樟根. 再生混凝土框架抗震性能试验研究[J]. 世界地震工程, 2011, 27（1）: 22-27.

[104] 余超, 陈丽华, 柳炳康. 低周反复荷载下再生混凝土框架抗震性能研究[J]. 工程与建设, 2011, 25（3）: 356-358.

[105] 陈健, 陈丽华, 柳炳康, 等. 再生混凝土框架拟动力试验研究分析[J]. 安徽建筑工业学院学报（自然科学版）, 2011, 19（3）: 22-25.

[106] 胡波. 再生混凝土结构抗震性能研究及混凝土结构损伤评估[D]. 合肥: 合肥工业大学, 2012.

[107] 吕西林, 张翠强, 周颖, 等. 全再生混凝土框架抗震性能[J]. 中南大学学报（自然科学版）, 2014, 45（6）: 1932-1942.

[108] 肖建庄, 黄啸. 再生混凝土在汶川地震灾后恢复重建中的应用研究[C]. 自主创新与持续增长第十一届中国科协年会, 重庆, 2009.

[109] 范一飞. 自然之道——解读沪上·生态家[J]. 建筑技艺, 2010（9）: 60-63, 65-67.

[110] BRIDGE OVER TURIA RIVER. Manises. Spain[DB/OL]. http: //www.muvprogects.com/en/proyectos/puentes-y-estructuras/ puente-rio-turia-manise/. 2010.

第6章 混凝土结构绿色建造

根据中国统计年鉴的数据，2010～2012年，中国房屋建筑施工总面积连续三年保持约16%的增长速度。房屋建筑从建成至报废拆除的全过程，对各地区、区域乃至全球的生态环境、资源消耗以及人体健康等造成了很大的影响。坚持可持续发展战略，构建人与自然和谐相处的社会，必须不断扩大建筑工程绿色建造模式的应用范围，在保护生态环境的同时，满足人类最基本的居住和使用需求。

众所周知，无论新建、扩建或改建工程，都会对当地甚至全球环境带来一定的影响，如噪声污染、气味污染、灰尘污染以及全球化的气候和生态系统的改变等。建筑用能产生的温室气体排放占到全国温室气体排放总量的25%。另外，建筑活动本身也会产生大量的固体废物，这些建筑固体废物处置的方法、程度和资源化应用均对环境影响和社会的可持续发展至关重要。

在环保意识不断强化的当下，人们已不仅仅满足于文明施工带来的成效，开始从可持续发展的角度不断推行绿色施工模式。世界各国政府部门大多推出了适合自己国情的绿色施工评价标准，为绿色施工的贯彻落实做好铺垫。近些年来，我国在推行绿色施工的技术、资金、管理等方面的投入非常多，逐渐成熟的规范标准就很好地说明了这一点。但是，我国绿色施工相关理论的研究与绿色施工模式的全面施行，还需要付出很大的努力，这将是一个漫长的过程。

要实现混凝土结构的可持续性，达到绿色建造的目的，可以从如下三个角度入手。

（1）改善混凝土本身的性质。开发出新型的更加环境友好的混凝土，或者更高性能的混凝土，从而减少施工，减少污染。

（2）使用更先进的施工技术。使用更环保的施工技术，控制施工中各个环节的碳排放，或者使用碳排放量更低的工法。

（3）提升施工效率。利用信息化和工业化的优势，提高施工效率，减少返工和浪费，从而降低施工成本。

6.1 绿色混凝土

混凝土是目前世界上用途最广、用量最大的建筑材料。它在建筑工程、公路工程、桥梁和隧道工程、水利及特种结构的建设领域中发挥着不可替代的作用。然而，在混凝土的制备和养护过程中，大量的能源被消耗，建筑产业已经成为温室气体的主要排放源之一。如何能使混凝土这种建筑材料走出一条绿色环保可持续的道路，已经成为一个热门话题。在近些年的研究中，国内外学者们已经开发出许多具有优良品质的混凝土，如自密实混凝土、清水混凝土、环保型混凝土和自感知混凝土等。第 4 章所述的具备自修复功能的自愈合混凝土也是其中一种。这些混凝土从不同方面呼应着混凝土材料的可持续发展这个主题，符合环境友好型理念，可称为绿色混凝土。

6.1.1　自密实混凝土

在混凝土结构施工中，尤其是高层混凝土结构的箱基底板、梁柱节点等构造较为复杂的部位以及隧道的衬砌中，往往因为结构配筋稠密复杂、断面狭小，振捣棒不易插入，在施工中容易产生漏振或过振，引起混凝土振捣不密实，还易引起钢筋、预埋件、预留空洞的移位，从而影响混凝土结构的承载能力和耐久性能。在混凝土建设工程中，有些工程要求降低施工噪声，有些工程要求大面积浇筑，有些工程搭脚手架工作量大且工期要求紧迫，如果混凝土具有免振捣、自动快速地充满模板的性能，这些问题将会迎刃而解。

1988 年日本首先研制出自密实（免振）混凝土，并逐步发展起来并产品化。自密实混凝土是在浇注时仅靠自身重力而无需经任何振捣即能自动流平、密实成型的混凝土。它具有高流动性、高抗离析性、高填充性和良好的钢筋间隙通过性能以及良好的力学性能和耐久性能，并能减少施工噪声，防止因振捣不善出现的混凝土离析与质量事故。自密实混凝土的出现，既节约了施工振捣成本，减少了能耗，又降低了噪声污染。同时，采用自密实混凝土又能大大缩短工期，提升建造效率，是一种具有极大应用前景的建筑材料。

1. 自密实混凝土的原材料和配合比

自密实混凝土的组成材料一般包括粗骨料、砂、水泥、高性能减水剂、粉状矿物掺合料（如粉煤灰、磨细矿渣微粉等），部分使用增稠剂（如纤维素醚、水解淀粉、硅灰、超细无定形胶状硅酸）或粉状惰性或半惰性填料（如石灰石粉、白云石粉等）以提高自密实混凝土抗离析泌水性。配制自密实混凝土时，矿物填料的粒径宜小于 0.125mm，且 0.063mm 筛的通过率大于 70%。自密实混凝土原材料中的水泥、掺合料和骨料中粒径小于 0.075mm 的材料为粉料。配制自密实混凝土对原材料的要求较高，自密实混凝土可选用六大通用水泥，但是用矿物掺合料时，宜选用硅酸盐水泥和普通硅酸盐水泥；粗骨料的最大粒径主要取决于自密实性能等级和钢筋间距等，通常为 16～20mm，空隙率宜小于 40%，同时应严格限制骨料中的泥含量、泥块含量、针片状颗粒含量等，使用前宜用水冲洗干净，细骨料宜选用洁净的中砂。由于自密实混凝土的高流动性、高抗离析性、高间隙通过性，宜选用减水率大，具有保坍、减缩等性能的高性能外加剂。

1）胶凝材料

配制自密实混凝土宜采用硅酸盐水泥或普通硅酸盐水泥，并应符合现行国家标准《通用硅酸盐水泥》（GB 175—2007）的规定。当采用其他品种水泥时，其性能指标应符合国家现行相关标准的规定。

配制自密实混凝土可采用粉煤灰、粒化高炉矿渣粉、硅灰等矿物掺合料，且应符合国家现行标准。当采用其他矿物掺合料时，应通过充分试验进行验证，确定混凝土性能满足工程应用要求后再使用。

矿物掺合料能够改善水泥颗粒的级配，并在水泥水化产物的激发下，产生特定胶凝作用，从而改善水泥浆体的性能。较为常见的矿物掺合料包括粉煤灰和磨细矿渣等。加入粉煤灰能够产生形态效应和微集料效应，减少砂浆的内摩擦力，提高砂浆的和易性，同时粉煤灰的水化产物能够填补水泥结构中的毛细孔隙，提高材料的密实性和抗渗性。磨细矿渣的作用效应包括减水效应和火山灰效应。在水泥水化初期，矿渣微粉分布并包裹在水泥颗粒的表面，起到延缓和减少水泥初期水化产物相互搭接的隔离作用[1]，因此具有一些减水作用，从而使水泥浆体的流动性能有所改善。矿渣微粉的反应活性要优于粉煤灰，能够提供更多的水化产物，对降低水泥石孔隙率方面有更明显的作用。已有研究表明，掺矿渣微粉的混凝土或者砂浆，一般不影响早期强度，但当矿渣微粉的掺量较低时，起不到降低水化热温升的作用[2]。

2）骨料

粗骨料宜采用连续级配或 2 个及以上单粒级搭配使用，最大公称粒径不宜大于 20mm；对于配筋紧密的竖向构件、复杂形状的结构以及有特殊要求的工程，粗骨料的最大公称粒径不宜大于 16mm。粗骨料的针片状颗粒含量、含泥量及泥块含量，应符合表 6.1 的规定。

表 6.1　粗骨料的针片状颗粒含量、含泥量及泥块含量

项目	针片状颗粒含量	含泥量	泥块含量
指标/%	≤8	≤1.0	≤0.5

细骨料宜采用级配Ⅱ区的中砂。天然砂的含泥量和泥块含量应符合表 6.2 的规定；人工砂的石粉含量应符合表 6.3 的规定。细骨料的其他性能及试验方法应符合现行行业标准《普通混凝土用砂、石质量及检验方法标准》（JGJ 52—2006）的规定。

表 6.2　天然砂的含泥量和泥块含量

项目	含泥量	泥块含量
指标/%	≤3.0	≤1.0

表 6.3　人工砂的石粉含量

项目		指标		
		≥C60	C55~C30	≤C25
石粉含量/%	MB<1.4	≤5.0	≤7.0	≤10.0
	MB≥1.4	≤2.0	≤3.0	≤5.0

3）外加剂

在混凝土原有的四个组分基础上，对于自密实混凝土，外加剂是其不可缺少的第五组分。

① 高效减水剂。高效减水剂是自密实混凝土中最重要的添加剂，它使浆体在较低的水胶比下也能拥有理想的流动性，仅靠浆体自身重力就可自动展开流平从而获得平整的表面。较低的水胶比也提高了混凝土本身的密实度，使得混凝土拥有更高的抗压强度。

② 保水剂。保水剂是为了保证其黏聚性而使用的一种材料。能够速溶于冷水并具有高效保水性能的保水剂，是新型自密实材料组分中的关键材料。最常用的保水剂是甲基纤维素、羟丙基甲基纤维素、羟乙基甲基纤维素以及混合甲基纤维素醚等。

③ 膨胀剂和减缩剂。水泥基自密实材料通常用于大面积薄层施工，高表面体积比导致的蒸发作用和剧烈的水化反应会引起显著的化学收缩，使其易产生收缩开裂。有效抑制自密实混凝土的收缩和开裂，可通过延长养护时间、调整水灰比、加入纤维及聚合物、掺加减缩剂等措施来实现[3]；掺入膨胀剂也是抑制或补偿收缩的广泛认可的有效措施。

自密实混凝土拌合物除应满足普通混凝土拌合物对凝结时间、黏聚性和保水性等的要求外，还应满足自密实性能的要求。自密实混凝土配合比设计宜采用绝对体积法。自密实混凝土水胶比宜小于 0.45，胶凝材料用量宜控制在 400～550kg/m^3。自密实混凝土宜采用通过增加粉体材料的方法适当增加浆体体积。也可通过添加外加剂的方法来改善浆体的黏聚性和流动性。自密实混凝土与普通混凝土的主要区别是自密实混凝土具有很好的流变特性。通常，自密实混凝土的坍落度大于 200mm，扩展度为 550～750mm，不需振捣、自动流平密实。自密实混凝土配合比设计方法与普通混凝土不同，设计参数也有所不同，主要包含水胶比、胶凝材料总量及掺合料掺量、单位用水量、单位浆体体积、粗骨料的松散体积或密实体积等。与普通混凝土相比，自密实混凝土配合比具有浆体含量高、水粉比（水与粉料的质量比）低、砂率高、粗骨料用量低、高效减水剂掺量高、有时使用增稠剂等特点。

2. 自密实混凝土的特点

自密实混凝土拌合物工作性包括填充性、间隙通过性和抗离析性。填充性一般通过坍落扩展度和扩展到 500mm 时的流动时间 T500 来表征；间隙通过性和抗离析性一般通过"L"形仪的高度比（H_2/H_1）和"U"形仪的高度差（Δh）来表征；还可以采用"V"形漏斗方法来测定自密实混凝土的黏稠性和抗离析性，或采用拌合物稳定性跳桌试验来检测自密实混凝土的抗离析性。

1）填充性

填充性是表征自密实混凝土工作性能的重要性能指标之一，它指分散体系中克服内阻力而产生变形的性能。混凝土屈服应力是指阻碍浆体进行塑性流动的最大剪切应力，它既是混凝土开始流动的前提，又是混凝土不离析的重要条件。黏度系数是指分散体系进行塑性流动时应力与剪切速率的比值，它反映了流体与平流层之间产生的与流动方向相反的黏滞阻力的大小，其值支配了拌合物的流动能力。因此胶结料用量不能太少，同时，活性掺合料的掺入可以减小浆体的剪切应力，增大流动性。

2) 间隙通过性

自密实混凝土在通过钢筋和模板的任何间隙时，应不产生阻塞。因此，自密实混凝土配合比设计中，粗骨料的体积含量是控制新拌混凝土可塑性的一个重要因素。试验表明，在一定截面发生堵塞主要是由于骨料间的相互接触引起的，当粗骨料超过一定含量时，无论浆体是否有适宜黏度，均会发生堵塞。其有效办法是增大砂率，砂率低于 45%，容易产生缺陷，一般为 50%左右。

根据《自密实混凝土应用技术规程》（JGJ/T 283—2012），自密实混凝土的性能可以由表 6.4 确定，不同性能等级自密实混凝土的应用范围应按表 6.5 确定。

表 6.4　自密实混凝土拌合物的性能及要求

自密实性能	性能指标	性能等级	技术要求
填充性	坍落扩展度/mm	SF1	550～655
		SF2	660～755
		SF3	760～850
	扩展时间 T_{500}/s	VS1	$\geqslant 2$
		VS2	<2
间隙通过性	坍落扩展度与 J 环扩展度差值/mm	PA1	$25<\text{PA1}\leqslant 50$
		PA2	$0\leqslant\text{PA2}\leqslant 25$
抗离析性	离析率	SR1	$\leqslant 20$
		SR2	$\leqslant 15$
	粗骨料振动离析率	f_{m}	$\leqslant 10$

表 6.5　不同性能等级自密实混凝土的应用范围

自密实性能	性能等级	应用范围	重要性
填充性	SF1	（1）从顶部浇筑的无配筋或配筋较少的混凝土结构物 （2）泵送浇筑施工的混凝土工程 （3）截面较小，无须水平长距离流动的竖向结构物	控制指标
	SF2	适合一般的普通钢筋混凝土结构	
	SF3	适用于配筋紧密的竖向构件、形状复杂的截面等（粗骨料最大公称粒径宜小于 16mm）	
	VS1	适用于一般的普通钢筋混凝土结构	
	VS2	适用于配筋较多的结构或有较高混凝土外观性能要求的结构，应严格控制	
间隙通过性	PA1	适用于钢筋净距 80～100mm	可选指标
	PA2	适用于钢筋净距 60～80mm	

自密实性能	性能等级	应用范围	重要性
抗离析性	SR1	适用于流动距离小于 5m、钢筋净距大于 80mm 的薄板结构和竖向结构	可选指标
	SR2	适用于流动距离超过 5m、钢筋净距大于 80mm 的竖向结构。也适用于流动距离小于 5m、钢筋净距小于 80mm 的竖向结构，当流动距离超过 5m 的，*SR* 值宜小于 10%	

3）抗离析性

自密实混凝土拌合物需要高的流动性而不发生离析。因此，在自密实混凝土配合比设计中，如何调整用水量与外加剂用量，使流动性和抗分散性达到平衡是关键。一般自密实混凝土的配制应结合工程实际所需的性能，确定混凝土流动性和抗分散性之间的平衡关系，以选择适当的水胶比和外加剂掺量，自密实混凝土宜采用缓凝高效减水剂。

3. 自密实混凝土的施工工艺

（1）自密实混凝土的质量对原材料的变动很敏感，因此在混凝土制作和施工中各环节的质量控制要求都很严格，对操作工人、技术、管理人员专业素养也有较高要求。自密实混凝土的组成材料较多，施工时必须注意搅拌均匀。搅拌不足不仅会影响到硬化后的性质，而且可能会使泵送出管后的流动性增大而产生离析现象。混凝土配制时的投料顺序最好是先搅拌砂浆，后投入粗骨料。为保证混凝土拌合物的质量，配制时要严格计量程序，严把计量关。

（2）对每次搅拌的混凝土在浇筑之前均要做充填性试验，方法是在受料或泵送前的位置前设置类似于结构物的钢筋障碍物状网片，以浇筑要求的速度通过。检查判定充填性是否良好，不能正常通过该装置的混凝土不能浇筑，否则会影响整体工程质量。

（3）一般来说，自密实混凝土适合于泵送法浇筑。特殊结构的混凝土构件的浇筑高度可在 4 m 左右，用吊斗浇筑时产生离析的可能性大，对配合比要求更严格，难度较大。在必须用吊斗浇筑时，应使出料口和模板入口的距离尽量小，必要时可加用串桶施工。混凝土浇筑前要严格检查钢筋间距及钢筋与模板间的距离，必要时进行适当的插捣，排除可能截留的空气。

（4）自密实混凝土对模板设计的要求很高，这是由于自密实混凝土流动性高，增加了对模板壁的压力。因此，设计模板的支撑和固定系统时，应以混凝土自重传递的液压力大小为作用压力，同时考虑分隔板影响、模板形状、大小配筋状况、浇筑速度、凝结时间、温度等因素。混凝土凝结之前是最危险的时刻，若分隔板间压力差太大，模板的刚度不够或组模不当，下部崩裂后会导致混凝土流出，造成质量事故和安全隐患。因此，选择高强钢材制作模板，提高设计安全系数，建议以最不利因素作为模板设计取值的基本依据。

（5）混凝土的泵送性能和浇筑技术。自密实混凝土因材料不易分离，变形性优良，在弯管和锥管处堵管的可能性减小，具有良好的泵送性能。但反过来看，混凝土与管壁的摩擦阻力增加，混凝土与管壁间的滑动膜层形成困难，混凝土作用于管体的轴向压力增大。与普通泵送混凝土相比，在同样小时输送量下，其压力损失增大 30%～40%，若浇筑停止后，再浇筑时需增大压送力。因此，泵送施工时应制定周密施工计划，合理布置配管。自密实混凝土浇筑时应控制好浇筑速度，不能过快，防止过量空气的卷入或混凝土供应不足而中断浇筑。

4. 自密实混凝土应用实例

设计高度 328 m、74 层，被称为世界农村第一楼的华西增地空中新农村大楼在浇筑基础时由于其钢结构复杂，不易振捣，就采用了自密实混凝土进行浇筑。由于自密实混凝土良好的泵送和少振捣性能，占地 3.5 万 m², 地下 3 层，地上 101 层，高 492 m 的上海环球金融中心，也使用了自密实混凝土。2005 年 3～10 月，上海环球金融中心从地下 3 层的梁板柱到地上 6 层的核心筒和巨型柱，共计浇捣了约 3 万 m³ 自密实混凝土[4]。

6.1.2 清水混凝土

清水混凝土，是指直接利用混凝土成型后的自然质感作为饰面效果的混凝土。清水混凝土可以分为普通清水混凝土、饰面清水混凝土、装饰清水混凝土。表面颜色无明显色差，对饰面效果无特殊要求的清水混凝土，是普通清水混凝土；表面颜色基本一致，由有规律排列的对拉螺栓孔眼、明缝、蝉缝、假眼等组合形成的、以自然质感为饰面效果的清水混凝土，被称为饰面清水混凝土；表面形成装饰图案、镶嵌装饰片或彩色的清水混凝土，被称为装饰清水混凝土。

清水混凝土具有很好的社会价值，主要体现在以下两个方面：

（1）绿色环保，具有可持续性。清水混凝土的结构一次浇筑成型，不需要抹灰，减少了建筑材料的使用，有利于环境保护。同时也减少了涂料、喷漆等化工产品的使用，减少了对人体健康的不良影响。

（2）经济效益好。普通钢筋混凝土建筑结构的饰面大多选用涂料、面砖、铝板、石材等材料。这些饰面材料各自都有一定的缺点，有的耐久性不足，容易变色，如涂料；有的价格昂贵，生产工艺较复杂，如铝板；有的易脱落，容易出现色差，如面砖。而使用清水混凝土能够克服以上所有的缺点，减少施工工序，缩短工期，节省成本，降低工程造价。

清水混凝土具有很高的社会价值，同时它丰富的色彩、自然和谐的质感、多样统一的风格，还使得清水混凝土建筑具有很高的艺术价值。清水混凝土已形成一个新兴的混凝土制品产业，水泥混凝土材料制品也一改粗、大、笨、土的形态，进入高雅之堂。由于各种艺术与材料技术的结合，装饰清水混凝土制品已成为高附加值产品。

清水混凝土的配制必须要满足施工要求的流动性以及抗离析性能，而且要保证振捣成型或者混凝土自密实以便得到致密的混凝土结构。除此以外，必须要满足设计要求的抗压强度，保证混凝土的耐久性，还要注意降低干缩，避免混凝土开裂。

下面以带颜色的清水混凝土——彩色清水混凝土为例，叙述清水混凝土的配制以及着色方法。

1）彩色清水混凝土的配制

彩色硅酸盐水泥简称彩色水泥，一般用白色硅酸盐水泥熟料、优质白色石膏及矿物颜料共同磨细而制得。深色的彩色水泥可用普通硅酸盐水泥加深色颜料调制。所用颜料需要满足耐碱要求，且颜料的化学成分组成应当既不会被水泥影响，也不会对水泥的组成和性能起破坏作用；同时，颜料要满足耐太阳辐射的要求，在阳光和大气中能耐久不褪色；颜料的细度要求很高，与水泥混合时要能均匀分散，避免形成色差，并且不含可溶性盐，以免在干湿循环中析出结晶，造成混凝土表面褪色。常用的无机颜料有氧化铁（可制红、黄、褐、黑色）、氧化铬（绿色）、钴蓝（蓝色）、群青蓝（蓝色）等；有机颜料有孔雀蓝（蓝色）、天津绿（绿色）。彩色水泥的另一种生产方法是在生料中加入少量着色剂，直接煅烧成彩色熟料后再磨成水泥。由于需求量不够和储存时间的限制，这种水泥难以在现代规模化的水泥厂中组织批量生产。

2）清水混凝土的着色方法

利用彩色水泥、彩色骨料以及着色添加剂等方法，混凝土的色彩可以随意变化。除了人们印象中的灰色特征，混凝土还可以呈现绚丽的色彩。装饰混凝土中常用的着色方法有添加颜料的整体着色、干撒彩色硬化剂表层着色，还有通过化学反应染色等方法。

（1）整体着色法。整体着色的混凝土表面处理方法与普通混凝土不同，因为表面容易出现泌水、开裂等问题，国外报道的经验是在混凝土抹平后，将与颜色相配的养护剂均匀地喷洒在表面，使彩色混凝土表面不失水，得到缓慢而充分的养护，混凝土的颜色显得更加均匀、亮丽。

（2）干撒彩色硬化剂法。所谓彩色硬化剂是近年来发展出的一种对混凝土平板表面进行装饰性加工处理的材料，适用于现浇的混凝土表面或在工厂预制的混凝土板。其功能除了满足设计混凝土表面颜色需求外，还要考虑在行人和车辆的荷载和磨损下，能长久保持纹理或压印图案。

彩色硬化剂通常由合成颜料、硅酸盐水泥、石英砂、金刚砂骨料或铝屑按一定配合比均衡混合而成。近年的技术创新使得许多彩色硬化剂的色彩能够与彩通国际标准色卡相匹配。

（3）化学染色法。化学染色剂的原理是通过其中的酸与混凝土表面水泥水化产生的氢氧化钙发生化学反应，从而产生色彩丰富的颜色。化学染色剂中所含的金属盐，可以从表面渗透到混凝土内的孔隙中，根据水泥浆或钙基骨料中游离氧化钙的浓度而留下大理石状的花纹。

根据所需要形成的颜色，在混凝土成型当天或更长时间后，应用化学染色剂。混凝土的表面处理、养护以及表面保护都对使用化学染色剂的过程至关重要。另外，在使用完化学染色剂后还要应用封闭剂，否则会对化学染色混凝土的外观及维护产生不利影响。如果用作混凝土路面，且路面交通频繁，还应当定期使用维护产品，以保证表面的耐久。化学染色方法的局限性在于所产生的色彩主要是中级至深色色调。

3）应用实例

世界上有许多著名的建筑都是使用清水混凝土，越来越多的建筑大师也开始青睐这种既有经济效益又具有天然美感的庄重的材料。柯布西耶的朗香教堂、安藤忠雄的光之教堂等，如图 6.1 和图 6.2 所示，清水混凝土建筑使结构与饰面相结合的特点，正符合了现代主义的理论精神，因而受到现代主义建筑师的广泛接受。

图 6.1　朗香教堂　　　　　　　　　　　图 6.2　光之教堂

6.1.3　环保型混凝土

环保型混凝土是指既能减少对地球环境的负荷，同时又能与自然生态系统协调共生，为人类构筑舒适环境的混凝土材料。透水混凝土、低碱混凝土、多孔植被混凝土是最常见的几种环保型混凝土。

1. 透水混凝土

透水混凝土是生态环境友好型混凝土之一，与传统的混凝土相比，其最大特点是有 15%~30%的连通孔隙，具有透气性和透水性，是我国海绵城市建设的重要技术支撑。将这种混凝土用于铺筑道路、广场、人行道路等，能扩大城市的透水、透气面积，增加行人、行车的舒适性和安全性，减少交通噪声，对调节城市空气的温度和湿度、维持地下土壤的水位和生态平衡具有重要作用。

日本在 20 世纪 60 年代后期实施了"雨水返还地下战略"并积极地推动透水混凝土的研究和开发工作。在 1987 年，日本学者将透水混凝土路面材料申请了专利，他们将有机高分子树脂作为混凝土的胶凝材料。1973~1995 年，日本东京铺设了 2.2 万 m^2 的透水混凝土。到 2000 年初，累计建设面积达到 10 万 $m^{2[5]}$。

20 世纪中期，为了改善公路与机场跑道的排水能力和安全性能，美国引入了高渗透性混凝土。例如，在佛罗里达州教堂停车场区域，采用了碾压引气粗骨料透水混凝土。20 世纪 80 年代美国的透水混凝土实现了商品化。

20 世纪 50 年代以来，中国开始从事中孔和大孔混凝土的施工，同时建筑墙体材料也开始使用这种混凝土。20 世纪 70 年代中期，中国开始使用大孔混凝土路面材料，很好地解决了地坪潮湿的问题。大孔混凝土的透水透气性能成功改善了近年来由于社会意识和环保意识薄弱所造成的生态环境问题。透水混凝土已应用于 2008 年北京奥运会和 2010 年上海世界博览会等工程中，并取得了很好的效果。

目前，用于道路和地面的透水混凝土主要有两种类型：

（1）水泥透水混凝土。它以较高强度的硅酸盐水泥为胶凝材料，采用单一粒级的粗骨料，不用或少用细骨料配制的无砂、多孔混凝土。这种混凝土成本低，制作简单，适于用量大的道路铺装，同时耐久性好。但由于孔隙较多，改善和提高其强度、耐磨性、抗冻性是技术难点。

（2）高分子透水混凝土。采用单一粒级的骨料，以沥青或高分子树脂为胶结材的透水混凝土。与前者相比，它具有强度高、成本高的特点。同时，由于有机胶凝材料耐候性差，在大气环境的作用下容易老化，且具有温度敏感性，当温度升高时，容易软化流淌，使透水性受到影响。

典型的透水混凝土路面构造如图 6.3 所示。

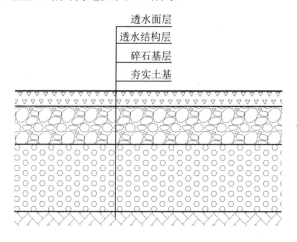

透水面层
透水结构层
碎石基层
夯实土基

图 6.3 透水混凝土路面基本构造

在以上结构层中，透水面层主要起透水、耐磨、装饰、承受荷载及抵抗环境劣化的作用，透水结构层的主要功能是透水、滞水、主要承受荷载，基层主要用于承受荷载、透水、滞水。与普通的水泥混凝土路面相比，透水性混凝土路面的环境优势主要包括：

（1）改善城市植被生长环境。防渗硬化路面严重破坏了自然生态平衡，威胁着城市地表土壤和动植物的生活环境。透水混凝土的使用，可提高土壤的透气性，增加了城市中土壤与环境的水、气交换，改善了土壤质量。

（2）保护地下水资源。透水性路面能够使雨水迅速地渗入地表，还原成地下水，使地下水资源得到及时补充，保持土壤湿度。使得路面不会产生地表径流，可有效减少内涝。减少因抽取地下水而导致的地面沉降。

（3）缓解城市热岛效应。透水混凝土路面，具有多孔结构，与外界的空气和水接触较为紧密，可以减缓土壤毛细管水分的蒸发，即便在阳光直射下，也可以提高近地表的空气湿度，降低地表温度，降低城市"热岛效应"。

（4）改善行车环境，提升路面安全性。当集中降雨时，透水混凝土能够减轻排水设施的负担，防止路面积水和夜间反光，提高了车辆、行人的通行舒适性与安全性。雨水降落在透水性路面后，能很快从孔隙渗透入地下，使车轮与路面间的摩擦系数接近干燥情况，大大降低了车轮打滑的可能性。

（5）减少噪声污染。大量的孔隙能够吸收车辆行驶时产生的噪声，创造安静舒适的交通环境。在透水性混凝土孔隙率大于 25% 的情况下，就能取得很好的噪声降低效果。当选用厚度 8cm 的透水性混凝土面层时，对于在 160～6300Hz 内行车噪声频率，取得了很好的噪声吸收效果。在人类耳朵特别敏感的 800～1600Hz 内的噪声，透水性混凝土面层行车噪声吸收率高达 80%。

北京市顺义区李遂镇的雨水收集工程就使用了透水混凝土，使用透水混凝土路面收集雨水，经过调节池储存并调节后进入人工湿地进行净化，由此得到的水可用于道路喷洒、灌溉绿化等。

2. 低碱混凝土

自 1940 年美国工程师 TE.Satnton 发现并证实碱-骨料反应（Alkali-Aggregate Reaction，AAR）以来，经过半个多世纪广泛而深入的研究，人们对水泥混凝土中存在的碱及其危害已经有了较充分的认识[6]。水泥中的碱与混凝土骨料中的活性成分（主要是活性 SiO_2）发生化学反应，即所谓碱-骨料反应。这种反应进行得十分缓慢，通常发生在水泥硬化之后，严重时将使水泥石产生局部膨胀，致使混凝土开裂，最终导致建构筑物毁坏。到目前为止，世界各国都发现了大量的因碱-骨料反应导致破坏的事例。例如，中国工程院组织的有关京津地区重要建构筑物破坏情况的调查结果显示，碱骨料反应对建筑物及构件的破坏是各种原因中最严重的一种[7]。

研究发现,碱-骨料反应是固相和液相之间的反应,其发生必须具备三个要素,即水、碱活性骨料、有碱存在（K^+、Na^+）。这三个因素的共同作用导致了碱-骨料反应的发生。只要能消除上述三个条件中的任一个,即可达到预防碱-骨料反应的目的。

1）水

水在碱-骨料反应中是一个不可忽视的重要因素。有研究证明,相对湿度降低,可以减缓碱-骨料反应。但实际上混凝土所处的环境湿度条件是很难人为控制的,混凝土内部湿度在80%以上时,就可能促成反应发生,而这种湿度可在混凝土内部保持很多年。因此,"水"是混凝土发生碱-骨料反应无法避免的客观因素,通过减少水来抑制碱-骨料反应并不可取。

2）骨料的碱活性

充分掌握骨料的碱活性对避免碱-骨料反应,确保混凝土工程质量意义重大。加拿大、日本、新西兰、英国等发达国家都对活性骨料做了大量研究,得出了活性骨料的分布图[8],这对重大工程选用优质骨料确保工程质量创造了有利的条件。使用非活性骨料抑制碱-骨料反应虽然是最有效和最安全可靠的措施,但受骨料资源的影响,该方法的实际应用效果非常有限。特别是像我国这种幅员辽阔的国家,骨料来源广泛,对骨料的质量难以控制。另外,目前对骨料潜在的碱活性评价尚无绝对可靠的方法,正确判定骨料的碱活性也并非易事[9]。因此,使用控制骨料活性的方法也不现实。

3）碱含量

控制水泥中碱的含量,是一种可行的降低碱-骨料反应危害的方法。为限定混凝土的碱含量,国外一般提出限定水泥碱含量 Na_2O eq.（Na_2O 当量,由 $Na_2O+0.658K_2O$ 计算）不大于 0.60%。国内一般把这样的水泥就叫低碱水泥。但是,这并不是一个绝对保险的数值。Oberholster 等指出[10],当混凝土中水泥用量高于 $600\ kg/m^3$,即使水泥中碱含量 Na_2O eq.低于 0.5%也可能引起碱-骨料反应。在加拿大曾发现过所用含碱量 Na_2O eq.为 0.4%的水泥所制混凝土发生了碱-骨料反应。因此,在预防碱-骨料反应危害时,应当重视水泥的碱含量,但也应该考虑混凝土中水泥总用量,即更应该限定混凝土的碱含量。

采用低碱水泥能够有效地预防碱骨料反应,避免水泥混凝土体的开裂和崩塌。发达国家对低碱水泥已经形成普遍需求。特别是在坝工混凝土中必须使用低碱水泥。当前美国、日本、英国、新西兰等国家均大幅度降低本国水泥中的碱含量,并且要求进口水泥也是低碱品种,这就从根本上消除了产生碱-骨料反应的基本因素。

21 世纪北京的标志性建筑国家大剧院就是采用了由高标号低碱水泥配制而成的低碱混凝土,如图 6.4 所示。

图 6.4 采用了低碱混凝土的国家大剧院

3. 多孔植被混凝土

多孔植被混凝土目前并没有严格规范的定义，根据其特点和功能，可概括其为能够适应植物生长、可进行植被作业、具有恢复和保护环境、改善生态条件、具有防护作用等功能的混凝土及其制品。

1）多孔植被混凝土的组成

多孔植被混凝土主要由以下几部分组成[11]，即主体结构、植生基材和植物。

作为花草的载体，其主体结构为无砂多孔混凝土，一般是由粗骨料、水泥和水拌制而成的一种多孔轻质混凝土，不含细骨料，是由粗骨料表面包覆一层水泥浆体而相互黏结而成的既有一定强度又具有孔穴结构均匀分布特点的蜂窝状结构，形状如"米花糖"，具有透气、透水和重量轻等特点，孔隙率达 25%～33%。

植生基材为混凝土表面上的一层栽培介质和孔隙内的填充材料，一般由草炭土、普通土壤按比例拌合而成，孔隙内蓄容的水分和养料，供植物生长。当作为护坡时，混凝土的孔隙有利于苗根须通过并扎根至混凝土底下适于植物生长的边坡土壤中，可预置缓释性肥料，有助于植物根系的长期生长。

2）多孔植被混凝土的优势

从多孔植被混凝土的结构上可以看出，当其作为护坡时，相较于传统护坡材料，其优势主要体现在以下几个方面：

（1）环境效益好。多孔植被混凝土不仅具有较高的强度，还能像土壤一样种植多种植物，同时满足了结构防护和边坡绿化的需要，防护作用和环境效益相得益彰。

（2）整体性好。多孔混凝土本身具有一定的强度，在植物生长起来后，植物根系和多孔混凝土的共同作用能使结构整体防护力提高 2～3 倍。

（3）抗洗掘性好。多孔植被混凝土孔隙直径相对孔洞型护坡材料而言要小得多，因而对土壤的保持力好，孔隙内土壤不易流失。

3）多孔植被混凝土的施工工艺

多孔植被混凝土由于内部包含植物，与普通混凝土的施工工艺有一定的区别。其大致工艺过程如下。

（1）搅拌工艺。由于多孔混凝土在材料组成和结构上与普通混凝土有很大区别，常规的一次投料搅拌会使搅拌机内的胶结材浆体包裹骨料不完全，部分胶结材浆体成球状或结成团块，填充在骨料之间的孔隙中，使得多孔混凝土在结构上不能形成很好的连续孔隙，影响强度和连通孔隙率。因此，根据多孔混凝土的特点，其搅拌工艺宜采用裹浆法。

（2）成型工艺。对多孔混凝土的成型工艺的选择直接影响到多孔混凝土的多项性能。如采用振动成型，多孔混凝土试件底部比较密实，而表层骨料在振动时跳动，并没有充分密实；如采用压制成型，由于骨料颗粒大，压力只能使多孔混凝土试件表面密实，试件下层没有密实而存在缺陷，从而影响多孔混凝土整体强度。所以，为了克服两种成型方法的缺陷，应选择边振动边在表面施加压力的复合成型工艺。

（3）养护工艺。多孔混凝土与普通混凝土相比孔隙率要大得多，并且基本上为连续孔隙，新拌成型后拌合水更易蒸发损失，因此必须采取适当的养护方法和相应的措施才能保证多孔混凝土的强度正常发展。由于在施工现场养护条件有限，考虑采用塑料薄膜覆盖多孔混凝土表面防止其内部水分过快的蒸发，并不定时在其表面洒少许水以保持多孔混凝土在早期阶段表面的湿润。此外，早期养护还应注意防止暴雨的冲刷，暴雨会导致骨料外部浆体被雨水冲刷带走，造成局部结构薄弱。

（4）植生工艺。首先，植物生长对碱度有一定要求（一般情况下土壤的 pH 在 3.5～9.5），由于多孔植被混凝土用普通硅酸盐水泥作为胶结材，造成混凝土孔隙水环境的碱度太高（pH＞12），不利于植物的生长。因此，必须对多孔混凝土的孔隙碱度进行改造。通过试验发现，采用表面处理液对多孔混凝土进行处理，可以有效地阻止可溶性碱溶解于土壤中，使孔隙环境的 pH 保持在一个较合理的范围，满足植物生长的要求。其次，植生基材的铺设在孔隙碱度改造完成后进行。植生基材分两部分，一部分采用灌浆的方式灌入多孔混凝土孔隙中，另一部分则覆盖在多孔混凝土表面，覆盖厚度 1～2 mm，植被种子播入表面覆土层。

上海浦东迪士尼外围河道（图 6.5）内杂草丛生、污染严重，经综合整治并使用现浇绿化混凝土产品护坡，从而使得河道整洁美丽，成功为迪士尼乐园系上了一条绿色腰带。

图 6.5　上海迪士尼外围河道

6.1.4　自感知混凝土

众所周知，混凝土在使用的过程中会产生许多细微的裂缝，这些微裂缝有可能会发展为宏观的裂缝，由此产生巨大的安全隐患，影响混凝土结构的服役性能和寿命。如果有这样一种混凝土，它能够自我感知、自我调节修复这些问题，那么将会有利于延长混凝土结构的服役寿命，达到节能减排的目的。自感知混凝土就是在这样的背景下应运而生的。

自感知混凝土是在混凝土基材中复合部分导电相材料后，使其具有本身自感知机敏特性的混凝土。目前，常用于水泥基复合材料的导电组分基本可分为三类：聚合物类、碳类和金属类，其中最常用的是后两类。碳类导电材料包括碳纤维、石墨和炭黑，金属类材料可以分为金属微粉末、金属纤维、金属片和金属网等。也可以同时掺加几种导电材料，如复掺碳纤维与钢纤维。复合材料的微观结构会在力场的作用下发生变化，从而使导电通路的电阻发生有规律的改变，因此复合材料具有拉敏和压敏两种感知特性[12]。

以碳纤维混凝土（CFRC）为例，碳纤维混凝土是将短切碳纤维经一定制备工艺与传统混凝土复合制成的复合材料。Chung 教授等首先发现掺入一定形状、尺寸和数量短切碳纤维的混凝土材料，具有自感知内部应力、应变和损伤程度的功能。随后的研究表明，碳纤维混凝土压应力与电阻率的关系曲线基本可分为无损伤、有损伤和破坏三个阶段[13,14]。周智和欧进萍[15]的研究结果表明，相比于仅掺入碳纤维的混凝土构件，将碳纤维水泥试块制作成小尺寸的标准应力传感器，并埋设于混凝土构件中形成智能混凝土结构系统，所得到的监测信息要更准确；与其他传感器相比，碳纤维水泥石标准应力传感器具有更好的耐久性，且与混凝土具有天然的相容性。国内外学者的研究结果表明，在水泥基体中掺入适量碳纤维可以提高其强度和韧性，并能够显著改善其他物理性能，如导电性能等。当碳纤维混凝土的初始电阻率在一定范围内时，其电阻率的变化与压力具有很好的对应关系，即可以通过测量其电阻来得到混凝土的应力状态。李惠等[16]对添加纳米材料的自感知混凝土做了大量的研究，对它的成型工艺、力学基本性能及改性性能、自感知特性及应用进行了深入的探究，并利用它制成了标准应变传感器。

碳纤维混凝土具有温敏特性是因为掺有短切碳纤维的混凝土会产生热电效应，其具体表现形式为当碳纤维混凝土试块两端存在温差时，在两端将会产生电位差，其热端为正极，冷端为负极，且随混凝土养护龄期延长，温差电动势趋于稳定[17]。

对自感知混凝土结构应力分布和混凝土结构的温度变化进行观测，并对这些变化进行调节是自感知混凝土的两个主要功能。在 20 世纪 90 年代，日本就已经研制了一种具有调整建筑结构承载能力的自感知混凝土材料。学者们将形状记忆合金埋入混凝土中，利用了记忆合金对温度的敏感性和不同温度下恢复母相形状的功能。当混凝土结构受到异常荷载干扰时，通过记忆合金形状的变化，使混凝土内部产生应力重分布并产生一定的预应力，从而使混凝土结构的承载能力提高。同时，在混凝土中复合具有电黏性的流体，利用电黏流体的电流变特性，当混凝土结构受地震或台风等突变荷载袭击时调整其内部流变特性，改变结构的自振频率和阻尼特性以达到减振之目的。

日本学者利用硅酸钙的孔隙能对水分及气体进行选择性吸附的原理，发明了具有温度自调节功能的自感知混凝土材料，它能自动对室内温度进行探测并根据需求对温度进行一定的调节。在温度自感知混凝土中，碳纤维混凝土由于具有电热效应及热电效应，因此将其埋入混凝土结构，可对混凝土结构进行温度自诊断，同时还可根据诊断结果实现混凝土结构的温度自调节。图 6.6 是碳纤维混凝土温度自感知、自调节系统。碳纤维混凝土执行器的温度通过输出的电压信号，经过转换器输入到单片机进行信息处理，并判断是否达到所要控制的温度。再由此自调节系统决定是启动还是关闭碳纤维混凝土执行器两端的电源，以使其温度保持定值。在国外，机场道路及桥梁路面的自调节融雪化冰的碳纤维混凝土已有应用，并取得了较好的效果。

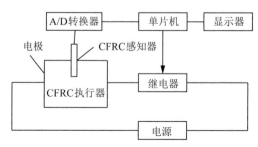

图 6.6　碳纤维混凝土温度自感知、自调节系统示意图

6.2　混凝土结构的预制与装配

6.2.1　混凝土预制构件

如何实现绿色施工和混凝土产业的可持续发展，提升建筑行业的施工效率是其中的关键一环。在现行主流的现浇结构的施工中，存在施工周期长、机械化程度不高、环境破坏大等问题。同时，由于各个施工队施工水平的良莠不齐，更使得建筑各构件的质量很难得到保证，需要额外加固甚至返工的现象时有发生。使用混凝土预制构件，使建筑产业工业化，是建筑业发展的必由之路。

1.　预制混凝土的起源

《装配式混凝土结构技术规程》（JGJ 1—2014）定义，预制混凝土构件是指在工厂或现场预先制作的混凝土构件。预制混凝土技术起源于英国。1875 年 6 月 11 日，英国人 William Henry Lascell 获得英国 2151 号发明专利"Improvement in the Construction of Buildings"。Morris[18]认为这一事件标志着预制混凝土的起源。在 2151 号发明专利中，提出了在结构承重骨架上安装预制混凝土墙板的新型建筑方案，这种新型建筑方案可用于别墅和乡村住宅。采用这种干挂预制混凝土墙板的方法可以降低住宅和别墅的造价并减少施工现场对熟练建筑工人的需求。后来 Lascell 还提出了采用预制混凝土制造窗框以代替传统的木窗框的想法并进行了造价比较，他认为如果能够批量生产，这种预制混凝土窗框将比传统木制窗框更经济。

目前发现的现存最早的预制混凝土建筑是建于 1882 年位于英国克罗伊登市 Sydenham 州大街 226 号和 228 号的一对别墅。这两栋建筑采用了木结构骨架和预制混凝土墙板、楼板，预制混凝土墙板采用螺栓固定在木结构骨架上。1890 年，在英国萨里建成的 Weather Hill Cottage 也采用了 Lascell 的预制混凝土建筑体系。1973 年，英国水泥和混凝土协会（Cement and Concrete Association）曾从这栋建筑上取下预制混凝土墙板样本进行材料力学试验，以研究早期预制混凝土墙板的性能。

美国在 1991 年提出将预制装配式建筑作为美国建筑业发展的契机，并由此带来了预制装配式建筑在美国 20 年来长足的发展。现今在美国，混凝土结构建筑中装配式建筑的比例占到了 35%左右。如图 6.7 所示，被誉为美国最高模块化建筑的希尔顿帕拉西奥德尔里奥（Hilton Palacio del Rio）酒店，其结构有 21 层，施工工期仅 202 天，底部四层为普通钢筋混凝土结构，上部其余结构为各模块装配建成，于 1968 年设计建造，至今仍然在使用，这足以证明预制装配式混凝土结构的安全性。

图 6.7　模块化建筑（Hilton Palacio del Rio）

2. 预制装配式混凝土结构的发展

预制装配式混凝土结构适用于多层、小高层住宅体系建设，具有良好的应用前景，是推动住宅产业化的新型结构体系。下面以住宅产业为例，介绍预制装配式混凝土结构的发展。

1）欧洲装配式混凝土结构的发展及政策

欧洲的装配式住宅产业主要是在第二次世界大战后发展起来的。一方面是因为受到战争的严重创伤，住宅需求量巨大，劳动力短缺，且落后的建筑业生产方式不能适应大规模建设需求；另一方面是战后各国经济的恢复与发展、技术水平都在不断提高，客观上为住宅产业化提供了经济与技术基础。这些国家为了解决居住问题，采取工业化生产的方式（主要是预制装配式）建造了大量的住宅，并形成了一批完整的住宅建筑体系。其中苏联和东欧实行计划经济，国家成片地规划建设住宅区，大量的预制工厂使住宅建筑的生产速度大大提高。英、法等西欧发达国家在 20 世纪五六十年代也重点发展装配式大板建筑。工业化的住宅建设不仅解决了战后居民的居住问题，而且对这些国家六七十年代的经济腾飞起到了巨大的支撑作用。进入 80 年代以后，由于居住问题基本解决，这些国家的住宅产业化发展速度放慢，住宅建设转向注重住宅的个性化。

2）日本装配式混凝土结构的发展及政策

在日本，预制装配整体式结构主要应用于住宅上，而且具有良好的整体性能与抗震性能，在日本几次大地震中其抗震性能甚至高于现浇结构。日本预制装配整体式结构大致可分为三个阶段。

第一阶段为第二次世界大战以后，为了解决居民住房的问题，日本政府制订了一系列优惠的住房政策，拨款兴建了一大批简易住宅，这一阶段只是数量型发展的阶段。

第二阶段是 1968～1980 年，人们生活水平和消费能力进一步提高，居民更加注重居住的质量与环境。这一阶段日本政府为了扩大内需，将住宅建设列为刺激内需主导型经济增长的主要因素。

第三阶段是 1980～1995 年，在全国推广适合老龄化、信息化、生活方式多样化的"新兴起城市集合住宅体系"。预制装配整体式结构的良好发展有赖于政府的大力支持。

3）我国装配式混凝土结构的发展现状及趋势

1956 年我国开始提出建筑工业化发展思路，因住宅建设量大面广，其发展主要在住宅业。

从 1957 年开始生产预应力梁、预应力薄板和双层空心板等装配整体式构件，首先应用在民用建筑上。20 世纪 50 年代末出现装配壁板式住宅。

1961 年同济大学朱伯龙教授等研制了一种装配整体式密肋楼板，预制部分为"I"形小梁与薄板，面层为现浇混凝土。国内高层建筑首次采用混凝土叠合式装配整体式结构的是北京民族饭店和北京市民航局大楼（高 15 层），这些高层建筑的特点是预制墙板与承重结构的连接占了一定比重，因而自身有特殊的节点处理形式，梁柱接头采用暗牛腿。

20 世纪 70 年代以后开始推广大模板住宅、滑升模板住宅、框架轻板住宅，其中装配式壁板住宅主要在北京、南京、昆明、西安、沈阳等地建有约 100 万 m^2，大模板住宅在北京、上海、沈阳等地建有 80 万 m^2。

20 世纪 80 年代期间装配式混凝土结构和采用预制空心楼板的砌体结构成为两种最主要的结构体系。装配式混凝土结构主要形式有大板结构、盒子结构、框架轻板结构和叠合式框架结构。

进入 20 世纪 90 年代以后，预制装配整体式又进入了新的发展轨道，全国各地开始建立试点工程，最具代表性的是万科集团。万科集团在上海新里程项目中率先进行了预制装配整体式结构试点，随后在全国各地推广。近年来万科集团和高校合作，对预制装配整体式结构进行研究，改善了结构整体性能，使这种结构的普及发展成为可能。

进入 21 世纪以后，我国房地产迅猛发展，而这种发展是建立在大量资金与土地的投入上的，发展商更追求经济效益，这使得建筑工业化的研究与发展进入瓶颈期。近年来，各发达国家的装配式建筑发展均已取得一定成果，为我国提供了大量可借鉴的经验，这也预示着我国进行住宅产业化、发展装配式建筑是一种必然趋势。我国开始重新重视住宅的质量和功能，并以节能环保审视住宅建设，在总结借鉴国内外经验后，提出了住宅产业化的战略，使得住宅产业化研究进入了一个新的阶段。2016 年，国务院办公厅发布了《关于大力发展装配式建筑的指导意见》，要求在 2020 年重点推进地区装配式建筑面积要占新建建筑面积达到 20%以上，培育 50 个以上装配式建筑示范城市，200 个以上装配式建筑产业基地，500个以上装配式建筑示范工程，建设 30 个以上装配式建筑科技创新基地。2017 年住房和城乡建设部也发布了《"十三五"装配式建筑行动方案》。国内一些大型房地产企业已开始尝试走住宅产业化道路。

3. 预制混凝土结构的分类

1）按装配化程度分类

装配式建筑根据其装配化的程度可以分为全装配式和半装配式两大类。

全装配式建筑的全部构件如同机械制造产品一样，在工厂里成批生产，然后到现场装配，主要包括装配式大板、板柱结构、盒子结构、框架结构等。全装配式建筑的维护结构可以采用现场砌筑或浇筑，也可以采用预制墙板。它的主要优点是生产效率高，施工速度快，构件质量好，受季节性影响小，在建设量较大而又相对稳定的地区，采用工厂化生产可以取得较好的效果。全装配式结构在民用建筑方面一般以住宅居多，其次像商店、餐厅、医院、旅馆、办公楼、试验楼等均可以采用。

半装配式建筑的主要承重构件，一部分采用预制构件，一部分现场砌筑。如砖混结构中砖墙用作竖向承重，都在现场砌筑。楼板、楼梯为水平承重构件，一般采用预制构件，内墙用工具式模板现浇。它的主要优点是所需生产基地一次投资比全装配式少，适应性大，节省运输费用，便于推广。在一定条件下也可以缩短工期，实现大面积流水施工，可以取得较好的经济效果，从结构性能上来说也具有较好的整体性。

2）按结构形式分类

我国现行规范《装配式混凝土结构技术规程》（JGJ 1—2014）按照结构体系将预制装配式混凝土结构分为框架结构和剪力墙结构。

装配整体式混凝土框架结构是指全部或部分框架梁、柱采用预制构件构建成的装配整体式混凝土结构。装配整体式混凝土剪力墙结构是指，全部或部分剪力墙采用预制墙板构建成的装配整体式混凝土结构。

4. 再生混凝土预制构件与结构的试验研究

考虑到再生混凝土预制构件应用的可能性，本书作者通过 4 根再生混凝土"U"形叠合梁、6 根再生混凝土"□"形叠合柱的试验研究，探索施工方式和再生混凝土含量等因素对再生混凝土预制构件受力性能的影响[19-21]。结果表明，预制再生混凝土"U"形叠合梁的抗剪破坏形式和受力机理与现浇混凝土梁类似，相同剪跨比下的再生混凝土叠合梁抗剪承载力接近于再生混凝土现浇梁；预制再生混凝土柱的耗能能力随着再生混凝土含量的增加而降低，不同的施工方式对试件的骨架曲线有一定影响，而再生混凝土柱承载力随芯柱尺寸的变化发生一定改变。

同时，本书作者以预制再生混凝土空间框架结构模型为研究对象，完成了模拟地震振动台试验，详细分析了预制再生混凝土框架结构的动力特性和抗震性能，以期为实际工程应用提供理论依据和参考[22-24]。试验现象表明，预制再生混凝土框架结构在弹性和弹塑性阶段前期抗震性能较好，与现浇再生混凝土框架差别不大。在弹塑性阶段后期，梁端和柱端均出现塑性铰，结构抗侧刚度迅速退化。柱端塑性铰的出现夹杂在梁端塑性铰的产生过程中，呈现出混合破坏机制，柱脚塑性铰产生，试验结束，与预制普通混凝土框架结构十分类似。

6.2.2　预制构件的运输与吊装

1. 预制混凝土构件的运输

在预制装配式建筑建设中，柱子、屋架、托架、屋面梁以及重型吊车梁等大型预制构件，由于其几何尺寸、重量和体积庞大，构件本身平面外刚度差，运输中易于损坏，需要大型运输工具等原因，往往采取在现场就地预制的方法，以克服或减少运输的复杂性。但是由于一些特殊原因，如现场场地拥挤，没有预制构件摆放场地；技术改造工程，不允许破坏周围环境和妨碍生产；施工工期紧等，也需要在工厂进行预制并进行运输。这样最关键复杂的技术问题，就是大型构件的运输问题，即如何选定运输工具和方式，确保构件运输质量和运输安全。

根据《装配式混凝土结构技术规程》（JGJ 1—2014）规定，预制构件的运输车辆应满足构件尺寸和载重要求，装卸与运输时应符合下列规定：

（1）装卸构件时，应采取保证车体平衡的措施。

（2）运输构件时，应采取防止构件移动、倾倒、变形等的固定措施。

（3）运输构件时，应采取防止构件损坏的措施，对构件边角部或链锁接触处的混凝土，宜设置保护衬垫。随着我国建筑技术的发展，运输工具、品种、性能的日益完善和技术水平的进步提高，这一问题的解决已成为可能，国内在这方面已积累不少的经验。

1）大型预制混凝土构件的运输

大型构件，主要包括柱、梁（吊车梁）、屋架、托架、屋面梁、剪力墙等，运输应注意以下几个问题[25]。

（1）做好各项运输准备，包括制定运输方案，明确运输车辆，设计制作运输架，准备装运工具和材料，检查、清点构件，修筑现场运输道路，察看运输路线和道路，进行试运行等，这是保证运输顺利进行的重要环节和条件。

（2）大型构件运输时，混凝土的强度应达到设计强度等级的100%。构件支承应按设计支承状态堆放，或接近设计放置状态。构件放置支承点应平稳，在车辆弹簧上承受的荷载要对称、均匀，构件的中心应与车辆的装载中心重合，支承应垫实，构件间应塞紧并封车牢固，以防运输中晃动或滑动，导致构件互相碰撞损坏。

（3）对屋架、屋面梁等重心较高、高宽比较大、支承面狭窄的构件，应设钢运架、支承架支撑或承托，并用绳扣和倒链予以固定，避免叠放运输，以防构件倾倒或运输车辆因荷载偏心而倾翻。当采用半拖式平板车运输时，在构件支承处应设有转向装置使其能自由转动。

（4）运输道路应平坦坚实，保证有足够的路面宽度和转弯半径。对载重汽车不得小于10m；半拖式拖车不小于15m；全拖挂车不小于20m。根据路面情况掌握好车辆行驶速度，起步、停车必须平稳，防止任何碰撞、冲击。

（5）对于不易掉头、又长又重的柱子、屋架、屋面梁等构件，应根据厂房主体结构吊装的方向，确定装车的方向，以利卸车就位。

（6）大型构件运输应与其他构件配套，按顺序装运。构件运到现场，应按结构吊装平面位置进行卸车、就位、堆放，先吊的先运，避免混乱和二次倒运。

2）小型预制构件的运输——以板为例

装配式住宅的预制板包括预制外墙板、预制楼板、预制楼梯、预制阳台板和预制空调板等类型，每种类型又有多种型号。预制板形状有平板形、折板形，还有"L"形，在运输时，应根据不同形状及受力要求进行运输，保证板的完好。因此在加工前，应按照总进度计划排出预制板加工专项计划，其中包括预制板加工图纸绘制及确认、预制板材料采购、预制板制作、预制板运输等内容，尤其应注意以上所有环节均应考虑预制板的配套供应问题，这样才能够保证生产及安装的顺利进行。

（1）根据施工现场的吊装计划，提前一天将次日所需型号和规格的外墙板发运至施工现场。在运输前应按清单仔细核对墙板的型号、规格、数量及是否配套。

（2）运输车辆可采用大吨位卡车或平板拖车。装车时先在车厢底板上铺两根100 mm×100mm 的通长木方，木方上垫 15mm 以上的硬橡胶垫或其他柔性垫，根据外墙板尺寸用槽钢制作人字形支撑架，其支撑角度控制在 70°～75°。然后将外墙板带外墙瓷砖的一面朝外斜放在木方上。墙板在人字形架两侧对称放置，每摞可叠放 2～4 块，板与板之间需在两端长度的 1/5 处加垫木方和橡胶垫，以防墙板在运输途中因振动而受损。

（3）预制构件根据其安装状态受力特点，制定有针对性的运输措施，保证运输过程构件不受损坏。

（4）预制构件运输过程中，运输车根据构件类型设专用运输架，且需有可靠的稳定构件措施，用钢丝带配合紧固器绑牢，以防构件在运输时受损。

（5）构件运输前，根据运输需要选定合适、平整坚实的路线，车辆启动应慢，车速行驶均匀，不应超速、猛拐和急刹车。

（6）预制楼梯采用平运法，构件重叠平运时，各层之间应放 100mm×100mm 木方支垫，预制楼梯构件应分类重叠存放。

2. 预制混凝土构件的吊装——以墙板为例

1）起吊前准备

吊装用吊具应按国家现行有关标准的规定进行设计、验算或试验检验。吊具应根据预制构件形状、尺寸及重量等参数进行配置，吊索水平夹角不宜小于 60°，且不应小于 45°；对尺寸较大或形状复杂的预制构件，宜采用有分配梁或分配桁架的吊具。

　　在装配式结构的施工全过程中，应采取防止预制构件及预制构件上的建筑附件、预埋件、预埋吊件等损伤或污染的保护措施。

　　2）起吊

　　预制墙板吊装时，要求塔吊缓慢起吊，吊至作业层上方 600mm 左右时，施工人员把两根溜绳用搭钩钩住，用溜绳将板拉住，缓缓下降墙板。图 6.8 为混凝土预制墙板起吊的示例。

图 6.8　预制墙板的起吊

　　3）预制墙板定位

　　预制构件安装时，为了保证构件就位快捷、定位准确，设计安装时需配合使用相应的辅助性工、器具[26]。预制墙板采用现浇顶板预留定位钢筋与预制墙板的预留灌浆套筒连接，待墙板吊装时使用快速定位措施件进行就位，就位后利用墙体斜支撑调节固定；墙板校正、微调、固定完毕后进行预制墙板灌浆操作，利用灌浆枪将水泥基灌浆料送进钢筋连接套筒，灌满封堵连接后形成一体。

　　预制墙板快速定位措施件应根据墙板类别，在构件深化设计时统一考虑截面及措施定位，通常是利用槽钢和钢板焊接而成，吊装时将拧在墙板上两侧斜支撑的螺栓插入快速定位措施件的豁口中，墙板缓慢随豁口槽下落就位，就位后确保下一层预留钢筋插入到吊装墙板的灌浆套筒中。设计快速定位措施件的豁口时，根据墙板斜支撑的螺栓栓杆直径设计，要求豁口成"V"形，确保豁口的最下端与螺栓栓杆直径同宽。图 6.9 为混凝土预制墙板安装定位的示例。

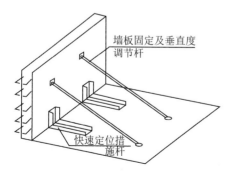

图 6.9　预制墙板的定位安装

6.2.3　混凝土预制构件的装配连接

1. 钢筋连接技术

1）套筒连接

套筒连接技术是将连接钢筋插入带有凹凸槽的高强套筒内，然后注入高强灌浆料，通过套筒内侧的凹凸槽和变形钢筋的凹凸纹之间的灌浆料来传力。最新的套筒连接方式是将套筒一端的连接钢筋在预制厂通过螺纹完成机械连接，另一端钢筋在现场通过灌浆连接（图 6.10）。

图 6.10　钢筋套筒连接

钱稼茹等[27]采用套筒方式对预制剪力墙的竖向钢筋进行连接，并与现浇剪力墙抗震性能进行了对比试验研究。结果表明，采用此套筒连接的剪力墙能够有效传递竖向钢筋应力，破坏形态和现浇的试件相同。

2）浆锚连接

浆锚连接技术是将搭接钢筋拉开一定距离后进行搭接的方式，连接钢筋的拉力通过剪力传递给灌浆料，再传递到灌浆料和周围混凝土之间的界面。姜洪斌[28]提出了插入式预留孔灌浆钢筋搭接的连接方法，并获得专利。赵培[29]针对该方法，进行了不同配箍率对钢筋搭接长度影响的试验研究，结果表明，对搭接钢筋配置螺旋箍筋约束可有效降低其搭接长度。

3）机械连接

机械连接技术是通过钢筋与连接件的机械咬合作用或钢筋端面的承压作用，将一根钢筋中的力传递至另一根钢筋的连接方法。我国常用的钢筋机械接头有套筒挤压接头、锥螺纹接头、镦粗直螺纹接头、熔融金属充填接头等，在《钢筋机械连接技术规程》（JGJ 107—2010）[30]中有对相关连接方法及参数的规定。

2. 预制框架结构连接方式

预制混凝土框架结构中连接部位较多，而且各研究机构或相关企业的连接方式也不尽相同，大致可分为干连接和湿连接。干连接包括牛腿连接、钢板连接、螺栓连接、焊接连接、企口连接、机械套筒连接、预应力连接等；湿连接包括普通现浇连接、底模现浇连接、浆锚连接、预应力技术后浇连接、灌浆拼装、榫式连接等。

1）牛腿连接

我国早期装配式建筑梁柱节点多采用明牛腿铰接或刚接，为增强梁柱连接整体性后又发展了一种带齿槽的刚性连接方式。为了室内平整美观，柱上也可以不设明牛腿，而仅用钢牛腿作为临时支撑，或直接将梁插入柱内作为施工阶段的临时支撑。在唐山地震后，对不同连接形式预制混凝土结构的震害统计表明，梁柱齿槽连接方式的震害较其他明牛腿连接方式轻。杨卉[31]对比研究了预制装配式足尺框架节点和现浇节点的抗震性能，包括中节点和边节点。结果显示，牛腿连接装配式框架节点与现浇节点有相似的破坏形态，都实现了梁铰破坏机制，说明预制装配式节点整体性能良好。

2）企口连接

企口连接是梁与梁连接的一种方式，如图 6.11 所示。黄祥海等[32]对干式企口连接进行了理论分析和有限元模拟，推导了相应的承载力公式。朱筱俊等[33]对改进的斜企口梁进行了承载力计算分析，利用剪切摩擦和拉压杆模型等推导了相应的极限承载力公式，并通过已有试验数据进行验证。

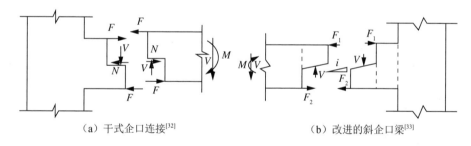

（a）干式企口连接[32]　　　　　　　　　（b）改进的斜企口梁[33]

图 6.11　企口连接

3）螺栓连接

螺栓连接是采用螺栓的方式将柱与柱、梁与梁、梁与柱等结构构件连接在一起的方式。范力[34]对螺栓连接梁柱节点（螺栓连接处采用橡胶垫）进行试验，显示其转动刚度小、弹性变形能力大，并对 3 个螺栓连接的框架进行了拟动力试验。结果表明：破坏模式为柱底弯曲破坏，其中梁柱的螺栓连接节点状态良好，无明显破坏；结构整体破坏模式属延性破坏，滞回曲线饱满，试验结束后试件无过大的残余变形，说明结构具有较好的抗震性能。

3. 预制剪力墙连接方式

预制混凝土剪力墙的连接方式也分为干连接和湿连接两类。干连接主要包括螺栓连接、后张预应力连接、键槽连接等；湿连接主要包括现浇带连接、套筒灌浆、预留孔浆锚搭接等。

1）现浇带连接

预制混凝土剪力墙构件采用的现浇带连接是一种比较传统的连接方式，即在剪力墙安装就位后，将钢筋采用搭接等方式连接，然后现浇混凝土带连接上下两片剪力墙。钱稼茹等[35]通过试验发现，采用现浇带连接剪力墙破坏后的裂缝数量明显较现浇剪力墙少，耗能能力相对稍差。

2）螺栓连接

螺栓连接是一种机械连接方式，连接构造简单，尽管螺栓连接有工期短、操作简单等优点，但对构件精度要求高，应用条件比较有限，所以关于螺栓连接的研究和应用并不多。Menetgotto[36]给出了螺栓连接的剪力墙在荷载作用下的破坏形态。Wilson 等[37]研究了装配式结构使用螺栓连接时其连接节点的动力特性。

3）键槽连接

键槽连接主要用于装配式大板结构中，在连接部位设置均匀密布的小键槽，通过后浇混凝土将上下剪力墙连成整体，这种连接形式能够保证剪力均匀地传递。常业军等[38]通过试验分析了连接缝的受力机理及抗震性能，试验结果显示，试件在接缝处均发生了剪切破坏，并建立了接缝极限抗剪强度的计算公式。

6.3　施工信息化与工业化

21 世纪是信息的时代，是数据的时代。如果不能跟上时代的步伐，适应信息洪流给社会带来的变化，就会被时代所淘汰。建筑业作为一个古老的产业更是如此。如何使建筑施工信息化，如何使用这些信息，如何使这些信息给建筑产业带来便利，已经成为一个当下热门的课题。

6.3.1　信息化与 BIM 的应用

1. BIM 的诞生与内涵

20 世纪 80 年代，计算机辅助设计技术的普及和推广使建筑绘图由手工走向电子化，提高了绘图效率，使设计人员能够将更多的精力和时间转移到图纸的深化设计与完善上面，提高了设计质量。然而这种技术在应用的几十年间，逐步发现了自身存在的缺陷和在全球竞争环境下的不足。一方面，最终的图形文件只能包含建筑项目的一小部分信息；另一方面，CAD 不同图纸和规范间信息分裂，无法实现协同。以提高绘图效率为目的的 CAD 应用已不能满足全球化竞争趋势下建筑业的信息化需求。

2002 年美国 Autodesk 公司继匈牙利 Graphisoft 公司提出虚拟建筑（Virtual

Building）概念和美国 Benetly 公司提出建筑信号信息（Signal Building Information）概念之后，提出了 BIM（Building Information Modeling）概念，并将其应用于 Revit 软件中[39]。

美国国家 BIM 标准（2006）[40]对 BIM 是这样定义的：“建筑信息模型（BIM），是对建筑项目的物理和功能特性的数字化表达，为建筑物自诞生起至完结的整个生命周期过程中的决策提供了可信赖的信息共享知识资源”。

BIM 是一个数据丰富、面向对象、智能化、参数化的模型架构，具有可视化、信息集成、信息共享、模拟性等特点。根据 BIM 的特点，在信息集成化的架构中，适应于查询、统计和分析各种项目信息，从而帮助管理者进行决策并提高信息传递的效率[41]。BIM 的技术核心[42]是由计算机三维模型所组成的数据库，包含了贯穿建筑设计、施工和运营管理等阶段的建筑生命周期的所有信息，能够促进项目各参与方更清楚全面地了解项目的整体情况。

2. 与 BIM 相关的软件

BIM 作为支撑建设行业的新技术，涉及不同应用方、不同专业、不同项目阶段的应用，绝非几个或一类软件可以解决的，BIM 的发展离不开软件的支持。下面列举了一些对目前在全球具有一定市场影响或占有率，并且在国内市场具有一定认识和应用的 BIM 软件（包括能发挥 BIM 价值的软件），并进行了一定的分类和梳理。

1）BIM 建模软件

BIM 核心建模软件主要包括以下内容。

（1）Autodesk 公司的 Revit 建筑、结构和机电系列，在民用建筑市场借助 AutoCAD 的天然优势，有相当不错的市场表现。

（2）Bentley 建筑、结构和设备系列，Bentley 产品在工厂设计（石油、化工、电力、医药等）和基础设施（道路、桥梁、市政、水利等）领域有很好的优势。

（3）ArchiCAD/AllPLAN/VectorWorks 派系，其中国内最熟悉的是 ArchiCAD，属于一个面向全球市场的产品，但是在中国由于其专业配套的功能（仅限于建筑专业）与多专业一体的设计院体制不匹配，很难实现业务突破。

（4）Dassault 公司的 CATIA 是全球最高端的机械设计制造软件，在航空、航天、汽车等领域具有接近垄断的市场地位，而与工程建设行业的项目特点和人员特点的对接问题则是其不足之处。Digital Project 是 Gery Technology 公司在 CATIA 基础上开发的一个面向工程建设行业的应用软件（二次开发软件），其本质还是 CATIA。

2）BIM 方案设计软件

BIM 方案设计软件用在设计初期，其主要功能是把业主设计任务书里面基于数字的项目要求转化成基于几何形体的建筑方案，此方案用于业主和设计师之间的沟通和方案研究论证。

目前主要的 BIM 方案软件有 Onuma Planning System 和 Affinity 等。

3）BIM 可持续分析软件

可持续分析软件可使用 BIM 模型的信息进行日照、风环境、热工、景观、可视度、噪声等方面的分析，主要软件有 Echotect、IES、Green Building Studio 等。

4）BIM 结构分析软件

结构分析软件是目前和 BIM 核心建模软件集成度比较高的产品，基本上两者之间可以实现双向信息交换，即结构分析软件可以使用 BIM 核心建模软件的信息进行结构分析，分析结果对结构的调整又可以反馈回到 BIM 核心建模软件中去，自动更新 BIM 模型。

ETABS、STAAD、Robot 等国外软件以及 PKPM 等国内软件都可以跟 BIM 核心建模软件配合使用。

3. IFC 标准

IFC（Industry Foundation Classes）标准[43]是由国际协作联盟（International Alliance for Interoperability，IAI）专为建筑行业制订的建筑产品数据描述标准。它是一个基于面向对象的数据模型体系。该模型体系既可以描述真实的物理对象，如梁、柱、墙等建筑构件，也可以表示抽象的概念，如空间、组织、关系和过程等[44]。它是保证 BIM 数据在各种 BIM 软件之间自由交换的基础。

近些年我国正在积极地进行 IFC 标准的推广工作，于 2007 年发布了建筑工业行业标准《建筑对象数字化定义》（JG/T 198—2007）[45]，描述了工业基础类 2X 平台规范的部分内容。2010 年发布了国家标准《工业基础类平台规范》（GB/T 25507—2010）[46]，该规范完整描述了工业基础类 2X 平台。

在最新版的 IFC 标准 IFC2X3Final[47]中，共定义实体类型数据 653 个，预定义属性集 312 条。随着对 IFC 研究和应用的深入，研究者们发现 IFC 现有的模型体系已不能满足现实中对信息数据描述的需求，于是提出了各种对 IFC 模型进行扩展的方案，并进行了实践。Schein 等[48]通过 EXPRESS-G 语言建立了针对建筑自动化系统的信息模型，通过该模型使建筑自动化领域的应用软件可以在设计、运营及维护的不同阶段间实现标准化的信息交换与共享。Yu 等[49]针对物业管理领域开发了计算机集成的物业管理框架，并扩展了 IFC 标准，提出了用于物业管理的信息模型。

4. BIM 技术的应用

BIM 作为一种全新的理念和技术，不同类型的建筑项目都可以在 BIM 平台找到自己亟须解决问题的方法。在欧美国家，应用 BIM 的项目数量已超过过去传统项目。国内 BIM 应用起步相对较晚，目前在一些工程实施过程中也开始得到应用。图 6.12 列举了现在建筑产业中能利用到 BIM 的主要阶段。

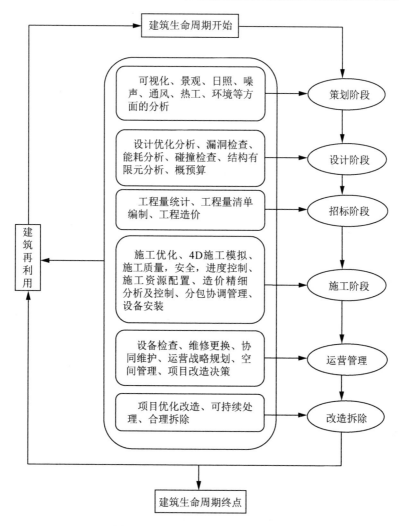

图 6.12　BIM 在建筑产业中的应用

1）BIM 与设计的结合

由于 BIM 的核心是一种数据库，是建筑信息模型，因此 BIM 与建筑的策划与设计有天然的相容性。与传统的平面二维设计相比，直接使用 BIM 设计能增强建筑、结构、水电等各个设计部门之间的联系，减少因缺少沟通而带来的不必要的变更，减少返工，提升效率；而且由于 BIM 的可视化优点使得设计人员能更加直观更加方便地发现设计中的漏洞，以便查漏补缺，避免到了实际施工时才发现而带来的麻烦。现在 BIM 在国内已有许多成功的案例，正运用于建筑设计和管线优化设计[50]等方面。

Ireneusz 等[51]通过实际工程中的 BIM 运用，分析和探讨了 BIM 在运用过程中可能会遇到的几大问题，并且与传统的设计方法进行了比较，认为使用 BIM 为基础的设计提升了效率，在比较大的工程中会产生极为可观的经济效益。但限于现阶段 BIM 对软硬件要求较高，使用 BIM 可能会需要较多成本。但相信在未来，BIM 必将成为最主流的设计手段。

2）BIM 与施工管理的结合

目前，BIM 的应用在欧美发达国家正在迅速推进，并得到政府和行业的大力支持。例如，美国已经制定国家 BIM 标准，要求在所有政府项目中推广使用 IFC 标准和 BIM 技术，并开始推行基于 BIM 的集成项目交付[52]（Integrated Project Delivery，IPD）模式。它要求在工程项目总承包的基础上，把工程项目的主要参与方在设计阶段集合在一起，基于 BIM 协同工作。因此在施工阶段运用 BIM 进行工程管理，是最符合 BIM 本质的选择。如何实现工程管理中的安全、质量、成本的控制，各地的学者们已做了大量的研究。

美国 Webcor 公司承建的旧金山某基督教堂的虚拟施工模型就是一个成功的工程案例，在建立虚拟施工模型过程中，可随时自动生成工程量统计和简化报告数据，并可安排材料采购、施工进度等，如图 6.13 所示。

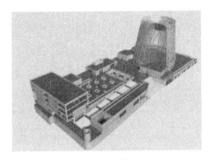

　　（a）虚拟施工模型 1　　　　　　　　　　　　（b）虚拟施工模型 2

	A	B	C	D	E	F	G	H
1	pcs	ry in	story name	layer	element type	fill	volume	surface (top)
2								
3	1	-2	PARKING_B2	_Slab	Slab	_S_und_found	4 228.83	45 671.21
4	1	-1	PARKING_B1	_Slab	Slab	_S_und_cei	1 536.35	55 311.02
5	17	0	LEVEL_1	_Slab	Slab	_F_s_conc	801.67	31 017.52
6	6	0	LEVEL_1	_Slab	Slab	_S_betw	17.55	1 137.50
7	1	0	LEVEL_1	_Slab	Slab	_S_roof	1.97	106.32
8	3	0	LEVEL_1	_Slab	Slab	_S_und_cei	1 560.77	56 028.10
9	3	0	LEVEL_1	_Slab	Slab	_S_und_found	4 364.77	47 668.40
10	20	1	LEVEL_2	_Slab	Slab	_F_s_conc	1 240.99	32 861.60
11	7	1	LEVEL_2	_Slab	Slab	_S_betw	1 912.46	50 246.16
12	8	1	LEVEL_2	_Slab	Slab	_S_roof	704.60	20 498.61
13	2	1	LEVEL_2	_Slab	Slab	_S_und_found	179.54	2 644.19
14	2	2	LEVEL_3	_Slab	Slab	_R_steel	129.87	7 012.79
15	1	2	LEVEL_3	_Slab	Slab	_S_betw	271.88	7 340.66
16	1	3	LEVEL_4	_Slab	Slab	_S_betw	271.44	7 328.90
17	1	3	LEVEL_4	_Slab	Slab	_S_roof	153.90	4 155.35
18	1	4	ROOF	_Slab	Slab	_R_steel	291.85	7 879.98
19								

（c）虚拟施工软件生成的工程量统计表格

图 6.13　某基督教堂 BIM 虚拟施工

同时，美国 Webcor 公司还承建了旧金山加利福尼亚科学院的虚拟施工模型，由于该建筑形体特殊，若使用传统的二维 CAD 设计，不仅图纸表达比较困难，而且项目施工进度和效率也无法保证。所以就采用了基于 BIM 技术的 4D 施工管理软件，使得本项目中各个构件在三维模型都能得到准确体现，如图 6.14 所示。

（a）虚拟施工模型 1　　　　　　　　（b）虚拟施工模型 2

图 6.14　加利福尼亚科学院 BIM 虚拟施工

在上海中心的建设过程中，通过 BIM 在施工现场模拟、施工图深化设计、4D 施工模拟、大型机械运行空间模拟等方面的应用，实现了对施工质量、安全、成本和进度的有效监控和管理。例如，针对施工现场作业空间相对紧张的情况，可通过 BIM 模型比对施工现场，从而快速寻找可以利用的空地，并且查询可利用空地的几何尺寸，方便场地的使用规划；同时，也可以直接通过实时更新的模型来了解工程实际的施工情况，如图 6.15 所示。另外，基于与现场实际情况相一致的 BIM 模型，结合预设的施工计划进行 4D 模拟，来依次表现混凝土施工、钢结构吊装、钢平台系统运行和大型塔吊爬升等多工种交叉作业的工况，从中可以直观地看到各工序之间存在的冲突问题。针对这些问题，及时找寻解决方案，从而避免了在实际操作中造成不必要的经济和时间损失，如图 6.16 所示。

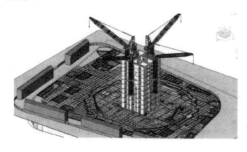

图 6.15　上海中心施工现场 BIM 模型　　　　图 6.16　上海中心 4D 模拟施工模型

3）BIM 与成本造价

造价管理的目的就是为项目投资实现增值。工程项目造价管理分为两个阶段，即项目计划阶段和合同管理阶段。对于每个阶段，应用 BIM 技术后都能提高造价管理的效率和水平。

BIM 技术对于提升建设项目造价管理信息化水平、提高工程造价行业效率，乃至整个造价行业的管理流程，都有十分重要的意义。它与传统的造价管理方法相比有着十分明显的优势，主要体现在以下几个方面。

（1）提高算量工作的效率和准确性。BIM 模型相比于传统 2D 图纸的巨大优势之一，就是能够把建筑、结构、机电等信息完整有效地保存下来，并且能快速准确地统计工程量，提出分析报告。BIM 模型中由于每一个构件都能够与现实中的实际物体一一对应，所含的信息也都可以直接拿来运算。因此，计算机在 BIM 模型中可以根据构件本身的属性，如类型、尺寸、数量等进行快速识别分类，当需要进行工程量统计时，可以根据不同的分类迅速做出自动统计。

同时，基于 BIM 技术生成的工程量不是简单的长度和面积的统计，专业的 BIM 造价软件可以进行精确的 3D 布尔运算和实体减扣，从而获得更符合实际的工程量数据，并且可以自动形成电子文档进行交换、共享、远程传递和永久存档。其准确率和速度上都较传统统计方法有很大的提高，有效降低了造价工程师的工作强度，提高了工作效率。

（2）能合理安排资源。利用 BIM 模型提供的数据，工程师可以合理安排资金计划、人工计划、材料计划和机械台班使用计划，而且在使用 BIM 虚拟施工的基础上，还可以得到任意时间段的工程量，进而得到任一时间段的工程造价，根据这些信息来合理配置资源，分配人工、资金、时间等要素。例如，苏州星海生活广场项目，该项目位于苏州工业园区地铁一号线星海街站，运用 BIM 技术后，减少了 30% 的信息请求，减少了 20% 的人力、物力浪费；设备二次采购减少了 5%。

（3）方便历史数据积累和共享。工程项目结束后，所有数据和资料要么堆积在仓库，要么不知去向，今后碰到类似项目，如要参考这些数据就很难做到，而且以往工程的造价指标、含量指标，对今后项目工程的估算和审核具有非常大的借鉴价值，造价咨询单位视这些数据为企业核心竞争力。利用 BIM 模型可以对相关指标进行详细、准确地分析和提取，并且形成电子资料，方便保存和共享。

（4）利于项目全过程造价管理。全过程造价管理是为确保建设工程的投资效益，在工程项目的生命周期中，围绕工程造价所进行的全部业务行为和组织活动。基于 BIM 技术的造价管理在项目建设的各个阶段都发挥着重要作用。BIM 模型提供了准确的结算数据，确保了工程结算的快速准确，这阶段的大部分工作在施工阶段即可完成，加快了工程结算进度。

4）BIM 与建筑生命周期

由上文可以看出，BIM 技术可以用于建筑生命周期的每一个阶段，对于各个阶段中的问题，BIM 都能对问题的解决产生帮助。因此，BIM 与建筑的生命周期管理相结合是具有很深厚的理论和工程基础的。无论是建筑生命周期的信息管理，或是其生命周期的绿色分析，BIM 的特性决定了它均能与这些领域良好结合。

BIM 所建立的信息库，理论上可以包含建设项目方方面面的信息。BIM 模型一旦建立，只需要建筑生命周期各个阶段的参与者将各自阶段的信息添加入模型中，BIM 便能够成为这栋建筑的一个"生命体"，可以说是这栋建筑的"基因"一般。任何人或者机构想要研究这栋建筑，只要得到这栋建筑的 BIM 模型，就可以对这栋建筑有一个完整的认识，传统的生命周期研究所遇到的一些问题就能得到很好的解决。

5. 无线射频识别技术[53]

无线射频识别技术（Radio Frequency Identification，RFID），是一种非接触式自动识别技术，其原理是利用无线射频信号的电磁感应或电磁传播的空间耦合来实现对被标识物体的自动识别。RFID 系统主要由射频标签、读写器、RFID 中间件以及应用系统软件 4 部分组成。其中，每个射频标签对应一个编码，该编码具有唯一性，如同身份证编号一样。将射频标签放入物体内部，就可利用读写器对射频标签进行信息读写，此过程这两者之间不用直接接触，然后将信息通过 RFID 中间件，传递给应用系统软件，完成信息的解码、识别和管理。RFID 技术主要有三个特点：非接触式的信息读取，不受覆盖物遮挡的干扰，可远距离通信，穿透性极强；多个电子标签所包含的信息能够同时被接收，信息的读取具有便捷性；抗污染能力和耐久性好，可以重复使用。

传统建设项目的管理过程中，项目各参与方之间信息传递效率低下，而将 RFID 系统运用于建筑领域，可有效地与 BIM 结合，构建一个高效的信息交流平台，使用 RFID 芯片、智能手机、互联网自动采集等方式进行快速高效的信息采集并保存在 BIM 模型中，可及时有效地查找相关信息，完成建筑结构生命周期的管理。RFID 系统的运用有如下表现。

RFID 系统可对建筑生命周期中的人员、材料、机械设备等进行统一信息管理，并进行有效维护。建立基于 BIM 和 RFID 的施工现场工人实时定位与安全预警系统模型，提高施工现场工人安全管理的效率，降低建筑业的事故率；采用 RFID 技术标记和监测贵重物品，检测篡改或未经批准的行动；将 RFID 标签嵌入预制混凝土构件中，跟踪生产全过程，并结合移动设备、互联网和数据库技术对预制混凝土构件进行智能管理；在维护阶段，进行构件信息的查询，确定其合理的维护或更换时间，评估目前的使用状态和剩余使用年限。

RFID 技术的引入，使建筑业有了翻天覆地的变化，如建筑生命周期管理不再是一个仅仅停留在纸上的概念，而成为一个可控、可行的管理模式，可真正实现贯穿建筑生命周期的管理。

6.3.2 工业化

1. 建筑工业化的定义

以工业化的方式重新组织建筑业是提高劳动效率、提升建筑质量的重要方式，也是我国建筑业未来的发展方向。这样的概念名词有不少，比较流行的有建筑工业化、建筑工厂化、建筑产业化、住宅工业化、住宅产业化等，这些概念间存在着什么样的关系，有必要弄清楚才能有更好的发展思路。

追溯历史渊源，建筑工业化是随着西方工业革命的发生而出现的概念，工业革命让造船、汽车的生产效率大幅提升，随着欧洲兴起的新建筑运动，实行工厂预制、现场机械装配，逐步形成了建筑工业化最初的理论雏形。第二次世界大战后，西方国家在亟须解决大量的住房而劳动力严重缺乏的情况下，积极推行建筑工业化，且因其工作效率高而在欧美风靡一时。1974年，联合国出版的《政府逐步实现建筑工业化的政策和措施指引》中定义了"建筑工业化"：按照大工业生产方式改造建筑业，使之逐步从手工业生产转向社会化大生产的过程。它的基本途径是建筑标准化，构配件生产工厂化，施工机械化和组织管理科学化，并逐步采用现代科学技术的新成果，以提高劳动生产率，加快建设速度，降低工程成本，提高工程质量。

建筑工业化是指建筑产品的工业化生产方式，包括设计的标准化、构配件的工厂化以及建造施工的装配化；而建筑工厂化主要指第二个环节，即建筑产品的主要构件和部品在工厂里实现规模化生产；建筑产业化则是指整个建筑产业链的产业化，把建筑工业化向前端的产品开发、下游的建筑材料、建筑能源甚至建筑产品的销售延伸，是整个建筑行业在产业链条内资源的更优化配置。如果说建筑工业化更强调技术的主导作用，建筑产业化则增加了技术与经济和市场的结合。

随着我国市场经济的繁荣，"住宅产业化"的名字渐渐进入了我们的现实生活，并快速发展。最早"住宅产业化"的提法源于日本，被定义为利用科学技术改造传统住宅产业，以实现工业化的建造体系为基础，以建造体系和部品体系的标准化等为手段，以住宅设计、生产、销售和售后为一个完整产业链的产业系统，以节能、环保和资源的循环利用为特色，在提高劳动生产率的同时提升住宅的质量与品质，最终实现住宅的可持续发展。住宅只是建筑产品的一种类型，相对于工业建筑、公共建筑等建筑产品，其差异性较小、建设需求量巨大，因此更易于标准化和规模化。住宅产业化强调住宅产品的全产业链，是住宅工业化更高层次的产业链整合与优化。

2. 建筑工业化的优点

传统的建筑生产方式，将设计与建造环节分开，其中设计环节仅从目标建筑体及结构的设计角度出发，而后将所需建材运送至目的地，进行露天施工，最后完工交底验收；而建筑工业化生产方式，是设计施工一体化的生产方式，结构构件现先进行标准化设计以及工厂化生产，再运输至现场装配。

传统方式将设计与建造分离，设计阶段完成蓝图、扩初至施工图交底即目标完成，实际建造过程中的施工规范、施工技术等均不在设计方案之列。建筑工业化颠覆了传统的建筑生产方式，体现了生命周期的理念，将设计施工环节一体化。设计环节不仅是完成蓝图至施工图的过程，还需要将构配件标准、建造阶段的配套技术、建造规范等都纳入设计方案中，从而使设计方案作为构配件生产标准及施工装配的指导文件。与传统的建筑生产方式相比，建筑工业化具有不可比拟的优势。

1）提升工程建设效率

建筑工业化采取设计施工一体化的生产方式，从建筑方案的设计开始，建筑物的设计就遵循一定的标准，如建筑物及其构配件的标准化与材料的定型化等，为大规模重复制造与施工打下基础。遵循设计标准，构配件可以实现工厂化的批量生产及后续短暂的现场装配过程，建造过程中大部分时间是在工厂采用机械化手段和成熟工艺由具备一定技术的工人操作完成。与传统的现场混凝土浇筑、缺乏培训的低素质劳务工人手工作业对比，建筑工业化将极大提升工程的建设效率。据资料显示，预制装配建造方式与现场手工方式相比节约工期可达 30% 以上。

2）提升工程建设品质，保障施工安全

工厂化生产，设备精良、工艺完善、技术工人操作熟练，质量容易控制，构配件生产有质量保障。例如，外墙的装饰瓷砖若采用现场粘贴，粘贴强度受外界温度因素影响，耐久性难以保证，若采用预制挂板方式，瓷砖通过预制混凝土粘贴，粘贴强度比现场操作高出 9 倍。

工程建设的品质保障也可通过建筑的抗震性能得以体现。经过精心设计和建造的预制装配式建筑，可达到现浇结构的抗震性能要求。而传统建筑生产方式采取大量的施工现场手工作业，极易导致工程事故的发生。据统计，每年建筑工程事故中，高空坠物、坍塌、触电等工程事故占据很大比例。结构构配件工厂化率程度越高，对于施工安全隐患的规避程度越好。

3）低碳低能耗，实现可持续发展

据第二届房地产科学发展论坛数据[54]，我国民用建筑在生产、建造使用过程中，能耗占全社会总能耗的 49.5%，在同等室内热舒适度的情况下，我国使用的能耗比同等气候条件下发达国家的水平高出 2～3 倍。建筑工业化将使建筑业向低碳低能耗方向发展，进而实现可持续发展。据万科工业化实验楼建设过程的统计数据显示，与传统施工方式相比，工业化方式每平方米建筑面积的水耗可降低 64.75%，能耗可降低 37.15%，人工可减少 47.35%，垃圾可减少 58.89%，污水可减少 64.75%。

4）提升经济效益

（1）节约建造成本。通过大规模、标准化的生产方式，可在用工、材料节约、能耗减少等多方面降低建造成本。据南京大地建设集团的数据[54]，与传统现浇技术相比，采用新型建筑工业化方式，工程造价可节约 10%以上，工期可缩短 30%以上，周转材料可节约 80%。

（2）节约时间成本。构配件生产的规模化与机械化，将极大节约传统现场施工方式所需要的时间，为开发商、建筑商带来丰厚的时间价值。

（3）节约运营和维护成本。建筑工业化生产方式提升了建造标准，改善了建筑质量，使得建筑物具备较好的改造性与耐久性，将一定程度降低业主的运营和维护成本。总之，从生命周期角度看，新型建筑工业化方式可以较低成本建造高品质建筑，全面提升建筑物的性价比。

3. 案例分析

1）地上结构

在 2011 年，远大集团已经用"搭积木"的方式在湘阴建成一座 30 层的低碳建筑——T30 酒店。从开工到入住仅用 48 天。实现 9 度设防抗震，用钢量比常规建筑少 10%～20%，混凝土少用 80%～90%；实现 5 倍节能，20 倍空气净化，建造成本比常规建筑低 10%～30%。采用精装修，工地上无火无水无尘无味，建筑废物不到常规建筑的 1%。图 6.17 展示了该酒店的建造过程。

（a）建造过程 1

（b）建造过程 2

（c）建造过程 3

图 6.17　T30 酒店建造过程

2）地下结构

随着城市密集程度的提高和高层建筑的迅速增加，城市中可利用的地上空间越来越少，城市发展与土地资源短缺的矛盾越来越突出，开发利用地下空间成为城市化可持续发展的必经之路。

上海华东医院地下车库工程由于地处软土地区，周边建筑物众多，环境条件复杂，周边环境保护要求高。该工程采用了地下车库主体结构与基坑支护结构全面相结合的支护设计方案，从上而下的逆作法施工方法，尽可能地减小了对周围环境的影响。同时，通过采用与地下室外墙相结合的"二墙合一"预制地下连续墙，极大地减少了对环境的影响，并且这种预制结构具有增强槽壁稳定性、增加坑内土体的稳定性、减小由于坑内土方开挖导致围护体的变形、保护周边建筑等优势。图 6.18 给出了由华东建筑集团股份有限公司设计、上海市机械施工集团有限公司施工的华东医院地下车库施工过程中预制地下连续墙装配的一些照片，该项目可为今后地下空间的可持续性开发利用做参考。

图 6.18 华东医院地下车库预制地下连续墙施工

6.3.3 自动化

1. 泵送混凝土技术

在混凝土施工过程中，混凝土的运输和浇筑极其关键。不仅要做到迅速、及时，而且要求能够保证施工的质量，并降低劳动强度。现代建筑不仅对混凝土材料有着高强、防水、耐热、耐酸等性能要求，相应地对混凝土施工技术也有着更高要求。泵送混凝土正是在这种条件下产生的一种新型自动化的混凝土施工工艺。

泵送混凝土是指混凝土拌合物从混凝土搅拌运输车或储料斗中卸入混凝土泵的料斗以后，利用泵的压力将拌合物沿管道直接水平或垂直输送到浇筑地点的施工工艺。它具有输送能力大（水平运输距离达 800m，垂直运输距离可达 600m）、速度快、效率高、节省人力、能连续作业等特点。目前在国内外的应用日趋广泛，在国外，如美国、德国、英国等都广泛采用泵送混凝土，尤以日本为最广泛；在我国也已广泛地采用此技术，并取得较好效果，如南京金陵饭店、上海联谊大厦、金茂大厦、环球金融中心等都采用了泵送混凝土技术，在上海中心的施工中，更将泵送混凝土高度提高到了620m。

泵送混凝土技术对设备、原材料、操作都有较高的要求，《混凝土泵送施工技术规程》（JGJ/T 10—2011）对其进行了相应的规定。

1）泵送混凝土对设备的要求

主要采用混凝土泵输送混凝土。按构造和输送方式，混凝土泵可分为活塞式、气压式和挤压式，目前应用较多的是活塞泵。施工时现场规划要合理布置泵车的安放位置，一般应尽量靠近浇筑地点，并满足两台泵车同时就位，使混凝土泵得以连续浇筑。

输送管道一般由钢管制成，直径一般为100mm、125mm或150mm，具体取决于粗骨料的粒径。管道敷设时要求路线短、弯道少、接头密。水平管包括地面管和楼面管，前者是固定的，而后者要每浇一层重新敷设一层。垂直管沿建筑物外墙或外柱设置，也可在电梯井内铺设，或在塔吊的塔身处设置。另外，管道清洗一般选择水洗。要求水压力不能超过规定，而且人员应远离管口，并设防护装置以免冲出伤人。

2）泵送混凝土对原材料的要求

要求混凝土拌合物具有可泵性，即具有良好的和易性。在泵压作用下，混凝土拌合物能够连续、稳定地通过输送管道而不发生离析。在实际应用中和易性往往根据坍落度来判断，坍落度越小，和易性也越小，但坍落度太大又会影响混凝土的强度。因此，一般认为坍落度在 80～200 mm 较合适，具体值要根据泵送距离、气温来决定。

（1）水泥。水泥品种要求选择保水性好、泌水性小的水泥，一般选硅酸盐水泥及普通硅酸盐水泥，但由于其水化热较大不宜用于大体积混凝土工程，掺入适当的矿物掺合料，如粉煤灰，不仅对降低大体积混凝土的水化热有利，还能改善混凝土的黏塑性和保水性，有利于泵送。由于水泥砂浆有润滑管道和传递压力的作用，因此水泥用量对可泵性非常重要。用量过少，混凝土的和易性差，泵送阻力大，因此国外混凝土的配比中水泥的最少用量一般为 250～300 kg/m³，但也不宜过多，否则缺乏经济性。我国《普通混凝土配合比设计规程》（JGJ 55—2011）规定，泵送混凝土胶凝材料的最少用量为 300 kg/m³。

（2）骨料。骨料的种类、形状、粒径和级配对泵送混凝土的性能有很大影响，必须予以严格控制。泵送高度在 50 m 以下时，粗骨料的最大粒径与输送管内径之比不宜大于 1∶3（碎石）或 1∶2.5（卵石）；泵送高度在 50～100m 时，粗骨料的最大粒径与输送管内径之比宜为（1∶4）～（1∶3）；泵送高度在 100m 以上时，粗骨料的最大粒径与输送管内径之比宜为（1∶5）～（1∶4）。另外，要求骨料颗粒级配尽量理想。粗骨料应采用连续级配，细骨料的细度模数宜采用中砂，粒径在 0.315 mm 以下的细骨料所占的比例不应小于 15%，最好达到 20%，这对改善可泵性非常重要。

（3）拌合水。泵送混凝土所用的拌合水，应符合国家现行标准《混凝土用水标准》（JGJ 63—2006）的规定。

（4）外加剂。泵送混凝土掺用的外加剂，应符合国家现行标准《混凝土外加剂》（GB 8076—2008）、《混凝土外加剂应用技术规范》（GB 50119—2013）和《预拌混凝土》（GB/T 14902—2012）的有关规定。

（5）粉煤灰。泵送混凝土宜掺加适量粉煤灰，并应符合国家现行标准《用于水泥和混凝土中的粉煤灰》（GB/T 1596—2005）和《预拌混凝土》（GB/T 14902—2012）的有关规定。

3）泵送混凝土对操作的要求

泵送混凝土时应注意以下规定。

（1）原材料与试配时保持一致。

（2）材料供应要连续、稳定，以保证混凝土泵能连续工作，计量自动化。

（3）泵送前应先使用适量的与混凝土拌合物成分相同的水泥浆或水泥砂浆对输送管内壁进行润滑。

（4）试验人员需逐盘目测出料坍落度，并及时进行调整，运输时间控制在初凝（45 min）内，预计泵送间歇时间超过 45 min 或混凝土出现离析现象时，应立即用压力或其他方法冲洗管内残留混凝土。

（5）泵送时受料斗内应经常有足够混凝土，防止吸入空气形成阻塞。

泵送混凝土的使用取得了很好的经济效益和社会效益。尽管每立方米商品混凝土加上泵送费比自拌混凝土要高，但却可以节省不少的施工时间。以杭州阳光电信广场工程为例，该工程混凝土分 54 块浇捣，若每块用塔吊运输需三昼夜，而泵送只需一昼夜，则整个工程工期可提前 108d 完成。另外，泵送混凝土不仅减轻了工人的劳动强度，而且大大减少城市环境污染和噪声周期。

2. 自行抹平机

随着近年来大面积、高品质要求的建筑工程增多，传统的施工技术和手段难以达到要求。采用先进的自动化施工设备，如混凝土自行抹平机，不但能缩短工期，还能有效地保证施工质量，极大降低使用和维护成本。作为自行抹平机中的一种，混凝土激光整平机已在各大地坪施工中被越来越广泛地运用。

激光整平机是一种以发射器发射的激光为基准平面，通过激光整平机上的激光接收器实时控制整平头，从而实现混凝土高精度、快速整平的设备。它是基于现代工业厂房、大型商场、货仓及其他大面积水泥混凝土地面等，对地面质量（如强度、平整度、水平度等）越来越高的需求而研制的。使用精密激光整平机铺注整平的水泥混凝土地面，较按常规方法所铺注的地面质量要好得多，地面平整度及水平度可提高 3 倍以上，密实度及强度可提高 20%以上，同时，还能够提高超过 50%的工作效率，并节省约 35%的人工。此外，它还能较便捷地铺筑高强混凝土、低坍落度混凝土和纤维混凝土等特殊混凝土。其激光系统配备有多种自动控制元件，以每秒 10 次的频率实时监测整平头的标高，确保铺筑的地面平整度和水平度得到有效的控制。同时，其强力振动器振动频率可达 4000 次/min，可确保混凝土振捣密实，使整个铺筑的混凝土基体均质、致密。

1）工作原理

激光发射器产生旋转激光，激光整平机上自带的激光接收器接收到信号，由激光测控系统进行分析，其偏差会反馈给激光整平机上灵敏的计算机控制系统，左右线性执行机构将调整刮板的高度，保证整平精度。

激光整平机的找平原理是：利用精密激光技术、闭环控制技术和高度精密的液压系统，在电脑的自动控制下实现，这是它有别于其他地坪施工工艺的最突出的特点。精密激光整平机的整平原理是：依靠液力驱动的整平头，配合激光系统和电脑控制系统在自动找平的同时完成整平工作。

2）特点

（1）整平头上配备有一体化设计的刮板、振动器和整平板，将所有找平、整平、振捣压实工作集于一身，并一次性完成。电脑控制系统每秒 10 次实时自动调整标高，均衡设计的振动器振动频率达 3000 次/min。

（2）用来控制地面标高的激光发射器是独立布置的，这样，地坪标高不受模板控制，且不会产生累积误差。

（3）激光整平机对纵向、横向坡度也可以自动控制，同样是由激光系统、电脑系统、液压系统、机械系统统一完成。对排水等要求高的复杂形状的地面，还可选配三维异形地面处理系统来实现。

3）应用范围

（1）室内地坪，如地下车库、普通工业厂房、车间、自动化立体仓库；电子电器、食品材料、医药等洁净厂房；大型仓储式超市、物流中心、会展中心等。

（2）室外地坪，如码头、集装箱堆场、货场堆场；机场跑道、停机坪、停车场；广场、住宅地面、市政路面等。

综上所述，自行抹平机不仅可以在复杂的工作现场更快速、更有效地移动，而且可以在楼面上及单、双层钢筋网上使用。配备新一代激光系统，地面平整度可以达到激光级的精度，绩效显著，可实现大面积整体铺筑混凝土楼、地面，节省模板、提高工效。

3. 预制构件自动化生产线

预制构件（PC）自动化生产线技术越来越成熟，下面结合某公司的混凝土预制构件生产线，介绍目前生产线的自动化程度。

如图 6.19 所示，是一个较为典型的机组流水线，产品设计产能为 70 万 m²/年，生产混凝土构件品种主要为叠合楼板、普通外墙、夹心保温外墙等。

图 6.19 预制构件生产线

该生产线在外墙板的生产上，既可生产普通的平板，又可以生产普通流水线不能生产的异型构件，如转角板、飘窗板、空调板等，提高了流水线的适应性和灵活性（图 6.20）。

图 6.20 预制构件

该生产线自动化程度高，其预制混凝土构件生产流程如下。

1）模台清洁

模台经过清洁机时，清洁机自动启动，清理铲铲除黏附的大块混凝土渣，辊刷清理遗漏混凝土渣及细小粉末，清理铲及辊刷将混凝土渣及粉末推向模台后方，模台通过，混凝土渣及粉末掉落于下方的收集斗内。同时，在此过程中产生的粉尘经除尘器收集并处理（图 6.21）。

2）上油

模台经过喷油机时，喷油机自动启动，在模台表面留下薄薄的一层脱模油。喷油量靠 10 个喷嘴的开关调节（图 6.22）。

图 6.21　模台清洁

图 6.22　上油

3）绘图仪

每块模台上的布局和必要记号都由喷墨绘图仪制作而成。模台运行至绘图仪工位后下载所需的绘图程序并启动绘图作业，线条由墨点组成。待绘图完毕后，打印头回归零点，完成一次工作循环（图 6.23）。

4）模具安装

模具和配件将在此工作台上进行装配，其主要装配方法是根据绘图仪已标明的画线位置进行摆放，所用的模具用悬臂梁从储藏室运到模台上（图 6.24）。

图 6.23　绘图仪

图 6.24　模具安装

5）钢筋网安装

当模具拼装固定后，进行预制构件钢筋网的摆放，钢筋件仓库位于此站一侧。使用吊车运输并摆放。当钢筋网和预埋件安装完后，中央转移车会将模台传送到浇筑站处（图 6.25）。

6）浇筑混凝土

布料机在混凝土输送站取得混凝土混合物后，通过无线电控制到达浇筑工位，调整浇筑口到达合理高度，进行浇筑。显示屏可显示料斗内混凝土剩余量及今日浇筑量（图 6.26）。

图 6.25　钢筋网安装　　　　　　　　　　图 6.26　浇筑混凝土

7）振捣

待布料机往模具中布满混凝土后，降下辊轮支架，卡爪自动卡紧模台。之后启动振动电机，产生垂直和水平两个方向上的均匀的激振力振动模台，以此将混凝土振捣密实（图 6.27）。

图 6.27　振捣

8）缓冲站

浇筑完成后，可将模台运送至预养护区、精加工区或者等待区等待接下来的安排并空出浇筑站。

9）混凝土收水

浇筑完后，模台会以纵向传送到后续操作工位。一些表面精加工或调整可以在这里进行。

10）预养护

在模具进入养护室之前，需要对构件进行预养护。模具须在预养护区内放置大约 2 h，当构件表面凝固到一定程度后，可对构件表面进行收光处理。

11）提升机运输

提升机将振捣密实的 PC 板及模台通过滚轮输送线驱动与提升机平台输送配合从滚轮输送线上接取，并经过平移、提升、开门、输送、顶推、关门等过程将

PC 板及模台运送至养护窑的指定位置进行养护；并经过开门、抽拉、输送、关门、下降、平移等过程将养护好的 PC 板及模台取出并平移至出口，通过提升机平台输送与滚轮输送线驱动配合将 PC 板及模台送到拆模区（图 6.28）。

12）养护室

此流水线上建有一个包含 6 个养护塔的养护室。每个养护塔有 7 层，一共有 42 个隔间（可存放 41 块模台）。构件在养护室中进行至少 8 h 的养护。每块模台的养护时间可在操作室内的控制屏幕上见到（图 6.29）。

图 6.28　提升机运输

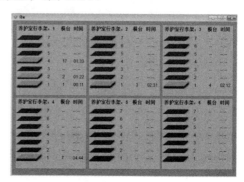

图 6.29　养护室

13）脱模

当预制构件养护完成后，预制件被传送轨道传送到脱模工位，预制件的边模和门窗框架会被拆除。移下的边模框架会被放到一旁的清洁单元的传送带上。传送带会将边模送入清洁单元进行清洁并直接送入边模存储区域，为下次使用做准备（图 6.30）。

14）倾卸站

本流水线设有两处倾卸站，预制件会连同模台被倾斜至约 80° 角，会用到起吊机进行预制件卸载和运输，可将预制件放置在处理架上或放置在运输货车上。

至此，该流水线完成了一个混凝土预制构件生产过程（图 6.31）。

图 6.30　脱模

图 6.31　倾卸站

钢筋的自动化生产有特殊的机器，钢筋自动化加工机械包括以下两类。

（1）数控钢筋焊网机。GWC（Z）3300JZ 数控钢筋网焊接生产线是为 PC 工厂定制的专用钢筋网焊接设备，焊接所使用的纵筋及横筋全部采用盘条钢筋自动上料方式，不需要进行预先调直切断，在程序控制下自动焊接成各种规格的标准网片，实现了全自动生产，仅需要一名操作人员。

（2）数控多功能钢筋弯箍机。WG12F-1 数控多功能钢筋弯箍机可加工 500 多种不同形状的箍筋，整个板筋或双钩筋实现一次性从调直、弯曲及切断自动成型，提高工作效率，降低工人劳动强度，实现一机多用，确保成型精度（图 6.32）。

（a）数控钢筋焊网机　　　　　　　　（b）数控多功能钢筋弯箍机

图 6.32　钢筋自动化加工机械

6.4　本 章 小 结

本章围绕混凝土结构的绿色建造，以自密实混凝土、清水混凝土、环保型混凝土和自感知混凝土为例，介绍了绿色混凝土及其施工方法；从预制装配式混凝土结构的发展、分类以及预制混凝土构件的运输、吊装和连接等方面，从施工的角度阐述了预制混凝土结构的发展现状与趋势；最后分别从 BIM 技术的介绍、建筑工业化的讨论以及自动化生产与施工等方面，分析了施工信息化、工业化与自动化的发展现状。

本章介绍的知识和技术，从混凝土结构绿色施工的角度，展示了混凝土结构在建造上实现可持续性的方式，说明了其可行性。

参 考 文 献

[1] 沈旦申, 张荫济. 粉煤灰效应的探讨[J]. 硅酸盐学报, 1981, 9（1）: 57-63.

[2] 杨华全, 董维佳, 王仲华. 掺矿渣粉及粉煤灰混凝土微观性能试验研究[J]. 长江科学院院报, 2005, 22（1）: 46-49.

[3] 张量. 快硬地面自流平砂浆的早期收缩与膨胀机理[J]. 膨胀剂与膨胀混凝土, 2007（2）: 16-18.

[4] 卜杰. 上海环球金融中心 C60 自密实混凝土的研制与应用[J]. 建筑施工, 2006, 28（2）: 128-130.

[5] 汪文黔. 道路透水性路面[J]. 中外公路, 1995, 15（1）: 44-48.

[6] 唐明述. 世界各国碱集料反应概况[J]. 水泥工程, 1999, (4): 1-6.

[7] 唐明述, 许仲梓. 我国混凝土中的碱集料反应[J]. 建筑材料学报, 1998, 1 (1): 8-14.

[8] THOMAS M D A, INNIS F A. Effect of slag on expansion due to alkali-aggregate reaction in concrete [J]. ACI Materials Journal, 1998, 95 (6): 716-724.

[9] 沙慧文. 混凝土碱集料反应的鉴定方法及预防措施探讨[J]. 混凝土, 1998, (5): 17-23.

[10] OBERHOLSTER R E, DAVIES G. An accelerated method for testing the potential alkali reactivity of siliceous aggregates[J]. Cement and Concrete Research, 1986, 16 (2): 181-189.

[11] 张朝辉. 多孔植被混凝土的研究[D]. 重庆: 重庆大学, 2006.

[12] 姜海峰. 自感知碳纳米管水泥基复合材料及其在交通探测中的应用[D]. 哈尔滨: 哈尔滨工业大学, 2012.

[13] CHEN P W, CHUNG D D L. Concrete as a new strain/stress sensor[J]. Composites Part B Engineering, 1996, 27 (1): 11-23.

[14] CHUNG D D L. Cement reinforced with short carbon fibers: A multifunctional material[J]. Composites Part B Engineering, 2000, 31 (6): 511-526.

[15] 周智, 欧进萍. 土木工程智能健康监测与诊断系统[J]. 传感器技术, 2001, 20 (11): 1-4.

[16] 李惠, 欧进萍. 智能混凝土与结构[J]. 工程力学, 2007, 24 (S2): 45-61.

[17] WEN S, CHUNG D D L. Enhancing the Seebeck effect in carbon fiber-reinforced cement by using intercalated carbon fibers[J]. Cement and Concrete Research, 2000, 30 (8): 1295-1298.

[18] MORRIS A E J. Precast concrete in architecture[M]. Godwin, 1978.

[19] 肖建庄, 姜兴汉, 黄一杰, 等. 半预制再生混凝土构件受力性能试验[J]. 土木工程学报, 2013, 46(5):99-104.

[20] XIAO J Z, PHAM T L, WANG P J, GAO G. Behaviors of semi-precast beam made of recycled aggregate concrete[J]. Structural Design of Tall & Special Buildings, 2013, 23(9):692-712.

[21] XIAO J Z, HUANG X, SHEN L. Seismic behavior of semi-precast column with recycled aggregate concrete[J]. Construction & Building Materials, 2012, 35(10):988-1001.

[22] 肖建庄, 丁陶, 范氏鸢, 等. 预制再生混凝土框架模型模拟地震振动台试验[J]. 同济大学学报自然科学版, 2014, 42(2):190-197.

[23] XIAO J Z, DING T, PHAM T L. Seismic performance of precast recycled concrete frame structure[J]. ACI Structural Journal, 2015, 112(4):515-524.

[24] XIAO J Z, PHAM T L, DING T. Shake table test on seismic response of a precast frame with recycled aggregate concrete[J]. Advances in Structural Engineering, 2015, 18(9):1517-1534.

[25] 江正荣. 大型预制构件的运输方法及问题探讨[J]. 建筑技术, 1993, 20 (11): 667-671.

[26] 王召新. 混凝土装配式住宅施工技术研究[D]. 北京: 北京工业大学, 2012.

[27] 钱稼茹, 彭媛媛, 张景明, 等. 竖向钢筋套筒浆锚连接的预制剪力墙抗震性能试验[J]. 建筑结构, 2011, 41 (2): 1-6.

[28] 姜洪斌. 预制混凝土剪力墙结构技术的研究与应用[J]. 住宅产业, 2011 (6): 33-36.

[29] 赵培. 约束浆锚钢筋搭接连接试验研究[D]. 哈尔滨: 哈尔滨工业大学, 2011.

[30] 中国建筑科学研究院. 钢筋机械连接技术规程: JGJ107—2010[S]. 北京: 中国建筑工业出版社, 2010.

[31] 杨卉. 装配式混凝土框架节点抗震性能试验研究[D]. 北京: 北方工业大学, 2014.

[32] 黄祥海, 梁书亭, 朱筱俊. 预制装配式框架干式企口连接中缺口梁的受力性能分析[J]. 工业建筑, 2007, 37 (10): 46-49.

[33] 朱筱俊, 吴见丰, 武川川, 等. 新型全预制装配框架体系中斜企口梁的受力性能分析[J]. 工业建筑, 2011, 41 (1): 64-67.

[34] 范力. 装配式预制混凝土框架结构抗震性能研究[D]. 上海: 同济大学, 2007.

[35] 钱稼茹, 杨新科, 秦珩,等. 竖向钢筋采用不同连接方法的预制钢筋混凝土剪力墙抗震性能试验[J]. 建筑结构学报, 2011, 32（6）: 51-59.

[36] MENETGOTTO M. Structural connections for precast concrete[J] Technical Council of Fib Bulletin, 2008, 43（2）: 34-37.

[37] WILSON J F, CALLIS E G. The dynamics of loosely jointed structures[J]. International Journal of Non-Linear Mechanics, 2004, 39（3）: 503-514.

[38] 常业军, 柳炳康, 宋国华. 低周反复荷载下装配式钢筋混凝土结构竖向齿槽接缝受力性能的试验研究[J]. 工业建筑, 2001, 31（9）: 30-32.

[39] 张春霞. BIM 技术在我国建筑行业的应用现状及发展障碍研究[J].建筑经济, 2011（9）: 96-98.

[40] National institute of building sciences over view-building information models[R]. NIBS National BIM Standard Project Committee, 2006.

[41] NBIMS. National Building Information Modelling Standard Part-1:Overview, Principles and Methodologies[M]. US National Institute of Building Sciences Facilities Information Council, BIM Committee, 2007.

[42] 邱闯. 基于建筑信息模型（BIM）的工程建设管理革命[J]. 联合建设管理先锋, 2011（1）: 21-25.

[43] INTERNATIONAL ALLIANCE FOR INTEROPERABILITY. Industry Foundation Classes [DB/OL]. http://www. build-ingsmart. com/2011-8-21.

[44] 张洋. 基于 BIM 的建筑工程信息集成与管理研究[D]. 北京: 清华大学, 2009.

[45] 建设部标准定额研究所.建筑对象数字化定义: JG/T 198—2007[S]. 北京: 中国标准出版社, 2007.

[46] 中国标准化研究院. 工业基础类平台规范: GB/T 25507—2010[S]. 北京: 中国标准出版社, 2011.

[47] THOMAS L. IFC2x Edition 3[M]. Model Support Group（MSG）of Building SMART, 2006.

[48] SCHEIN J. An information model for building automation systems [J]. Automation in Construction, 2007, 16（2）: 125-139.

[49] YU K, FROESE T, GROBLER F. A development framework for data model for computer-integrated facilities management [J]. Automation in Construction, 2000, 9（2）: 145-167.

[50] 胡松, 冯东坡, 李东浩,等. BIM 在外场管网系统工程中的应用[J]. 施工技术, 2012, 41（16）: 22-24.

[51] CZMOCH I, PĘKALA A. Traditional design versus BIM based design[J]. Procedia Engineering, 2014, 91: 210-215.

[52] 张建平, 李丁, 林佳瑞, 等. BIM 在工程施工中的应用[J]. 中国建设信息, 2015, 41（16）: 18-21.

[53] ERGEN E, DEMIRALP G, GUVEN G. Determining the benefits of an RFID-Based system for tracking pre-Fabricated components in a supply chain[C]. Computing in Civil Engineering, ASCE, 2014:291-298.

[54] 贺灵童, 陈艳. 建筑工业化的现在与未来[J]. 工程质量, 2013, 31（2）: 1-8.

第7章 混凝土结构碳足迹

进入 20 世纪以来，伴随着科学技术的日新月异和世界经济的飞速发展，资源短缺、能源危机、环境污染等问题也日益凸显出来。全球变暖是当今时代最重要的主题之一，以二氧化碳（Carbon Dioxide，CO_2）为主的温室气体（Green House Gas，GHG）的排放是全球变暖的主要原因之一。有关资料表明，2014 年全球排放的 CO_2 达到 357 亿 t，较 1990 年增加 58.18%[1]。人类活动向大气中排放的大量 CO_2，使得地球平均气温在过去百年之间上升 0.3～0.6℃。人类对于资源和能源的粗放型开发使用不仅加速了资源耗竭，而且给地球的自然环境带来了难以弥补的巨大损害。

建筑能耗、工业能耗和交通能耗是我国的三个耗能大户，其中建筑能耗约占社会总能耗的近 1/3，并且随着社会经济的迅猛发展和人民生活水平的日益提高，其所占比例还将上升。建筑行业作为高能耗产业对环境的影响不容忽视。

20 世纪末，人们开始意识到，地球只有一个，环境保护刻不容缓。随着可持续发展概念的提出，以及公众对于环境保护意识的增强，所有企业都在谋求可持续发展的道路，以减少对环境的污染。建筑业作为传统工业之一，对环境保护有不可推卸的责任，而混凝土结构作为主要的土木工程结构，其在生产制作和施工过程中排放了大量的 CO_2。增强混凝土结构的环境友好性，通过各种手段降低混凝土结构对环境生态的不利影响，提升混凝土结构的可持续性显得尤为重要。

7.1 碳足迹与碳标签

7.1.1 碳足迹

作为评价混凝土结构温室气体排放的测度指标，混凝土结构碳足迹对混凝土结构的可持续发展有重要作用。Matthews 等定义碳足迹（Carbon Footprint）为"商品和服务在生产、运输、销售、使用以及废弃整个生命周期内温室气体排放总量"[2]，国家发改委将碳足迹定义为"省域内居民经济社会活动所产生的 CO_2、N_2O、CH_4、HFCs、SF_6、PFCs 排放量以及清除量"[3]。2011 年 4 月，*Nature Climate Change* 发表评论，指出"碳标签的时代已来临（Time to Try Carbon Labeling）"[4]。2012 年 1 月 *Nature Climate Change* 再次指出，在适应全球"碳约束市场（Carbon-Constrained Market）"的背景下，"产品碳足迹（Product Carbon Footprints）"的研究对识别产品生产和消费过程中温室气体的减排机会非常重要[5]。对于混凝土结构的碳足迹，图 7.1 较为完整地展示了混凝土结构在生命周期中的碳足迹清单[6]。

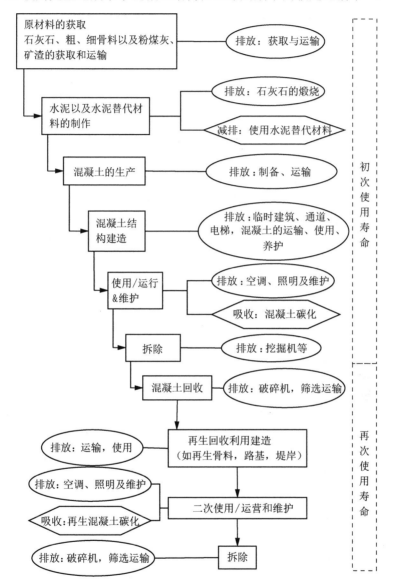

图 7.1　混凝土结构的碳足迹清单[6]

7.1.2　碳标签

碳标签（Carbon Labeling）指的是通过对产品生命周期碳排放的计算分析（碳足迹计算），把在生产过程中所排放的温室气体排放量在产品标签上用量化的指数标示出来，以标签的形式告知消费者产品的碳信息[7]。简单地说，碳标签就是产品碳足迹的量化标注，"碳"消耗得多，导致地球暖化的 CO_2 也排放得多，碳足迹就大，标注在产品上的碳标签也就越大；反之，碳标签就小。

从混凝土工程的碳足迹分配[8]（图 7.2）可以看出，混凝土主体结构的碳足迹在整个工程中占有高达 75.48%的比例，主要包括其原料制作、结构建造及拆除等过程中的能源消耗与碳排放[8,9]，其次是砌筑过程（占 13.69%）。基于此，本章将主要介绍混凝土结构在生命周期中的碳足迹，并将从以下三个方面来考虑减少碳足迹，实现可持续性。

（1） CO_2 减排，减少原料的使用或进行原料再利用。由于在混凝土结构生命周期中最大的能耗来源于其原料制备过程，减少原料使用以及再利用可以有效减少 CO_2 排放。

（2）增加混凝土对 CO_2 的吸收，考虑到混凝土自身的碳化属性，如果能在保证混凝土结构耐久性的前提条件下，最大化混凝土的碳化过程，就能使 CO_2 吸收量达到最大值，减少混凝土结构的碳足迹。

（3）改造现有结构，降低使用阶段的能耗，如改善建筑结构的保温隔热性能等。

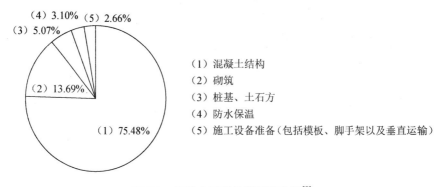

图 7.2　混凝土工程的碳足迹分配[8]

7.2　CO_2 减排

7.2.1　减少水泥熟料的使用

水泥熟料是以石灰石、黏土以及铁质材料为主要原料，按适当比例配制成生料，烧至部分或全部熔融，并经冷却而获得的半成品。在水泥工业中，最常用的硅酸盐水泥熟料的主要化学成分为氧化钙、二氧化硅和少量的氧化铝和氧化铁，其主要矿物组成为硅酸三钙、硅酸二钙、铝酸三钙和铁铝酸四钙。硅酸盐水泥熟料加适量石膏共同磨细后，即成硅酸盐水泥。

1. CO_2 排放

　　水泥行业是我国国民经济建设的重要基础材料产业，也是主要的能源资源消耗和污染物排放行业之一。2015 年全国水泥总产量达到 23.48 亿 t，超过全球水泥产量的 60%，水泥行业能源消耗总量约占全国能源消耗总量的 5%，颗粒物排放量占工业排放总量的 30%左右[10]，水泥生产需要消耗大量的石灰石、煤炭以及电力，因此水泥工业是排放 CO_2 的大户，其排放的 CO_2 约占人类活动 CO_2 排放量的 19%[11]，仅次于火电行业。如图 7.3 所示，水泥生产的碳排放占到混凝土碳足迹的 74%，是混凝土碳足迹的最主要来源。生产 1 t 普通硅酸盐水泥大约排放 0.94 t CO_2，水泥熟料的生产所产生的 CO_2 约占全球 CO_2 排放的 5%。水泥熟料的碳足迹主要来源于生产过程中 CO_2 的直接排放与间接排放，分类见表 7.1。

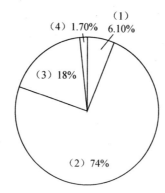

（1）填埋　（2）水泥　（3）运输　（4）骨料

图 7.3　混凝土碳足迹来源

表 7.1　水泥熟料碳足迹来源[12]

水泥碳排放	来源	备注
直接排放	原料碳酸盐等矿物质分解产生的排放	一是基于所消耗原料的碳酸盐含量来计算，二是基于熟料和窑灰的化学成分来计算
	原料中有机碳排放	生料中非燃料碳含量进行计算
	各种燃料燃烧产生的排放	窑炉用燃料
		非窑炉用燃料（运输车辆、热风炉等）
间接排放	外购电力等导致的排放	
	外购水泥熟料	
	第三方生产、加工燃料	
	第三方原燃料、产品运输	

2. 减排措施

　　混凝土是由水泥凝胶、骨料以及孔隙组成，考虑到混凝土中原料水泥的生产过程产生了大量的CO_2，因此，可通过减少混凝土中水泥的含量来降低CO_2排放。减少混凝土中水泥含量的一系列措施包括以下内容。

1）优化骨料级配

混凝土以粗细骨料（砂、石）作为骨架，水泥和水形成水泥浆，包裹在粗细骨料表面并填充骨料间的孔隙。水泥浆体在硬化前起润滑作用，使混凝土拌合物具有良好的工作性能，硬化后将骨料胶结在一起，形成坚固的整体。对于一定量的混凝土，可以通过优化骨料粒径和级配，在保持混凝土良好和易性的前提下增加骨料掺量，从而减少水泥熟料的使用，减少碳排放。因为优化骨料粒径和级配可使骨料在混凝土中分布更均匀，使较小的骨料充分填补较大骨料之间的空隙，同时可降低水泥凝胶的收缩，提高混凝土的强度。

然而，必须考虑的是，获取更优化的骨料是否会增加额外的能耗支出。例如，若运输更优化的骨料需要增加运距，而当由于额外交通运输所导致能源消耗而排放的CO_2的量大于减少水泥熟料使用减少的CO_2的排放量，这样反而会增加混凝土结构的碳足迹，使用更优化骨料就失去了意义。因此，是否选择优化的骨料需要进行综合的考虑与衡量。

2）使用替代材料

考虑到水泥的生产排放了大量的CO_2，另一种常见的方式是使用和水泥在混凝土中作用相似但生产制作中不会大量消耗能源的材料来取代水泥。有学者已经通过在混凝土加入矿物掺合料[13]（Supplementary Cementitious Materials，SCMs）代替水泥来改善混凝土的性能，使用这些矿物掺合料同时也改善了混凝土的环境生态效益，降低了混凝土的碳足迹。矿物掺合料是指那些天然的、自然变化产生的材料（如火山灰、偏高岭土、谷壳灰、煅烧页岩和黏土）或者工业生产产生的副产品（粉煤灰、高炉矿渣和硅粉）。矿物掺合料类似于水泥具有潜在的胶凝性，当添加到混凝土混合料中时，会与氢氧化钙发生火山灰反应（pozzolanic reaction），有些掺合料（如矿渣以及粉煤灰）会同时发生水化和火山灰反应。学者们关于矿物掺合料的性能做了大量的研究。同时，我国也出版了相关的规范《矿物掺合料应用技术规范》（GB/T 51003—2014），对矿物掺合料的使用做出了详细的规范要求。

矿物掺合料应用到混凝土中已经有了几十年的历史，但是直到21世纪学者们才开始关注矿物掺合料使用的经济性以及对混凝土性能的影响。现今，由于温室气体排放导致的全球变暖，人们开始关注使用矿物掺合料代替水泥的环境与生态效益，并考虑使用矿物掺合料使混凝土的综合效益达到最大化。对于不同种类的掺合料，以及所要求的混凝土性能的不同，水泥的取代率也不尽相同。《矿物掺合料应用技术规范》（GB/T 51003—2014）列出了常见的掺合料对于水泥的取代率的范围限值，见表7.2。

表 7.2　矿物掺合料取代率限值（胶凝材料质量分数）

矿物掺合料	水胶比	水泥品种	
		硅酸盐水泥/%	普通硅酸盐水泥/%
粉煤灰	≤0.40	≤45	≤35
	>0.40	≤40	≤30
高炉矿渣	≤0.40	≤65	≤55
	>0.40	≤55	≤45
硅灰	—	≤10	≤10
钢渣粉	—	≤30	≤20
磷渣粉	—	≤30	≤20
沸石粉	—	≤15	≤15
复合掺合料	≤0.40	≤65	≤55
	>0.40	≤55	≤45

另外，可以通过将多种矿物掺合料复合，应用在混凝土中，提高对水泥的取代率（如水泥+粉煤灰+硅粉，水泥+粉煤灰+高炉矿渣）。由于两种（或两种以上）复合掺合料的协同增效作用，能有效增强混凝土的相关性能，特别是与耐久性有关的性能。研究表明，矿物掺合料每提供 1 t CaO 可以减少排放 0.7857 t CO_2。

除了加入矿物掺合料，随着研究的发展，研究人员也找到其他的新取代材料，石灰石填料就是其中一种。石灰石的主要成分是 $CaCO_3$，这也是混凝土中水泥碳化（$CaO+CO_2+2H_2O \Longrightarrow CaCO_3+2H_2O$）后的主要生成产物。水泥生产时加入石灰石填料或者在制作混凝土时加入石灰石粉（类似于矿物掺合料）来取代水泥可有效降低混凝土的碳足迹。通常情况下，石灰石粉被认为是惰性材料，但最近有学者[14]研究表明，石灰石填料有助于混凝土微结构的发展，特别是将石灰石研磨后混合加入普通水泥。对于石灰石粉占硅酸盐水泥的取代率，各国也有相应的规范标准，如美国标准允许添加石灰石粉最多为水泥质量的 5%，加拿大标准允许最多添加 15%，而欧洲标准允许波特兰水泥最高含有达 35% 的石灰石粉。有学者研究表明，虽然石灰石粉达到 10% 和 20% 时混凝土的抗压强度分别降低约 7% 和 20%，但强度的损失可以通过调节水灰比来进行抵消。同样，有研究表明[15]，石灰石粉取代率为 10% 时，可以有效降低早期收缩裂缝的发展。最近的研究也表明，对于水胶比较低的混凝土，增加石灰石粉对水泥的取代率是完全可行的。但现在在混凝土中，人们并未充分有效地利用石灰石粉来取代水泥。

3）低碳标签的水泥取代材料

混凝土结构的碳足迹大约有 90% 是来自于普通硅酸盐水泥的使用，考虑到水泥熟料制作过程中 CO_2 的高排放性，最为简单直接的方法就是减少普通硅酸盐水泥熟料的使用。这样可以显著减少 CO_2 的排放。现在常用的硅酸盐水泥熟料中含有较高的硅酸三钙（C_3S），因此，熟料的化学成分中氧化钙（CaO）含量在 65% 左右，若在保证水泥熟料性能的前提下，降低熟料化学成分中 CaO 的含量，可减少生产水泥熟料需要的碳酸钙用量，有助于减排 CO_2。水泥熟料中 CaO 含量每降低 1%，每吨水泥熟料可减排 7.857 kg 的 CO_2。

常用的一种取代水泥是贝利特水泥（Belite Cement），贝利特水泥中含有较多的硅酸二钙（C_2S）（约 55%）和较少的硅酸三钙（C_3S）（约 20%），而对于普通硅酸盐水泥，其硅酸二钙和硅酸三钙的含量分别约为 20% 和 55%。贝利特水泥含有较少的石灰石以及较低的烧成温度（烧成温度约为 1260℃，普通硅酸盐水泥烧成温度约为 1450℃），使用贝利特水泥能节约能耗，同时减少 CO_2 的排放。但硅酸二钙相对于硅酸三钙的活性低，因此，贝利特水泥的硬化时间以及早期强度发展有所延缓[16]，当然，这可以通过在贝利特水泥中添加普通硅酸盐水泥来进行改善。

另一种可用的取代水泥是硫铝酸盐水泥，由于硫铝酸盐水泥含有较少的 CaO，因此，在使用原材料烧制硫铝酸盐水泥时，会排放较少的 CO_2。硫铝酸盐水泥是中国建筑材料科学研究院研究发明的，被称为第三系列水泥（第一系列水泥：普通硅酸盐水泥；第二系列水泥：铝酸盐水泥）。硫铝酸盐水泥在我国有广泛的工程应用，在预制混凝土以及早强混凝土中一般均使用硫铝酸盐水泥。相比于普通硅酸盐水泥，硫铝酸盐水泥有较低的碳标签。

英国的 Novacem 生产的镁硅酸盐水泥被认为是一种低碳标签甚至零碳标签的新型水泥。镁硅酸盐水泥将水泥原料石灰岩取代为镁硅酸盐，并且在煅烧水泥熟料的过程中，将温度从传统的 1450℃ 降为 600℃，同时，在水泥硬化的过程中，相较于普通硅酸盐水泥，能够吸收更多的 CO_2，因此理论上在生产总体上甚至能够实现"碳负极"。

4）地质聚合物混凝土

地质聚合物混凝土（Geopolyrneric Concrete）为降低混凝土的碳足迹提供的另一种思维模式：使用新型环保材料完全取代传统硅酸盐水泥混凝土，从根本上解决混凝土碳足迹过高的问题。地质聚合物是典型的碱激发材料，是将硅酸盐材料（包括天然材料：高岭土；工业副产品：粉煤灰或者矿渣）溶解在碱溶液（如氢氧化钠或氢氧化钾溶液）中形成的有聚合物分子链网络的硬化黏合剂[17]。虽然地质聚合物混凝土已经应用于现代混凝土，并且碱活性矿渣水泥在 20 世纪中期就已经开始使用，但近年来对可持续混凝土的关注使得地质聚合物技术又成为研究热点。

地质聚合物具有良好的早强特征，一般 24 h 强度可达到 15~30 MPa，28 d 强度可达 30~60 MPa[18]。如果养护适当，其强度还会随着龄期增长继续加强，其增长幅度大于一般水泥基材料的增长幅度。由于地质聚合物与一般矿物颗粒或废弃物颗粒具有良好的界面亲和性（大多情况下是化学键结合，并具有过渡层结构），因此这类材料的抗折强度较高。与水泥基材料相比，当抗压强度相同时，地质聚合物材料具有更高的抗折强度。碳纤维增强地质聚合物的抗折强度可达 245 MPa，抗拉强度可达 327 MPa[19]。

地质聚合物具有良好的耐酸性,在质量分数为 5%的硫酸溶液中其分解率只有硅酸盐水泥的 1/13;在质量分数为 5%的盐酸溶液中其分解率只有硅酸盐水泥的 1/12[16]。由于地质聚合物制备时都要加入大量活性铝硅酸盐细粉(如煅烧高岭土、粉煤灰、高炉水渣等),地质聚合物形成后能够吸纳大量的碱金属离子,这种吸纳过程只要活性成分还没有被耗尽就可以不断进行下去,因此在很大程度上弱化了碱-骨料反应。再加上地质聚合物具有很高的抗拉强度和弹性模量,从理论上说可以避免碱-骨料反应。

良好配合比的地质聚合物在凝结硬化和使用过程中具有良好的体积稳定性。其 7d 线收缩率只有普通水泥的 1/7~1/5,28 d 线收缩率只有普通水泥的 1/9~1/8。地质聚合物与普通水泥相比具有极好的高温体积稳定性,其 400℃下的线收缩率为 0.2%~1%,800℃下的线收缩率为 0.2%~2%,可以保持 60%以上的原始强度。此外,地质聚合物具有比水泥更好的抗冻融性[20]。

对地质聚合物各项性能的研究表明,地质聚合物能够很好地取代传统混凝土应用于结构建造中。虽然地质聚合物有出色的力学和耐久性方面的性能,但对其长期性能的研究还不是很充分。此外,需要热养护是限制地质聚合物混凝土(特别是低钙含量的粉煤灰聚合物混凝土)的广泛应用的另一个"瓶颈"。现在,地质聚合物混凝土常用在预制混凝土工业中,预制混凝土工业通常通过热养护来加快生产过程。在地质聚合物混凝土广泛应用前,仍需要对其各项性能进行研究,以保证其可靠性。

7.2.2　再生骨料的应用

使用再生骨料的环境生态效益,在于使用再生骨料取代天然骨料时能够有效减少为开采、运输新天然骨料而可能产生的能源消耗。同时,再生骨料的使用也能提高结构对 CO_2 的吸收,详见本章 7.3 节中 CO_2 吸收的相关内容。表 7.3 展示的是基于等强设计的普通混凝土以及不同再生粗骨料取代率的再生混凝土的一种配合比。

表 7.3　单位体积(1m³)普通混凝土及再生混凝土典型配合比

混凝土	再生粗骨料取代率/%	水/kg	水泥/kg	再生粗骨料/kg	天然粗骨料/kg	砂/kg
天然混凝土	0	175	324	0	1200	701
再生混凝土	30	175	330	360	840	695
	50	175	335	600	600	689
	70	175	343	840	360	682
	100	175	350	1200	0	675

再生混凝土的再生粗骨料取代率越高, CO_2 的排放量越小。图 7.3 表明,骨

料的碳排放虽然只占混凝土碳足迹的 1.7%，但材料运输的碳排放为 18%，仅次于水泥碳排放的 74%。随着再生粗骨料取代率的提高，运输的能源消耗占总能源消耗不断降低。使用再生粗骨料使混凝土结构碳足迹降低的一个重要原因便是交通能耗的降低。再生骨料的交通能耗的优势在于，再生骨料的加工厂可以就近建立在建筑拆除现场，从而避免了从原材料开采地运输到施工现场遥远的路途所造成的能源消耗带来的碳排放，表 7.4 表示了不同的运输方式带来的能源消耗。

表 7.4　不同运输方式的单位能耗[21]

运输方式	单位运输能耗/[MJ/（×10²t·km）]
铁路运输	304.7
公路运输（汽油车）	303.8
公路运输（柴油车）	205.5
内陆水运	46.8
海运	21.6

7.2.3　结构改造与构件再利用

1. 建筑业发展的需要

全球经济观察（Global Construction Perspectives）和牛津经济（Oxford Economics）2013 年的报告 *Global Construction 2025* 预测：到 2025 年，全球建筑支出增长将超过 70%，达到 15 万亿美元，同时中国、美国、印度将成为工程建设量最大的三个国家。在 2010 年，中国已经超越美国成为世界上最大的建筑市场。到 2025 年，我国建筑市场在全球市场所占份额将从 2013 年的 18%增加到 26%[22]。但与此同时，经济发展下的大建设所带来的环境污染、资源消耗等问题也日益加剧。大量已建成的建筑都存在一定的问题：一方面，随着社会经济的发展与相关规范的不断更新，对建筑的要求也不断提高，同时大量既有的建筑出现安全隐患或功能退化，既不能提供舒适的居住环境，也不能满足新规范的设计要求，而且能耗方面也无法达到节能要求；另一方面，大量既有建筑由于发展需要或者新规范的验收不合格被以一种极为浪费且粗暴的手段对待，即尚未达到设计使用寿命便被拆除重建。以上状况暴露了对待既有建筑不当而带来的诸多问题，首当其冲的便是由于旧建筑的高能耗对环境的污染以及建筑的拆毁重建中所导致的大量的碳排放对环境的影响。

由上述问题所导致的混凝土结构的碳足迹过高也不容忽视，旧建筑的改造及构件再利用则是应对这种矛盾的有效解决办法。建筑改造，作为建筑处理的方法之一，是延长建筑寿命、保护环境、减少物质资源浪费和能源消耗的有效途径。

建筑材料和构件，是建筑生命周期中的物质基础，同时经历了建筑生命周期各个阶段，而每个阶段所消耗的资源、能源，所造成的污染是不能撤销和改变的。如第 4 章所述，构件再利用是将建筑结构原有直线型的"生产→建造→使用→废弃"思路转变为"生产→建造→使用→拆解→再利用"的循环发展思路，以物尽其用的核心思想延长材料构件使用寿命，保存其固化能量进而减少碳排放。进行旧建筑改造再使用以及构件充分再利用，是对已经造成的且不可逆转的资源能源的消耗和环境生态污染的一种弥补。

2. 结构改造对 CO_2 减排的影响

混凝土结构的改造对结构碳足迹的影响主要体现在以下两个方面。

1）建筑结构节能改造，使其能耗降低

能耗的降低，意味着资源浪费的减少，对环境的影响也有所降低。据不完全统计，截至 2014 年，中国的既有建筑总面积已达 600 亿 m² 左右，其中仅有 200亿 m² 达到国家现行节能标准要求，还有约 400 亿 m² 是高能耗建筑，在 400 亿 m²的既有高能耗建筑中 70 亿 m² 地处中国北方地区，这些建筑仅采暖用能就消耗大量的资源（一次能源），与此同时向空气中排放着大量的 CO_2、SO_2 气体及粉尘等有害物质。绿色建筑具有节能、节地、节水、节材、环保的"四节一环保"特征，是当前节能减排最有效的方式之一。绿色建筑在节能减排的同时，对减少室内外污染，保护环境，改善居住的舒适性、健康性和安全性等方面都具有现实意义。德国在建筑节能改造方面做出很多表率并颁布了多部建筑节能法案，表 7.5 给出了随着建筑节能标准的不断提高，德国建筑物的能耗以及 CO_2 排放量，其中 CO_2的排放量从 1952 年的 90 kg/m² 降低到 2001 年的 16 kg/m²，减少了 82%。

表 7.5　德国建筑物耗能量及 CO_2 排放量[23]

指标	1952 年	1984 年	1995 年	2001 年
耗油量/（L/m²）	35	15	10	6
CO_2 排放指标/[kg/（m²·年）]	90	40	26	16

建筑节能改造措施包括建筑物围护结构节能改造、建筑用能设备及其设施节能利用三大类。建筑物的围护结构主要由外墙、屋面以及外门窗组成。这部分对于建筑物的能源消耗、室内温度舒适度、室内空气流通质量等起决定性的作用。围护结构的热量损失能耗占总体能耗损失的 70%～80%，通过门窗缝隙散热产生的能耗占 20%～30%[24]。为了减少建筑物的结构能耗，必须加强围护结构的保温，主要是改善外墙和外窗的保温性能，加强门窗的气密性。从成本效益上来看，整个改造外围护结构成本占建筑节能改造总成本的比例为 3%～6%，然而其所起到的节能量却达到了 20%～40%。外围护结构改造主要是通过改变材料的热工参数

提高围护结构的热工性能等途径达到在夏天减少室外热量的进入，在冬季减少室内热量的流出的目的，进而减少建筑物的冷、热能量消耗。

因此，现有建筑结构的节能方式主要在于提高外墙、外窗热工性能，从而达到建筑节能的目的。墙体的改造分为外墙外保温和外墙内保温等形式，主要有聚氨酯硬泡系统、聚苯板薄抹灰系统、胶粉聚苯颗粒保温系统、无机保温砂浆系统等形式。外墙内保温系统主要是将热导率小、不燃或难燃、不对室内产生污染的保温材料与外墙内侧复合，形成一定的隔热保温效果。外墙的节能改造技术适用于非幕墙结构。而对于外窗的改造通常有三种途径：降低窗户的传热系数、加强窗户的密封性、采取遮阳措施以降低太阳辐射导致的能耗。表 7.6 是魏晓东[25]对某小区住宅经节能改造后测得的能源节约量，由表可知节能改造后减排量显著，具有明显的环境效益。

表 7.6 某小区住宅楼经节能改造后能耗节约量[25]　　　　单位：t/年

节约煤	减排 CO_2	减排 SO_2	减排 NO_x	减排烟尘
161.2	105.02	3.71	3.22	0.61

2）改造旧混凝土结构

通过改造旧的混凝土建筑以代替建造新的建筑，减少由于新建建筑所带来的碳排放。现今很多建筑仍处于设计使用寿命内，却因为最初设计不合理或社会发展需求等原因导致其不能满足现在的需求而面临拆除的命运。通过结构改造，可以避免旧建筑的拆除以及建筑再建，同时通过改造产生较少的碳排放，避免建筑拆除以及再建造所产生的大量碳排放。国际上最有名的对旧有建筑的改造要数德国对传统工业区的改造再利用，图 7.4 和图 7.5 是德国老工业园区鲁尔工业区改造前后的对比图。同时我国也对这方面做了一定的尝试，如北京的"798"工业园区的改造以及上海的旧工业园区改造的创意园区。

图 7.4　德国鲁尔工业区改造前　　　　图 7.5　鲁尔区由旧厂房改造的博物馆

3. 构件再利用对结构碳足迹的影响

构件的回收再利用对减少结构碳足迹的作用，在于对构件组成材料的再利用，减少了新构件消耗原材料带来的碳排放。结构材料在制备及运输过程中排放大量 CO_2，在建筑中使用量大、耗能高，建筑材料所产生碳排放量约占建筑结构整体在生命周期中碳排放量总体的 80%，是产生碳足迹的主要部分。而废旧材料的回收利用可以减少原料开采、降低运输环节的能耗，再利用可以避免生产带来的能耗，所以材料利用率越高，减排越多。表 7.7[26] 表示常用建筑材料（钢铁、混凝土、砖瓦）单位能耗、废旧材料回收利用的节约能耗。考虑混凝土原材料来源的复杂性，以及混凝土能耗大部分来自水泥，故表中考虑水泥的单位能耗。

表 7.7　三种主要建材单位面积材料消耗量、单位能耗指标[26]

材料	每 100 m^2 材料消耗量	自然资源为原料单位能耗/（kgce/t）*	形成固化能量 E/kgce	回收废旧材料单位节约能耗	节约固化能量 E/kgce
钢铁	3.04t	760	2310.4	350kgce/t	1064.0
水泥	13.57t	132	1791.2	32kgce/t	434.2
砖瓦	1.47 万块	685	1007.0	205kgce/万块	301.4
总计			5108.6		

* kgce：能源单位，千克标准煤，760kgce/t 表示生产 1 t 物质需要消耗燃烧 760kg 标准煤产生的热量。

对于钢铁，拆毁回收率（毁坏式拆除，在材料层次上回收利用）一般能够达到 70%，而拆解的回收率（精细化拆除，考虑构件层次上回收利用）一般为 90% 左右。对于混凝土和砖瓦，若不考虑废料回收后加工成为再生骨料的影响，一般情况下，混凝土和砖瓦拆毁后做废弃填埋处理，而混凝土在结构拆解后，可以把有些构件的部分或整体进行再利用，混凝土和砖瓦的拆解回收率分别为 70% 和 30% 左右。通过混凝土结构拆解，构件再利用，减少的碳标签约占混凝土结构碳足迹的 70.7%。按照每年 1 亿 t 废旧材料这一保守数字来计算，采用建筑拆解方式取代传统拆毁，全国每年废旧材料减排量在 780 万 t，相当于 430 万株 50 年树龄树木一年的 CO_2 吸收量，其减排成效显著[26]。建筑拆除方式的转变与构件的再利用，正是建筑结构低碳发展的必由之路。

在我国新颁布的规范《绿色建筑评价标准》（GB/T 50378—2014）[27] 中，也加入了对建筑中再利用构件的考虑，见表 7.8，建筑中含有不同比例可重复使用的构件，则建筑绿色化的评价得分也有所不同。

表 7.8　可重复使用隔断（墙）比例评分规则[27]

可重复使用隔断（墙）比例 R_{rp}	得分
30%≤R_{rp}<50%	3
50%≤R_{rp}<80%	4
R_{rp}≥80%	5

在旧建筑材料和构件的再利用方面，国外学者做了大量的研究，并且进行了大量的实践应用。由于国外在相关的实践过程中比较注重对建筑固化能量的保存和利用，所以国外在旧材料再利用的过程中更倾向于直接回收利用。国外对旧建筑材料和构件的回收利用范围相当广泛，除了常见的对旧砖、钢材、门窗构件等的回收利用之外，还有对混凝土构件、清水墙、沥青屋面板等构件的回收利用。瑞典政府参与运作的一个名为"The Nya Udden Project"的住宅建设项目中，其新建的 500 所公寓里面就有 54 所使用了从林雪平市的旧建筑中拆除下来的混凝土构件。

如第 4 章所述，美国 SSD 建筑事务所提出了名为"Big Dig Building"的方案。在该方案中，他们提出将拆除工程中所产生的混凝土预制构件和钢构件用作新建筑的结构组件。由于这些构件的受力性能远远高于普通的框架结构，而且其搭建起的结构体系具有很强的适应性，所以能够适应居住、办公等不同建筑功能的需求。此外，从建造技术方面来说，该建筑方案的建造方式与普通的预制装配式建筑极为相似，只要在现场通过机械进行安装即可，而且还可以通过不同的构件组合方式来满足不同的建筑功能要求。

7.3　CO_2 吸收

7.3.1　混凝土碳化与 CO_2 吸收

1. 混凝土碳化

1）碳化机理

混凝土的碳化是指空气中 CO_2 向混凝土内部渗透扩散，与其碱性物质[主要是 $Ca(OH)_2$ 等水化产物]发生化学反应后生成碳酸盐和水，从而使混凝土碱度降低的过程，又称作混凝土中性化。

溶解在孔隙水中的 CO_2 与 $Ca(OH)_2$ 发生化学反应生成 $CaCO_3$；同时，C-S-H 也在固液界面上发生碳化反应：

$$Ca(OH)_2 + CO_2 \longrightarrow CaCO_3 + H_2O$$

$$(3CaO \cdot 2SiO_2 \cdot 3H_2O) + 3CO_2 \longrightarrow 3CaCO_3 + 2SiO_2 + 3H_2O$$

当外界环境的 CO_2 气体通过开放式毛细孔进入混凝土内，与溶解在孔隙水中 $Ca(OH)_2$ 发生反应，导致靠近混凝土表面的孔隙水中 $Ca(OH)_2$ 浓度降低，与混凝土深部的 $Ca(OH)_2$ 浓度形成梯度，高浓度区 $Ca(OH)_2$ 将向低浓度区移动，使混凝土内 $Ca(OH)_2$ 能继续与外界进入的 CO_2 气体发生反应，逐渐降低混凝土内 $Ca(OH)_2$ 含量，使混凝土由碱性向中性化演变，其混凝土碳化层逐渐向深部推进[28]。

影响混凝土碳化速率的因素可分为以下三个部分。

（1）混凝土微观结构的影响。混凝土的水灰比、水泥品种、水泥用量等混凝土配制因素，以及混凝土搅拌、振捣、养护条件和浇筑方向影响着混凝土的微观结构。模板类型等混凝土施工因素也会影响混凝土的微观结构。反映微观结构情况的主要指标是混凝土的孔隙率和含水率。

（2）混凝土微环境的影响。在自然气候环境温度、相对湿度以及风速、日照、降雨等气象过程影响下，导致混凝土微环境的温度、含水量发生变化。

（3）外界侵蚀环境的影响。CO_2（或其他酸性气体）浓度。

2）碳化深度

在混凝土结构耐久性设计中，混凝土碳化深度对于预测混凝土结构使用寿命有重要的作用。对于混凝土碳化深度的计算模型，国内外展开了较广泛的研究，并取得了一批研究成果。建立这些模型的方法大致可归纳为两条途径：一是基于理论模型，并辅以试验结果而建立的计算模型。最早是苏联学者阿列克谢耶夫[29]模型基于 Fick 第一扩散定律所建立的碳化深度计算模型，另外还有学者 PaPadakis 等[30,31]建立的模型，我国学者张誉和蒋利学等[32]提出混凝土碳化深度模型。

另一种是基于碳化实验、现场检测结果而建立的统计模型：外国学者 Loo[33]、Parrott[34]以及我国学者邸小坛[35]、朱安民[36]等均通过实验数据或者现场检测提出相应的混凝土碳化深度模型。

尽管不同学者通过不同途径所建立的混凝土碳化深度计算模型各不相同，但对于混凝土碳化深度的影响因素，一般认为可以分为两大类：材料因素和环境因素[37]。材料因素包括水灰比、水泥品种与用量、掺合料、外加剂、骨料品种与级配、混凝土表面覆盖层等，它们主要通过影响混凝土的碱度和密实性来影响混凝土碳化速度。环境因素有自然环境和使用环境两个方面，自然环境包括环境相对湿度、温度、应力以及 CO_2 浓度等；使用环境主要指混凝土构件的受力状态及应力水平，它们主要通过影响 CO_2 扩散速率及碳化反应速率来影响混凝土碳化速率。

2. CO_2 吸收

由于对混凝土结构吸收 CO_2 能力的忽略以及评价范围选取的不统一，有学者估计，混凝土结构的碳足迹被高估了 13%～48%。研究表明[38]，普通硅酸盐水泥吸收 CO_2 的能力（主要是碳化作用）可以和绿色植物的光合作用吸收 CO_2 的能力相提并论。关于混凝土结构对环境的影响方面，之前的研究主要集中在生产混凝土原料水泥及在混凝土结构建造过程中排放的 CO_2 对环境的不利影响，往往忽略了混凝土结构对于 CO_2 的吸收作用。这一方面是因为对混凝土吸收 CO_2 能力认识的不足，另一方面在于先前混凝土的回收率较低。现在混凝土的回收率也逐渐增加，结构被拆除后，制成再生粗细骨料应用于再生混凝土结构之前，一般会将骨料放置一段时间，而这时由于混凝土与空气的接触面积的极大增大，导致混凝土吸收 CO_2 的能力极大增加。有研究表明，在骨料放置的这段时间，混凝土的 CO_2 的吸收量就达到结构在服役寿命里所吸收 CO_2 同等的量[39]，这也表明混凝土结构吸收 CO_2 的能力对混凝土结构的碳足迹有不容忽视的影响。

关于混凝土吸收 CO_2 能力的研究，早在 2001 年，美国学者 Gajda 和 Miller[40,41] 通过研究生产混凝土的体积、用途、厚度等来估算美国混凝土结构 CO_2 的吸收量。但该研究的局限性在于只考虑了混凝土结构在服役寿命期间的 CO_2 吸收能力，未考虑混凝土结构完成使用寿命后的破坏阶段以及再生利用阶段。而 Frank Collins 认为混凝土在使用寿命后的破坏阶段以及再生利用阶段的 CO_2 吸收量相较于使用寿命阶段更为可观。挪威学者 Jacobsen 和 Jahren[42]曾经估算了挪威的混凝土吸收 CO_2 的量。2005 年，北欧四国丹麦、冰岛、挪威以及瑞典的学者[43-47]对混凝土吸收 CO_2 的能力进行了一系列的研究。其研究涵盖了混凝土结构的使用寿命 70 年，以及破坏再生利用后的 30 年的 CO_2 的吸收量，并且提出一系列的研究报告成果，表明混凝土结构对 CO_2 的吸收卓有成效。在混凝土回收利用机制完备的国家，可以假设建筑在 100 年的使用后能够达到有 86%的混凝土碳化，大约占到制作混凝土原料水泥时煅烧所排放 CO_2 的 57%。同时，通过对具体案例的研究发现，潜在的 CO_2 吸收量的 70%～80%是在结构完成 100 年的使用寿命后完成的。2011 年，瑞典 Lund 大学学者 Lars-Olof Nilsson[48]基于北欧四国研究得到的数据结论，研究建立了混凝土结构吸收 CO_2 的理论模型。2013 年，Lund 大学的 Ronny Andersson，Katja Fridh 等[49]利用之前的研究成果，得出混凝土结构生命周期内 CO_2 吸收量的计算方法，并进行了实际结构 CO_2 吸收量的计算。计算模型采用了 Lars-Olof Nilsson 的理论模型以及北欧四国得出的基于试验的经验模型，得出 2011 年瑞典国内混凝土结构的 CO_2 吸收量为该年国内新生产水泥所排放 CO_2 的 17%。2009 年，美国学者 Liv Haselbach[50]通过试验，认为混凝土中吸收的 CO_2 除了以碳化作用生成 $CaCO_3$ 的形式存在于混凝土中之外还包含其他碳化物的形式。2013 年韩国学者 Keun-Hyeok Yang 和 Eun-A Seo 等[51]研究提出了在混凝土生命周期内（包括使用服役寿命和回收再利用寿命）碳化吸收 CO_2 的方法，并对韩国的一栋建筑进行了 CO_2 吸收量的计算，发现混凝土结构在 100 年的生命周期内 CO_2 吸收量能达到结构建造中 CO_2 总排放的 15.5%～17%。

Frank Collins 在评价混凝土结构吸收 CO_2 的研究中，将建筑的生命周期分为两个阶段，提出了使用服役寿命（Primary Life/Service Life）及二次使用寿命（Secondary Life）的概念。通过对这两个阶段混凝土结构 CO_2 吸收量的计算来评定结构的 CO_2 吸收量。通常学者们的研究也将混凝土结构吸收 CO_2 能力的评定分为这两个阶段。

一般来说学者们认为混凝土结构吸收 CO_2 的能力主要来自于其中水泥凝胶体发生的碳化（Carbonation）反应。传统上，对碳化的研究主要集中在其结构耐久性所造成的不利影响方面，并寻求避免或者延缓碳化的方法，因为碳化会降低混凝土的 pH，使钢筋钝化膜破坏，进而产生锈蚀，从而影响结构的耐久性，而很少有研究关注混凝土生命周期中 CO_2 的吸收与排放的平衡。

Frank Collins 及 Keun-Hyeok Yang 和 Eun-A Seo 等给出了混凝土结构碳化所吸收的 CO_2 的量。在 Keun-Hyeok Yang 等的研究中，CO_2 的吸收量可以表示为

$$U_{CO_2}(t) = a_{CO_2}(t) \cdot A \cdot x_c(t) \tag{7.1}$$

式中，$a_{CO_2}(t)$ 为单位体积混凝土在 t 时间内的 CO_2 吸收量；A 为混凝土与 CO_2 接触的表面积；$x_c(t)$ 为碳化深度。

单位体积混凝土在 t 时间内的 CO_2 吸收量 $a_{CO_2}(t)$ 可以表示为

$$a_{CO_2}(t) = \alpha_h(t) \cdot M_{ct}(t) \cdot M_{CO_2} \tag{7.2}$$

式中，$\alpha_h(t)$ 为 t 时间内水泥砂浆的水化程度（%）；$M_{ct}(t)$ 为 t 时间内单位体积混凝土内含的可碳化成分的摩尔浓度；M_{CO_2} 为 CO_2 的摩尔质量（M_{CO_2} =44g/mol）。

通过 Papadakis 等[52]提出的分析过程，再综合试验数据，可以得到 $M_{ct}(t)$ 的算法。Keun-Hyeok Yang 和 Eun-A Seo 等提出混凝土的碳化深度主要取决于 CO_2 的扩散系数以及水泥砂浆的 CO_2 吸收能力，进而决定混凝土结构在使用寿命中 CO_2 的吸收量。

在混凝土结构达到使用寿命并被破碎成为骨料后，进入二次使用寿命阶段之前，一般会将骨料放置一段时间。此时，相对于普通混凝土结构，再生骨料与空气中的 CO_2 有更大的接触面积，发生碳化更加充分彻底，因此 CO_2 的吸收量也有很大的增加。Kanda Taro 等[53]通过试验收集了 46 个试件的数据，得到了再生骨料放置 28 d 后的 CO_2 吸收量，数据显示在放置 28 d 后，对于直径 $D<5$ mm 的细骨料，骨料对 CO_2 的吸收量增加 97.14%，直径 5 mm$<D<20$ mm 的粗骨料，骨料对 CO_2 的吸收量增加相对较少，但也提高了 32.35%，见图 7.6。

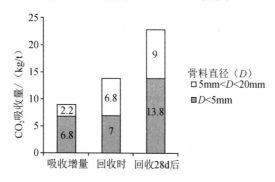

图 7.6　再生骨料放置 28 d 的 CO_2 吸收量[53]

由 Kanda Taro 的研究可知，再生骨料放置 28 d 后 CO_2 的吸收量几乎达到结构在使用寿命中吸收的 CO_2 的一倍。因此，对于混凝土结构整个生命周期中的碳足迹评价而言，必须将此阶段考虑在内。韩国学者 Keun-Hyeok Yang 和 Eun-A Seo 等研究提出了关于再生骨料（RCA）放置阶段的 CO_2 吸收量的模型，通过试验的方法得出骨料的碳化面积及碳化深度。

再生骨料碳化接触面积为

$$A_{max} = \frac{\pi \cdot H \cdot L \cdot (D - 2x_c)}{d_a} \qquad (7.3)$$

$$A_{min} = \frac{\pi \cdot H \cdot L \cdot (D - 2x_c)}{L_u \cdot V_{solid}} \qquad (7.4)$$

式中，A 为再生骨料可碳化的面积；H 为混凝土构件的高；L 为混凝土构件的长；D 为混凝土构件的厚；x_c 为骨料已经碳化的深度；d_a 为骨料的平均直径；L_u 为堆积骨料的单位宽度（L_u=1m）；V_{solid} 为堆积骨料的绝对体积比。

两种极值面积分别对应骨料完全铺开放置和堆积放置，Keun-Hyeok Yang 等将一件 150mm×150mm×530mm 的梁碾碎成平均直径为 25 mm 的骨料，加速碳化后发现：骨料堆中最里面和最外面骨料的碳化速率几乎相同，碳化发生到水泥砂浆和骨料颗粒的表面时停止，故研究者采用 A_{max} 作为接触面积，碳化深度为表面到交界面的距离。由于该公式是基于韩国本土的试块试验得出，具体的结果还需要更多相关试验的支持。

由掺入再生骨料所制作的再生混凝土结构亦会发生碳化反应。肖建庄和雷斌[54]通过试验分析和修正，提出了再生混凝土的碳化深度模型，可用于计算混凝土结构在二次使用寿命期间的 CO_2 吸收量。

再生混凝土碳化深度可表示为

$$x_c(t) = \mu_k \sqrt{t} \qquad (7.5)$$

$$\mu_k = \mu_{K_{mc}} K_{CO_2} K_{k1} K_{ks} T^{0.25} R^{1.5} (1 - R) \cdot \left(\frac{230}{f_{cu}^{RC}} + 2.5 \right) \qquad (7.6)$$

式中，μ_k 为再生混凝土碳化速率系数均值；t 为碳化时间；$\mu_{K_{mc}}$ 为再生混凝土碳化深度不定性系数的平均值；K_{CO_2} 为 CO_2 浓度影响系数；$K_{CO_2} = \sqrt{C_0/0.2}$，其中 C_0 为 CO_2 体积浓度；K_{k1} 为位置影响系数（构件角区取 K_{k1}=1.4，非角区取 K_{k1}=1.0）；K_{ks} 为工作应力影响系数（受压时取 K_{ks}=1.0，受拉时取 K_{ks}=1.7）；T 为环境温度；R 为相对湿度；f_{cu}^{RC} 为再生混凝土抗压强度平均值。

可以通过上述方法计算混凝土结构生命周期内的 CO_2 吸收量，来得到更为严谨和完备的碳标签。考虑到混凝土的碳化能力，邵一心等[55]通过研究表明，波特兰水泥经 2h 碳化后可吸收 14% 的 CO_2，碳化后材料的强度与 7d 传统养护的强度相当。钢渣细粉能吸收 4%～12% 的 CO_2，能用来取代河砂。吹氧高炉钢渣对 CO_2 的吸收能力超过 12%，由此制成的粗骨料其强度可与石灰岩相比。如果混凝土砌块由这三个组分组成，一块 200mm×200mm×200mm 的标准砌块能吸收 1.39 kg 的 CO_2。CO_2 在混凝土中的储留是一项经济可行、直接减排的有效技术。考虑到混凝土结构的耐久性降低一般是由碳化导致的钢筋锈蚀所造成的，因此可以考虑加强钢筋的防腐蚀性能或者选择钢筋的取代物质，FRP 筋混凝土被证明是避免钢筋耐腐蚀性差的良好取代物[56]。

对再生骨料使用前放置阶段的 CO_2 吸收量以及吸收能力的精确确定是今后的一个研究方向，需要建立一个与之相应的模型。在 Keun-Hyeok Yang 和 Eun-A Seo 等的研究中采用的再生骨料的平均直径为 25 mm，但从 Kanda Taro 等的试验中可知，再生骨料直径小于 5 mm 时，其放置时的 CO_2 吸收量达到最大。同时，Keun-Hyeok Yang 和 Eun-A Seo 等认为骨料堆最里面的和最外面的骨料碳化速度几乎相同，但由于他们采用的是加速碳化方法进行测量，CO_2 的浓度较高，可能会对骨料的碳化速率产生影响，导致实验结果有所偏差。这些问题都需要进一步试验来验证。

研究 CO_2 在混凝土结构中的其他存在形式，以准确确定混凝土结构的碳标签是今后的一个研究方向，同时，BIM 技术的兴起与发展也有益于混凝土结构进行生命周期的模拟分析，确定结构生命周期中的碳排放与吸收，从而建立混凝土结构完整的碳足迹。

城市建筑群常被人们称之为"混凝土森林"，类似于植物的光合作用吸收 CO_2，混凝土建筑也能通过碳化作用吸收 CO_2。考虑新型建筑的发展，对原生或再生混凝土进行改性或通过添加催化物质使混凝土充分发生碳化反应、吸收 CO_2，即可建造所谓"纯绿色建筑"。现已生产出基于镁硅酸盐的水泥，这种水泥在制作过程中需要更少的热量，但在硬化的过程中能有效地吸收空气中大量的 CO_2，甚至在整体上能够达到"碳负极"，即不排放 CO_2，而且能够吸收一定量的 CO_2，从而使结构不会产生碳足迹。

建筑结构的可持续发展是未来趋势，全面综合考虑结构碳吸收及碳排放来制定准确和完备的碳标签，有助于对建筑结构的绿色评价。面对全球变暖等环境问题，现今各国都在努力减排以期达到《京都协议》中的承诺。考虑到水泥的制造是混凝土结构碳足迹的主要来源，而中国的水泥生产已经连续多年占世界第一，生产量已经是世界产量的 60%，也是世界上最主要的水泥出口国。目前对于出口产品的碳标签，国际上由出口产品在生产过程中造成的温室气体排放一般都统计在出口国名下，与消费这些产品的进口国无关，因此得出准确和完备的水泥碳标签十分重要。考虑混凝土碳化得到混凝土结构在生命周期中的 CO_2 吸收量，能够得到混凝土更为严谨的碳标签。

7.3.2　基于 CO_2 吸收效率的结构选型

混凝土结构的 CO_2 吸收总量取决于碳化深度以及混凝土结构与空气中 CO_2 的接触面积，当前的研究一般都认为碳化会对混凝土结构产生不利影响，因此在混凝土结构建造的时候会采用一定的措施来阻止或减缓其发生碳化反应，通常采用表面覆盖层[57]等措施来延缓碳化。适当地控制混凝土结构的碳化，可有利于对 CO_2 的吸收。

从混凝土吸收 CO_2 的角度来看，扩大混凝土结构与空气中 CO_2 的接触面积是最直接的方法，因此未来的研究可以考虑在充分保证混凝土结构耐久性的前提下，最大限度地利用混凝土结构吸收 CO_2 的能力。例如，混凝土结构可以采用清水混凝土结构，由于去除了表面覆盖层，使得混凝土能够与空气中的 CO_2 充分接触，使碳化反应更加彻底。除清水混凝土结构外，还可以在保持混凝土结构总用量不变的情况下，尽量增大与 CO_2 的接触面积，如采用混凝土薄壳结构。同时，广泛使用的混凝土路面与混凝土护坡结构，与一般混凝土结构相比，与空气中的 CO_2 有更大的接触面积，因此能够通过碳化吸收更多的 CO_2。

1）清水混凝土结构

清水混凝土结构的独特性在于其使用混凝土作为结构和装饰材料，建筑表面不做任何外装饰，直接采用现浇混凝土的自然表面作为饰面。清水混凝土结构表面平整光滑、色泽均匀、棱角分明、无碰损和污染，只是在表面涂一层或两层透明的保护剂，显得天然、庄重。具体的技术要求见第 6 章。

对清水混凝土最早的关注，来自于建筑师对于混凝土材料在建筑的应用与表现。清水混凝土沉静的色调、坚实的体量感，带给人们另一种清新稳定的感觉。前已论述，建筑师柯布西耶、安藤忠雄等都有精彩的混凝土作品，丹下健三的圣玛利亚大教堂更能发挥混凝土吸收 CO_2 的功效（图 7.7）。这些建筑中，混凝土不再被掩盖在复杂花哨的装饰面背后，而是构成了建筑的主要材料，使得其可以与空气中的 CO_2 充分接触。

图 7.7　东京圣玛利亚大教堂

同时，从建筑结构的环境与生态效益进行评价，清水混凝土结构是名副其实的绿色混凝土结构：混凝土结构不需要装饰，舍去了涂料、饰面等化工产品；清水混凝土结构一次成型，不剔凿修补、不抹灰，减少了大量建筑废物，有利于保护环境；从结构吸收 CO_2 的角度出发，清水混凝土去除了常规混凝土结构表面的覆盖层，使空气中的 CO_2 能更好地渗透进入混凝土内，相对而言，碳化发生更快，CO_2 吸收总量也较常规混凝土结构更多。

混凝土结构覆盖层对碳化的延缓作用：混凝土的表面覆盖层通常可分为两大类，一类是含可碳化物质的，如砂浆、石膏等；另一类是不含可碳化物质的，如沥青、涂料等。可碳化覆盖层延缓碳化的机理是覆盖层消耗掉一部分扩散进入的 CO_2，使 CO_2 接触混凝土表面的时间得以延迟；CO_2 穿过覆盖层后浓度降低，使混凝土表面的 CO_2 浓度低于大气环境中的 CO_2 浓度，从而延缓混凝土的碳化速度；覆盖层干燥硬化后在基层上形成连续坚韧的保护膜层，能封闭混凝土表面部分开口孔道，阻止 CO_2 的渗透，从而延缓碳化速率。

清水混凝土结构的较低碳足迹就在于没有覆盖层对混凝土碳化的延缓作用。

2）混凝土薄壳结构

薄壳结构就是曲面的薄壁结构，按曲面生成的形式分为筒壳、圆顶薄壳、双曲扁壳和双曲抛物面壳等，材料大都采用钢筋混凝土，著名的薄壳结构有悉尼歌剧院，如图 7.8 所示。正如第 3 章所述，壳体能充分利用材料强度，同时又能将承重与围护两种功能融合。薄壳结构的优点是可以把受到的压力均匀地分散到各个部位。许多建筑物屋顶都运用了薄壳结构。

图 7.8　著名薄壳结构：悉尼歌剧院

从混凝土结构碳足迹方面来看，相对于一般的混凝土结构，薄壳结构的比表面积得到最大化地利用，考虑到混凝土碳化的主要影响因素之一就在于混凝土结构与外界 CO_2 的接触面积。因此，相比一般混凝土结构，薄壳结构能够将碳化作用最大化，拥有更低的碳标签；另外，与相同体量的一般混凝土结构相比，混凝土薄壳结构所需混凝土量较小，减少了混凝土的需求，使薄壳结构有着更低的碳足迹，由于混凝土与空气的接触面积达到最大化，因此，薄壳结构的混凝土能够充分碳化，使结构吸收 CO_2 的能力达到最大化。可以说，薄壳结构比一般混凝土结构有着更优的环境与生态效益。

3）混凝土道路与护坡结构

另一类有较大表面积的混凝土结构是混凝土道路与混凝土护坡结构，如图7.9所示。混凝土护坡结构常使用混凝土有孔砌块，如图7.10所示。一般情况下有孔砌块的孔隙率大于30%，与一般的实心混凝土相比，有孔砌块与空气有更大的接触面积。

图7.9　混凝土路面及护坡结构

图7.10　护坡结构常用的混凝土有孔砌块

同时，一般混凝土道路以及护坡结构都不会使用表面覆盖层，这更有利于混凝土碳化的进行。相同体积的混凝土建筑结构与混凝土道路和护坡结构相比，考虑到孔隙率以及混凝土表面的覆盖层等的影响，混凝土道路与护坡结构的碳化速率远大于混凝土结构，因此，混凝土道路与护坡结构的CO_2的吸收量要远大于混凝土建筑结构的CO_2吸收量。混凝土道路与护坡结构的碳标签要远小于一般的混凝土结构。

7.3.3　再生混凝土应用的生态优势

1. 再生混凝土的碳化改性

考虑到采用碳化改性的方法，一方面改进再生骨料混凝土的性能，另一方面

达到吸收 CO_2 的效果，采用显微硬度仪对碳化改性的模型再生粗骨料的显微硬度进行了测试[58]，表明碳化可增强再生粗骨料的老界面区和老砂浆，且老界面区的改性效果好于老砂浆；老砂浆的水灰比越高，碳化改性效果越明显。还采用模型再生混凝土研究了碳化对再生粗骨料界面的宏观改性效果。对九骨料模型再生混凝土试件进行单轴受压试验，对单骨料模型混凝土进行 Push-Out 试验，结果均证实了碳化对再生混凝土的过渡区界面性能的改性效果，其界面区推出强度有 3%～21%的提升。

　　进一步研究碳化对抗压强度的影响，采用高浓度 CO_2 气体强化再生粗骨料（RCA）并得到碳化后的再生粗骨料（CRCA），通过试验测试了天然粗骨料（NCA），RCA 和 CRCA 的物理力学性能指标，并分别制备了 NCA+RCA，NCA+CRCA 和 RCA+CRCA 三类混合粗骨料混凝土[59]。结果显示，碳化可以提高再生粗骨料（RCA）的物理和力学性能指标，与 RCA 相比，经过 CO_2 改性的再生粗骨料（CRCA）比改性前，表观密度和堆积密度提高 1.2 倍，吸水率减小 27.3%，压碎指标降低 10.5%。对于相同的再生粗骨料 CRCA 或 CRCA 含量，NCA+RCA 再生混凝土的性能普遍高于 RCA+CRCA 再生混凝土的性能，但低于 NCA+CRCA 再生混凝土的性能。

2. 生态建筑

　　生态建筑是生态学与建筑建设相结合的产物，它是指运用生态学原理和遵循生态平衡及可持续发展的原则，进行设计、组织建筑室内室外空间中的各种物质因素，从而形成无污染、生态平衡的建筑环境。生态建筑的规划与建设应遵循自然生态规律与当地建筑条件的发展要求，以可持续发展为目标，以生态学为基础，以人与自然和谐为核心，以现代科学技术为手段，综合协调建筑及其所在区域的社会、自然复合生态系统，以促成健康、高效、文明、舒适、可持续的人居环境的发展。

　　生态建筑应尽量减少对生物圈的破坏，关心使用者，便于人与自然环境的沟通，以及具有足够的弹性以包容未来科技的应用与发展。这一系统应具有节地、节水、节能、减少环境污染、延长建筑寿命、改善生态环境等特点。生态建筑，鼓励新技术、新材料、新设备、新产品、新工艺的推广和使用，推动建筑建设由粗放型的增长方式向质量效益型和集约化方向转变。可以说，生态建筑正是一种以低碳足迹为理念的建筑形式。

3. 再生混凝土应用的生态优势

　　尽管目前从纯经济指标的角度来讲，再生骨料的生产是薄利的，但随着科学技术的进步和生产水平的发展，以及人类对环保的日益重视，经济性的概念也会随之变化。因此再生混凝土的经济性不能简单地用其生产成本来衡量，从经济、社会、环境等综合角度来看，再生混凝土的应用具有极大的优势并且有广阔的应用前景。目前再生骨料主要用来制作中低强度的混凝土，一般用于基础、路面和非承重结构和低矮建筑，通过选择和严格控制配合比及再生骨料的掺合量，也可满足中高层承重结构混凝土的要求（图 7.11）。使用再生混凝土能够变废为宝，既满足了人们对资源的需求，减少砂石等资源的开采量，又为后世子孙留下了宝贵的资源财富，也是解决"资源匮乏"现状的有效途径，而且能够避免由于废混凝土的堆放而产生的环境污染。再生混凝土完全能够满足世界环境组织提出的"绿色"的三项意义：节约资源、能源；不破坏环境，更应有利于环境；可持续发展，既可满足当代人的需求，又满足不危害后代人发展的能力。

图 7.11 预制再生混凝土结构

相对于普通混凝土，应用再生混凝土的资源消耗低于利用普通混凝土；同时，从生命周期的角度来看，再生混凝土的使用避免了自然资源开采运输的能耗，整体上再生粗骨料的使用使混凝土结构的碳足迹更低，对环境的影响更小，更具有环境与生态优势。

7.4 混凝土结构外围护

衡量混凝土建筑结构的碳足迹，除了考虑混凝土材料的碳标签外，还应该考虑在混凝土建筑生命周期内，建筑运行等能耗所带来的碳足迹，这也是混凝土结构碳标签的一部分。本节将主要考虑混凝土建筑的保温隔热所产生的能耗带来的碳标签，以及通过改善混凝土的保温隔热措施对混凝土结构整体碳足迹的改善。

同气候相近的发达国家相比，我国绝大多数采暖地区围护结构的热工性能都要差许多，如图 7.12 所示。我国建筑的采暖耗能，外墙大体为发达国家的 4～5 倍，外窗为 1.5～2.5 倍，屋面为 2.5～5.5 倍，透气性为 3～6 倍。我国的能源利用率也很低，仅为 28%，而欧美平均近 50%，日本则为 57%。我国单位建筑面积能耗是发达国家的 2～3 倍以上，超过所有发达国家的总和。目前我国已成为世界第一大能源消耗国，建筑业是能耗大户。

根据相关资料统计，建筑能耗在人类整个能源消耗中所占比例一般在 30%～40%，建筑运行能耗中，采暖、空调、通风能耗可达 2/3，其中采暖比例最大，超过 50%。建筑材料能耗中，非金属建材能耗为 54%，钢铁建材能耗为 39%。建筑间接能耗中，能源生产加工高达 71%。一般认为能耗巨大的建筑施工阶段在建筑总能耗中占比很小，仅占 1%。既有建筑的高能耗导致大量煤炭、天然气、石油等不可再生资源的消耗，并排放了大量的 CO_2、SO_2、氮氧化物和粉尘，造成了严重的环境污染。通过改善混凝土结构的外墙以及屋顶的保温来减低建筑的采暖能耗值，可以有效地降低混凝土结构的碳足迹。

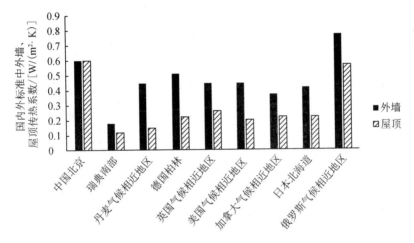

图 7.12　国内外标准中外墙、屋顶传热系数限值比较[60]

7.4.1　外墙保温

外墙的热损失占到结构所有热损失的 25%，大于其他部件的热损失，因此加强外墙的保温隔热，能够有效降低结构的能耗。改善墙体的保温隔热性能，首先要看建筑物所处地区的气候条件，在满足防火安全的前提下，再针对不同的要求采取不同的节能技术。

从节能技术应用来看，目前建筑市场上建筑墙体的节能技术主要有外墙外保温、外墙内保温、夹心保温和自保温四种。

外墙外保温即保温材料处于外墙的外侧，具有优良的保温节能效果。既可以用在新建建筑墙体，又可以用在既有建筑墙体。外墙外保温可以消除结构性冷热桥，同时保护建筑主体结构不受破坏，不占用室内的使用空间。目前的外墙外保温技术主要有模塑板外墙保温系统、挤塑板外墙保温系统、聚氨酯硬泡外墙保系统、胶粉聚苯颗粒外墙保温系统、无机纤维外墙保温系统、无机保温颗粒外墙保温系统、无机保温板外墙保温系统等。

外墙内保温是在墙体内侧敷设一层保温材料，且在保温材料表层做保护层及装饰面。外墙内保温施工难度不大，价格便宜，技术相对成熟，施工技术及检验标准比较完善。外墙内保温所用材料主要为岩棉板、水泥膨胀珍珠岩板、充气石膏板等。目前常用施工技术有保温砂浆抹灰、硬质建筑保温制品内贴、保温层挂装、抹聚苯颗粒保温浆等。

外墙夹心保温是将墙体分为承重和保护两部分，中间留一定的空隙，在空隙内浇筑混凝土，混凝土和聚苯板一次性浇筑成型。目前主要有多孔砖夹心墙体和混凝土砌块夹心墙体，所用材料主要有聚苯板、岩棉、玻璃棉、膨胀珍珠岩、轻质陶颗粒等。

外墙自保温是指单一墙体材料既可以满足保温隔热效果又可以承重。这种技术主要应用于非承重墙体，依靠墙体材料自身的热阻来达到节能效果。目前主要有加气混凝土砌块、轻骨料混凝土小型砌块、多孔砖、蒸压砖以及复合墙板等。

7.4.2 屋顶保温

作为一种建筑物外围护结构，屋顶所造成的室内外温差传热耗热量大于任何一面外墙或地面的耗热量。因此，提高屋顶的保温隔热性能，对提高抵抗夏季室外热作用的能力尤其重要。这也是减少夏季空调的耗能，改善室内热环境的一个重要措施。传统的混凝土建筑屋顶按照保温节能构造不同分为：普通保温隔热屋顶、空气间层保温隔热屋顶以及生态覆盖式保温隔热屋顶[61]等三种形式。

对于混凝土建筑结构，可以通过改变屋顶的建造材料以改善建筑的保温隔热性能。20 世纪 80 年代，就有学者提出使用粉煤灰加气混凝土代替传统普通混凝土作为屋顶隔热保温材料[62]，能够明显改善房屋的保温隔热性能。研究表明[63]，粉煤灰加气混凝土在绝干状态下热导率仅为 0.11W/（m·K），而普通混凝土的热导率达到了 1.74W/（m·K）。

另一种正在逐步推广使用的节能环保建筑材料就是泡沫混凝土。泡沫混凝土作为一种节能、保温、隔热、轻质的多功能材料，越来越多地被用于建筑屋顶隔热保温。泡沫混凝土是指在水泥、掺合料、骨料、外加剂等制成的料浆中，加入用物理方法将泡沫剂溶液制备成的泡沫，经搅拌、浇筑成型、养护而成的用于建筑物屋面保温隔热的多孔混凝土。由于泡沫混凝土中含有大量封闭的细小孔隙，具有良好的热工性能，其良好的保温隔热性能是普通混凝土所不具备的。一般密度在 300～1200kg/m³ 的泡沫混凝土，热导率在 0.08～0.3W/（m·K），远低于普通混凝土[64]。上海国家会展中心就使用了泡沫混凝土作为屋顶的保温材料。采用泡沫混凝土作为建筑物屋面材料，具有良好的节能效果。

在多层建筑围护结构中，建筑的墙体能耗占整个建筑的 22%～24%，墙体的展开面积占总有效能耗面积的 56%～60%。屋顶所占面积较小，12%～17%，但屋面有效面积仅占总能耗面积的 10%～15%。据测算，每降低 1℃，空调减少能耗 10%，而人体的舒适性会大大提高。因此，加强屋顶保温节能对建筑造价影响不大，节能效益却很明显，由此带来的结构碳足迹的改善也很明显。

7.4.3　屋顶绿化与垂直绿化

随着城市的快速发展，在追求建筑经济利益最大化的同时，人们也意识到实现建筑生态效益最大化的重要性。为城市实现生态可持续发展，在建筑屋顶种植绿色植物进行绿化以及利用植物沿建筑立面或其他构筑物表面攀附、固定、垂吊形成的立面垂直绿化的建设已成为增加城市绿化的重要方式。建设美观大方、生态环保的屋顶绿化以及垂直绿化项目在世界各大城市已受到人们越来越多的关注。

屋顶绿化（图 7.13）以及垂直绿化（图 7.14）是通过在屋顶以及墙体上种植植物来阻隔太阳辐射以防止房间过热。其保温隔热的原理如下所述。

（1）利用植物的叶片遮挡阳光辐射，能有效降低温度。

（2）利用植物自身的光合作用，减少到达屋顶植物表面的太阳辐射能，从而降低温度。

（3）植被介质层土壤中水分的蒸发也能带走热量，降低温度。

图 7.13　屋顶绿化　　　　　　　　　图 7.14　外墙垂直绿化

因此，该屋顶类型是一种有效的节能屋顶，植物本身也有助于固化二氧化碳和释放出氧气，具有很大的生态效益；同时，降低屋顶外表面温度，减少屋顶内外表面温差。

德国以及日本在推广屋顶及垂直绿化发展处于世界前列，德国于 1975 年成立 FLL 机构（The Landscape Research Development & Construction Society）进行建筑绿化研究等方面的工作，并取得显著的效果。目前全球"建筑物大面积植被化"的技术成果和科研开发中，大约 90% 为德国的专利。至 21 世纪初，全德国有近 1 亿 m² 的绿化面积、首都柏林有近 45 万 m² 的建筑物屋顶实现了绿化。日本在屋顶绿化中所使用的人工轻量土栽培技术处于世界先进水平。悉尼市中心大型生态社区（Central Park），如图 7.15 所示，位于悉尼市中心附近的 Chippendale 区，占地 6hm²，是悉尼市中心内西区最大的一个综合绿化社区。其别出心裁的垂直绿化设计具有极大的艺术价值和生态效应，并可为后续的建筑设计起到标杆作用。

图 7.15　悉尼市中心大型生态社区

屋顶绿化具有良好的隔热节能效果。以上海为例，研究表明，绿化屋顶的等效热阻约为裸露普通混凝土屋顶的等效热阻 10 倍左右，绿化屋顶夏季日均空调耗电量约为裸混凝土屋顶的 25%[65]。植被层以及介质层的存在对于混凝土屋面板温度应力有明显的改善作用，所产生的有利效应大于其给结构带来的不利效应，植物层和种植介质层对绿色屋顶的隔热节能效果起到了关键作用[66]。

最初，攀缘植物常被用于垂直绿化，随着技术的发展，出现非藤本植物应用于垂直面的绿化技术。2010 年上海世界博览会的大量场馆运用了建筑垂直绿化的设计手法，垂直绿化方式多种多样，技术含量高，景观层次丰富。如世博主题馆、法国馆、卢森堡馆、加拿大馆等许多场馆都展示了垂直绿化在场馆设计中的运用。

研究表明[67]，垂直绿化能够有效地改善建筑物的生态效益，被植物覆盖的建筑物墙体，夏季室内降温范围为 3～5℃，通过简化公式计算，当室内平均气温降低 3℃时，空调负荷降低率至少为 10%。

7.5　本 章 小 结

本章介绍了混凝土结构生命周期中的碳足迹。从混凝土结构的碳排放和碳吸收两个方面，阐述优化混凝土结构生命周期中碳足迹的方法，基于这些工作，提出基于碳足迹的混凝土结构选型思路，是混凝土结构选型发展的新观点，并分析了再生混凝土结构在碳足迹方面的生态优势。最后，分别从墙体保温隔热与垂直绿化以及屋顶保温与绿化等方面，阐述了在使用阶段降低混凝土结构碳足迹的技术措施。

本章从混凝土结构的生命周期角度，展示了碳足迹的特点及优化措施，为混凝土结构的可持续性设计奠定了基础。

参 考 文 献

[1] Trends in global CO_2 emissions 2015[R]. PBL Netherlands Environmental Assessment Agency, 2015.

[2] MATTHEWS H S, HENDRICKSON C T, WEBER C L. The importance of carbon footprint estimation boundaries[J]. Environmental Science&Technology, 2008（16）: 5839-5842.

[3] 省级温室气体清单编制指南编写组. 省级温室气体清单编制指南（试行）[Z]. 2010.

[4] VANDENBERGH M P, DIETZ T, STERN P C. Time to try carbon labelling[J]. Nature Climate Change, 2011（1）: 4-6.

[5] PLASSMANN K. A ccounting for carbon removals[J]. Nature Climate Change, 2012（1）: 4-6.

[6] FRANK COLLINS. Inclusion of carbonation during the lifecycle of built and recycled concrete: influence on their carbon footprint[J]. Int J Life Cycle Assess, 2010（15）: 549-556.

[7] 胡莹菲, 王润, 余运俊. 中国建立碳标签体系的经验借鉴与展望[J]. 经济与管理研究, 2010（3）: 16-19.

[8] 高源雪. 建筑产品物化阶段碳足迹评价方法与实证研究[D]. 北京: 清华大学. 2012.

[9] 俞海勇, 王琼, 张贺, 等. 基于全寿命周期的预拌混凝土碳排放计算模型研究[J]. 粉煤灰, 2011, 23（6）: 42-46.

[10] 国家工业和信息化部. 关于水泥工业节能减排的指导意见（工信部节[2010]582 号）[R]. 北京: 国家工业和信息化部, 2010.

[11] 王向华, 朱晓东, 程炜 等. 不同政策调控下的水泥行业 CO_2 排放模拟与分析[J]. 中国环境科学, 2007, 27（6）: 851-856.

[12] 中国国家标准化管理委员会. 水泥生产企业二氧化碳排放量计算方法（20100973—T—609）[S]. 北京: 中国国家标准化管理委员会, 2010.

[13] 牛荻涛, 李春晖, 宋华. 复掺矿物掺合料混凝土碳化深度预测模型[J]. 西安建筑科技大学学报, 2010, 42（4）: 464-467.

[14] THOMA M D A, HOOTON D, et al. Field trials of concretes produced with Portland limestone cement[J]. Concrete International, 2010: 35-41.

[15] BENTZ D P, IRASSAR E F, BUCHER B E, et al. Limestone filler conserve cement. Part1: An analysis based on powers' model [J]. Concrete International, 2009: 41-45.

[16] DAMTOFT J S, LUKASIK J, HERFORT D, et al. Sustainable development and climate change initiatives[J]. Cement & Concrete Research, 2008, 38（2）:115-127.

[17] VANDAM T J. Geopolymer concrete CPTP tech. brief., federal highway administration[R]. Washington D. C., 2009.

[18] PALOMO A, MACLAS A, BLANCO M T, et al. Physical, chemical and mechanical characterization of geopolymers[C]. Proceedings of the 9th International Congress on the Chemistry of Cement, New Delhi India, 5: 505-511.

[19] 马鸿文, 杨静, 任玉峰, 等. 矿物聚合材料研究现状与发展前景[J]. 地学前沿, 2002（4）: 398-407.

[20] 代新祥, 文梓芸. 土壤聚合物水泥[J]. 新型建筑材料, 2001（6）: 34-35.

[21] 仲平. 建筑生命周期能源消耗及其环境影响研究[D]. 成都：四川大学, 2005.

[22] GLOBAL CONSTRUCTION PERSPECTIVES AND OXFORD ECONOMICS. Global construction 2025: A global forecast for the construction industry to 2025[R]. London, 2013.

[23] 王兵. 寒冷地区小城镇住宅节能设计策略研究[D]. 天津：天津大学, 2005.

[24] 赵洁芸, 林巍. 浅析建筑节能技术应用的经济性[J]. 能源工程, 2005（3）：62-63.

[25] 魏晓东. 既有居住建筑围护结构节能改造效益综合评价研究——以北方采暖地区为例[D]. 西安：西安建筑科技大学. 2012.

[26] 贡小雷, 张玉坤. 物尽其用——废旧建筑材料利用的低碳发展之路[J]. 天津大学学报, 2011（2）：138-144.

[27] 中华人民共和国住房和城乡建设部. 绿色建筑评价标准：GB/T 50378—2014[S]. 北京：中国建筑工业出版社, 2014.

[28] 袁迎曙. 钢筋混凝土结构耐久性设计、评估与试验[M]. 徐州：中国矿业大学出版社, 2013.

[29] 阿列克谢耶夫. 钢筋混凝土结构中钢筋腐蚀与保护[M]. 黄可信, 等译. 北京：中国建筑工业出版社, 1983.

[30] PAPADAKIS V, et al. Fundamental modeling and experimental investigation of concrete carbonation[J]. ACI Materials Journal, 1991（4）：363-373.

[31] PAPADAKIS V. Effect of supplementary cementing materials on concrete resistance against carbonation and chloride ingress[J]. Cement and Concrete Research, 2000（2）：291-299.

[32] 张誉, 蒋利学. 基于碳化机理的混凝土碳化深度实用数学模型 [J]. 工业建筑, 1998, 28（1）：16-19.

[33] LOO Y H, CHEN M S, TAM C T, et al. A carbonation prediction model for accelerated carbonation testing of concrete [J]. Magazine of Concrete Research, 1994（168）：191-200.

[34] PARROTT J. Design for avoiding damage due to carbonation-induced corrosion[R]. American Concrete Institute. ACI, Detroit, 1994: 283-298.

[35] 邸小坛, 周燕. 旧建筑物的监测加固与维修[M]. 北京：地震出版社, 1992.

[36] 朱安民. 混凝土碳化与钢筋混凝土耐久性[J]. 混凝土, 1992（6）：18-22.

[37] 肖佳, 勾成福. 混凝土碳化研究综述[J]. 混凝土, 2010（1）：40-44.

[38] KJELLSEN K, GUIMARAES M, NILLSSON A. The CO_2 balance of concrete in a life cycle perspective[R]. Danish Technological Institute, Denmark, 2005, 12.

[39] PADE C, GUIMARAES M. The CO_2 uptake of concrete in a 100 year perspective[J]. Cement and Concrete Research, 2007（37）：1348-1356.

[40] GAJDA J, MILLER F M. Concrete as a sink for atmospheric carbon dioxide: a literature review and estimation of CO_2 absorption by portland cement concrete[J]. PCA R&D, 2000（2255）.

[41] GAJDA J. Absorption of atmospheric carbon dioxide by portland cement[J]. PCA R&D, 2001（2255）.

[42] JACOBSEN S, JAHREN P. binding of CO_2 by carbonation of norwegian OPC concrete[R]. CANMET/ACI International Conference on ustainability and Concrete Technology, Lyon, 2002, 11.

[43] LAGERBLAD B. Carbon dioxide uptake during concrete lifecycle, state of the art[R]. CBI, Stockholm, 2005.

[44] CHRISTIAN J, ENGELSEN, MEHUS J, et al. Carbon dioxide uptake in demolished and crushed concrete [R]. Norwegian Building Research Institude, Norway, 2005.

[45] GLAVIND M. CO_2 uptake during the concrete lifecycle[R]. Danish Technological Institute. 2006, 1.

[46] JÓNSSON G. Information on the use of concrete in Denmark, Sweden, Norway, Iceland [R]. Iceland Building Research Institute, Iceland, 2005, 10.

[47] POMMER K, PADE C. Guidelines–uptake of carbon dioxide in the lifecycle inventory of concrete[R]. Danish

Technological Institute, Denmark, 2005, 10.

[48]　NILSSON L O. A new model for CO_2-absorption of concrete structures[R]. Lund Institute of Technology Lund University, Sweden, 2011.

[49]　ANDERSSON R, FRIDH K, STRIPPLE H, et al. Calculating CO_2 uptake for existing concrete structures during and after service life[J]. Environmental Science&Technology, 2013, 47: 11625-11633.

[50]　HASELBACH L M. Potential for carbon dioxide absorption in concrete[J]. Journal of Environmental Engineering, 2009: 465-472.

[51]　YANG K H, SEO E A, TAE S H. Carbonation and CO_2 uptake of concrete[J]. Environmental Impact Assessment, 2014（46）: 43-52.

[52]　PAPADAKIS V G, FARDIS M N, VAYENAS C G. Hydration and carbonation of pozzolanic cements[J]. ACI Materials Journal, 1992（2）: 119-130.

[53]　TARO K, SHINRI S. CO_2 Uptake through recycling of concrete Rubbles[R]. Research Trends and Results, 2011.

[54]　肖建庄,雷斌. 再生混凝土碳化模型与结构耐久性设计[J]. 建筑科学与工程学报, 2008, 25（3）: 66-71.

[55]　SHAO Y X, SEAN M, STANLEY T. CO_2 uptake capacity of concrete primary ingredients[J]. Journal of the Chinese Ceramic Society, 2010:1645-1651.

[56]　陈永秀. 碳纤维加固混凝土梁实验与理论研究[D]. 上海: 同济大学, 2007.

[57]　刘亚芹, 张誉, 张伟平, 等. 表面覆盖层对混凝土碳化的影响与计算[J]. 工业建筑, 1997（8）: 41-45.

[58]　WANG C, XIAO J, ZHANG G, LI L. Interfacial properties of modeled recycled aggregate concrete modified by carbonation[J]. Construction & Building Materials, 2016, 105:307-320.

[59]　应敬伟, 蒙秋江, 肖建庄. 再生粗骨料 CO_2 强化及其对混凝土抗压强度的影响[J]. 建筑材料学报, 2017, 20(2):283-288.

[60]　中华人民共和国住房和城乡建设部. 民用建筑节能设计标准（采暖居住建筑部分）: JG/J 26—2010[S]. 北京: 中国建筑工业出版社, 2010.

[61]　王吉. 基于全寿命周期理论的严寒地区屋顶构造优化研究[D]. 哈尔滨: 哈尔滨工业大学, 2010.

[62]　林泉. 粉煤灰加气混凝土隔热保温屋顶[J]. 住宅科技, 1987（4）:23-25.

[63]　王斌. 自节能粉煤灰加气混凝土制备及墙体热工性能研究[D]. 武汉: 武汉理工大学, 2010.

[64]　唐虹. 泡沫混凝土在现代建筑中的应用[J]. 贵州工业大学学报（自然科学版）, 2005（3）: 115-117.

[65]　郑澍奎, 唐鸣放, 杨真静. 轻型绿化屋顶的热特性研究[C]//第十届全国建筑物理学术会议论文集. 广州: 华南理工大学出版社, 2008: 244-247.

[66]　米家杉, 邓云, 刘瑞芳. 拓展型绿色屋顶热效应实验研究[J]. 四川大学学报（工程科学版）, 2013（45）: 20-24.

[67]　刘凌, 刘加平. 建筑垂直绿化生态效应研究 [J]. 建筑科学, 2009（10）: 81-84.

第8章　可持续混凝土结构效益分析

混凝土结构可应用于土木工程的各个领域，如房屋建筑、桥梁、隧道、水利工程等，随着混凝土技术研究的深入和成熟，其能够应用的领域越来越广泛。影响混凝土结构应用的因素很多，包括其材料强度、构件性能、结构体系以及结构产生的效益。其中，混凝土结构的效益主要包括社会效益、环境与生态效益和经济效益，是投资建设者和政府管理者在工程项目决策阶段应考虑的重要因素。

社会效益反映了混凝土结构对社会发展、人类文明的贡献；生态与环境效益表征了在人类利用建筑技术建造为自身生存发展服务的建筑及其附属人工环境的过程中，建筑在建造、使用、运行以及废弃的生命周期过程中对人类生存环境、经济社会运行和原生自然生态系统的功能和结构稳定性的影响；经济效益直观地反映了其投入与产出的情况以及相关的经济影响。

随着理论的成熟与科学技术的提高，混凝土结构的应用更为广泛，但其所带来的资源消耗和环境破坏等问题也愈为严重，混凝土结构的可持续发展将成为未来重要的发展战略。对于混凝土结构的效益评价已不再仅仅局限于初始的建造成本、结构的安全性等，而是趋于从更为长远且全面的角度，综合考虑混凝土结构生命周期内的社会效益、环境效益和经济效益等。因此，可持续混凝土在该趋势下具有广阔的应用前景。对可持续混凝土结构的效益评价需要有系统完整的衡量标准，即采用适当的评价方法及指标对可持续混凝土结构进行全面的评价。对可持续混凝土结构效益的认识与效益评价方法的掌握是紧随时代步伐的客观要求。

8.1　社会效益分析

社会效益是对社会、环境、居民等带来的综合效益，是对就业、增加经济财政收入、提高生活水平、改善环境等社会福利方面所做出贡献的总称。正如第 1 章所述，混凝土结构是以混凝土为主要材料建造而成的工程结构，不同于传统的木结构和砌体结构，作为一种相对新兴的结构，其历史发展并不算长，在现代工程建设的应用历史也不过一百多年。然而，混凝土结构在人类历史进程中却留下了不可磨灭的痕迹，推动着人类文明的发展，给人类社会带来了翻天覆地的变化。混凝土的发展经历了一定的历史进程，在不同的历史发展阶段其工程应用的广度和深度有所不同。随着混凝土强度的提高与性能的改善，以及混凝土理论的发展和施工技术的提高，混凝土结构所产生的社会效益逐渐明显，助推了社会的发展、提高了人们的生活质量以及提升了社会的文明水平。

混凝土结构社会效益的分析相应于混凝土结构的发展史主要分为三个阶段，分别为初始阶段、发展与成熟阶段和可持续阶段。

8.1.1　混凝土结构的初始阶段

人类曾在猛兽横行的自然环境下繁衍生息，需要一个可以安全落脚的地方，可以说人类居住的进化史即是人类文明的发展史。远在原始社会以狩猎为生的年代，人们会选择虎狼难至的树上过夜，此后又发展到凿洞穴居，继而有严丝合缝的石屋以及雕梁画栋的木屋。混凝土材料的出现毫无疑问为人类的居所带来了巨变。从 19 世纪中叶到 19 世纪末为混凝土结构应用的初始阶段，这一阶段主要是对混凝土这种新型材料的初步探索。因为混凝土计算理论尚未建立，水泥质量和混凝土质量都较差，混凝土的工程应用有限，所带来的社会效益并不明显。

8.1.2　混凝土结构的发展与成熟阶段

19 世纪末至 21 世纪初是混凝土结构的发展与成熟阶段。直到 19 世纪末以后，随着生产力的发展，以及试验工作的开展、计算理论的研究、材料及施工技术的改进，混凝土技术得到了较快的发展，产生的社会效益大大提升。微软公司比尔·盖茨曾经说过：三流的企业家是低成本生产，二流的企业家生产高技术产品，一流的企业家是制定标准规范。该种观点在混凝土结构的社会效益发展轨迹中也得到一定程度的印证。

在该阶段，混凝土技术取得的发展主要包括：水泥生产技术水平的不断提高，生产规模的不断扩大，使水泥产品的质量和产量得以满足工程结构需求；水灰比学说的发表，初步奠定了混凝土强度理论基础；预应力混凝土结构得到探索；混凝土外加剂的研究应用成为混凝土发展史上又一座里程碑；混凝土结构的施工技术不断提高；混凝土构件的计算理论逐渐成熟，相关的技术标准也逐渐颁布和修正，对各结构体系的受力特点有了更为深刻的认识等。正是这些技术的支撑使混凝土的应用领域逐渐扩大，安全性得到显著提高，所产生的社会效益也有所发展。

一条条道路四通八达，一座座桥梁跨越江河，一幢幢高楼大厦拔地而起，以及其他与人类生活息息相关的水利工程和市政工程的建设蓬勃发展，这其中混凝土结构都扮演着极为重要的角色，是人类历史进程的见证者。建筑产业作为影响我国经济发展和社会发展最大的产业之一，在生产建筑产品时，其产品涉及建材、冶金、化工、林业、仪表、轻工、机械、石油等 50 多个部门的产品，它的发展同时带动了一系列相关产业共同发展。1990～2007 年的 18 年间，建筑业总产值从 1345 亿元迅速增加至 51 044 亿元,增速达到 23.8%;吸纳就业人数则由 1345 万人增加至 3134 万人,占总就业人员数比例由 1.5%稳步上升至 4.1%,增速达到 6.9%[1]。可见,建筑业对国民经济的发展和社会的稳定发挥着重要作用,而混凝土结构毫无疑问占据建筑行业的重大比例,其带来的社会效益有目共睹。

8.1.3 混凝土结构的可持续发展阶段

进入 21 世纪,人们以更为全面整体、发展长远的眼光来进行混凝土结构的设计和施工,不仅考虑直接的经济效益,也把社会效益、环境效益带来的间接经济效益列入考虑范围之内,从而形成综合的社会经济效益评价,积极响应可持续发展的理念。随着对世界环境破坏与能源危机的关注,可持续发展战略已不再是一个口号,而是科技人员必须予以重视并努力实践的指导思想。

近年来,可持续建筑、绿色建筑、生态建筑等在建筑领域逐渐发展起来。1993 年 6 月世界建筑师代表大会的《为可持续的未来而相互依存宣言》提出"可持续性设计能够在改善生活质量和经济福利的同时,大大减少人们对自然环境的有害冲击"[2]。可持续发展是以人类生存环境不受侵害为前提的适度发展,是社会在发展过程中使人类和自然的相互关系处于最佳良性循环下的发展[3]。自然灾害引起的结构破坏导致的重大人员伤亡、经济损失、环境破坏等无疑都是人类遭受的惨痛后果。一次大的地震,如 2008 年的中国汶川地震,毁坏建筑结构、水利工程,破坏水、电、交通、通信等生命线工程,使得无数的人们无家可归,社会经济无法正常运行,增加了社会不稳定因素。因此,提高建筑结构的抗震防灾能力无疑是实现可持续发展的重要举措,也是建筑发挥良好社会效益的重要保障。

如今,混凝土结构的设计理论已更为成熟,有限元分析也更为精确,给抗震设计提供了有力的技术支持。例如,我国已给出相应的抗震设计规范。人们在进行结构设计时,可根据所处地区特征,自身结构特性等判定抗震等级进行相应的抗震设计,遵循抗震设计"强柱弱梁""强剪弱弯""强节点弱构件"等设计原则,从而达到抗震设防的相应标准,让人类的居所、应用工程更为安全可靠,减少地震灾害所带来的不利影响。

同时,混凝土结构的可持续发展反过来也推动了科技信息、计算机技术、机械工业技术、先进检测分析以及现代管理技术的飞速进步,推动了人类历史发展新进程。

为更准确地评价建筑结构的社会效益,近年来,推出了生命周期社会影响评价方法(Social Life Cycle Assessment, SLCA),这是一种用于评价产品整个生命周期过程中社会方面潜在的正面或者负面影响的评价工具,范围包括原材料的开采及其过程、生产加工、分发、使用、再利用、维修、回收利用以及最终的废弃。

评价内容包括人口、居民消费与社会服务、消除贫困、卫生与健康、人类住区可持续发展和防灾减灾等。

进行建筑结构生命周期社会影响评价的研究能够找出其生命周期存在的社会负面影响，有助于解决目前工业化建筑发展中存在的瓶颈问题，对实现建筑行业的可持续发展具有重要的现实意义。

8.2　环境与生态效益分析

Schaltegger 和 Sturm 于 1990 年首次引入"生态效益"（Eco-Efficiency）的概念，并将其定义为"增加的价值与增加的环境影响的比值"。Williams 把生态效益定义为更长时间地从较少的存在中获取更多的东西[4]。De. Simone 认为生态效益是被用来描述在生产经济价值的同时不断减少对生态的影响和对资源的使用[5]。世界可持续发展工商理事会（World Business Council for Sustainable Development，WBCSD）曾给出了较为详细的一种定义："生态效益主要是指通过提供能满足人类需要和提高生活质量的竞争性定价商品与服务，同时使整个生命周期的生态影响与资源强度逐渐降低到一个与地球可承载能力一致的水平"[6]。国内对生态效益的概念并没有一个统一的标准。从对环境的保护和改善作用的角度上来看，生态效益主要体现在植被覆盖率、减少水土流失、防止土壤退化、改善环境质量等方面。还有些林业学者将森林生态效益概念界定为"森林生态系统及其影响所及范围内对人类社会有益的全部效用"[7]。

生态效益主要包括三个方面的相互作用和影响：环境因子、经济因子和社会因子。作为自然生态系统的一个重要的子系统，建筑从原材料的生产、运输到建筑结构的建造和使用以及拆除、废弃阶段都会对建筑环境乃至整个自然生态环境产生影响，并最终影响人类的生存质量。建筑结构生态效益是在建筑结构生命周期内，人类的主体行为与环境因子、经济因子和社会因子通过能量流、物质流、信息流、人力流等生态流整体配合、协同作用的结果。

在建筑环境中，人作为行为主体，按照自己的意识和需求对原生生态系统进行开发和改造，能量的摄取、储存和转化，物质的开采、加工、运输及废弃，信息的获取、处理和反馈，以及不同条件下人的行为、心理及其社会经济表现都直接或间接地影响甚至改变着人类的生存环境，同时也使我们赖以生存的自然生态环境承受着越来越沉重的负荷。因此，建筑生态效益是表达人类建筑活动中取得的效用及收益与增加的成本投入和环境影响的比较关系，以及对改善自然环境质量、减少资源环境负荷和提高人类生活品质、促进人类社会可持续发展方面所起的功能和整体效用。为响应可持续发展战略，使混凝土结构具有良好的环境与生态效益有着重要意义，是今后的发展趋势和热点。

8.2.1　混凝土结构生命周期评价

生命周期评价（Life Cycle Assessment，LCA）是对一种产品或服务体系在生命周期内的投入、产出以及所引起的潜在环境影响进行汇总和评估[8]，即原材料的开采与加工、产品制造、运输与分配、使用维护、回收再利用以及最终的处理对环境负荷进行评价的客观过程。生命周期评价的研究最早始于 20 世纪 60 年代，而具代表性的理论框架在 20 世纪 90 年代由国际环境毒理学和化学学会（Society of Environmental Toxicology and Chemistry，SETAC）和国际标准化组织（International Standardization Organization，ISO）给出。

国际环境毒理学和化学学会（SETAC）将生命周期评价分为四个部分：目标定义与范围的界定、清单分析、影响评价和改进评价，将这四个部分描述为相互关联的三角形模型[9]，如图 8.1 所示。

国际标准化组织（ISO）也将生命周期评价定义为四个步骤，其中前三个步骤基本一致，在第四个步骤中与 SETAC 有所不同。ISO 将第四个步骤定义为解释，其框架模型如图 8.2 所示。

图 8.1　SETAC 生命周期评价的理论框架　　　图 8.2　ISO 生命周期评价的理论框架

1）目标定义与范围界定

目标的确定往往与 LCA 研究的目的高度相关。就混凝土结构而言，其研究对象可为材料、构件和整体等。生命周期评价目标控制了范围的界定。生命周期评价范围的界定一般包括功能单位、系统边界、时间及影响评价的范围等，同时还需要根据数据的质量要求来进行相应的调整和确定。系统边界对产品下一个阶段的生命周期情况产生重要影响，因此系统边界的定义十分重要。

2）清单分析

清单分析指在界定的系统边界内，在相应的时间范围，对原材料的需求、能量的消耗，对环境排放产生的影响（固体废弃物、废气、废水以及其他排放物等）进行数据采集、量化和分析，最终形成输入和输出清单便于后续评价。

3）影响评价

影响评价指根据一定的评价标准和模式对上一阶段所识别的环境影响参数进行定性或定量的分析、描述与评价。目前较多见的方法是 ISO、SETAC 以及美国 EPA 倾向的将环境影响评价进行分类、特征化和量化评价。

4）改进评价/解释

改进评价是依据清单分析评价的结果，对相应的产品或系统的薄弱环节予以识别，找到潜在的改进可能性，从而达到生态最优化的目的；而解释则是对相应的环境评价结果分析原因。

生命周期评价的框架可以进一步用图 8.3 来描述，条理更为清晰，概念更为清楚。

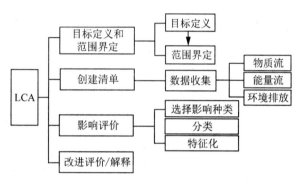

图 8.3　生命周期评价概念

建筑物在整个生命周期内，环境影响的来源包括建筑材料的生产阶段、运输阶段、建筑施工阶段、建筑物使用阶段和拆除阶段。建筑生命周期评价是指从原材料开采、建筑施工、使用和维护、拆除和资源化处置全过程的评价。其中，考虑的环境影响类型主要包括资源使用（水土资源、原材料）、能源消耗（可再生不可再生能源利用）、生态效应或者环境排放（全球变暖、臭氧损耗等）和人类健康（污染物对人类健康的影响）[10]。

1990 年，世界上第一个可持续性建筑评价体系（Building Research Establishment Environmental Assessment Method，BREEAM）诞生，世界各国和地区都在不断发展和完善区域性建筑评价体系，如美国的 LEED（Leadership in Energy and Environmental Design），德国的 DGNB（Deutsche Gesellschaft für Nachhaltiges Bauen），加拿大的 GBTool 等[11]。在建筑环境性能评价时，LCA 成为各评价体系的关注点，对建筑进行更为量化与全面的环境影响评价与控制，建立真正环境友好和经济节约的建筑。采用 LCA 理论可以更为全面地对混凝土建筑结构进行以环境影响为主的评价和分析，为项目的决策分析提供依据。

8.2.2 可持续混凝土结构生命周期评价——以再生混凝土结构为例

为评价再生混凝土的 CO_2 排放量，构建了再生混凝土 CO_2 排放量化模型。运用生命周期评价技术，对原材料生产、运输、再生混凝土制备、施工建造、拆除废弃等阶段建立了 CO_2 排放量的计算方法，并计入碳吸收（碳化作用）影响，提出了再生混凝土碳化-吸收模型。通过收集各阶段基础数据，得到了 $1m^3$ 的 C30 再生混凝土 CO_2 排放量和吸收量。最后，将排放量转化为环境成本和等量吸收所需的绿化面积或树木棵数，完成环境影响评价。具体分析如下所述，更为详细的敏感性分析可见文献[12, 13]。

1. 再生混凝土碳排放量化模型

1）计算边界和功能单位

以往再生混凝土生命周期计算边界的选取，通常仅限于使用前的生产过程。文献[14]在评价普通混凝土时指出，混凝土使用阶段和使用后阶段对生命周期评价具有重要影响。本节中，计算边界以再生混凝土原材料生产为起点，拆除废弃为终点，共由 6 个阶段组成（图 8.4）。其中，在原材料生产阶段，仅考虑其生产环节，不再追溯原料入厂加工之前的上游过程。例如，对于再生粗骨料，仅考虑废混凝土运进资源化厂后的加工过程。

功能单位为产品输出功能的量度，是 LCA 中数据输入、输出的参照基准。为了保证具有不同再生粗骨料取代率的再生混凝土碳排放量的可比性，选取 $1m^3$ 具有相同强度与工作性的再生混凝土为功能单位。

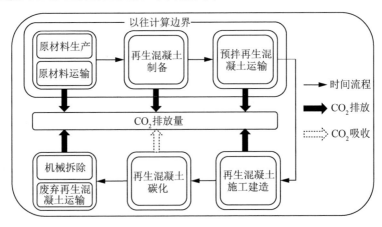

图 8.4 再生混凝土生命周期碳排放量计算边界

2）碳排放量阶段计算

从产生原因来看，再生混凝土碳排放量可分为直接和间接碳排放量。直接碳排放量主要为各阶段化石能源使用过程中释放的 CO_2 以及水泥生产过程中材料自身产生的碳排放量（如石灰石的分解）；间接碳排放量是指能源获取过程（如电能生产、柴油加工等）中产生的 CO_2，应计入消耗该类能源的过程中。

（1）原材料引入碳排放量。原材料引入碳排放量 C_1 主要包括以下两部分：原材料生产碳排放量 C_{1a}，即原材料生产、加工过程中所产生的 CO_2，主要包括能源消耗及材料加工时自身产生的碳排放量，其计算公式为

$$C_{1a} = \sum_i \left(\sum_j a_{ij} K_j \right) m_i + g_1 m_1 \qquad (8.1)$$

式中，a_{ij} 为第 i 类原材料生产过程中第 j 类能源消耗量；m_i 为 $1 m^3$ 再生混凝土中第 i 类原材料的用量；K_j 为第 j 类能源碳排放系数，取直接碳排放系数 k_j 与间接碳排放 k_j' 系数之和；g_1 为水泥生产过程中材料自身产生的碳排放量；m_1 为 $1 m^3$ 再生混凝土中水泥的用量。

原材料运输至再生混凝土搅拌站产生的碳排放量 C_{1b}，其计算公式为

$$C_{1b} = \sum_i (d^y + b_j^y k_j') s_i m_i \qquad (8.2)$$

式中，d^y 为采用第 y 类运输方式的直接碳排放系数；b_j^y 为 y 类运输方式的单位运输能耗；k_j' 为第 j 类能源的间接碳排放系数；s_i 为第 i 类原材料的运输距离。

（2）再生混凝土制备碳排放量。再生混凝土生产过程碳排放量 C_2 主要来自于能源消耗，其计算公式为

$$C_2 = \sum_j e_j K_j \qquad (8.3)$$

式中，e_j 为 $1 m^3$ 再生混凝土生产过程中第 j 类能源消耗量。

（3）预拌再生混凝土运输碳排放量。再生混凝土运至工地的过程将产生碳排放量，其计算公式为

$$C_3 = (d^y + b_j^y k_j') s_c M \qquad (8.4)$$

式中，s_c 为再生混凝土运输距离；M 为 $1 m^3$ 再生混凝土的总质量，且 $M = \sum_i m_i$。

（4）再生混凝土施工碳排放量。表 8.1 列举了部分主要建筑构件的能源消耗[15]，可认为再生混凝土与普通混凝土施工过程基本相同，取各主要构件碳排放量的平均值作为 $1 m^3$ 再生混凝土施工碳排放量 C_4。参考式（8.3）计算各类构件的碳排放量，预拌再生混凝土损耗率取为 2%。

表 8.1　混凝土施工阶段主要构件能源消耗

$1m^3$ 柱		$1m^3$ 梁		$1m^3$ 板	
电能/（kW·h）	柴油/L	电能/（kW·h）	柴油/L	电能/（kW·h）	柴油/L
18.09	0.33	17.81	0.33	14.08	0.33

（5）再生混凝土拆除废弃碳排放量。再生混凝土仍处于推广阶段，可暂不考虑使用后的二次回收。再生混凝土拆除废弃碳排放量 C_6 主要由拆除过程和废混凝土运输的碳排放量组成。拆除过程的能耗难以具体计算，国内有学者提出拆除能耗可按建造能耗的 90%估算[16]。据此可估算出拆除过程的碳排放量 $C_{6a}=0.9C_4$。参考式（8.4）计算废弃再生混凝土运输产生的碳排放量 C_{6b}。

2. 再生混凝土碳化吸收模型

混凝土中的碱性物质会与空气中的 CO_2 发生化学反应，表现为吸收 CO_2 现象，对环境产生一定的补偿效应。以往计算再生混凝土碳排放量时，往往忽略了碳化作用或利用普通混凝土的吸收量来进行估算，缺乏准确性。肖建庄等[17]发现，与普通混凝土不同，再生混凝土的碳化深度随再生粗骨料取代率的不同而改变，并提出了再生混凝土碳化深度预测公式，即

$$x_c = 839 g_{RC} (1-R)^{1.1} \sqrt{\frac{\dfrac{W}{\gamma_c C} - 0.34}{\gamma_{HD} \gamma_c C}} n_0 t \tag{8.5}$$

式中，x_c 为碳化深度；R 为相对湿度；W 为 1m³ 再生混凝土的用水量；C 为 1m³ 再生混凝土水泥用量；γ_c 为水泥品种修正系数（对于波特兰水泥，$\gamma_c=1$，其他品种水泥取 $\gamma_c=1-\eta$，η 为掺合料的质量分数）；γ_{HD} 为水泥水化程度修正系数（超过 90d 养护时取 $\gamma_{HD}=1$，28 天养护时取 $\gamma_{HD}=0.85$，中间养护龄期按线性插入取值）；n_0 为 CO_2 的体积分数；t 为碳化时间；g_{RC} 为再生粗骨料影响系数（再生粗骨料取代率为 0%时取 $g_{RC}=1$，取代率为 100%时 $g_{RC}=1.5$，中间取代率时按线性插值取值）。

碳化深度反映了混凝土的碳化速率，相同时间内碳化深度越大，碳化速率越快，CO_2 吸收量越高。根据式（8.5），可以确定碳化深度范围的混凝土体积，再由该部分体积占混凝土总体积的比例来计算 CO_2 吸收量，计算公式为

$$C_5 = 0.044 m_0 \frac{V_c}{V_0} = 0.044 m_0 \frac{x_c A_{surface}}{1} \tag{8.6}$$

式中，C_5 为再生混凝土碳化作用下的 CO_2 吸收量；m_0 为 1m³再生混凝土完全碳化后吸收的 CO_2 物质的量，计算方法可参考文献[18]；V_c 为碳化深度范围内的再生混凝土体积；V_0 为再生混凝土总体积；x_c 为碳化深度；$A_{surface}$ 为 1m³再生混凝土外露表面积。

3. 再生混凝土碳排放量算例

以上海地区为例，计算强度等级为 C30 的再生混凝土碳排放量，并与相同功能单位的普通混凝土进行对比分析。各混凝土配合比见表 8.2，假定运输采用柴油货车运输。

表 8.2　1m³再生混凝土和普通混凝土的配合比　　　　　　　单位：kg

混凝土编号	水泥	再生粗骨料	天然粗骨料	砂	水	粉煤灰	矿粉	减水剂
RAC-30	235	309	721	793	178	53	71	5.20
RAC-50	240	515	515	793	178	53	71	5.27
RAC-70	245	721	309	793	178	53	71	5.35
RAC-100	251	1030	0	793	178	53	71	5.44
NAC	231	0	1030	793	178	53	71	5.15

注：配合比数据由上海市某再生混凝土搅拌站提供，所采用水泥为 P.O42.5R 型普通硅酸盐水泥；RAC-30，RAC-50，RAC-70，RAC-100 分别表示再生粗骨料取代率为 30%，50%，70%，100%的再生混凝土；NAC 表示普通混凝土。

1）基础数据

基础数据收集主要以查阅文献和调研相结合的方式，数据优先选用基于国家层次的统计数据，无统计数据时，选取近几年公开发表文献的相关行业数据；部分过程缺乏文献数据，采用调研方式对该类过程的数据进行收集。

表 8.3 列举了主要能源的碳排放。表 8.4 为使用前的生产环节碳排放计算参数，包含原材料引入碳排放、再生混凝土制备及运输环节。

表 8.3　主要能源的碳排放量　　　　　　　　　　　单位：kg

单位能源	直接碳排放量*	间接碳排放量	总碳排放量
1kW·h 电能	0	1.195**	1.195
1kg 煤	2.530	0.088***	2.618
1L 柴油	2.730	0.448***	3.178

*　源于 IPPC 统计数据[19]。

**　源于 CNMLCA 建立的中国材料生命周期清单库[20]。

***　源于文献[21]数据换算得到。

表 8.4　再生混凝土使用前的生产环节碳排放量计算参数

单位材料	电能消耗/（kW·h）	煤消耗/kg	柴油消耗/L	运输距离/km***
1t 水泥*	40	96	—	200
1t 再生粗骨料**	—	—	0.507	20
1t 天然粗骨料	1.17	—	0.723	300
1t 砂	1.5	—	0.8	300
1t 水	0.29	—	—	0
1t 矿粉	76.93	21.66	0.12	30
1t 减水剂	2.5	10	—	30
1m³ 预拌 RAC	2.0	—	—	30

注：电能、煤、柴油消耗数据主要源于文献[22]，粉煤灰作为一种工业废料，其碳排放量可忽略不计。

*　源于 CNMLCA[20]，水泥加工时由材料自身产生的碳排放量 g_1=510 kg/t。

**　源于文献[23]中数据换算得到。

***　运输距离由对搅拌站调研得到；柴油货车运输的直接碳排放量系数为 89.841 g/（km·t），单位运输能耗为 37.63kg/（km·t）[24]；粉煤灰运距取 30 km。

　　再生粗骨料典型的生产工艺为：废混凝土入厂后，利用铲车将废混凝土放入破碎机，破碎后自动进入筛分机完成筛分，最终形成不同粒径的再生粗骨料。该类工艺生产效率高，但未设置除铁、除尘等设备，因此对废混凝土进料有较高要求，需完成废混凝土的初步分离。由于我国再生粗骨料仍处于推广阶段，缺乏大规模生产的统计数据，因此表 8.4 借鉴了国外再生粗骨料加工的能耗数据。对比表 8.4 中文献[22]统计的天然骨料能耗，本书作者认为文献[23]中的再生粗骨料能耗偏低，主要原因在于未计入废混凝土入厂前的初步分离过程；但考虑到本节计算边界为材料入厂后，且目前我国对建筑废物的初步分离包含大量人工过程，能源消耗较低，该数据仍具有一定的参考价值。

　　由于生产环节涉及数据较多，现对式（8.1）～式（8.4）中各符号进行说明：原材料种类 i 及其质量 m_i 参考表 8.2 取值；能耗种类 j，能耗量 a_{ij} 和 e_j 参考表 8.4 中各材料的电能、柴油、煤消耗量取值；能源的碳排放系数 K_j，k_j，k_j' 参考表 8.3 取值；g_1，d^y，b_j^y 见表 8.4 中表注；s_i，$s_c(t)$ 参考表 8.4 中各材料的运输距离取值。

　　除生产环节外，在碳化阶段，考虑到上海地区环境相对湿度为 76%，CO_2 环境浓度为 0.034%，假定混凝土 28d 养护，使用年限为 50 年，1m³ 再生混凝土使用时的外露表面积 $A_{surface}$=5.68 m²[25]；在拆除废弃阶段，废混凝土运至填埋处堆放，取平均运距 30 km。

　　2）计算结果及分析

　　根据基础数据，得到各混凝土生命周期碳排放量计算结果，见表 8.5。

表 8.5　1m³再生混凝土和普通混凝土生命周期碳排放量计算结果　　　单位：kg

混凝土编号	C_1		C_2	C_3	C_4	$-C_5$	C_6		C_T^*	C_L^{**}
	C_{1a}	C_{1b}					C_{6a}	C_{6b}		
RAC-30	207.5	56.2	2.4	7.8	21.8	-8.9	19.6	7.8	323.1	314.2
RAC-50	211.2	50.0	2.4	7.8	21.8	-9.6	19.6	7.8	320.5	310.9
RAC-70	214.8	43.7	2.4	7.8	21.8	-10.3	19.6	7.8	317.9	307.6
RAC-100	219.0	34.4	2.4	7.8	21.8	-11.3	19.6	7.8	312.8	301.4
NAC	204.9	65.6	2.4	7.8	21.8	-7.8	19.6	7.8	330.0	322.2

　*　C_T 为碳排放总量，$C_T = C_1 + C_2 + C_3 + C_4 + C_6$。

　**　C_L 为生命周期碳排放量，$C_L = C_T - C_5$。

　　由表 8.5 可知，原材料生产阶段碳排放量 C_{1a} 占总排放量比例最大，为 62.1%～70.0%；原材料运输至再生混凝土搅拌站产生的碳排放量 C_{1b} 占 11.0%～19.9%，其他非生产阶段产生的碳排放量占 17.3%～18.2%。若按文献[25，26]中的核算方法，仅考虑生产阶段且不计原材料运输的影响，将低估碳排放总量 C_T 约 30%。此外，随着取代率增加，1m³ 再生混凝土水泥用量会略有增加，而水泥生产过程的碳排放量较大，按文献[26，27]的方法，计算结果将显示再生混凝土碳排放量高于同强度的普通混凝土。但表 8.5 的结果表明，各取代率下再生混凝土生命周期碳排放量 C_L 均低于普通混凝土，且取代率越高碳排放量越低；当取代率为30%，50%，70%，100%时，C_L 分别为普通混凝土的 97.5%，96.5%，95.5%，93.6%。从各过程数据来看，再生混凝土碳排放随取代率降低的原因主要为原材料运输 C_{1b} 和碳化吸收量 C_5 的差异。

同体积的再生混凝土 CO_2 吸收量高于普通混凝土，为全过程碳排放量的 2.8%～3.6%，且随着取代率的增加而逐渐增大。值得注意的是，碳化作用吸收量与表面积成正比，拆除后总表面积迅速增大，碳化吸收速率将迅速加快。此外，相比天然骨料，再生粗骨料含有水泥砂浆，在搅拌前暴露在空气中的表面也会发生碳化；骨料直径在 4 cm 以下时，吸收速率快，吸收量将主要取决于再生粗骨料的存放时间。再生混凝土拆除后和再生粗骨料存放期间的 CO_2 吸收量需进一步研究，但可以看出，碳化作用对再生混凝土碳排放量有影响，忽视吸收量将过高估计实际碳排放量。

与普通混凝土相比，原材料运输也是导致再生混凝土碳排放量较低的主要原因之一。随着再生粗骨料取代率的增加，原材料运输碳排放量 C_{1b} 降低。其主要原因在于，再生骨料的原料为废混凝土，来源受地域限制小，加工厂选址可靠近搅拌站。但从生命周期碳排放量 C_L 来看，若再生粗骨料运距超过一定范围，再生混凝土碳排放量将超过普通混凝土。为保证再生混凝土的环境效益，当取代率为 30%，50%，70%，100%时，对应的再生粗骨料运距应不大于 253.9 km，218.9 km，203.7 km，203.3 km。

3）影响评价与讨论

碳排放量数值不能直观地反映其产生的环境影响。将碳排放量转化为环境成本以及完全吸收所需的绿化面积或树木棵数，则有助于加深理解。将各类混凝土碳排放量计算结果进行转换，结果见表 8.6。由表可知，各类混凝土碳排放量基数较大，仅 1m³ 混凝土产生的碳排放的环境成本约 69 元，需约 73 m² 绿化面积或 17 棵树木一年才能完全吸收。

表 8.6　1m³再生混凝土和普通混凝土碳排放量转换

混凝土编号	C_L/kg	环境成本*/元	换算绿化面积**/m²	换算植树**/棵
RAC-30	314.2	69.1	73.2	17.2
RAC-50	310.9	68.4	72.5	17.0
RAC-70	307.6	67.7	71.7	16.8
RAC-100	301.4	66.3	70.3	16.5
NAC	322.2	70.9	75.1	17.6

*　基于社会支付意愿 CO_2 的环境成本为 0.22 元/kg[28]。

**　据估计，1m² 绿化面积年吸收 CO_2 4.29 kg，1 棵树年吸收 CO_2 18.3 kg。

2013 年，上海地区混凝土产量为 5829.87 万 m³，若总产量的 10%由再生粗骨料取代率为 100%的再生混凝土替代，当年碳排放量将减少 1.2 亿 kg，环境成本减少 2661.8 万元，相当于绿化面积 2820 hm² 或 660 万棵树的年吸收量。可见，在上海地区推广再生混凝土将产生可观的环境价值和生态效益。

8.3　经济效益分析

生命周期评价 LCA 作为对建筑环境影响评价的关键技术因符合现代绿色建筑、可持续发展战略目标而引起了我们的广泛关注。然而，企业以盈利为目的，除了环境效应外，经济效益也与企业的可持续发展紧密相关。生命周期成本（Life Cycle Cost，LCC）方法的特点正是全方位地对产品生命周期各个阶段的成本进行分析、评估、比较和优化。经济性因素是项目决策时的重要考虑因素，因此，LCC 是实现可持续发展的一种非常有效的方法[29]。

8.3.1　混凝土结构的生命周期成本

建筑的生命周期成本 LCC 主要包括初始建造成本、使用运营成本（运行成本和维护维修成本）、拆除与替换成本及废弃处置成本。可以按照建筑项目过程分为初始成本和未来成本。其中，初始成本包括建筑项目在规划阶段、设计阶段和建造阶段所消耗的费用；未来成本为在使用阶段、维修阶段和拆除阶段消耗的费用。传统的建筑项目经济性评价一般只注重一次性的初始建设成本，而忽视了未来成本的支出[30]。但从建筑结构的生命周期来看，建设成本其实只占总成本的很小一部分，从可持续发展的眼光来评价建筑项目，必须将未来成本列入考虑范围。目前，国内的算量与计价软件与基价清单规范一致，其中有的软件（如鲁班软件）已经将 BIM 结合其中，在概预算时避免了重新建模，可方便算出施工造价成本，机械费、人工费和实时价格。但是国内没有建筑生命周期成本的计算软件，都只关注建造阶段成本。因此，LCC 是作为建筑经济效益评价的重要工具和方法。

由于应用的阶段和目的不同,LCC 方法并没有一个被所有人接受的固定流程。但是，一个典型的 LCC 分析可以大致分为以下 6 个阶段[31]。

（1）确定题目：具体包括题目、范围（对象、活动、生命等）、假设条件、评价标准等。

（2）确定费用元素：费用分类、费用结构分解，避免忽略了重要的费用元素。

（3）确定分析模型：如可用度、可靠性、维修性、保障性、风险、安全完整性、环境完整性等。

（4）收集分析所需的数据。

（5）LCC 费用计算和汇总。

（6）LCC 结果评估：如敏感度分析、不确定性分析、费用控制元素的确定及 LCC 的优化。

典型的 LCC 模型如下式所示为

$$LCC=CI+CO+CM+CF+CD \tag{8.7}$$

式中，CI（Cost of Investment）为投资成本，即一次或两次设备购买投入成本；CO（Cost of Operation）为运行成本；CM（Cost of Maintenance）为养护成本；CF（Cost of Fault）为维修成本；CD（Cost of Disposal）为废弃处置成本。

就混凝土结构工程的直接造价而言，主要包括材料费、人工费、机械设备费以及税金等，可以根据现有的造价规范进行套用计算。在满足结构的受力要求和功能性要求的基础上，在设计施工过程中尽可能地采用合理的结构体系，充分发挥材料性能，减少工程量，节省材料和劳动力，便能提高混凝土结构的直接经济效益。混凝土结构的建造工期也是评价混凝土结构经济效益的重要指标之一，现在工程的招投标中工期较短的投标企业在竞标时占有较明显的优势。因为对于投资方而言，施工速度加快，缩短了建设贷款的还贷时间，而且可以更早地使结构投入运营阶段，缩短了投资回收周期，减少了整体成本投入，具有明显的经济效益[32]。

在过去对混凝土结构项目工程进行经济效益分析时，主要考虑的是最初建设所需要的成本和运营过程中用到的少量的维护费用，很少考虑到工程建成后由于耐久性的不足而造成的不必要的经济损失。国内外统计资料表明，由于混凝土结构的耐久性病害而导致的损失是巨大的，特别是重要的工程在使用年限内出现耐久性问题，其不仅在维护维修过程中需要增加投入成本，更会对使用该结构的项目运营造成阻碍而产生巨大的经济损失。实践证明[33]，由于耐久性的不足而导致经济的损失，资源的不合理运用，造成了严重的浪费现象。因此，仅就初始建造费用来评估项目工程的经济性是不够的。

因为之前混凝土结构因耐久性问题所造成的经济损失和资源浪费现象严重，现混凝土结构的经济评价将耐久性也列入其指标之一。增强混凝土的耐久性可以延长结构安全使用年限，减少维修费用，提高混凝土结构的间接经济效益。

除此以外，进入 21 世纪，随着可持续发展理念的逐渐深入与实践应用，混凝土结构的环境效益也成为混凝土结构的间接经济效益评价指标之一。如现在已有研究的可拆卸构件应用于结构工程中，它的一次性投资虽然较大，但其可在拆除后循环使用，这样可以减少对环境的污染和资源的浪费。既减少了对建筑废物的处理成本，也可以在后续的结构中降低材料、构件的成本投入，用净值=输入值-输出残余值，对其生命周期成本进行评价可得到可观的经济效益。

在关于 LCC 文献研究方面，徐雨濛[34]对远大集团位于湖南湘阴县的项目"T30A 塔式酒店"进行了生命周期的经济性评价。该大楼几乎所有的构件都在工厂生产完成，预制率达到 93%，主体结构完工只用了短短 15 天。研究发现，该工程的直接经济效益表现在混凝土泵送机械、浇捣振动棒、点焊机等所用电量节省了 10.29%，建造阶段施工用水量和生活用水量节省了 63.33%，另外还包括减少了内外墙抹灰用量，减少了模板、脚手架等项目初期建造时的一次性经济投入。

郭乐工等[35]结合工程实例，分别对采用现浇楼盖（方案一）、装配整体式楼盖（方案二）和大跨度板装配整体式楼盖（方案三）三种不同楼盖方案进行了技术经济分析。研究中，对分析单元的材料消耗、工程造价及工期等进行了全面的分析。采用 PKPM 大型工程计算软件，确定各构件的截面及配筋，再计算出分析单元的材料消耗。工程造价及工期根据相关规范和标准进行计算分析。在装配整体式楼盖的工程造价分析中，底板按预制板计算，后浇层部分按现浇板计算。支撑费用根据钢支撑材料费用占支撑费用的比例与模板材料费用占模板费用的比例采用插值计算。后浇层的综合工日根据后浇层综合基价与现浇板的综合基价的比例关系计算。分析结果显示，与方案一相比，方案二、方案三的工程造价分别降低了 8% 和 10%，工期分别减少了 15% 和 22%。这一分析结果说明在结构方案相同的条件下，装配整体式楼盖体系与现浇楼盖体系相比，可以显著降低工程造价、节约材料、缩短现场施工工期，具有良好的经济效益。

王福庆等[36]对深圳某住宅工程项目中预制装配式混凝土住宅的生命周期成本构成、普通住宅生命周期成本分析以及工业化住宅生命周期成本分析等方面进行了研究和讨论。结果表明，相比现浇式住宅，产业化预制装配式住宅成本具有如下特点：短期内由于其建设成本偏高使其成本处于劣势；考虑生命周期成本后，其使用维护和拆除回收成本都有所降低，从而使其生命周期总成本较现浇式住宅有所降低。

总之，21 世纪是科学信息时代，随着混凝土技术的不断涌现和成熟，先进高科技检测监控技术的不断发展，计算机在管理上的广泛应用等，现代混凝土结构的经济效益评价方法是从多角度、全方位、结构的生命周期进行经济分析与评价。另外，为研究其综合效益，有必要采用 LCA-LCC 的集成方法，从而既考虑环境性影响又考虑经济性影响。然而，LCA 和 LCC 评价方法并未成熟，尚未建立适用的标准体系，有待于进一步的研究和探索。采用 LCA 和 LCC 进行评价时，难点在于相应模型的建立，最为繁琐的环节是数据的收集与整理，而时下较热的建筑信息模型（Building Information Modeling，BIM）为其提供了条件。

8.3.2　可持续混凝土结构的生命周期成本——以装配式混凝土结构为例

本节将基于 LCC 方法，以装配式混凝土结构为例，分析其生命周期的经济成本，从而研究装配式混凝土结构的经济效益，探讨其可持续性。

本例之所以选择装配式混凝土结构，是因为其经济投入方式与传统现浇结构具有明显不同，具有典型的可持续方面的特性。早在 2001 年，美国工程院院士，预制与预应力混凝土结构的著名国际权威余占疏就指出，装配式混凝土结构具有显著的经济效益[37]：装配式混凝土结构能够节省相当多的混凝土和钢材，同时，由于其规模化的建造方式，装配式混凝土结构的模板可以多次重复使用，其模板费用将会很低，经济效益十分明显。因此，为探讨可持续混凝土结构的经济效益，现以装配式混凝土结构作为一个典型案例进行 LCC 分析。

在进行 LCC 分析之前，首先需要关注的是，装配式混凝土结构的经济投入方式与传统现浇混凝土结构有不同之处。其中，装配式混凝土结构的经济效益主要体现在以下几个方面。

（1）装配式混凝土结构在应用的过程中极大地减少了现场施工的时间。在施工现场，仅需运用组装的方式即可完成施工，构件组装时还可以与其他工作同步进行，极大地节省了工程所需要的时间。这也让施工企业在工期的规划上更加具有可预测性，对工程的进度和情况能够进行科学、合理的安排，从而缩短了施工的工期，减少了人力、物力投入，给施工企业带来了较大的经济效益。

（2）装配式混凝土结构构件或产品是在工厂中完成生产的，现场的工作仅仅是完成对构件或部品的拼接。装配式混凝土结构将建筑工程的一部分工作转移到了工厂，而工厂的生产条件与设备较施工现场更加优越，在人员使用和技术积淀方面更加专业，对于监管工作的开展也能够更加规范化，所以其产品生产的质量能够得到可靠保证。施工企业在对混凝土构件进行采购的同时，也对质量予以了控制，从而给施工企业也带来了经济效益。

（3）混凝土结构工程与环境的矛盾已经成为其可持续发展过程中的一个重要障碍，混凝土结构工程对于环境的污染非常不利于我国生态环境的建设，与我国所提倡的绿色工程理念相违背。而装配式混凝土结构则是环保、低碳的结构形式，避免了建造过程中各种木材加工、粉刷、砌筑、装饰等工作所产生的各种废料，极大地减少了施工过程中的扬尘，提高了对能源的利用率，减少了工程设计变更，节省了后续资金投入。

（4）以往大多施工企业所使用的现浇式混凝土结构所需要的劳动力较多，尤其在施工阶段，只有大量集中地投入劳动力才能满足工程对工期和质量的要求。但是，装配式混凝土结构则可以节省出这些劳动力，让人们更加集中、方便地进行拼接以及开展后续工作，防止了因工程完工而造成的劳动力安置问题，减少了因劳动力安排所带来的社会问题。

从上述装配式混凝土结构的特点可以看出，装配式混凝土结构的资金投入一般在前期比较高，但其运营阶段的费用却比传统现浇结构要低很多。因此，在进行装配式混凝土结构的 LCC 分析时，可将其生命周期的成本根据时间的顺序分为以下 3 个阶段。

（1）建造阶段。装配式结构与传统结构的最大不同就在于，装配式结构的预制构件需要在工厂进行生产，因此其区别于传统结构最重要的成本构成是预制构件的生产成本、预制构件运输成本、预制构件的安装成本、节地项目成本、节能项目成本、节水项目成本以及节材项目成本。就现有的国内外研究装配式结构成本构成的成果来看，在装配式结构成本中，预制构件的生产成本占有较大的比例，而预制构件的生产成本又受到相关税率、生产规模、预制率、设计施工是否一体化、定制式生产还是通用式生产等多种因素的综合影响，是装配式结构生命周期成本增量的关键所在。同时，由于预制构件是在工厂生产的，所以由工厂运输到工地是必不可少的环节，也是相比传统结构有所差异的地方。与此同时，根据不同的预制率，会产生不同的运输成本总量。另外，预制构件现场安装成本与现浇构件也不同，预制构件的吊装通用性非常强，其具有减少吊具的种类和数量、节约吊装时间、提高劳动效率、降低成本等优点。

（2）使用维护阶段。其中含有项目投入使用前的准备费用，以及在项目正常使用阶段由于能源消耗所产生的费用，还有维护设备所产生的费用。

（3）拆除回收阶段。其中含有为保障项目的正常使用功能的费用，更新旧有设备的费用，建筑废物回收利用的费用等。

因此，装配式混凝土结构的生命周期成本即为

$$LCC_{装配式}=C_{建造}+C_{使用}-R_{残值}$$

式中，$LCC_{装配式}$为装配式结构生命周期总成本；$C_{建造}$为建造成本；$C_{使用}$为使用成本；$R_{残值}$为残余价值。

基于上述三阶段过程，就可以利用类似于 LCA 的方法，基于造价清单等内容，进行装配式混凝土结构的 LCC 分析。

结合关于装配式混凝土结构生命周期的经济分析，下文将结合上海市某 20 000 m² 住宅工程项目的施工应用实例，对建筑工业化中预制装配式混凝土结构的经济评价进行简要的分析和探讨。需要说明的是，本节的 LCC 分析针对的是特定的时期和地点的普通现浇混凝土结构和装配式混凝土结构，其使用数据具有时间和空间的局限性。因为这里仅提供一种 LCC 计算的分析方法，故所考虑的因素并不一定完备。

1. 生命周期成本构成

根据生命周期成本结构分析，本例混凝土结构的成本分析分为三个部分，即建造成本 C_1、使用成本 C_2、拆除成本 C_3。其构成如图 8.5 所示。

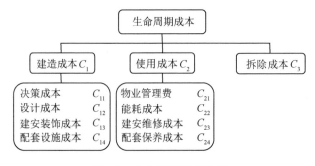

图 8.5　生命周期成本构成

2. 数学模型

根据前文的分析，对普通混凝土建筑结构和装配式混凝土建筑结构的生命周期经济分析可建立以下数学计算模型

$$NPV=NPV_1+NPV_2-NPV_3$$
$$NPV_1=C_1 \quad NPV_2=C_2 \cdot p_2 \quad NPV_3=C_3 \cdot p_3$$
$$C_1=C_{11}+C_{12}+C_{13}+C_{14}$$
$$C_2=C_{21}+C_{22}+C_{23}+C_{24}$$

式中，NPV_1 为建造成本净现值；NPV_2 为使用成本净现值；NPV_3 为拆除回收成本净现值；NPV 为总净现值；p_2、p_3 表示资金的时间价值，是根据折现率与时间计算所得的等效折现系数，考虑银行通货膨胀以及利率的影响，本案例中选取的折现率是 8%。

3. LCC 费用计算

1）普通住宅生命周期成本分析

（1）建造成本 C_1。

① 决策成本 C_{11}。在建设小区之前，开发商进行市场调研、可行性方案研究、整体规划以及方案制定等活动时花费的成本。尽管这些成本的具体数字不明确，但这两种结构具有同样的分摊方法。也就是说，这部分成本对两种结构的生命周期成本比较是没有任何影响的。可确定决策成本大小是 P，即

$$C_{11}=P（万元）$$

② 设计成本 C_{12}。面积大小决定设计费用，调查表明，一般房屋建筑的设计成本是 15 元/m²，即

$$C_{12}=15 \text{ 元/m}^2 \times 20\ 000 \text{ m}^2=30（万元）$$

③ 建安装饰成本 C_{13}。建安装饰成本包括建筑的土建成本、装饰装修成本和安装成本。

土建成本为 1068 元/m²，其中土建成本分部分项工程约为 768 元/m²，措施费约 55 元/m²，其他项目费约为 160 元/m²，规费和税金约 85 元/m²。

建筑装饰装修成本和安装成本为 800 元/m²。

$$C_{13}=（1068+800）\text{ 元/m}^2 \times 20\ 000 \text{ m}^2=3736（万元）$$

④ 配套设施成本 C_{14}。小区配套设施成本涉及很多方面，包括绿化以及体育设施等方面。这部分成本的大小也是不确定的，但因为这两种结构的分摊比例是相同的，所以这部分费用对这两种结构的生命周期成本也不会产生影响。在研究中，这部分费用大小设为 Q，即

$$C_{14}=Q（万元）$$

则总建造成本 C_1 为

$$C_1=C_{11}+C_{12}+C_{13}+C_{14}=P+30+3736+Q=P+Q+3766（万元）$$

建造成本净现值 NPV_1 为

$$NPV_1=P+Q+3766（万元）$$

（2）使用成本 C_2。

① 物业管理费 C_{21}。小区内物管费设为 2.2 元/（m^2·月），物业每年收取一次物管费，其费用为

$$C_{21}=2.2 元/（m^2·月）×12 月×20\ 000\ m^2=52.8（万元/年）$$

② 能耗成本 C_{22}。小区住宅使用的水电及煤气资源费为 24.76 元/（m^2·年），故普通住宅能耗成本为

$$C_{22}=24.76 元/（m^2·年）×20\ 000\ m^2=49.52（万元/年）$$

③ 建筑维修成本为 C_{23}。按每 15 年修缮一次，普通建筑在其生命周期内一般会大修 3 次，这三次的维修成本投入分别是 20 万元、25 万元以及 35 万元。

④ 建筑保养成本 C_{24}。建筑保养成本也就是保修基金，普通住宅的保养成本一般在 107 元/m^2，经计算为

$$C_{24}=107 元/m^2×20\ 000\ m^2=214（万元）$$

使用成本 C_2 应当被分摊到整个建筑的生命周期中。故建筑使用成本的净现值 NPV_2 大小是

$$NPV_2 = (52.80 + 49.52)×\frac{(1+8\%)^{50}-1}{8\%×(1+8\%)^{50}} + \frac{20}{(1+8\%)^{15}}$$
$$+ \frac{25}{(1+8\%)^{30}} + \frac{35}{(1+8\%)^{45}} + \frac{214}{(1+8\%)^{25}}$$
$$=1292.86（万元）$$

（3）拆除回收成本 C_3。

建筑物的净残值含义为：当建筑物不再适合居住时，拆除建筑得到的残余价值与拆除费用的差值就是净残值。一般地，普通住宅净残值是建筑安装成本的 3%，则

$$C_3=3736 万元×3\%=112.08（万元）$$

那么，净现值为

$$NPV_3=112.08/（1+8\%）^{50}=2.39（万元）$$

所以，在建筑物生命周期中，普通混凝土结构的净现值大小是

$$NPV_{现浇}=NPV_1+NPV_2-NPV_3=P+Q+3766+1292.86-2.39$$
$$=P+Q+5056.47（万元）$$

2）工业化住宅生命周期成本分析

（1）建造成本 C_1。

① 决策成本 C_{11}。同现浇混凝土结构，可确定决策成本大小是 P，即

$$C_{11}=P（万元）$$

② 设计成本 C_{12}。现在的建筑工业化规模并不是很大，选取标准化配件时会受到很多因素的影响，而且增加了连接节点设计以及配件的选取工作，这些原因都使工业化混凝土住宅设计成本要高于普通混凝土住宅的建筑成本。经过调查，工业化混凝土结构设计成本为 20 元/m²，即

$$C_{12}=20\ 元/m^2 \times 20\ 000\ m^2=40（万元）$$

③ 建安装饰成本 C_{13}。建安装饰成本包括建筑的土建成本、装饰装修成本和安装成本。

由于目前市场未形成产业化，装配式构件成本较高，从而导致土建成本升高，其分部分项工程费约为 878 元/m²；由于装配式施工周期快、质量高、现场环保，因此其施工措施费比现浇结构低，约为 38 元/m²；装配式建筑设计图纸模数化、精细化，使得现场施工变更非常少，其他项费较低，约为 89 元/m²；规费，税金费率不变，约 85 元/m²；经计算得出，土建成本为：878+38+89+85=1090（元/m²）。

装配式结构的装饰装修可在工厂一体化完成，其建筑装饰装修成本和安装成本约为 750 元/m²。

$$C_{13}=（1090+750）元/m^2 \times 20\ 000\ m^2=3680（万元）$$

④ 配套设施成本 C_{14}。同现浇混凝土结构，在研究中，设这部分费用为 Q，即

$$C_{14}=Q（万元）$$

总建造成本 C_1 为

$$C_1=C_{11}+C_{12}+C_{13}+C_{14}=P+40+3680+Q=P+Q+3720（万元）$$

建造成本净现值 NPV_1 为

$$NPV_1=P+Q+3720（万元）$$

（2）使用成本 C_2。

① 物管费 C_{21}。同现浇混凝土结构，物管费为 2.2 元/（m²·月）。其费用为

$$C_{21}=2.2\ 元/（m^2·月）\times 12\ 月 \times 20\ 000\ m^2=52.8（万元/年）$$

② 能耗成本 C_{22}。主要来自四个方面，即水、电、气、煤费用。因工业化住宅的建造一般使用了节能技术，保温和光照条件都比普通住宅优秀，因此工业化住宅中的这部分成本投入相对较小。一般地，工业化住宅收费按节能 40% 算，约为 14.86 元/（m²·年），则其成本为

$$C_{22}=14.86\ 元/（m^2·年）\times 20\ 000\ m^2=29.72（万元/年）$$

③ 建筑维修成本 C_{23}。调查显示，发达国家的工业化住宅一般以 20 年为一个周期进行大修，考虑到装配式拆装快速且方便，大修两次，这两次的费用投入分别为 10 万元、15 万元。

④ 建筑保养成本 C_{24}。工业化住宅施工质量高，其保养费用一般在 46 元/m² 左右，即

$$C_{24}=46\ 元/m^2 \times 20\ 000\ m^2=92（万元）$$

使用成本 C_2 应当被分摊到整个建筑的生命周期中。故建筑使用成本的净现值 NPV_2 大小是

$$NPV_2 = (52.80 + 29.72) \times \frac{(1+8\%)^{50} - 1}{8\% \times (1+8\%)^{50}} + \frac{10}{(1+8\%)^{20}} + \frac{15}{(1+8\%)^{40}} + \frac{92}{(1+8\%)^{25}}$$
$$= 1025.78 (万元)$$

（3）拆除回收成本 C_3。

考虑装配式构件的再利用率，一般的工业化住宅净残值大小是总建安成本的 30%，则

$$C_3 = 3680 \ 万元 \times 30\% = 1104 （万元）$$

故建筑物的拆除回收成本的净现值 NPV_3 大小是

$$NPV_3 = 1104 / (1+8\%)^{50} = 23.54 （万元）$$

所以，在装配式混凝土结构生命周期中，净现值大小是

$$NPV_{工业化} = NPV_1 + NPV_2 - NPV_3 = P + Q + 3720 + 1025.78 - 23.54$$
$$= P + Q + 4722.24 （万元）$$

4. LCC 费用汇总与分析

综上所述，对该工程的两种方案的相应成本计算数据进行汇总如表 8.7 所示。从表 8.7 中可以看出：

$$\frac{NPV_{现浇} - NPV_{预制}}{S} = \frac{(5056.47 - 4722.24) \ 万元}{20\,000 \ m^2} = 167(元/m^2)$$

对于本节中的案例，采用预制装配式混凝土结构的住宅建筑，其生命周期成本相对于普通现浇混凝土结构，每平方米可节约 167 元左右。

表 8.7　两种方案生命周期成本对比表

方案	NPV$_1$/万元	NPV$_2$/万元	NPV$_3$/万元	NPV/万元
现浇整体	$P+Q+3766$	1292.86	2.39	$P+Q+5056.47$
预制装配	$P+Q+3720$	1025.78	23.54	$P+Q+4722.24$

注：NPV$_1$ 为建造成本现值；NPV$_2$ 为使用成本净现值；NPV$_3$ 为拆除回收成本净现值；NPV 为总净现值。

综合以上对现浇混凝土结构与装配式混凝土结构 LCC 评价的案例分析，可以看出，考虑生命周期成本后，建造成本两者相差不多，而装配式混凝土结构使用成本降低明显，且拆除回收后残值高，从而使其生命周期总成本较现浇式住宅有所降低，达到 6.6%。可见，对于可持续的混凝土结构，其后期有着可观的经济效益。

8.4　本 章 小 结

针对前几章讨论的可持续混凝土结构，本章较为详细地讨论了混凝土结构的

社会效益、环境与生态效益以及经济效益。其中，社会效益的分析是根据混凝土结构发展的历史脉络展开的；在环境和生态效益方面，首先介绍了生命周期评价（LCA）方法，并基于此开展了再生混凝土结构的生态效益评价；在经济效益方面，基于生命周期成本分析（LCC），分析了装配式混凝土结构的经济效益优势。

参 考 文 献

[1] 党悦. 建筑业国民经济中的支柱地位分析[J]. 中国外资, 2012, 7（6）: 172-173.

[2] 仲晓林. 混凝土技术的回顾与展望[J]. 化工施工技术, 2000, 01: 11-12.

[3] 林宗凡. 提高城市抗震减灾能力与可持续发展[J]. 同济大学学报（人文·社会科学版）, 1998（2）: 79-83.

[4] WILLIAMS J M. Eco-efficiency for New Zealand[M]. New Zealand: New Zealand Engineering. 1999: 37.

[5] DE SIMONE L D. POPOFF E. Eco-efficiency: The Business Link to Sustainable Development[M]. Massachusetts: MIT Press. 2000: 85-89.

[6] LEHNI M. Eco-efficiency: Creating more value with less impact[R]. World Business Council on Sustainable Development, Geneva, 2000.

[7] 宋彩平. 基于 GIS 的森林生态效益空间分析研究[D]. 哈尔滨: 东北林业大学. 2005.

[8] 中华人民共和国国家质量监督检验检疫总局. 环境管理生命周期评价目的与范围的确定和清单: GB/T 24041—2000[S]. 北京: 中国标准出版社, 2000.

[9] 陈熙. 一种新型管柱混凝土结构的经济与环境影响评价[D]. 天津: 天津大学, 2012.

[10] 王珊珊. 整合的 BIM-LCA 建筑评价模型研究[D]. 天津: 天津大学, 2014.

[11] 李路明. 国外绿色建筑评价体系略览[J]. 世界建筑, 2002（5）: 68-70.

[12] 肖建庄, 黎鹜, 丁陶. 再生混凝土生命周期 CO_2 排放评价[J]. 东南大学学报: 自然科学版, 2016, 46(5): 1088-1092.

[13] DING T, XIAO J Z, TAM V W Y. A closed-loop life cycle assessment of recycled aggregate concrete utilization in China [J]. Waste Management, 2016, 56: 367-375.

[14] WU P, XIA B, ZHAO X. The importance of use and end-of-life phases to the life cycle greenhouse gas（GHG）emissions of concrete-A review[J]. Renewable and Sustainable Energy Reviews, 2014, 37: 360-369.

[15] 李小冬, 王帅, 孔祥勤, 等. 预拌混凝土生命周期环境影响评价[J]. 土木工程学报, 2011, 44（1）: 132-138.

[16] GONG X, NIE Z, WANG Z, et al. Life cycle energy consumption and carbon dioxide emission of residential building designs in Beijing[J]. Journal of Industrial Ecology, 2012, 16（4）: 576-587.

[17] 肖建庄, 雷斌. 再生混凝土碳化模型与结构耐久性设计[J]. 建筑科学与工程学报, 2008, 25（3）: 66-72.

[18] 李春晖. 复掺矿物掺合料混凝土碳化性能研究[D]. 西安: 西安建筑科技大学土木工程学院, 2009.

[19] INTERGOVERNMENTAL PANEL ON CLIMATE CHANGE. 2006 IPCC guidelines for national greenhouse gas Inventories [R].Tokyo, Japan: the National Greenhouse Gas Inventories Programme, 2006.

[20] LI C, CUI S P, NIE Z R, et al. The LCA of portland cement production in China[J]. International Journal of Life Cycle Assessment, 2015, 20（1）: 117-127.

[21] 丁宁, 杨建新. 中国化石能源生命周期清单分析[J]. 中国环境科学, 2015, 35（5）: 1592-1600.

[22] 高育欣, 王军, 徐芬莲, 等. 预拌混凝土绿色生产碳排放评估[J]. 混凝土, 2011（1）: 110-112.

[23] MARINKOVIĆ S, RADONJANIN S, MALEŠEV S, et al. Comparative environmental assessment of natural and recycled aggregate concrete [J]. Waste Management, 2010, 30（11）: 2255-2264.

[24] LI C, CUI S P, GONG X Z, et al. Life cycle assessment of heavy-duty truck for highway transport in China [J].

Materials Science Forum, 2014, 787: 117-122.

[25]　LEE S H, PARK W J, LEE H S. Life cycle CO_2 assessment method for concrete using CO_2 balance and suggestion to decrease CO_2 of concrete in South-Korean apartment [J]. Energy and Buildings, 2013, 58 （2）: 93-102.

[26]　万惠文, 水中和, 林宗寿, 等. 再生混凝土的环境评价[J]. 武汉理工大学学报, 2003, 25（4）: 17-20, 23.

[27]　徐亦冬, 吴萍, 周士琼. 粉煤灰再生混凝土生命周期评价初探[J]. 混凝土, 2004（6）: 29-32.

[28]　李小冬, 吴星, 张智慧. 基于 LCA 理论的环境影响社会支付意愿研究[J]. 哈尔滨工业大学学报, 2005, 37(11): 1507-1510.

[29]　田钟维. 基于 LCA-LCC 的再生混凝土环境经济性能评估研究[D]. 杭州: 浙江大学, 2012.

[30]　杨娟. 基于 LCA 和 LCC 的可持续建筑设计研究[J]. 建筑, 2009（17）: 41-45.

[31]　董良. 推广 LCC 方法提升企业的可持续发展的能力[J].中国设备工程, 2009（1）: 28-30.

[32]　张季超, 王慧英, 楚先峰, 等. 预制混凝土结构的效益评价及其在我国的发展[J]. 建筑技术, 2007, 38（1）: 9-11.

[33]　金伟良, 赵羽习. 混凝土结构耐久性研究的回顾与展望[J].浙江大学学报（工学版）, 2002, 4: 27-36, 59.

[34]　徐雨濛. 我国装配式建筑的可持续性发展研究[D]. 武汉: 武汉工程大学, 2015.

[35]　郭乐工, 郭乐宁, 刘成才. 预制装配整体式楼盖的技术经济分析[J]. 建筑经济, 2009（9）: 36-39.

[36]　王福庆. 预制装配式混凝土外墙施工技术经济评价[J]. 江西建材, 2016（15）: 57-58.

[37]　YEE A A, ENG P E H D. Structural and economic benefits of precast/prestressed concrete construction[J]. PCI Journal, 2001, 46（4）: 34-43.

第9章 混凝土结构可持续性设计与评价方法

混凝土是现代社会最常用的建筑材料之一，在建筑行业中占有重要地位。但是，与混凝土有关的环境问题也十分突出，如何实现可持续性设计是当今混凝土材料和混凝土结构的关键问题。国际结构混凝土协会（Fédération Intenationale du Béton，FIB）将建筑结构的"可持续性"定义如下：建筑结构或结构材料能满足当前人类对自然、社会、经济、舒适等方面的要求，同时不损害子孙后代的需求[1]。作者在第 2 章也提出了自己的观点，从这个概念上看，人们不再将建筑物视为人类任意的可强加于地球的产品，而是从更高层次综合考虑建筑所造成的影响，这也是可持续混凝土结构的基本出发点。混凝土结构要实现可持续性，不仅要求满足安全以及正常使用条件，还要考虑环境和经济效益；不仅能满足现在的要求，还要考虑对将来的影响。

多年来，结构工程学者和结构工程师常认为建筑的可持续发展主要是建筑与机电设备专业的问题。在结构设计中，主要遵循在满足建筑使用功能的前提下，确保结构安全，做到投资最省的原则，而在可持续发展方面缺乏系统的研究与引导[2]。如何从结构设计入手，与建筑设计相契合，共同实现混凝土结构的可持续性，是值得结构工程师深入思考的问题。

本章主要阐述了混凝土结构可持续性设计方法和原则，讨论对混凝土结构进行可持续性评价的方法，介绍了可持续性设计的相关工具，最后分析对比了国内与国外有关可持续性评价的标准和法律法规。

9.1 可持续性设计方法与原则

可持续性内涵丰富，混凝土结构可持续性设计需考虑的因素众多。目前，针对混凝土结构安全性、适用性和耐久性已经有了较多的研究，并制定了一系列标准来指导设计。但是，从环境影响的角度进行混凝土结构设计的方法仍处于起步阶段。因此，现阶段对于结构设计而言，在确保结构可靠性的同时，考虑结构对环境影响，实现环境效益最大化，是实现可持续性设计的关键。

如第 1 章所述，从降低环境负荷的角度出发，混凝土结构可持续性设计应遵循"5R"原则，即 Reduce（减量化），Reuse（再利用），Recycle（再生循环），Regeneration（再生修复），Resilience（可恢复）。"5R"原则从对混凝土结构可持续性设计理念的重新认识出发，探讨在设计中实现可持续性的具体途径，既是可持续性设计的指导原则又是设计方法。

9.1.1　减量化（Reduce）

"Reduce" 意为 "减量化"，在设计阶段需考虑到材料和能源的投入，尽可能地实现用较少的投入来完成建筑结构的建造，从源头就注意节约资源和减少污染。根据 "减量化" 原则，应尽量避免使用不可再生资源，提高各类资源和能源的利用率，减少不必要的资源浪费，采用合理的方案减少建筑结构施工、维护等阶段产生的废气、废水、固体废弃物等。

混凝土结构设计中实现 "减量化"，可以从材料、结构、施工和运营管理四个层次考虑。

1）材料层次

前几章已经提到，水泥是混凝土的主要原材料之一，烧制 1 t 水泥熟料需要 178 kg 左右的标准煤，排放出近 1 t 的 CO_2，同时释放出 SO_2、NO_2 等其他污染气体，水泥的生产给环境带来了严重影响[3]。在混凝土配合比设计时，降低水泥的用量，使用工业废物替代水泥作为胶凝材料，是减少混凝土使用对环境影响的方法之一。国内外对矿物掺合料的利用已经很普及，主要是在混凝土中掺加部分磨细矿渣、粉煤灰、硅灰等掺合料替代一部分水泥。Lee 等指出，当每立方米混凝土中 60% 水泥由矿渣取代时，将减少 56% 的 CO_2 排放[4]。矿物掺合料的掺入，不仅节约了水泥资源，使工业副产品得到了回收利用，降低了污染，还能减少水泥的水化热，改善混凝土孔结构，增强混凝土耐久性。

除了对混凝土配合比进行改进外，设计时选择合适的材料将有效减少建筑结构对环境的影响。对于混凝土结构而言，在结构设计和构造允许的情况下，尽可能采用高强混凝土将产生一定的环境效益。高强混凝土对以承受压力为主的构件，具有显著的经济与环境效益。通过提高强度，可以减小结构截面面积或结构体积，将有效减少混凝土用量、减轻结构自重并降低成本。同时，高强混凝土的致密性、抗渗性和抗冻性均高于普通混凝土。在有腐蚀的环境、易破损的结构中，多采用高强混凝土可以延长结构的寿命。Tae 等[5]以 35 层的公寓为例，研究了以下三种情况下 100 年生命周期内该公寓的碳排放。

（1）结构采用普通混凝土，使用期间不维护，寿命达到 50 年后拆除，修建新建筑再使用 50 年。

（2）结构采用普通混凝土，通过维护使用 100 年。

（3）结构采用高强混凝土，通过维护使用 100 年。

研究发现，使用高强混凝土不仅可以有效增加结构的使用寿命，减少后期维护工作，还可以减少建筑生命周期内的碳排放量。

2）结构层次

从结构层次而言，存在多种途径实现减量化，主要是通过技术手段，从结构体系或构件的设计、改变构件受力形式、预制化加工等方面进行。

在不影响混凝土结构建筑外观和安全性的情况下，选择构件的合理截面形式能有效降低资源消耗和环境污染。以某挡土墙两种截面选择为例，方案 a 为普通混凝土浇筑挡土墙，方案 b 采用混凝土空心砌块砌筑挡土墙。由于方案 b 中采用空心混凝土砌体结构替代普通混凝土浇筑，混凝土用量将减少，与方案 a 中的形式相比 CO_2 排放量将降低 34%。同时，方案 b 中挖方土可以移至空心混凝土砌块中，从而减少挖方土运输，进一步降低环境污染[6]。又如，在设计混凝土楼板时，可以考虑采用抽芯、空心截面，也能达到减少材料用量的目的。可以看出，合理的截面选型是实现可持续设计的一种简便易行的方法。

预应力构件是混凝土结构中常用的一种形式，经常用于大跨度结构中。预应力构件能够充分发挥高强钢材与高强混凝土的特点，对于改善结构的抗裂性能、提高结构的刚度和耐久性、减小结构的自重均具有很好的效果。除了结构上的功效外，采用预应力构件，有利于减少大跨度下混凝土的用量，从而直接降低了混凝土带来的环境污染和资源消耗。

3）施工层次

混凝土经历了从最初的现场拌制，到现在的工厂预拌的过程，正朝着预制混凝土方向发展，逐步实现混凝土的工业化[7]。随着混凝土生产方式的改变，不仅提高了混凝土的质量，也逐步降低了混凝土对环境的影响。工厂预制化的生产模式，能有效改善混凝土企业生产过程中的环境污染，通过在工厂中采用相应的减排与保护技术，能有效减少混凝土生产过程中产生的废水、废浆，降低噪声污染和粉尘的排放，减少采用现浇模式对周边环境的不良影响。采用工厂预制化技术，实现了混凝土产品高质量管控，且符合国家保护环境基本国策和绿色生产的要求。

4）运营管理

混凝土结构建设完成后，还应从运营的科学组织上减少能源和资源的消耗。采用合适的方式对混凝土结构进行维护和修缮对延长其使用寿命有很大的作用，如第 4 章所述的各种方法；同时，应该合理地确定维护和修缮的时间，及时发现问题并有效解决。混凝土结构在其生命周期的运营阶段将会消耗大量的能源，以满足其使用功能要求，在建筑设计上，应重视节能减排设计，减少建筑使用过程中的碳排放以及能源消耗，如采用合理的绿化以及使用新的绿色能源技术等。过去，通常忽视了混凝土运营阶段的设计，但在生命周期的分析中，运营管理阶段的节能减排以及可持续性设计将对整个混凝土结构的可持续性产生重大影响。

9.1.2　再利用（Reuse）

"Reuse" 意为 "再利用"，在设计中主要是指：在符合工程要求的情况下对拆除的结构中原有的材料、构件进行再利用，以达到节约资源的目的。以往混凝土结构在达到使用年限后，大多整体直接被拆除废弃。虽然混凝土结构在一定年限后已经不能保持原有结构整体性能，但结构中部分材料或构件并未全部达到失效状态，这部分材料或构件仍然可以继续使用或可通过简单加固后再使用。"再利用"原则要求在可持续性设计中，考虑有利用价值的材料、构件的二次使用，充分利用已有资源。

实现"再利用"需要设计人员从两方面入手。一方面，需要从待拆除结构中，寻找发现可直接再利用的材料或构件。再利用的材料、构件的获取与结构的拆除过程息息相关，拆除不恰当或者拆除过程过于烦琐，都将产生直接影响。另一方面，对于新结构，要求设计人员将容易破损的部位与一般部位加以区别，并优先选择日后可再利用的材料、构件，设计易于拆解替换的连接形式。由此看来，在设计中实现"再利用"，必须考虑到结构的可拆装性。

理想的状态是从设计阶段就把结构设计为可拆装的，在拆除阶段采用恰当的拆除方法，以获得更多完整的旧材料，进而将这些材料进行处理，在新的建造中实现材料的再利用，从而形成一个良性循环，如图 9.1 所示[8]。针对最大限度地回收利用材料和部件，实现可拆卸性，设计时应从以下几点出发[9]。

（1）选择的材料应耐久，可回收利用，材料种类尽量少。

（2）使用多功能材料，用途广泛的材料比单一用途材料更具再利用可能。

（3）使用耐久性构件，如果使用寿命较短的构件，会在结构拆除前被多次维修或替换，拆除基本没有再利用价值。

（4）构件模数化设计，减少零部件数目，避免永久性结合，考虑拆解工具的方便操作性及采用最少的接合物件等。

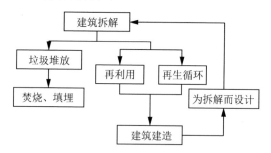

图 9.1　建筑拆解的良性循环

目前，我国在混凝土结构拆解和直接再利用方面仍处于探索阶段。预制装配式混凝土结构的发展，为进一步实现混凝土结构的再利用提供了可能。相比普通混凝土构件，预制构件具有标准化、信息明确、质量可控、准确识别等特点，更有利于大规模结构拆解和再利用[10]；装配式技术，使结构建造过程简化为构件组装，同时，也使拆除过程中构件分离成为可能，更利于建筑构件或是整体拆卸和再利用。随着技术发展，对于预制装配混凝土旧结构，设计人员可以方便地区分结构中的失效部分，并对可再利用构件进行拆解，重新使用于新的预制装配结构中，从而大大减少了对资源的消耗。

9.1.3 再生循环（Recycle）

"Recycle" 意为 "再生循环"，是指将各种紧缺资源、稀有资源或不能自然降解的物质尽可能地加以回收利用、循环使用或通过技术加工提炼后再使用。"再生循环" 不仅可以节约有限的资源，还可以避免建筑废物本身对环境的污染和破坏，与可持续发展的理念相契合。在设计中实现 "再生循环"，必须从旧结构的材料种类出发，尽可能地回收利用旧结构中的材料，同时也要求在新建筑中使用可循环材料，尽可能避免使用不可再生资源，尤其是对环境产生严重影响的材料。

混凝土结构中主要存在混凝土、金属材料、砌体以及木材等建筑材料，对于这些材料经过一定的工序，均可实现不同程度的再生循环。

1）混凝土

混凝土是混凝土结构中主要的建筑材料之一，同时是建筑废物的主要组分，实现混凝土的循环再生，是科研工作一直努力发展的方向，已经受到工程界广泛的关注。将废混凝土进行破碎后按粒径分级，筛选出的骨料可用于制作再生混凝土。

如第 5 章所述，通过大量的研究，再生混凝土可以满足一定的结构材料性能要求，可以取代普通混凝土作为建筑材料[11-15]。

2）金属材料

混凝土结构中金属材料普遍存在，主要指钢筋、型钢等，是可循环再生材料。对于废旧金属进行回收利用，可以有效地节约矿产，减少资源消耗。旧建筑拆除后，应对可能回收的钢材、铝、铜等金属进行分离，运往相应的材料加工厂进行循环再生利用。

钢铁是混凝土结构中的主要材料之一。研究发现，国外进口的铁矿石金属收得率不足 60%，而进口废钢铁金属收得率超过 90%[10]。此外，利用铁矿石生产钢铁需要经过多道工序加工，中间环节将对环境造成更多的污染。相比铁矿石，废钢可以直接放入炼钢炉进行加工，省去了加工环节，有利于降低钢铁对环境的影响。可以看出，回收拆除建筑中的金属对保护环境有着重要意义。

3）木材

木材加工过程能耗低，其加工过程环境污染小，是一种可再生和再循环利用的绿色材料和生物资源。回收利用木材，可以减少对木材的需求，有利于保护森林资源，实现木材资源利用的高效化。拆除建筑中废旧木材量很大，如门窗、地板、横梁、檩条、木椽、楼板、扶梯、隔板等。将建筑中废旧木材回收后进行二次加工，可以制成刨花板、中密度纤维板、木塑复合材料、大芯板等，也可用来生产活性炭、木醋液等产品，有回收利用的潜力与价值[10, 16, 17]。

此外，国外建筑师尝试采用一些风格独特的设计方法，把废旧木材应用到室内及建筑装修当中。这些废旧木材经过风吹日晒，看起来具有岁月的凝重感，通过设计师的精心设计与重新雕琢，向人们展示了一种自然的亲和力，重新赋予了废旧木材新的价值[18]。

4）其他废料

塑料是建筑废料中的常见材料，作为一种人工合成材料，虽然塑料给生活提供了各种便利的同时，但也带来了环境问题。塑料传统处理方法为填埋和焚烧，这样的处理方法会对环境造成巨大的影响。为了解决塑料处理问题，科研工作者开始寻求新的解决方法，将废弃塑料分类回收，冲洗粉碎做成颗粒物，代替混凝土组分砂子，取得了很多具有实际应用价值的成果。Panyakapo 和 Panyakapot[19]试验采用热固性塑料三聚氰胺，通过在混凝土中掺入塑料研究出了一种新型混凝土，该混凝土可以满足 ASTMC129TYPEⅡ标准，完全可以作为非承重围护结构材料。

建筑拆除后还存在大量的砌体材料，与废混凝土相似，将砌体粉碎后在低强度的混凝土混合料中可以作为骨料加以使用。

总的来说，实现材料再生循环可概括为两种方式。

（1）等同使用，回收利用后，其价值与初始价值相同或相近，如钢材、铝材、玻璃、废混凝土等。

（2）降级使用，回收利用后，其使用价值比初始价值要小，如废塑料破碎用作再生混凝土的骨料。从循环利用的情况来看，各类材料的再生潜力有所差异，表 9.1 列举了部分建筑材料回收系数[20]。

表 9.1　各种建筑材料循环利用的潜力

材料	混凝土	砌体	金属	木材
回收系数	0.7～0.8	0.2～0.3	0.6～0.9	0.2～0.3

9.1.4　再生修复（Regeneration）

在混凝土结构使用过程中，由于自然灾害、人为事故或历史风化等原因，混凝土构件会存在各种各样的损害，如保护层剥落、开裂、构件缺损等，如果处理不当，将影响混凝土结构的使用寿命，甚至对结构的安全性带来不利影响。从混凝土结构可持续性出发，在设计时应考虑结构的修缮和维护工作，尽可能地延长结构的使用寿命，实现节约资源保护环境的目的。

"Regeneration" 意为"再生修复"，该概念是参考自然界中生物体对破损机体的修复、再生长这一普遍存在的现象提出的。自然界中，许多生物体在受到创伤后，机体会出现部分损坏、缺失，在一定程度内生物体将对损坏、缺失部位进行修复，在剩余部位基础上生长出与丢失部分形态和功能相同的结构，这种过程称为再生。混凝土的再生，指的是针对混凝土构件开裂、剥落、破损、缺失等问题进行修复的过程，它使混凝土构件能保持原有的性能，又不影响结构的整体性，从而延长混凝土结构的使用寿命，符合可持续混凝土结构的理念。

对于混凝土结构实现"再生"，主要存在裂缝愈合再生、修补再生两种修复途径。

1）裂缝愈合再生

混凝土的裂缝愈合再生是指，在混凝土受损或开裂部位采取一定的技术进行修补，使受损处或开裂处能够得到修复，从而使构件恢复原有的使用功能，达到整体性、耐久性和防水性的目的，该过程类似于生物体的伤口愈合过程。现阶段实现裂缝愈合再生从采取形式上来讲分为人工裂缝修复技术和混凝土裂缝自修复技术两种，详见第 4 章所述。

2）修补再生

混凝土的修补再生是指在破损或断裂处，浇筑新的混凝土，通过新老混凝土界面的黏结与咬合性能，使得新旧混凝土共同工作，补全缺损部分，从而使混凝土构件重新恢复使用性能。修补再生主要应用于具有较大缺损处的混凝土构件，使结构能够继续保留剩余部分，避免结构部件整体更换的复杂工序和对结构的影响。

修补再生后构件的工作性能主要取决新老界面的黏结作用，因此，确保新老混凝土界面具有足够的黏结强度，是进行修补再生主要考虑因素。修补再生首先需要对老混凝土表面进行凿毛处理，接着用清水清洗表面，再在表面处浇筑新的混凝土。新老混凝土界面的黏结强度主要是通过水泥的水化作用产生氢氧化钙、钙矾石和毛刺的 C-S-H 等晶体，这些晶体相交错抱合，使界面结合紧密而具有足够的黏结强度。研究表明[21]，把老混凝土看作多孔的具有粗糙表面的大骨料，新老混凝土的界面在一定程度上与水泥-骨料界面相似，但新老混凝土表面的化学作用存在的可能性较水泥-骨料大。新老混凝土界面之间起作用的主要是摩擦与咬合作用，其次才是范德华力。

为了增加新老混凝土界面的黏结强度，可在界面处涂抹界面剂，采用不同界面剂修补的界面过渡层的结构和强度相差显著[22]。例如，在相同条件下，采用粉煤灰砂浆界面剂的界面黏结强度比采用膨浆界面剂高，而采用膨浆界面剂的界面黏结强度比采用净浆高。

9.1.5 可恢复（Resilience）

从 9.1.1 节到 9.1.4 节所陈述的内容来看，通过改进生产、设计、建造、维护和回收等环节，混凝土结构逐步朝着环境污染更少、更可持续化的方向发展。然而，随着对可持续性理解的不断提高，人们逐渐意识到过于强调混凝土结构的"绿色"而忽视混凝土结构对自然、人为灾害的抵抗力，并不符合可持续性。事实上，混凝土结构的使用寿命越长，维修次数越少，越能反映出该结构的环境效益。近年来，由于气候变化，全球变暖，地震、海啸、飓风、洪水等极端自然灾害时有发生；世界各地火灾频频出现；部分地区仍蒙受恐怖袭击之痛……在自然、人为灾害面前，混凝土结构如若不具备一定的抵抗灾害的能力，不仅会产生巨大社会、经济、环境损失，还将危及人员生命安全，其可持续性也无从谈起。值得注意的是，随着人口密度、城市的不断发展，近 40 年来自然灾害出现频率并没有太多变化，但造成的社会损失显著提高。在这种背景下，对混凝土结构可持续性提出了新的要求。

"Resilience" 意为 "可恢复"，联合国政府间气候变化专门委员会（Intergovernmental Panel on Climate Change，IPCC）2012 年报告，给出了相关定义：系统及其组成部分在应对灾害时，如通过保护、恢复或者改善和修复基本结构和功能等合适的方式，使其能够对灾害的影响进行预测、吸收、适应或者恢复。对于混凝土结构，可概括为混凝土结构对自然灾害的应对能力。也有研究指出，除了能够应对自然灾害外，混凝土结构的 "可恢复" 还应具有拓展生命周期、便于再利用和应对人为灾害的能力。总之，"可恢复" 是确保混凝土结构安全的前提，是实现其可持续性的另一条 "生命防线"。

近年来，由于社会对混凝土结构环境效益的关切，提倡尽可能地节约资源，往往弱化了混凝土结构 "可恢复" 的重要性，缺乏对可持续理念全面认识。实现混凝土结构的 "可恢复"，应从可持续性设计的原则出发，主要包括两个方面：在设计时，不以牺牲结构的 "可恢复" 为代价，过于追求结构的眼前环保效益而忽视建筑结构可能遇到的潜在危险，设计必须从生命周期的角度出发；根据混凝土结构本身所处的社会、环境特点，充分考虑混凝土在该环境下可能面对的各种灾害，强化结构某方面的性能，确保结构安全可靠地达到使用寿命。

9.2　混凝土结构可持续性设计

9.1 节中介绍了混凝土结构可持续性设计的 "5R" 原则，参考 "5R" 原则，能够让结构设计人员在混凝土结构设计中融入可持续性理念，为可持续混凝土结构设计提供新的设计思路。本节在 "5R" 原则的基础上，进一步细化混凝土结构可持续性设计相关内容，对混凝土结构可持续性设计的流程框架、设计要点进行阐述。最后，本节将 "减排" 这一当前关注热点作为单一目标，简要说明基于 CO_2 排放的混凝土结构可持续性设计方法，为混凝土结构可持续性设计提供参考。

9.2.1　设计流程

ISO 1335-1 指出了混凝土结构环境设计的基本流程，该流程较为清晰地指出了混凝土结构在考虑环境问题时结构设计的步骤。参考 ISO 1335-1 中提出的流程，并结合 "5R" 原则，混凝土结构可持续性设计的流程框架如图 9.2 所示。从图 9.2

中可以看出，混凝土结构可持续性设计的步骤主要包括以下几个部分。

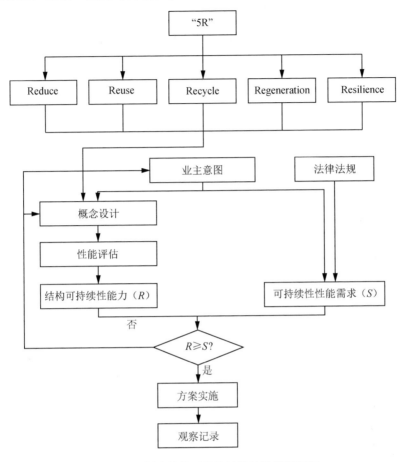

图 9.2　混凝土结构可持续性设计的流程框架

（1）可持续性性能需求（S）。根据业主意图和法律法规，对混凝土结构提出概念化的可持续性要求（S），这类要求一般是与同类型的建筑结构或项目初始设计方案的比较中得出的。如比同类型结构降低 CO_2 排放量 20%，比初始设计方案减少能源消耗 30%等。

（2）概念设计。该步骤将遵循"5R"原则，在混凝土结构设计时尽可能地降低结构对环境的影响。设计人员根据结构外观、功能、业主的要求，初步设计结构形式、结构材料，利用"5R"原则提供的方法和途径，制定实现可持续性目标的方案。

（3）性能评估。对（2）概念设计中的方案进行评估，包括安全性、适用性和耐久性，针对确定的评价内容，核算该方案所取得的最终效益。

（4）结构可持续性能力（R）。通过性能评估，针对评价内容，得到该方案的结构可持续性能力，这种结构可持续性性能反映的是某种特定的指标，如所选方案中实际降低 CO_2 的排放程度（百分比）等。

（5）论证。如设计方案的结构可持续性能力 R 大于等于概念化设计的可持续性性能需求（S），即 $R \geqslant S$，则所设计方案满足要求；若 $R < S$，则认为设计方案要求不满足，返回步骤（2），重新进行概念设计优化。

（6）方案实施。经论证，对达到预期目标的方案实施。

（7）观察记录。在实施方案过程中，对材料、施工工艺等方面进行观察记录，严格保证设计方案的落实。

可以看出，整个混凝土结构可持续性设计流程是一个不断反馈、调整与完善的动态过程。设计人员需要根据不同方案计算得出结构可持续性能力（R），进行方案的比选和调整，最终达到项目所需的可持续性性能需求（S）。

9.2.2　设计要点

从 9.2.1 节中的流程框架中可以看出，混凝土结构可持续性设计主要内容就是选取合适的方案，使混凝土结构可持续性能力（R）能满足可持续性性能需求（S）。在许多情况下，可持续性性能需求（S）是一个具体的、硬性的指标，反映着业主的意图，在设计前已由业主和相关法律法规所决定，往往较为容易得到。因此，混凝土结构可持续性设计的核心在于优选方案及其结构可持续性性能的分析与获取。围绕这两个方面，混凝土可持续结构设计的要点主要包含以下两个内容。

1）方案选取

混凝土结构设计是一个复杂的、受多因素影响的过程，往往同一目标可以通过不同的途径来实现，"5R"原则鲜明地反映了这一特点。例如，某项目以减少 CO_2 排放为主要的可持续性目标，为了达到这一目的，结构设计人员一方面可以从构件截面形式或混凝土材料的选用等入手，即采用"Reduce"原则；另一方面，结构设计人员还可以从生命周期的角度考虑，将结构设计成易于再利用和再生循环的类型，即采用"Reuse"和"Recycle"原则。当然，有时为了达到某一目标，需要同时采取以上多种途径，才能满足结构可持续性设计的要求。

但是，实现目标途径的多样性从某种程度上也给设计人员带来了许多选择上的难题。一方面，设计人员在面对某一性能需求时，往往难以快速选择有效方案；另一方面，对于各类优化方案，设计人员在设计之初，对该方案的最终效益也难以进行准确的预测，往往需要经过多次方案的调整才能达到最终目的。从某种程度上来说，优化方案的选取直接决定了设计人员的工程量，如果在概念设计阶段能够选择合适的方案，将大大减少后期方案调整带来的工作量。

因此，针对混凝土结构的可持续性设计，设计人员应该注重数据的积累。例如，各类建筑材料、运输方式、结构形式等能耗、环境排放等基础数据；各类优化方案取得效益大小范围及其相关能耗费用、难易程度等。这些数据和经验能够帮助设计人员迅速地进行方案的优化和选定，避免设计时的盲目性，有效地降低概念设计及后续的调整工作量，帮助设计人员初步预测方案的效益。

事实上，目前针对建筑材料已建立了相当多的建筑材料数据库，如国内的中国生命周期基础数据库（Chinese Life Cycle Database，CLCD）、国外的 Ecoinvent 数据库等。这些数据库包含了水泥、砂、石等基本材料所需的能耗、环境排放等基本信息，能够为设计人员提供参考，且其中所含的材料数据仍处于不断更新扩充中。

2）性能评估

性能评估是根据概念设计中的拟订方案，对混凝土结构所需的安全性、适用性和耐久性等性能进行核算的过程，是确定该类方案的结构可持续性性能（R）的关键步骤。性能评估的内容与评价主体的需求有关，不同的需求决定着不同的评价内容。例如，为了降低结构整体能耗 10%，设计人员经过初步考虑，将总体量 20%的普通混凝土以再生混凝土替代，但实际减少能耗则需要经过性能评估才能确定，实际能耗即是性能评估的主要内容。可以看出，该部分的性能评估有别于概念设计中对方案的预估，是更为细致、完备的核算过程。

由于性能评估是相对完整的核算，往往工作量较大。为了提高设计的工作效率，降低工作量，性能评估的对象应是较优的方案，即设计人员已经对该方案进行过初步预测，对其取得的效益已具有一定的把握。性能评估与概念设计是紧密联系的两个环节，概念设计的优劣程度，将直接影响着性能评估的结果，而性能评估也决定着是否要重新进行方案的调整。当然，结构可持续性设计过程是一个不断调整、完善的过程，这里强调对工作量的控制不是要求概念设计的最优化，而是要求设计人员从方案整体角度的把握，保证方案具备一定的可靠性，避免方案的大修大改，这是设计人员应该格外注意的。

性能评估针对不同评估内容，其评估方法具有一定的差异。生命周期评价（Life Cycle Assessment，LCA）就是一种常用的评估方法，能够完整地反映结构生命周期内的某些性能，详见第 8 章，此处不再赘述。

9.2.3　基于 CO_2 排放的混凝土结构可持续性设计

CO_2 是主要的温室气体，是大气污染物之一，减少 CO_2 排放一直是各国主要的环境任务之一。我国减排任务严峻，国务院"十三五"规划明确提出要求，单位 GDP CO_2 排放降低 18%。建筑行业 CO_2 排放量约占社会排放总量的 30%，减排潜力巨大。因此，有必要基于 CO_2 排放对结构进行可持续性设计，尽可能地在设计之初减少碳排放。

基于 CO_2 排放的结构可持续性设计是在确保结构安全、适用、耐久性的前提下进行的，以寻求减少 CO_2 排放的设计方案为目的，属于结构可持续性设计范畴。参考 9.2.1 节和 9.2.2 节内容，具体步骤如下：

（1）性能需求。基于 CO_2 排放的结构可持续性，业主根据企业目标或法律法规，提出概念化的结构减排性能要求（S），如比同类型建筑或初始设计减排 20%。

（2）概念设计。设计方根据建筑外观形式、业主的要求，初步设计结构形式、结构材料等，提供出设计方案。其中，对于减少 CO_2 排放方法可以第 7 章或参照本节 "Reduce" 相关途径。

（3）性能评估。在本设计中，性能评估主要是对结构生命周期内的 CO_2 排放进行核算。核算方法具有多样性，表 9.2 列举了国内外几种典型的 CO_2 排放核算标准。

表 9.2　国际碳排放评价相关标准

核算层面	标准或规范名称	发布年份	适用范围	制定组织	核算方法
终端消耗碳排放	GHG Protocol	2004	企业、项目	WRI*/WBCSD**	对企业或项目现有终端排放源的监测和审计
	ISO 14064	2006	企业、项目	ISO	
生命周期碳排放	PAS 2050	2008	产品、服务	BSI***	建立数据库和模型，对产品/服务生命周期碳排放进行估算
	ISO 14040/14044	2006	产品、服务	ISO	
	ISO 14067	2013	产品、服务	ISO	

　　* 世界资源研究所（World Resources Institute，WRI）；** 世界可持续发展经济协会（World Business Council for Sustainable Development，WBCSD）；*** 英国标准协会（British Standard Institution，BSI）。

（4）结构可持续性能力（R）。通过性能评估得到该方案中实际的减排能力（R）。

（5）论证。如设计结构的可持续性能力（R）大于等于概念化设计的减排要求（S），即 $R \geqslant S$，则概念设计的方案满足要求；若 $R < S$，则认为概念设计的方案要求不满足，返回步骤（2），重新设计。

（6）方案实施。对通过验证的方案，按照设计要求进行施工。

（7）观察记录。对结构材料、各工序的实际 CO_2 排放进行监测和检查，确保实施阶段满足设计要求。

相比传统设计，基于 CO_2 排放的结构可持续性设计能够帮助设计人员在设计时控制 CO_2 排放，可根据减排目标进行结构设计调整，合理选择方案，更具有灵活性与可操作性。此外，开发商与业主也可以在设计阶段就能明确结构所取得的减排效益，根据自己的需求合理确定减排目标。

值得注意的是，混凝土结构生命周期过程中不完全是 CO_2 的排放过程，还存在 CO_2 的吸收。大量研究[23-25]已证实，在使用过程中混凝土所含的碱性物质会与空气中的 CO_2 发生反应，即发生碳化，表现为吸收 CO_2，对环境产生了补偿效益。混凝土 CO_2 的吸收量大小取决于水灰比、外露表面积、周围环境、温度等多方面因素，涉及混凝土的配合比、使用环境、使用年限等，需根据具体情况进一步分析。关于混凝土 CO_2 吸收量的计算方法可以参考有关研究[26-28]，前面第 7 章、第

8 章案例中已经有过介绍，本节不再赘述。

混凝土结构进行基于 CO_2 排放的设计时，考虑混凝土的碳化作用，将更加准确地计算方案中实际 CO_2 排放量。此外，从减排的角度出发，通过调整混凝土的配合比、表面积等，适当合理地增加 CO_2 吸收量，不失为一种减少 CO_2 排放简单易行的方法，可以为方案设计提供有关减排的新思路。

9.2.4 基于 CO_2 排放的可持续性设计案例

任何混凝土结构都是由梁、板、柱等基本构件组成的，构件是结构功能实现的基本单元，因此，结构可持续性设计最基本的层次就是构件的可持续性设计。本节以轴心受压的某钢筋混凝土柱为例，对比常规结构设计，进一步阐述结构可持续性设计的主要内容和要点。

【案例】 某钢筋混凝土轴心受压柱，计算长度为 l_0=4000 mm，承受轴心压力 F=5800 kN，该结构环境类别为二类，抗震等级为二级。此外，由于建筑需求，在满足规范的情况下，结构设计需尽可能地减小柱截面。

方案 1——常规设计

常规设计仅以结构安全、适用耐久性为主，其构件的材料选用以常规材料为主，主要确定柱的截面及钢筋用量，具体计算内容如下：

（1）确定构件材料：混凝土强度等级 C40，钢筋 HRB335。

（2）根据规范确定相关参数：混凝土抗压强度设计值 f_c=19.1 N/mm²，钢筋抗压强度设计值 f_y'=300 N/mm²，保护层厚度 c=30 mm。

（3）截面确定：根据《混凝土结构设计规范》11.4.16 要求，二级抗震柱的轴压比应不大于 0.75，即

$$F/Af_c \leqslant 0.75$$

式中，F 为柱承受压力；A 为柱截面面积。结合建筑要求（尽可能地减小截面），选取柱截面为 $b \times h$=650mm×650mm，此时轴压比为 0.71。

（4）纵筋计算：长细比 l_0/b= 6.2＜8，为短柱，可取稳定系数 φ=1.0，于是 $A_s' = (\varphi Af_c - F)/\varphi f_y'$。式中，$A_s'$ 为纵筋面积。经计算，得出纵筋面积 A_s'=7566 mm²，配筋率 $\rho = A_s'/bh$ =1.79%＞ρ_{min} = 0.8%，且单侧最小配筋率大于 0.2%，符合最小配筋率要求。核查规范其他要求，最终实配纵筋 16Φ22。

（5）箍筋计算：根据《混凝土结构设计规范》11.4.17 要求，计算加密区最小体积配箍率 ρ_v=1.33%，核查规范其他要求，最终实配箍筋 Φ10@100/200，为 5 肢箍。箍筋复合形式如图 9.3 所示，计算得到该箍筋复合形式的体积配箍率为 0.96%，满足最小体积配箍率要求。其中，加密区为柱的上部、下部，长度各取柱长的 1/3。

以上为常规设计的主要内容，可以看出，该内容主要以结构的安全性为主，通过常规设计，无法判断该构件是否具有持续性。

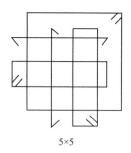

5×5

图 9.3　箍筋复合形式

方案 2——基于 CO₂ 排放的可持续性设计

基于 CO_2 排放的可持续性设计是在考虑结构安全的前提下，利用 "5R" 原则，在设计中融入减排理念，通过优化设计降低结构的碳排放。主要过程如下：

（1）确定概念化的结构减排要求（S）：结构减排要求一般与业主的需求、法律规定相关，本文假定通过可持续性设计，与常规设计相比将降低构件 CO_2 排放 40%。

（2）概念设计。

① 该阶段在进行构件设计之前，首先考虑减排实现途径。根据 "5R" 原则中的 "Reduce" 原则，同时考虑建筑对构件截面的需求，可采用高性能混凝土替代普通混凝土。高性能混凝土 "Reduce" 主要体现在不仅能够降低柱的截面尺寸，还具有较好的耐久性。此外，高性能混凝土还能够延长混凝土柱的使用寿命，可以作为构件拆除后再次使用，即 "Reuse"。

② 确定材料：高性能混凝土强度等级 C60，钢筋 HRB335。

③ 根据规范确定相关参数，混凝土抗压强度设计值 f_c=27.5N/mm²，钢筋抗压强度设计值 f_y' = 300N/mm²，保护层厚度 c=30mm。

④ 截面确定：由轴压比限制 0.75 和结合建筑需求（尽可能地减小截面）确定，计算方法同常规设计，选取柱截面为 $b \times h$=550×550mm，此时轴压比为 0.70。

⑤ 纵筋与箍筋计算，计算方法同常规设计内容，这里不再赘述。经过计算，最终实配纵筋 20Φ22，配筋率为 2.78%，实配箍筋 Φ10@100/200，为 6 肢箍。箍筋复合形式如图 9.4 所示，计算得到该箍筋复合形式的体积配箍率 1.53%（最小体积配箍率 1.38%）。其中，加密区为柱的上部、下部，长度各取柱长的 1/3。

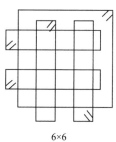

6×6

图 9.4　箍筋复合形式

（3）性能评估。该阶段是通过计算对方案的减排能力（R）进行核算的过程。本文利用 LCA 方法，计算该构件的生命周期碳排放量，同时，为了得出减排相对值，还必须对常规方案（方案 1）的生命周期碳排放量进行计算。

由于高性能混凝土有更好的耐久性并具有再利用的潜力，为了反映高性能混凝土的减排效益，考虑核算时间为 100 年。在 100 年的生命周期内，方案 2 采用高性能混凝土柱，在旧结构达到 50 年的使用年限后，该柱仍具有使用价值，拆除后通过维护，可在新结构中继续使用 50 年；对于方案 1，常规设计混凝土柱拆除后，不可再利用，需要重新建造新的混凝土柱。

具体计算内容如下。

① 原材料引入。原材料引入的碳排放主要包含两部分：原材料的生产、原材料的运输。原材料的生产主要为水泥、砂、天然骨料、钢筋等材料的加工、混凝土的搅拌等。如表 9.3 所示为混凝土配合比；表 9.4 为方案 1 与方案 2 中构件材料用量的实际值，其中钢筋包含纵筋与箍筋的用量；表 9.5 为各类材料的碳排放系数及运输距离。原材料的运输均假定为货车运输，运输过程的碳排放系数相同，取 10.991kg/（100km·t）。

表 9.3 1m³ 混凝土配合比

混凝土	水/kg	水泥/kg	黄砂/kg	天然粗骨料/kg	外加剂/kg
C40	168	395	789	1024	3.75
C60	174	544	554	1000	2.09

表 9.4 构件实际材料用量

方案	水/kg	水泥/kg	黄砂/kg	天然粗骨料/kg	外加剂/kg	钢材/kg
1	2497.9	667.6	1333.4	1730.6	283.9	196.1
2	1795.5	658.2	670.3	1331.0	210.5	244.1

表 9.5 各材料碳排放系数及运输距离

单位材料	碳排放系数	运输距离/km
1t 水泥	809.1	200
1t 天然粗骨料	3.7	300
1t 砂	4.3	300
1t 水	0.4	0
1t 减水剂	29.2	30
1t 钢	2.0	50

② 施工建造。施工过程中的碳排放主要为施工机械使用能源产生。施工工程过程能耗如表 9.6 所示。各能源碳排系数见表 9.7。

表 9.6 混凝土施工阶段能源消耗

方案	电/（kW·h）	柴油/L
1	28.7	0.6
2	20.6	0.4

表 9.7　主要能源的碳排放量

单位能源	总碳排放量/kg
1kW·h 电能	1.195
1kg 煤	2.618
1L 柴油	3.178

③ 维护阶段。维护阶段的碳排放与施工建造过程类似，主要包含两部分：维护材料引入碳排放和维护施工机械的能源消耗。在 100 年的生命周期内，对于方案 1，由于构件只使用 50 年，且拆除不再利用而重新建造，可假定生命周期内不需要维护；对于方案 2，高性能混凝土前 50 年不需要维护，在超过 50 年后，假定每 10 年进行一次维护直至使用 100 年。

目前，对于维护阶段的碳排放数据较为缺乏，因此，本节做出以下假定：

a. 维护主要针对混凝土的保护层，假定混凝土在使用 50 年后将发生保护层剥落，维护材料主要为同配合比的高性能混凝土，且 5 次维护混凝土用量等同于保护层内混凝土体积。

b. 每次维护施工机械产生的碳排放量 $C_{维} = (C_{施} V_c / V_0)$，式中，$V_c$ 为保护层内混凝土的体积；V_0 为混凝土柱的总体积；$C_{维}$、$C_{施}$ 分别为维护阶段和施工阶段的碳排放。

④ 拆除废弃。拆除废弃中的碳排放主要包括机械拆除碳排放和废弃材料运输碳排放。对于机械材料拆除产生的碳排放可以施工阶段碳排放的 90% 计算，废弃材料运输取运输距离 30 km。

⑤ 计算结果。计算结果如图 9.5 所示，方案 1 由于没有考虑构件的再利用，在 100 年的生命周期内，需要重新建造，其碳排放量将远远大于方案 2。

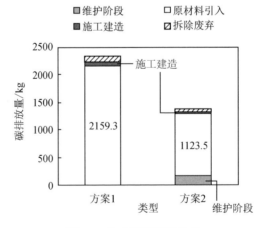

图 9.5　生命周期碳排放值

值得注意的是，采用高性能混凝土，虽然截面面积减小，混凝土用量有所降低，但水泥、钢筋等材料用量的增多，从原材料引入的碳排放来看，并不具备优势，甚至其碳排放量将高于方案 1（方案 1 中原材料引入的碳排放为 1080 kg，方案 2 为 1123 kg）。因此，如果不考虑该构件的"Reuse"，或者在未达到 50 年的使用寿命就拆除，高性能混凝土的减排效益并没有实现。

（4）可持续性能力（R）。根据性能评估结果，方案 2 的在生命周期的碳排放量约为 1123.5 kg，相比方案 1，降低碳排放量约 40.1%，即为该方案的可持续性能力（R）。

（5）论证。方案 2 的可持续性能力（R）满足概念化的减排需求（S），认为该方案可以通过。

（6）实施方案 2。

上述以混凝土柱构件为例，较为完整地阐述了基于 CO_2 排放的结构可持续设计思路与方法。通过进行可持续设计，不仅保证了构件的安全，还有效地控制了碳排放，实现减排的目标。

在设计过程中，虽然性能评估步骤的工作量最大，但它是为概念设计服务的。概念设计才是可持续性设计的关键，其核心是在设计结构前就考虑结构的减排途径，将拓展后的"5R"原则融入方案中。总的来说，可持续设计的思路就是先具备减排的可持续的"思想"，根据"思想"去完成"设计"，再对"设计"进行"检验"，最后根据检验结果进行"调整"，即"思想"—"设计"—"检验"—"调整"的模式，突出前瞻性思维。

值得注意的是，在上述案例中，方案 2 不需要"调整"就通过了验证，显然在实际应用中，这种情况是不多见的。在实际工程中，即使在设计中融入了减排的思想，也未必能一次性达到性能要求。此外，建筑、暖通、水电等其他专业的调整也势必带来结构的变化。因此，可持续性设计也是不断优化的过程。利用计算过程所得数据进行贡献度、敏感性分析，可以帮助设计人员抓住问题的主要矛盾，实现可持续性设计。例如，图 9.6 为方案 1、方案 2 各阶段碳排放的贡献值，可以看出，两种方案中原材料引入的碳排放贡献最大，因此可以尝试改变原材料种类、降低原材运输距离等方式进一步实现减排。

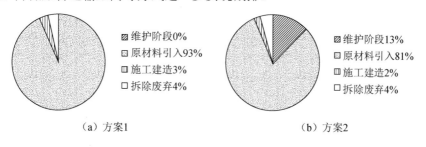

（a）方案1　　　　　　　　　　　（b）方案2

图 9.6　生命周期碳排放贡献度

　　此外，从案例计算中发现，计算边界及范围对可持续设计具有很大的影响。案例中，对于核算生命周期为 50 年，其计算结果显示方案 2 不具有减排效益；而当核算生命周期为 100 年，高性能混凝土则表现出明显的减排潜力。因此，对于可持续性设计，应从可持续的理论角度出发，考虑结构生命周期，才能正确地反映其实际可持续性性能。

9.3　可持续性评价

　　9.2 节讲述了如何进行混凝土结构的可持续性设计，而在混凝土结构新建完成后，如何对混凝土结构进行可持续性评价，也是混凝土结构可持续理论的重要内容。从混凝土结构可持续性定义来看，可持续性涉及领域广、内容多，这必然决定了评价的复杂性、系统性和综合性。

　　对于可持续性这种多因素问题的评价方式，通常是先确定其具有代表性的评价内容，然后针对不同的评价内容，设定相应的评价指标体系，通过对指标体系的分析得出评价结果。文献[29]指出可持续性指标是进行可持续性评价的基础和关键，必须能反映可持续发展的本质、内涵和社会-经济-环境系统的发展水平、能力及协调状况。

　　从评价内容来看，混凝土结构的可持续性评价主要可从结构性能、生态环境、经济效能三个方面展开。因此，本书建议的混凝土结构可持续性评价方式是，首先从结构性能、生态环境以及经济效能三个方面各自进行相应的评价，得出相应的指标结果，如结构性能中的安全性指标、生态环境中的大气污染气体排放指标、经济中的项目资金指标等。其中，结构性能是最基础的性能指标，若其达不到相应标准，则可直接视为不可持续的。当结构性能满足一定标准时，再将生态环境以及经济效能指标综合考虑，来得到可持续性评价的结果。

9.3.1　结构性能评价

　　结构性能是建筑结构使用的基础，它包括结构的安全性、适用性以及耐久性等多方面因素，如果建筑缺乏良好的结构性能，其可持续性也无从谈起。此外，随着中国社会的发展，中国的建筑业正逐步进入由大规模新建转为以维修与现代化改造为重点的新阶段。为了保护自然资源，促进社会可持续发展，必须充分利用既有结构，在安全的前提下延长其使用寿命。因此，对建筑进行结构性能评价具有重要的意义，也是可持续性评价的重要内容。目前对结构性能的评价，主要是运用可靠度原理对结构的可靠性进行计算评定。

　　1.　结构可靠性

　　在《建筑结构可靠度设计统一标准》（GB 50068—2001）中将结构的可靠性

定义为：在规定的时间内和规定的条件下，完成预定功能的能力，涵盖结构的安全性、适用性和耐久性，是结构性能的综合反映。当其以概率来度量时，为可靠度。

在该定义中，规定的时间是指预定的使用期限，即设计使用年限，其中结构设计的形式、服役环境、使用目的、维修的难易程度及相关的费用等都是结构设计使用年限需要考虑的因素，住宅的设计使用年限通常为 50 年。

规定的条件一般是指对人类活动的限定条件，其中人为的过失和影响不考虑在内。分析拟建结构的可靠度时，规定条件为能够正常地对结构进行设计、施工、使用和维修加固，具体而言就是需要具有设计资质的单位承担结构的设计，并由具备相应资质的施工单位进行施工，结构应按照设计规定的用途使用并进行日常的维护和维修。

预定功能包括以下的内容。

（1）在正常的施工和正常使用条件下，能够承担可能出现的各种作用。

（2）在正常的维护条件下，具有足够的耐久性能。

（3）在正常的使用条件下，工作状态和性能良好。

（4）在设计规定的偶然事件发生时或者是发生之后，要具有一定的整体稳定性。

由以上内容可以得知，预定功能是指结构的安全性、适用性和耐久性，其中（1）、（4）为安全性要求，第（2）项为耐久性要求，第（3）项为适用性要求[30]。

2. 结构可靠性评价方法

结构性能的评定是一个复杂、综合性的过程，早期的评定主要是定性分析，随着对结构可靠性的认识不断深入，逐渐由定性转变为定量分析。国内外关于既有工程结构的可靠性评价方法可以归为三类，即经验法、实用法和概率法[30-32]。

结构体系可靠性理论与算法的研究主要包括以下三项内容。

（1）寻找和构建结构体系主要失效模式。

（2）根据失效模式的极限状态方程计算模式失效概率。

（3）由主要失效模式的模式失效概率计算体系的失效概率[33]。

针对上述三个内容，国内外学者进行了大量的研究工作，提出了很多不同的计算方法[34-36]。但是，由于结构体系可靠性分析的复杂性，且可靠性分析需要数据基础支撑，目前尚无计算体系失效概率的有效方法。因此，通过评级来进行结构体系的可靠性评估不失为一种实用可行的方法。

《民用建筑可靠性鉴定标准》（GB 50292—2014）、《工业厂房可靠性鉴定标准》（GB 50144—2008）和《既有建筑物结构检测与评定标准》（DG/T J08-804—2005）等规范中采用分级多层次的综合评定方法，由建筑物的子单元或单个构件出发进行评价，然后再扩大到局部，最终完成整个建筑物的评价与鉴定，是一个从下至上的综合评定过程。

一般新建混凝土结构的结构性能是满足要求的，通常可以直接进入后续的可持续评价。而当结构性能不确定时，应按上述规范要求，对其进行评定，当评定结果不满足要求时，应直接判定为可持续性不合格。

9.3.2　生态环境评价

生态环境评价是对结构的生态环境影响进行衡量的过程，是判断该结构是否符合可持续性理念的关键一环。对于结构的生态环境评价，各国学者做了大量的研究，不断完善评价内容和评价方法；同时，不同国家、地区根据环境、气候和经济发展水平等区域的特点也制定了相应的评价标准，指导建筑结构进行生态环境评价。

不同的研究目的、评价主体和评价对象的差异都会导致对环境问题的关注点具有差异，因此进行生态环境评价时，首先应确定环境影响类型。建筑物的生态环境评价是把建筑生态环境的问题分成若干子系统，子系统大概包括大气污染物、资源、废弃物等内容，然后根据研究需要，针对不同的内容来进行分析，探讨建筑物的生态环境问题[37-39]。

国际环境毒理学会和化学学会（SETAC）在 1993 年提出了主要考虑资源、人类健康及生态系统健康三种环境影响类型的分类方法，指出了主要生态环境评价内容，该方法现仍被世界上大多数研究者引用[40]，见表 9.8。

表 9.8　SETAC 环境影响类型分类

类型	全球性	区域性	局域性
环境污染	全球变暖 臭氧层消耗	光化学臭氧合成 酸化 水体富营养化 持续性毒性	生态毒性（急性） 人体毒性 废物土地填埋
资源消耗	化石燃料 金属及其他矿物质		生物质（木材、农作物等） 水（地下水、地表水、水力发电）
人类健康			化学致癌 化学物质对生殖系统的损害 化学过敏 化学物质对神经系统的损害 单调重复工作对肌肉的损害 噪声对听力的损害 事故造成的人身伤害

在确定存在各种环境影响类型之后，还需要对不同的环境影响类型确立相应的指标。指标的选择要考虑到环境干扰因子与环境影响之间的内在作用机制，同时，还必须考虑到不同环境干扰因子对同种环境影响之间的转化。例如，CO 与 CO_2 均会导致全球变暖，全球变暖选取的主要指标为 CO_2 量，因此，在分析环境影响时，必须将 CO 对全球变暖的贡献值转化为同等影响程度的 CO_2 量值。这种

对环境影响等效果换算的过程称为指标的特征化，计算公式为

$$I_i = \sum EF_{ij} X_j \tag{9.1}$$

式中，I_i 为清单分析结构中第 i 种环境影响的总和；EF_{ij} 为清单数据中第 j 种环境影响因子相对于第 i 种环境影响参考因子的相对量；X_j 表示第 j 种环境影响因子的产生量。

环境影响类型决定指标的特征化，目前权威机构国际气候变化专家委员会（Intergovernmental Panel on Climate Change，IPCC）推荐了一些类型的指标，并且得到了认可，如表 9.9 所示。

表 9.9　环境影响类型的表示参数

影响类型	表示参数
全球变暖（GWP）	CO_2
臭氧层损耗（ODP）	CFC-11
酸化（AP）	SO_2
富营养化（NP）	NO_2
光化学臭氧合成（POCP）	C_2H_2

当前建筑结构进行生态环境评价的主要方法[41-43]是生命周期评价方法（LCA）。该方法已在第 8 章有详细的描述。采用 LCA 方法，求出混凝土结构生命周期内中的各环境影响类型的参数并进行特征化。最后将这些特征化后的参数进行一体化，采用的方式是指定一个统一指标，对各环境影响类型的当量值加权汇总，即

$$E = \sum_i I_i \times \omega_i \tag{9.2}$$

式中，E 为环境影响值；I_i 为第 i 个环境影响类型的特征化值；ω_i 为第 i 个环境影响类型的权重。

《建筑工程可持续性评价标准》（JGJ/T 222—2011）建议采用货币指标做统一指标，ω_i 表示第 i 种环境影响类型的货币化权重，并给出了各环境类型 ω_i 相应的计算方法。本书建议采用碳排放量作为统一指标，此时 ω_i 表示第 i 种环境影响类型的碳排放化权重。

在计算出环境影响值 E 后，为比较和评定环境效应的优劣，应算出每功能单位的环境影响值，这样才能进行合理的比较。

《建筑工程可持续性评价标准》（JGJ/T 222—2011）将环境影响值除以总建筑面积，得到相应的评判指标。

9.3.3　经济效能评价

当今还普遍存在对可持续结构的误解，错误地认为减少环境污染是以增加结构的整体费用为代价。事实上，可持续不是以环境保护为由，忽视结构的经济性，

它是要求改变传统中以"高投入、高消耗、高污染"为特征的生产模式和消费模式，实施清洁生产和文明消费，提高效益、节约资源和减少废物。结构的拥有者和使用者最关心的是结构的经济性，能否提高可持续结构的经济性很大程度上影响可持续结构的推广。因此，对建筑结构进行经济效能评价，是可持续评价的重要内容之一。

混凝土结构的经济效能评价是从国家、社会角度考察结构资源配置是否合理，分析成本与效益的评价工作。经济效能评价中要求从资源配置的效率和公平角度评估所拟建的项目方案是否合理，分析所拟建的项目方案在所有可替代的项目方案中是否为最佳，使建筑结构以最少的费用实现较高的综合效益。

对混凝土结构整体进行经济效能评价的关键在于确定经济指标[44]。经济指标是用来反映项目整体方案的经济性和经济效益设定的指标，其选择并不固定，不同的分析目标和评价主体选取的经济指标存在差异。总的来说，可以按是否考虑时间因素分为静态指标和动态指标，见表 9.10。按经济性质可分为时间型指标、价值型指标与比率型指标；按考察的经济性不同可分为盈利能力指标和偿债能力指标。

表 9.10　经济指标分类表

分类	时间性评价指标	价值性评价指标	比率性评价指标
静态评价指标	静态投资回收期 借款偿还期	累计净现金流量	简单投资收益率
动态评价指标	动态投资回收期	净现值 净年值 净终值	内部收益率 外部收益率 净现值率

顾名思义，静态指标是在不考虑货币价值受时间因素的影响，直接通过现金计算的经济指标，它的计算简便，但仅适用于适于短期投资项目、逐年收益大致相等的项目。动态评价指标是指对发生在不同时间的效益、费用计算资金的时间价值，将现金流量进行等值处理后计算评价指标。动态评价指标的优点是能较全面地反映投资方案整个计算期的经济效果，适用于对项目整体效益评价的融资前分析，对长期的技术方案进行评价[45]。

选取恰当的经济指标，将各经济指标结果加以对比，是进行社会经济评价的主要内容。各经济指标计算过程不同，反映内容也有差异。对于混凝土结构，可选取项目资金、投资回收期以及项目生命周期[44]等三项进行经济效能评价。

1）项目资金

项目资金是指在投资项目总资本中，由投资者认缴的出资额。项目资金是设计阶段方案取舍的主要依据，当项目资金不能满足方案的要求，即使再环保的建筑方案也无法实施。此外，项目资金是否充足将直接影响到工程项目的进展和竣工，当项目资金发生短缺，将会导致项目不能按时竣工，甚至出现停工可能，进一步影响着项目可持续的能力。因此，项目资金是否到位是项目可持续性评价中经济评价的首要方面。

2）投资回收期

投资回收期是指以项目的净收益回收项目投资所需要的时间，项目投资回收期在一定程度上显示了资本的周转速度。从经济学角度来看，资本周转速度愈快，回收期愈短，盈利愈多。可持续结构技术更新迅速，而在我国的发展尚未达到成熟的地步，未来的情况很难预测，制约可持续结构发展的主要因素之一就是投资回收问题。因此，投资回收期是社会经济评价的主要内容之一，必须保证可持续项目的竣工时间，使项目尽可能地较早投入使用，产生较好的经济效益和环境效益，保证投资在合理的回收期内。

3）生命周期成本

结构的生命周期是指建筑物从建设规划、设计、施工，到运营管理，直至最后拆除甚至资源化的全过程。当前我国绝大多数的工程项目建设与运行分离，导致了项目的管理者缺乏生命周期费用的概念[46]。事实上，部分结构由于周围环境、施工质量等多方面的因素，后期的维护和拆除费用较高，对结构的经济性产生较大影响，考虑结构的生命周期成本已经成为共识。针对建设项目来说，其生命周期费用是在投资者整个时间范围内考虑货币时间价值下用来经济评估的所有相关费用，包括投资费用、能源费用、非能源运营费用、维护费用和废除或拆迁费用[47]。众所周知，可持续结构虽然在建设施工阶段，由于使用复杂的绿色科技与节能措施，导致建设初期投资额较传统项目的投资大，但从项目生命周期角度来分析，绿色科技与节能措施的合理运用不仅可以有效地降低能源、资源的消耗，还可以在运营管理和拆除阶段大幅度削减成本，为项目乃至社会带来巨大的生态环境效益、经济效益以及社会效益。

本书建议，采用第 8 章所述的 LCC 方法，计算出总造价作为经济效能指标，当进行比较时，还应计算出每功能单位的经济效能指标，例如除以总建筑面积得到单位建筑面积造价。

9.3.4　可持续性评价

在 9.3.1 节～9.3.3 节中，分别阐述了混凝土结构在结构性能、生态环境以及经济效能上进行评价的方法，可为结构的可持续评价提供一定的参考。然而，可持续性是一个综合的概念，仅从单方面、分离的评价结果不能完整地反映可持续性的理念，尤其是在经济、环境、结构所得到评价结果缺乏一致性时，决策者将难以进行方案的综合比较和选择。表 9.11 情况反映了评价结果不一致时的典型情况，此时将难以判断何种方案更加符合可持续发展的要求。因此，有必要整合结构性能、生态环境以及经济效能等多方面因素综合考虑，进行可持续性评价。

表 9.11　可能出现的评价结果

类型	结构性能评价	生态环境评价	经济效能评价
方案 a	优	劣	优
方案 b	优	优	劣

1）结构性能判断

根据上述结构的安全性、适用性以及耐久性的评定结果，判断其是否满足可持续性评价中结构性能的基本标准。满足时，进行下一步评定，否则直接判定为不可持续的。

2）环境-经济综合指标评定

对于生态环境效益评价和经济效益能评价，二者之间的评价指标必然存在单位差异。例如，大气污染物指标主要是针对 CO_2、SO_2 等气体量值，单位为 kg；而经济效能评价中的单位主要为货币单位。因此，要实现环境-经济综合指标评价，必须将不同指标的单位进行处理。

当前，随着社会对温室气体的关注程度越来越大，保护环境，倡导低碳生活，减少空气中温室气体的排放量，提高空气质量，是全球人类共同的生活目标。国家和企业在发展的过程中必定会排放出大量的温室气体，一些发达国家对碳排放量做出了相应的限制，某些国家和企业在发展经济的同时需要购买一定碳排放额度，才能更好地保障自身的发展。因此，一种新的市场机制——碳交易正在兴起。

碳交易是将二氧化碳的排放量作为一种商品而进行的交易，其基本原理是，企业或者国家通过支付一定的费用给其他企业或者国家，获得一定的温室气体减排额，买方可以将购得的减排额用于减缓温室效应，从而实现其减排的目标。可以看出，随着碳交易市场的发展，CO_2 排放量正在与货币建立起一种转换机制，这种机制可以实现 CO_2 排放量与货币进行等价转化，CO_2 将与货币一样，可以流通交易。利用 CO_2 与货币转化的这种机制，可以突破生态环境效益评价与经济效能评价单位限制，实现可持续性评价。

环境评价已利用 LCA 方法求出以碳排放为统一指标的总环境影响值 E_{CO_2}，以及利用 LCC 方法求出的总价 C，现引入碳交易的碳价格 P，计算出总价 C 所能产生的总环境碳交易量 E_{CO_2}。这里应该注意的是，用 LCC 方法计算的总价 C 中的资源成本 C_Z 是不会产生碳交易量的，只有建造过程中人类和机械的活动才会产生能源消耗，因此需要将资源成本 C_Z 去除后，再进行计算。

于是，可持续性指标可用这两者之间的比率 r_{CO_2} 表征，即碳排放与碳交易量的比值为

$$r_{CO_2} = \frac{E_{CO_2}}{C_{CO_2}} = \frac{E_{CO_2}}{(C - C_Z)/P} \tag{9.3}$$

根据计算结果，混凝土结构的可持续性可按表 9.12 进行判定。当碳排放量限制较严格时，其碳价格会更高，相同的建设项目下，其 r_{CO_2} 会更大，更趋向于不可持续，这也和实际情况相符。

表 9.12　可持续评定中结构性能要求

计算结果	可持续性判定
$r_{CO_2} \leqslant 1$	可持续
$r_{CO_2} > 1$	不可持续

本小节给出了混凝土结构可持续性评价的理论方法，但是需要注意的是，可持续性评价涉及多个方面，考察的因素众多，显然想要完全涵盖结构性能、经济和环境所涉及的全部因素，不仅工作量巨大，且部分数据也难以获得。因此，在进行可持续性评价时，评价主体需要根据评价目的，合理地选择评价内容与评价指标，避免选入无实际意义的评价内容，尽量使评价做到准确、高效。

9.4　可持续性设计主体、人员与平台

9.4.1　设计人员的素养

当前，在社会与环境问题矛盾凸显、资源短缺日益加剧的背景下，降低建筑行业资源消耗和对环境的影响已迫在眉睫，必须改变原有的设计方式，向可持续性设计发展。广大的设计人员是可持续性设计的主体，是可持续理念的直接践行者。如何使设计真正做到以人为本，符合可持续发展的要求，离不开设计人员的努力。时代的需求以及传统观念上的改变，使设计人员被赋予了更多、更高的要求和责任。

1. 社会责任感

结构设计不仅是技术创造的过程，作为一个设计人员，首先应该明确肩负的社会责任。这种责任不仅反映在确保结构基本的安全性、适用性和耐久性，而且体现为对社会、环境问题的关切。在满足人们基本需要的前提下，设计人员应着眼于人与自然的生态平衡中，探寻如何通过设计这一行为，在人—社会—自然之间建立和谐发展的机制，将可持续发展的理念融入设计全过程中。这种社会责任感要求设计人员在进行结构设计时，应当从以下几方面考虑。

（1）节约资源。建筑结构不是凭空产生的，一石一木皆源于自然，建筑行业对自然资源的消耗一直成为社会关注的重点，制约着结构可持续性的发展。设

计人员应明白节约资源的重要性，在结构设计中尽可能的通过优化设计，从源头降低结构对资源的消耗。例如，在结构中采用可再生利用的建筑材料替代不可再生的材料；就地取材，在设计时选用附近较为丰富的资源，避免长距离运输；使用添加矿粉、粉煤灰等工业废渣的混凝土等，都是能够节约资源且简单易行的方法。

（2）优化结构。相比普通设计来说，可持续性设计在原有结构安全性、耐久性、适用性的基础上，对结构的性能提出了更多的要求。这意味着结构设计在达到规范设计要求后，设计人员仍需对结构进一步优化，通过不断调整来降低结构对环境的影响。例如，通过构件截面的优化，将实心截面采用空心截面替代；利用预应力构件取代普通构件，减少混凝土截面等。

（3）从生命周期角度设计。结构的生命周期包括建造、使用、维护、拆除等阶段，多年来，结构设计主要考虑的是施工与使用阶段，即为建造和使用而设计。由于忽视了对结构维护、拆除等其他阶段的考虑，造成结构后期维护困难、维护费用高、拆除方式野蛮、回收利用困难等问题。从生命周期角度设计，要求设计人员具备前瞻性，从结构的整个生命周期出发，在设计之初就考虑到建筑材料加工、施工、使用、维护直至拆除的各个环节，既要考虑当前的利益，又要考虑后期的风险；既要重视结构建造、使用，同时也要考虑到结构的拆除、再利用；既要考虑各阶段节约资源，又要保证工程质量，同时还要兼顾对环境、社会造成的影响以及可持续发展的需要。

2. 创新意识

创新是行业发展的灵魂，从建筑历史的发展来看，设计本身就是一种创新，是不断发展、突破的过程。可持续性设计对当代设计理念提出了新的、更高的要求，意味着设计人员要想设计出更适合生存且有利于环境的建筑，必须在传统的设计基础上进行创新，把全新的灵感和思维带入设计中去。对于设计人员，创新意识主要体现在以下几个内容：

（1）新材料的使用。建筑材料是结构设计的物质基础，任何设计目标都是通过建筑材料来实现的。随着新材料的不断更新，在结构设计中大胆创新地采用新材料，不仅能够满足结构性能的需求，同时也达到节约材料、节约自然资源、保护环境的目的。例如，结构中选用添加碳纤维的新型高性能混凝土，不仅减少结构混凝土的使用量，降低使用混凝土带来的环境污染，而且在加入碳纤维材料后，混凝土的耐久性也得到增强，从而提高混凝土的使用年限。

（2）新结构的应用。设计人员应充分了解各类结构形式对环境的影响程度，在结构设计中，大胆创新地使用有利于环境的新的结构形式。例如，预制装配式混凝土结构相比普通混凝土结构，由于在工厂制作，使得生产过程中的建筑废物大量减少，大幅度地降低废水污水、建筑噪声、粉尘污染等；可拆卸的结构由于能够大幅度避免拆除时对构件的损害，能有效地提高构件的再利用率等。

（3）对设计方法的创新。随着互联网、云计算、3D 打印、BIM 等技术的迅速发展，也带来了设计领域的发展与变革，为实现结构设计的可持续性提供新的思路。这些新的设计技术，在设计效率、各专业之间的衔接或者模型计算等方面都具有独特优势，能够为可持续性设计提供服务。设计人员应努力掌握新的知识，不断创新，尝试将新的技术、方法与可持续性设计相结合，寻求有利于可持续性设计的新的设计方法。

3. 团结协作的意识

可持续性设计是一门综合性的技术，程序繁多、分工复杂，涉及建筑、结构、暖通、给排水等多个专业和多学科，仅依靠某方面的设计人员是很难做到巨细兼顾，需要各专业的设计人员相互衔接配合。在可持续性设计中，由于不断优化，必然带来结构、机电、管线等各方面的变动，协调难度大，容易出现矛盾。各方专业人员必须意识到自己处于同一团队中，是以实现可持续性设计为共同目标，及时与其他专业相关人员进行沟通、协调，对调整内容及时反馈。只有良好的团队合作才能发挥整体作用，利用各方所长，使团队高效工作，共同实现设计目标。目前 BIM 技术提供了不同专业人员的协作平台，对培养协作意识有很大帮助。

9.4.2　设计平台

设计可持续建筑结构是一个高度复杂的系统工程，要实现这一工程，不仅需要运用可持续发展的设计方法和手段，还迫切需要一些数据丰富、功能完备、操作性强的设计工具和平台，结合现有结构设计软件来辅助设计人员进行可持续建筑结构设计。

1. 环境模拟类软件

环境技术问题一直是建筑结构设计中所关注的主要问题之一，不仅包含建造之初的周围环境状况，还包括建成后结构自身内部环境状况及对外部周围环境的影响，直接影响着结构方案的构思与设计。如果在结构建造之前能够预知建成之后的环境状况和性能，设计无疑将大为受益。传统上对结构性能的预测需要借助物理模型和实验，但实验方法耗时长、人力物力消耗大且经济代价也较高，在常规建筑设计中应用该方法显然不现实。

随着计算机虚拟环境模拟软件工具的迅速发展，利用计算机模拟结构建成之后的环境状况成为可能[48, 49]。某高层写字楼群，由 4 栋流线型五星级写字楼组成，利用计算虚拟环境模拟软件对楼群进行环境模拟，可以对结构建成后的表面太阳辐射、风场、人行风环境等进行直接分析。环境模拟软件工具分析结果直观明了且易于理解，计算结果和数据分析以虚拟图像和动画形式表达，也可以制成相应的表格，能够清晰地展示出结构的相关特性和环境状况。

在清楚掌握环境分析结果后，设计人员可以根据结果进行结构的适当调整，找出最利于可持续发展的结构设计。现在，随着虚拟环境模拟软件功能的日趋完善，它已经能够在结构可持续设计中发挥积极作用，帮助设计人员在设计中尽可能降低能源消耗、减少 CO_2 排放、节约建造投资和运营成本，尽可能用有限的资源建造舒适、安全且与周围环境相适宜的建筑结构。

目前我国市场上存在多款国内、外软件企业的环境模拟软件，此类模拟软件计算内核相对成熟，模型信息化程度较高，在计算、信息转换提取等方面有很大优势，如表 9.13 所示。但其国外团队的研发背景，使其产品在设计习惯、标准结合度上与我国国情相差较远。国产软件虽然在标准结合度上有明显优势，但现有的软件产品操作习惯不一致，导致国产绿色建筑软件产品计算能力差，信息交换能力较弱，重复建模问题无法真正解决，无法真正实现协同设计，从而使得设计评价流程长、效率低等问题未能彻底解决。

表 9.13　环境模拟软件汇总

软件类别	功能要求	国内/国外	软件名称
环境模拟软件	建筑采光模拟分析	国内	PKPM 光环境模拟分析软件 Daylight 建筑采光模拟分析 斯维尔采光分析软件 DALl2014
		国外	Ecotect、Radiance、VELUX、DaySIM
	室内外风环境模拟	国内	PKPM 风环境模拟分析软件 室内外风环境模拟 斯维尔室外通风软件 OVEN
		国外	Stream、Phoenics、Fluent
	声环境模拟分析	国内	暂无
		国外	Soundplan、Cadna / A
	能耗模拟分析	国内	PKPM 能耗模拟分析软件、Dest
		国外	Energyplus、DOE-2
	日照模拟分析	国内	PKPM 三维日照分析软件 Sunlight、 斯维尔日照分析软件 Sun、天正日照分析软件、 众智日照分析软件
		国外	Ecotect

2. 基于 BIM 的软件

在结构设计和建造管理中，涉及领域和专业众多，且各方设计与管理中所使用的软件接口不统一，导致整个结构设计与建造管理中各方存在数据交流不便的问题，造成较大的工作负担。BIM 是一种工程设计和建造管理的数据化工具，通过参数模型整合各种项目的相关信息，实现结构从项目设计、建造到运营、维护直至最终拆除等全过程的数据共享和传递，同时模型具有可视化、协调性、模拟性、优化性、可出图性等特点，便于进行设计和管理，详见第 6 章。

BIM 的出现无疑是为可持续结构的可行性提供了更为便捷的道路。基于 BIM 技术，可以实现以下功能[50]。

（1）可持续性规划设计。利用 BIM 技术，设计人员可以将结构的诸多因素，如绿化、水体、光照、位置、体量等信息整合到结构形式和功能中，利用科学模型来描述结构的生长与演变，通过可视化的模型和分析结果，模拟、对比不同可持续设计情况对区域影响，选取合适的结构位置，形成较优的规划设计方案。

（2）可持续的结构设计。BIM 的工具和方法，能够使设计人员整合多种不同形式的材料、系统与空间，进行结构设计与模拟，分析结构的合理性与可持续性。

（3）成本增量分析。成本的增加是绿色结构设计中重要考虑问题，也是绿色项目能否实施的重要因素，利用 BIM 技术以构件为单元，可以较为准确地分析方案成本，为设计人员在方案比选中提供科学的依据。

此外，BIM 技术还可以进行施工模拟，减少施工误差，对复杂结构进行碰撞检查，减少返工等。通过建立一个具有完整信息的 BIM 模型，可以有效地将项目的各部门、各方面的工作衔接起来，大大提高工作效率。可以看出，BIM 与可持续结构的融合将改变建筑业既有的工作流程与模式，将设计师从繁重的重复工作中解脱出来，将精力更多的地用于项目的优化设计当中，为更好地实现结构的可持续设计提供了时间上的支持与助力[51]。

然而，BIM 是一种基于数字化的技术，最终需要软件工具才能实现。目前我国绿色建筑设计评价工作中涉及大量的国外软件，其中，设计软件如 Revit、Bentley，模拟软件如 Ecotect、Energyplus 等。然而这些软件虽然在某种程度上采用了部分 BIM 技术，但与我国的工程建设标准结合甚少，无法广泛应用到我国的建筑设计领域。国内绿色建筑软件研发方面，部分品牌已经开始进行信息化平台的尝试，如根据《绿色建筑评价标准》（GB/T 50378—2014）完成的 PKPM 绿色建筑设计软件、PKPM 绿色建筑方案软件。

3. 生命周期评价软件和数据库

进行生命周期评价（LCA）的研究与应用，极大地依赖于评价数据与结果的积累，由于 LCA 数据库具有很强的地域性，几乎各个国家和地区都需要建立自己的 LCA 数据库。各个国家和地区，以各自特定的数据库为基础，设计了一系列的 LCA 软件。表 9.14 列出了国外 5 种主要的 LCA 评估软件和相应的基础数据库。

表 9.14　LCA 评估软件[52]

软件名称	特点	清单计算	潜在客户
Boustead （英国）	包括能源、燃料生产和运输的数据模块以及单个和组合工艺和完整成品的数据。数据库含英国、欧洲、美国、日本和中国等超过 3000 个单元操作的信息。于 1998 年整合了中国能源生产和能源利用数据库	清单分析单元过程计算。最顶层是产品，不包括生命周期影响评价	通常为专家
Simapro （荷兰）	是一个面向产品开发和产品设计的综合 LCA 软件。包括大部分工业生产工艺数据，主要数据以欧洲或荷兰的数据为基础	通过菜单驱动，利用过程（制造、使用、再生循环）建立产品系统，清单分析结构进行分列，生命周期影响评价模块以 ISO14042 为基础，将环境影响分为 11 种类型，采用特征化、标准化和评估三个步骤	普通产品开发与设计人员
Gabi （德国）	主要针对固体废弃物管理。拥有非常详细的废弃物处理与再利用数据库，共有 800 种同能源和原材料的工艺数据和 400 种工业工艺数据。同时包括清单分析和生命周期影响评价	清单分析采用建立各单元过程的流，然后对过程进行连接建立规划方案的方法。提供开放式的生命周期影响评价平台，用户可以自己建立评价原则、标准和指标	专家
EcoManager （美国）	四个数据库:材料、能源、废弃物和运输。除运输外，其他 3 个数据可以被更新	各工艺的环境影响由最终的输出量决定。工艺间的关系是非动态的。分配原则按质量计算	非专家
TEAM （法国）	模型含有 10 个类别，每类 216 个产品、材料生产、能源和运输的数据。10 个类别分别是:纸和纸浆、石油化工产品和塑料、无机化学品、钢、铝、其他金属、玻璃、能源转化、运输、废物管理	TEAM 数据层中，单元操作（工艺、运输等）存于独立模块中。系统中节点代表工艺步骤。节点可相连或成组，以表示此次系统。次系统相连成整个系统。公式可计算系统内的各种输入和输出	LCA 专业人士

相比国外 LCA 软件与数据库，我国的 LCA 软件及数据库的建立起步较晚，软件开发和数据库的建立仍处于研究与开发阶段，大量材料相关 LCA 数据仍处于采集阶段。当前国内比较有影响力的 LCA 数据库及 LCA 软件有以下几种。

（1）eBalance 为亿科环境科技技术公司研发的生命周期评价软件。该软件的数据库采用中国生命周期基础数据库（Chinese Life Cycle Database，CLCD），是由四川大学建筑与环境学院和该公司共同研发的基于中国本土化的生命周期基础数据库。该数据库来源主要为行业统计与文献，能够较好地代表中国市场平均技术水平，包含资源、能源消耗以及与环境排放等多项指标。该产品仍属于开发研究阶段，其数据库的数据也正在不断完善中。

（2）北京工业大学通过十多年的研究和发展，在与各主要行业密切合作下，建立了中国材料生命周期清单数据库——材料环境负荷基础数据库（Sino Center），并以此数据库为依托，研发了相应的生命周期评价软件。该数据库积累并持续更新了生命周期分析基础数据 10 万余条。

（3）BELES 建筑环境负荷评价体系是由清华大学建筑技术系建立的建材数据库，并同时研发了相应的评价软件，BELES 主要针对建筑进行生命周期分析，包括建筑能耗和碳排放等。

4. 互联网技术与云平台

混凝土结构可持续设计涉及面广，处理的数据、信息量巨大，需各方协调参与，是一个不断改善、不断发展的综合过程。在传统设计过程中，设计方案的更改模型需要用 U 盘或者通讯软件传至一台工作站上进行模型数据整合，在单独的设备上再次进行运算。这种方法不仅效率低，而且不利于不同专业的设计者之间的交流与信息及时地反馈；当遇到大规模、复杂的方案修改时，运算时间过长，对各独立运算的设备性能要求也较高。互联网及云平台的发展，能有效解决上述问题。

云平台是一种服务，它由网络公司建立计算机存储和运算中心，用户只需要通过连接互联网就可以方便地访问自己所需的资源和功能。徐迅等[53]提出了以 BIM 作为核心信息资源，建立建筑企业私有云平台。利用该技术，整合资源搭建的云端硬件资源拥有强大的图形处理和计算性能，将有效地节约计算、分析所用的时间，有利于建筑生命周期的信息传递与方案的修改，为可持续设计提供了有力的技术支撑；同时，利用云平台技术，使得对低端计算机的性能要求降低，降低了软硬件的购置成本及相关管理、维护成本。乐云等[54]也在结合 BIM 与云平台的基础上，提出了 Cloud-BIM 模型，该模型能够对工程项目大数据进行收集、存储和数据挖掘，使各个项目组织之间以一致的、实时的、可持续的、基于项目生命周期的方式进行数据管理，从而有效提高项目不同组织界面之间的协同工作。

此外，部分国家已经建立了生命周期评价的云计算平台，为混凝土结构进行生命周期评价带来了便利。由美国国家标准与技术研究院（National Institude of Standards and Technology，NIST）能源实验室研发的 BEES，是一款专门针对建筑进行生命周期评价的云计算平台。该平台以美国本土数据库为基础，能够提供对建筑、建筑材料、建筑施工等的环境与经济效能的评价，无须用户下载客户端。

9.5　可持续性设计的法律法规与评价标准

9.5.1　国外可持续性评价体系

自 20 世纪 80 年代起，随着可持续建筑的飞速发展，越来越多的人开始关注建筑环境评价系统。建筑环境评价体系是依据现有的各种环境标准，对建筑进行一个全方面的评价，通过评价体系能够在建筑与建筑之间进行性能的直接比较，以此来判断建筑的可持续性。

国外尤其是发达国家的建筑环境评价体系发展迅速，如美国的 LEED、日本的 CASBEE、加拿大的 GBTool、澳大利亚的 NABERS 等[55-57]。

1）美国 LEED 评价体系

为了适应美国建筑市场对绿色建筑评定的需求，美国绿色建筑协会（US Green Building Council，USGBC）以能源效益和环境设计为主导，于 1995 年创建了 LEED（Leadership in Energy and Environment Design）绿色建筑评价体系。该体系基于目前相对成熟的技术及可被接受的能源和环境原则，以建筑的整个生命周期考虑，为提高建筑整体环境以及经济特性而制定的一套权威的绿色建筑评定标准，该标准基于自愿原则，不具有强制性，为绿色环保且可持续的建筑设计提供指导依据。

LEED 评价体系是一个自我评价的系统，主要用在已建成和新建的工业、商业建筑和高层住宅建筑，包含若干个得分点，依据各方面达到的要求，给出评分，绿色建筑的等级便由所评各个项目的积分之和决定。由高到低具体分为 4 个等级：PLATINUM（白金）、GOLD（金奖）、SILVER（银奖）、CERTIFIED（合格）。LEED 是一个综合的评价体系，并且操作相对简单。它从以下 6 个方面进行评分，即建筑场地选择、节水、能源与环境、材料和资源、室内环境质量、创新设计与过程，最终确定绿色建筑的等级。

2）日本 CasBee 评价体系

CasBee 体系（Comprehensive assessment system for Building environmental efficiency）由一系列的评价工具构成，能针对不同建筑类型和建筑生命周期不同阶段的特征进行准确的评价。该体系的权重系数由企业、政府、学术团体组成各专业委员会，通过对提高建筑物环境质量、降低外部环境负荷的重要性反复比较，并经案例试评后确认。

CasBee 采用 5 级评分制，基准值为 3 分；满足最低条件时评为水准 1 分，达到一般水准时为 3 分。依建筑环境效率评价系统的评价内容包括以下四个方面。

（1）能源消耗。

（2）资源的循环使用。

（3）当地区域环境。

（4）室内环境。

以上四个评价项目将评估条例分为 Q 和 LR 两类，Q 为建筑物的环境质量性能（提高建筑物居住环境的舒适性能），LR 为建筑物的环境负荷的减少（减少建筑物环境负荷性能）。环境质量性能 Q 分为三个子项：Q_1 为室内环境，Q_2 为服务质量，Q_3 为边界内室外环境；环境负荷的减少 LR 分为三个子项，即 LR_1 为能源消耗，LR_2 为资源和材料的使用，LR_3 为建筑用地外环境。

3）英国建筑研究所 BREEAM 评价体系

英国建筑研究所的环境评价体系，即 BREEAM（The British Research Establishment Environmental Assessment Methodology）。该评价体系的第一个版本于 1990 年由英国著名的建筑研究机构——英国建筑研究所（Building Research Establishment，BRE）颁布。BREEAM 体系是建立最早也是最出色的评价体系之一，在各种类型的建筑评价方面被广泛认可与接受。其评价内容包括以下几个方面：环境影响、能源利用效率、健康和舒适性等。

BREEAM 体系涉及评价范围很广，不同类型和不同生命周期状态的建筑物均有涉及。BREEAM 体系采用的是生命周期评价方法，评价体系是从建筑所有方、设计方和使用方考虑出发，以评判建筑在其整个生命周期中，包括从建筑设计初步阶段的选址、设计、施工、使用直至该拆除废弃所有阶段的环境性能。BREEAM 体系采用了 2 级权重体系，同时具备比较完善的定量化指标，主要还是以评分为主，得分的前提是必须通过或者超过某一指标的基准。每项指标都计分，分值统一。所得分在加权累加后得到最后总分，五个评分级别分别为 PASS（通过）、GOOD（好）、VERY GOOD（很好）、EXCELLENT（优秀）、OUTSTANDING（卓越）。

4）澳大利亚 NABERS 评价体系

澳大利亚环境与遗产部于 2001 年开始执行其第一个较为全面的建筑环境评价体系——NABERS（National Australian Building Environmental Rating System）。该体系是一个针对现有住宅建筑和商业办公建筑实际运行情况的绿色生态建筑评价体系，它主要强调建筑的实际使用效果。

澳大利亚所有类型的绿色生态建筑均可用此评价系统，同时这个评价系统在某些古老建筑中也能适用。从 NABERS 评价内容来看和上述几种评价系统有许多相似之处，主要包括以下 6 个方面，即生物多样性、资源高效利用、能源、材料含能、室内空气质量、选址问题。该系统的评价机制沿用传统的评价系统，符合澳大利亚国情，具有自身的特殊性，具体如下所述。

（1）这个系统评价时操作较为简单。

（2）系统评价时利用"星级"的形式按等级评价。

（3）系统中采用相对开放的系统等。

（4）该系统的评价周期较长，一般为一年一次。

澳大利亚 NABERS 的评价项目来源于一系列由业主和使用者可以回答的问题，可分为建造等级评价和使用等级评价两种类型。

（1）建造等级评价主要包含以下几方面：生物多样性和栖息地的毁坏问题，含能问题，能源/温室问题，室内空气质量，资源利用效率，位置问题。

（2）NABERS 的用户评价体系是衡量居民、工作人员或物业管理人员操作技能的一种评测标准，通过能源使用、水资源利用、交通问题、生物多样性问题、垃圾问题和食物问题这 6 个方面进行评价。

5）加拿大 GBTool 评价体系

1998 年，由加拿大发起并有 20 多个国家共同参与了绿色建筑挑战（GBC）国际合作行动。通过合作，通过了"绿色建筑评价工具"（GBTool）的开发和应用研究，从而为各国各区域绿色建筑的评价工作提供了一个国际化的平台，极大地促进了绿色建筑评价工作的开展和绿色建筑的推广。

GBTool 相比其他评价体系，最鲜明的特点是评价结果具有国际可比性和地区适用性。GBTool 充分利用国际合作这一基础，在确定统一的评价框架和基本评价内容的前提下，允许各国根据本国、本地区的特点，由各国自己组建专家小组进行评价项目、评价基准和权重系数的确定，参与各国可以根据各自实际情况来改编，建立自己国家或地区的 GBTool。基本框架、具体评价项目和权重的地区性特征一致性与评价框架和基本评价内容的统一性，使得 GBTool 既保证了数据区域性，又便于评价结果国际交流。

GBTool 是建立在 Excel 基础上的一个软件类绿色生态建筑评价工具，其评价内容（包括资源消耗、环境负担、室内环境质量、服务质量、经济、使用前的管理和社区交通等 7 大项和"生命周期中的能量消耗""土地使用及其生态价值的影响"等相关子项、分子项 100 多条）及全部评价过程都能在 Excel 软件内展现和进行，最后评价结果（包括总体的表现以及每个大项和子项的表现）根据预前设置在软件内的公式自动计算生成，并以直观的直方图形式表现出来。

9.5.2　国内可持续性评价体系与法律法规

1. 发展历史

从 20 世纪 90 年代开始，绿色建筑概念开始引入中国，绿色建筑相关的技术、评价体系等研究也逐渐兴起，极大地促进了可持续建筑的发展。到目前为止，中国绿色建筑的发展大致经历了三个阶段[58]。

第一阶段（2004 年以前）：该阶段绿色建筑的主要工作以研究和推动为主，各科研院、高校等积极开展相关研究。2001～2003 年，相继发布了《绿色生态住宅小区建设要点与技术导则》《绿色奥运建筑评估体系》等，为绿色建筑的发展奠定了坚实的技术基础。在此阶段，国家颁布了《可再生能源法》《节约能源法》，为推进建筑节能、促进建筑可持续发展提供了法律依据。

第二阶段（2004～2008 年）：该阶段政府的相关部门大力推动绿色建筑的发展。在 2004 年的中央经济工作会议上明确提出，要大力发展节约能源和土地的住宅。以此为契机，节能、环保的绿色建筑开始从政府管理的角度得到逐步有效的推进。在这个阶段，国家公布了《民用建筑节能条例》和《公共机构节能条例》，这是从法律法规的角度促进绿色建筑发展；住房建设部门还推出了《民用建筑节能管理规定》等文件，从能源利用角度对建筑的建设和运行提出要求。2006 年 6 月，中国公布了《绿色建筑评价标准》（GB/T 50378—2006），这标志着绿色建筑的发展实现了新的飞跃。

第三阶段（2008 年以后）：绿色建筑的发展不仅仅局限于政府相关部门和科研机构的推动，部分开发商和业主把发展的眼光逐渐投向了绿色建筑。部分开发商和业主积极进行绿色建筑的开发，大量具有绿色建筑标识的绿色建筑不断涌现。2008 年 4 月，由住建部组织成立了绿色建筑评价标识管理办公室，该部门主要负责绿色建筑评价标识的管理工作，推动了全国绿色建筑评价标识工作的大范围快速发展。

2. 我国绿色建筑评价

根据《绿色建筑评价标准》（GB/T 50378—2014），绿色建筑的定义为：在建筑的生命周期内，最大限度地节约资源（节能、节地、节水、节材）、保护环境和减少污染，为人们提供健康、适用和高效的使用空间，与自然和谐共生的建筑。绿色建筑的基本内涵简单概括起来就是以下三方面。

（1）节约：广义上的"四节"，主要是强调减少各种资源的浪费。

（2）环保：强调的是减少环境污染，减少 CO_2 排放。

（3）健康：满足人们使用上的要求，打造健康高效的使用空间，体现建筑的人文性质。

从评审内容来看，主要依据下面 6 个方面进行审核。

（1）节地与室外环境。要求用地安全（工业化进程），保护环境、避免污染；用地卫生，无电磁、氡、有毒物质；营造舒适的室外环境，乡土植物、绿化（率）；土地集约利用，人均用地指标（城镇化进程）、地下空间利用。

（2）节能与能源利用。要求兼顾围护结构和设备系统节能；被动式节能设计体现，考虑日照、通风、采光、遮阳；鼓励使用可再生能源（地源热泵、太阳能光热及光电）热回收；鼓励余热利用。

（3）节水与水资源利用。鼓励使用非传统水源，雨水或再生水；提倡高效用水及节水措施，节水器具、高效景观用水方式；更鼓励实施前的技术经济分析。

（4）节材与材料资源利用。提倡采用对环境和资源影响小的结构体系；提倡可再生循环材料、可再利用材料的使用；提倡施工装修一体化；使用本地建材，对建材的运输半径进行限制。

（5）室内环境质量。达到隔声要求；室内污染物控制；保证视野；强调室内舒适度的个人调节；鼓励使用新型功能性材料。

（6）运营管理。强调管理的作用，行为节能的重要体现；不建议使用杀虫剂、除草剂、化肥等影响环境的化学物；注重垃圾的分类、收集、处理。

从评价内容来看，我国绿色建筑标识着重评价建筑"绿色"性能和质量，并没有涵盖建筑物生命周期的所有性能。针对以上评价内容，体系利用"星级"的形式按等级进行评价，由低至高将建筑等级分为"一星""二星""三星"。为了积极推动绿色建筑的推广，促进建筑行业可持续化，2012 年 4 月 27 日，财政部和住建部出台文件《关于加快推动我国绿色建筑发展的实施意见》，对于获得高星级运行标识的建筑进行补贴运：二星级 45 元/m²，三星级 80 元/m²。这一政策的实施，是政府从经济的鼓励给予绿色建筑支持，极大地促进了绿色建筑的发展。

3. 我国和国外绿色建筑评价体系的比较分析

我国绿色建筑评价体系起步较晚，与国外绿色评价体系相比，存在以下几点不同[59]。

（1）评价对象。我国的《绿色建筑评价标准》（GB/T 50378—2014）中的评价主要分为住宅建筑和公共建筑两类，对于商场、写字楼、学校等公共建筑，其评价主要指标不同于住宅。与国外评价体系相比，美国、日本和加拿大等根据划分的评价对象更为多样，且评价指标的设置也更为详细，可以尽可能地满足不同评价主体的需求。

（2）评价内容。各国根据各自对绿色建筑的需求，评价内容的侧重有所不同，评价内容的项目数目也存在差异。我国主要从节约资源的角度考虑，其评价内容包括节能与能源利用、节水与水资源、节材与材料资源利用等。美国的绿色建筑评价体系除了包含基本能源、材料等评价内容，还考察了创新设计等；加拿大的绿色建筑评价体系涵盖从各项详细标准到建筑总体性能等内容；而日本的绿色建筑评价体系相比较而言，项目繁多，评价工作量大。

（3）评价方法。为了准确反映绿色建筑达到的可持续化水平，我国的《绿色建筑评价标准》（GB/T 50378—2014）中将具体指标分为控制项、一般项和优选项等三大类，不同类别的指标实现难度不同。其中，控制项为评为绿色建筑的必备条款；而优选项主要指实现难度较大、指标要求较高的项目。在评价某建筑时，根据三大类指标进行核算，按照满足一般项和优选项等程度，来确定绿色建筑的等级。我国绿色建筑等级划分为三级，而国外评级划分更为细致，如美国 LEED 和英国 BREEAM 存在四级和五级划分。

通过中外绿色建筑评价体系的比较分析，结合中国的国情，我国的绿色建筑评价体系应从以下几方面进行修正和完善。

（1）建立绿色建筑的三级评价体系和管理体系。与国外许多国家不同，我国地域辽阔，且各地气候多变，自古南北建筑就存在差异，如果按照统一的指标对绿色建筑进行评价，忽视地区的差异性，将影响评价结果的科学性和合理性。为了充分反映出绿色建筑的特点，可以建立以国家、省、市为区分的绿色建筑三级评价指标体系，即全国制定统一的绿色建筑评价体系；各省、自治区、直辖市根据各自经济、资源、气候、风俗等的不同建立省、自治区、直辖市绿色建筑评价体系；各地市结合地域情况的不同，有针对性地确定相应的评价体系标准和内容。

（2）建立绿色建筑生命周期评价体系。目前，我国的《绿色建筑评价标准》（GB/T 50378—2014）按照规划设计施工和运营管理两个阶段对绿色建筑进行评价，并没有实现在建筑生命周期内的整体评价，其评价结果具有明显的局限性。应当完善现有评价体系，以生命周期为评价范围，对建筑的全过程的可持续性进行评价。

（3）建立量化的综合评价方式。目前，我国的绿色建筑评价体系采用分项评价和综合评价结合的方式，但过分强调了分项评价。此外，我国的《绿色建筑评价标准》（GB/T 50378—2014）采用定性和定量相结合的方式，回避了权重的概念，缺乏对指标结果的合理分配，降低了评价体系内在的合理性。

（4）重视绿色建筑的实际运行效果。我国现今的绿色建筑评价指标，一方面过于强调新技术的应用，而忽视了新技术的实际运行效果。部分绿色建筑在评定后，由于各种原因新技术并没有实际投入使用。另一方面大力鼓励高技术使用，但忽视了成本，同时也忽视了一些低技术但成本低且高效的措施，导致部分设计过于追求高新技术而忽视成本与效益，对绿色建筑的设计在一定程度上产生了误导。因此，必须重视绿色建筑中技术的实际运行效果，将之纳入绿色建筑的评价体系中。

我国可持续建筑发展较晚，绿色建筑的评价体系仍处于不断发展与完善中。但在认识我国和外国的评价体系时，必须认识到不同国家在经济文化、风俗习惯、资源环境等方面的差异，不能生搬硬套照搬国外的绿色建筑评价体系，也不能忽视地区的差异性，过于追求国外绿色建筑评价体系的评价方法。借鉴国外绿色建筑评价体系的先进理念和经验，努力探索出一套切实适合中国国情的绿色建筑评价体系，才是我国绿色建筑评价体系的发展方向。

9.6 本章小结

本章围绕混凝土结构的可持续性，分别介绍了可持续设计方法与原则，结构可持续性设计，可持续评价方法，可持续设计主体、人员与平台，以及可持续设计的相关法律法规与评价标准等相关内容，较为完整地阐述了可持续设计与评价的主要内容。

本章的内容有助于加深对混凝土结构可持续性的理解，其中可持续设计与评价的有关原则、方法、流程等内容，对实现混凝土结构可持续设计、完善混凝土可持续评价具有一定的指导意义和参考价值。

参 考 文 献

[1] SAKAI K. Sustainability in fib Model Code 2010 and its future perspective[J]. Structural Concrete, 2013, 14（4）: 301-308.

[2] 范重，王金金，杨苏. 结构工程中的可持续发展问题[J].建筑结构, 2014, 44（13）: 77-85.

[3] 孙泽田，杨树桐. 实现绿色混凝土的新途径[J]. 混凝土, 2013（12）: 117-119.

[4] LEE S, PARK W, LEE H. Life cycle CO_2 assessment method for concrete using CO_2 balance and suggestion to decrease LCCO2 of concrete in South-Korean apartment[J]. Energy and Buildings, 2013, 58: 93-102.

[5] TAE S, BAEK C, SHIN S. Life cycle CO_2 evaluation on reinforced concrete structures with high-strength concrete[J]. Environmental Impact Assessment Review, 2011, 31（3）: 253-260.

[6] KAWAI K. Application of performance-based environmental design to concrete and concrete structures[J]. Structural Concrete, 2011, 12（1）: 30-35.

[7] 曾昭德，欧阳孟学，张凯峰，等. 绿色产业环境下混凝土工业化可持续发展的探讨与分析[J]. 混凝土, 2014（05）: 106-108.

[8] 郝赤彪，铁瑛. 建筑拆解与建筑资源再利用[J]. 工业建筑, 2012, 42（12）: 13-16.

[9] 李翠. 建筑再利用中材料构件的生命周期应用研究[D]. 北京: 北京交通大学, 2012.

[10] 张娟. 建筑材料资源保护与再利用技术策略研究[D]. 天津: 天津大学, 2008.

[11] 孙跃东，肖建庄. 再生混凝土骨料[J]. 混凝土, 2004（06）: 33-36.

[12] 李佳彬，肖建庄，孙振平. 再生粗骨料特性及其对再生混凝土性能的影响[J]. 建筑材料学报, 2004, 7（4）:390-395.

[13] 肖建庄. 再生混凝土[M]. 北京: 中国建筑工业出版社, 2008.

[14] 崔正龙，路沙沙，汪振双. 再生骨料特性对再生混凝土强度和碳化性能的影响[J]. 建筑材料学报, 2012, 15（02）: 264-267.

[15] 杨海峰. 再生混凝土受压本构关系及其与钢筋间黏结滑移性能研究[D]. 南宁: 广西大学, 2012.

[16] 陈志林，傅峰，叶克林. 我国木材资源利用现状和木材回收利用技术措施[J]. 中国人造板, 2007, 14（5）: 1-3.

[17] 陈志林，傅峰，叶克林. 我国木材工业发展现状和木材回收利用技术措施[C]. 全国生物质材料暨环保型人造板新技术发展研讨会, 东营, 2006.

[18] 程瑞香. 我国废旧木材的回收利用途径[C]. 首届废旧木材回收和利用国际研讨会, 北京, 2005.

[19] PANYAKAPO P, PANYAKAPOT M. Reuse of thermosetting plastic waste for lightweight concrete.[J]. Waste Management, 2008, 28（9）: 1581-1588.

[20] 李刚. 混凝土裂缝修复与处理技术的探讨[J]. 城乡建设, 2010, 27: 236-237.

[21] 李庚基, 谢慧才. 混凝土修补界面的微观结构及与宏观力学性能的关系[J]. 混凝土, 1999（6）: 13-18.

[22] 谢慧才, 李庚英, 熊光晶. 新老混凝土界面黏结力形成机理[J]. 硅酸盐通报, 2003（3）:7-10.

[23] SAETTA A V, VITALIANI R V. Experimental investigation and numerical modeling of carbonation process in reinforced concrete structures[J]. Cement & Concrete Research, 2004, 34（4）: 571-579.

[24] 刘志勇, 孙伟. 多因素作用下混凝土碳化模型及寿命预测[J]. 混凝土, 2003（12）: 3-7.

[25] 肖佳, 勾成福. 混凝土碳化研究综述[J]. 混凝土, 2010（1）: 40-44.

[26] PADE C, GUIMARAES M. The CO_2 uptake of concrete in a 100 year perspective[J]. Cement & Concrete Research, 2007, 37（9）: 1348-1356.

[27] TALUKDAR S, BANTHIA N. Carbonation in concrete infrastructure in the context of global climate change: Development of a service lifespan model[J]. Construction and Building Materials, 2013, 40: 775-782.

[28] LEE S, PARK W, LEE H. Life cycle CO_2 assessment method for concrete using CO_2 balance and suggestion to decrease $LCCO_2$ of concrete in South-Korean apartment[J]. Energy and Buildings, 2013, 58: 93-102.

[29] 宋旭光. 可持续发展指标的研究思路[J]. 统计与决策, 2002（12）: 17.

[30] 王月冲. 在役建筑结构可靠性评价及剩余使用寿命预测[D]. 邯郸: 河北工程大学, 2012.

[31] 刘占省. 空间结构体系可靠度分析及关键构件的判定与应用[D]. 哈尔滨: 哈尔滨工程大学, 2007.

[32] 滕仁栋. 既有钢筋混凝土结构可靠性评价与预测[D]. 邯郸: 河北工程大学, 2010.

[33] 顾祥林, 陈少杰, 张伟平. 既有建筑结构体系可靠性评估实用方法[J]. 结构工程师, 2007, 23（4）: 12-17.

[34] 王黎怡, 林江. 建筑结构可靠性的模糊评价模型[J]. 福建工程学院学报, 2005, 3（3）: 255-257.

[35] 余天意, 赵昕. 基于可靠度指标的超高层建筑抗风舒适度性能评价[J]. 建筑结构, 2013（S1）:960-963.

[36] 张苑竹, 金伟良. 基于可靠度的混凝土梁耐久性优化设计[J]. 浙江大学学报（工学版）, 2003, 37（3）: 325-330.

[37] HACKER J N, DE SAULLES T P, MINSON A J, et al. Embodied and operational carbon dioxide emissions from housing: A case study on the effects of thermal mass and climate change[J]. Energy and Buildings, 2008, 40（3）: 375-384.

[38] 黄志甲. 建筑物能量系统生命周期评价模型与案例研究[D]. 上海: 同济大学, 2003.

[39] 彭渤. 绿色建筑全生命周期能耗及 CO_2 排放案例研究[D]. 北京: 清华大学, 2012.

[40] 孙平平. 再生混凝土环境影响 LCEC 评价模型的构建[D]. 杭州: 浙江大学, 2013.

[41] CABEZA L F, RINCÓN L, VILARIÑO V, et al. Life cycle assessment （LCA） and life cycle energy analysis （LCEA） of buildings and the building sector: A review[J]. Renewable & Sustainable Energy Reviews, 2014, 29: 394-416.

[42] RAMESH T, PRAKASH R, SHUKLA K K. Life cycle energy analysis of buildings: An overview[J]. Energy & Buildings, 2010, 42（10）: 1592-1600.

[43] BRIBIÁN I Z, USÓN A A, SCARPELLINI S. Life cycle assessment in buildings: State-of-the-art and simplified LCA methodology as a complement for building certification[J]. Building & Environment, 2009, 44（12）: 2510-2520.

[44] 国家计划委员会. 建设项目经济评价方法与参数[M]. 北京: 中国计划出版社, 1993.

[45] 陈熙. 一种新型管柱混凝土结构的经济与环境影响评价[D]. 天津: 天津大学, 2012.

[46] 董建军, 陈光, 陆彦, 等. 工程项目全寿命周期费用结构体系研究[J]. 土木工程学报, 2010, 43（2）: 138-142.

[47]　朱燕萍，胡昊. 生态建筑的项目经济评价研究[J]. 建筑施工, 2006, 28（03）: 203-204.

[48]　刘念雄，沃德 I C. 虚拟环境模拟工具在可持续发展建筑设计中的应用[J]. 世界建筑, 2006（10）: 121-123.

[49]　王梦林. 新国标下绿色建筑设计软件工具的设计与研发思路[C]. 第十届国际绿色建筑与建筑节能大会暨新技术与产品博览会, 北京, 2014.

[50]　罗智星，谢栋. 基于 BIM 技术的建筑可持续性设计应用研究[J]. 建筑与文化, 2010（2）: 100-103.

[51]　王梦林，朱峰磊. 基于 BIM 技术的绿色建筑设计软件系统研究[C]. 夏热冬冷地区绿色建筑联盟会议. 上海: 凯创科技有限公司, 2013.

[52]　杨倩苗. 建筑产品的全生命周期环境影响定量评价[D]. 天津: 天津大学, 2009.

[53]　徐迅，李万乐，骆汉宾，等. 建筑企业 BIM 私有云平台中心建设与实施[J]. 土木工程与管理学报, 2014, 31（2）: 84-90.

[54]　乐云，郑威，余文德. 基于 Cloud-BIM 的工程项目数据管理研究[J]. 工程管理学报, 2015, 29（1）: 91-96.

[55]　支家强，赵靖，辛亚娟. 国内外绿色建筑评价体系及其理论分析[J]. 城市环境与城市生态, 2010, 23（2）: 43-47.

[56]　刘煜，DEO P. 国际绿色生态建筑评价方法介绍与分析[J]. 建筑学报, 2003（3）: 58-60.

[57]　王蕾，姜曙光. 绿色生态建筑评价体系综述[J]. 新型建筑材料, 2006（12）: 26-28.

[58]　牛犇，杨杰. 我国绿色建筑政策法规分析与思考[J]. 东岳论丛, 2011, 32（10）: 185-187.

[59]　孙海玲，刘会晓. 中国绿色建筑评价标准发展探析[J]. 中国经贸导刊, 2012（35）: 107-109.

第10章　可持续混凝土结构未来发展

随着混凝土结构的不断建造，传统的混凝土结构在材料、结构以及施工方式上的负面影响也逐渐显露出来。长期以来，混凝土行业一直采用传统的投入高、污染大、效益低的生产模式。这种粗放的生产模式不仅消耗了大量的资源和能源，还产生了大量建筑废物，对环境和生态平衡的影响十分巨大。因此，混凝土结构迫切需要可持续发展和技术创新。

混凝土作为当今最为重要的土木工程材料之一，为人类社会的发展与建设做出了不可估量的贡献，在大力提倡可持续发展的时代背景下，混凝土结构的可持续发展意义重大。未来混凝土结构必将会围绕可持续发展的主题谱写出新的篇章，在材料制备、结构形式以及施工方式上加以创新与提升，对节能减排以及社会的可持续发展等均具有极其重要的科学意义。

10.1　新　材　料

混凝土在材料方面要做到可持续发展，其改进的思路主要有两个方面：其一，对混凝土材料进行再生利用，即将废混凝土加工成的再生骨料运用在新的混凝土制备中；另外，可采用新型的材料组分配制新型的混凝土，这些材料要求有丰富的资源，且绿色环保，经过一定处理可以取代传统混凝土材料组分。

目前废混凝土的再生利用处理的普遍方法为，将废混凝土加工处理，作为新制混凝土的粗骨料（如第 5 章所述），而混凝土的其他组分仍然需要消耗新的资源。水泥不能回收再利用，大量水泥的生产造成了严重的环境污染；砂石的需求量也相当巨大，虽然再生骨料能够适当降低天然骨料的消耗，但目前仍需要大量开山采石和掘地淘沙，对环境造成非常严重的影响。近年来，我国某些地区的天然骨料已趋枯竭，需从外地运入砂石骨料，其运输费用很高，大大提高了工程建设投资；淡水资源也越来越短缺，在满足人类生活需求条件下，今后运用在建筑工业上的淡水资源将会越来越受到限制。

资源日益短缺的现状，迫切需要我们找到能够取代传统混凝土组分的材料，并且做到就地取材和合理开发利用自然资源，以达到可持续发展的目的。

10.1.1　海水海砂

1. 简况

在混凝土制造和施工过程中，拌合用水和养护用水不可缺少。据推测，世界每年消耗的淡水资源有数十亿立方米之多。

根据 2007 年联合国亚洲及太平洋经济社会委员会（U.N. Economic and Social Commission for Asia and the Pacific，ESCAP）的研究报告，人均国民生产总值达 1000 美元时，人均建筑砂的需求为每年 2 t。如此推算，我国年需求建筑用砂将达到 26 亿 t[1, 2]。如今河砂资源日益匮乏，河砂的开采已造成了严重的生态环境破坏。随着混凝土结构的大量建造，很多城市面临着河砂资源和淡水资源紧缺的困境。

地球上淡水总量仅占水资源总量的 2.5%，而海水占 96.5%，沿海地区海砂和海水资源非常丰富，因此合理利用海水和海砂资源，是缓解资源不足的有效方式。不仅对地球水资源和砂石资源有了更有效的利用，同时对于灾后的紧急修复工程，甚至战时建设工程，有利于在淡水和河砂紧缺情况下的修建工作。

2. 问题

海砂成分除贝壳外，与河砂大致相同，但未经处理的海砂含有大量氯盐及硫酸盐，和海水一样，易对钢筋混凝土中的钢筋造成腐蚀，影响其使用性能。这在 3.4.2 节已有论述。

海砂中含有的氯盐主要有 KCl、$MgCl_2$、$CaCl_2$ 和 $NaCl$ 等，其中 $CaCl_2$、KCl 和 $NaCl$ 在混凝土中可以起到早强剂的作用。$CaCl_2$ 加速水泥水化的机理，目前较多的说法主要有以下几点[3]。

（1）$CaCl_2$ 与水泥浆体系中的 Al 和 Fe 相结合形成络合物，为硅酸盐提供核心，以进一步水化。

（2）$CaCl_2$ 的存在促进了铝酸三钙（C_3A）与石膏反应形成钙矾石（AFt）的过程，使 AFt（$3CaO \cdot Al_2O_3 \cdot 3CaSO_4 \cdot 32H_2O$）和 F 盐（$3CaO \cdot Al_2O_3 \cdot CaCl_2 \cdot 10H_2O$）同时发展（F 盐能迅速转化为 AFt）。

（3）吸附在硅酸盐矿物表面的 Cl^-，能促进水泥水化，即促进硅酸三钙（C_3S）、硅酸二钙（C_2S）的水化，加速水化硅酸钙（C-S-H）的形成。

$NaCl$ 和 KCl 则能够降低混凝土孔溶液中水的冰点，并加速水泥水化和混凝土强度的增长。尽管氯化物的使用可使混凝土获得较高的早期强度，但也会破坏钢筋的钝化保护膜，从而导致钢筋锈蚀。

海砂中含有的硫酸盐类主要为 Na_2SO_4，由于 SO_4^{2-} 会与水泥水化产物 $Ca(OH)_2$ 反应生成 $CaSO_4 \cdot 2H_2O$，早期与水泥中的铝酸钙发生化学反应，产生钙矾石（AFt），具有一定的早强作用。若硫酸盐含量过高，早期形成的钙矾石晶体太多，晶体长大产生很大的结晶压（膨胀力），也会使水泥石结构破坏。之后硫酸盐继续与硬化水泥浆体中的水化产物 AFm（$3CaO \cdot Al_2O_3 \cdot CaSO_4 \cdot 12H_2O$）反应生成 AFt，导致体积膨胀，使混凝土产生龟裂，对混凝土的耐久性有极大的影响。

贝壳的主要成分为 $CaCO_3$，属于惰性材料，一般不与水泥发生化学反应，但贝壳属轻物质，往往呈薄片状，表面光滑，强度较低，且较易沿节理错裂，而且与水泥浆的胶结能力很差。一般来说，当贝壳类等轻物质含量较多时，会使混凝土的和易性明显变差，混凝土的抗拉、抗压、抗折强度等力学性能及抗冻性、抗磨性、抗渗性等耐久性能均有所降低，因此必须对海砂中贝壳类物质的含量加以限制[4]。

有害离子侵蚀引起的耐久性问题是阻碍海水以及海砂应用于混凝土结构的最大障碍。钢筋锈蚀主要是由氯离子引起的，是一个持续性的过程。在氯离子的不断作用下，钢筋持续锈蚀，使得钢筋有效截面越来越小，力学性能持续下降，屈服强度和延伸率都显著下降；另外，钢筋生锈后体积膨胀，会把周围的混凝土胀开，产生裂缝，甚至会导致表面的混凝土脱落，钢筋表面锈蚀后，其锚固性能也会大幅降低。

鉴于这些严重后果，钢筋混凝土中必须要严格控制氯离子的含量。《混凝土结构设计规范》（GB 50010—2010）第 3.5.3 条规定了设计使用期限为 50 年的混凝土结构，在不同环境类别下的允许最大氯离子含量，一类环境为 0.30%，二 a 类为 0.20%，二 b 类和三 a 类为 0.15%，三 b 类为 0.10%，预应力混凝土为 0.06%。第 3.5.5 条规定了设计使用期限为 100 年的混凝土结构在一类环境下允许最大氯离子含量为 0.06%。对耐久性有更高要求的结构，还需要根据其他相关规范来确定。而海砂由于其来自海洋环境，含有大量的氯离子，应用时必须要满足严格的含量要求。《普通混凝土用砂、石质量标准及检验方法》（JGJ 52—2006）第 3.1.10 条规定，对于钢筋混凝土用砂，其氯离子含量不应大于 0.06%（以干砂的质量百分率计）。《海砂混凝土应用技术规范》（JGJ 206—2010）也对海砂的应用进行了相应的规定。

3. 应用

将海水、海砂应用于混凝土结构中，最重要的是解决混凝土的耐久性问题，根据现有研究，主要有以下方法。

1）海水、海砂淡化

（1）海水淡化。海水淡化是指将海水中的盐分脱除，从而得到可以利用的淡水的过程或工艺，海水淡化水可用于生产、生活和生态，不仅可用于建筑材料的生产，更是解决目前世界上淡水资源短缺问题的有效方法。我国已将海水淡化作为水资源的重要补充和战略储备，正加快发展海水淡化产业，目前已把海水淡化作为一项国家发展战略。

（2）海砂淡化。海砂淡化是指控制海砂中氯离子含量限值以及去除海砂中的不利物质。世界上很多发达国家如英国、日本、美国等，很早就开始了淡化海砂的生产和利用。其中，日本是世界上最大的淡化海砂生产与使用国。日本对海砂的除盐方法包括喷洒、浸泡、机械等方式。我国宁波地区 20 世纪 90 年代就开始采用机械除盐的方法生产淡化海砂，积累了丰富的淡化海砂的生产和使用经验。海砂淡化的方法主要包括海砂自然放置法、淡水冲洗法以及机械法等。

海砂自然放置法就是将海砂堆积到一定厚度，自然堆放数月或几年，取样化验其氯化物的含量，合格后再使用。此技术措施简单，不需要特别大的场地，但周期长，放置时间一般需要 2 个月以上，并且空间利用率低且不能解决应急需要。

淡水冲洗法包括斗式滤水法和散水法。其中斗式滤水法可在较窄的场地上作业，每立方米砂需消耗淡水 0.8 t 以上，每批砂除盐时间为 12～24 h。散水法需要较大的场地，而用水量则较少（每立方米砂需消耗淡水 0.2 t 以上），每批砂除盐时间为 12 h 以上。这种方法较为快捷，能满足应急需要，但通常需要冲洗设备，其造价高，并且淡水资源浪费严重，不符合可持续发展的要求。根据周庆等推算[5]，以宁波市 2003 年建筑用海砂 800 万 t 为例计算，如果全部采取淡水冲洗法冲洗海砂，大约需要 640 万 t 淡水。

机械法可在较窄的场地上作业，每立方米砂需消耗淡水 1.5 t 以上，耗水量较大，并需要分级机械、离心机械、给水设备以及排水设备等工具，但这种方法所需时间短。

传统淡化工艺是通过淡水冲洗以及筛选，去除海砂中的有害物质，这种淡化工艺技术含量低，浪费了大量淡水资源，且海砂淡化后技术指标缺乏系统的研究及评价，很容易造成淡化得不彻底，进而影响混凝土结构的耐久性能。

根据以上情况，天津等一些淡水缺乏的沿海城市提出了使用中水-淡水处理海砂的关键技术。中水是指污水经处理后达到一定水质标准，可在一定范围内重复使用的非饮用和杂用水。搅拌站中水包括海水、拌站循环净化中水、收集雨水等。中水的有效利用对于淡水资源缺乏的沿海城市显得尤其重要。中水-淡水海砂淡化工艺具体实施过程如下：首先，在冲洗前应先进行淡化效果试验，确定淡化砂水比及最佳淡化时间，以使海砂达到最佳的淡化效果；其次，利用中水进行初步淡化，去除一部分氯离子等杂质后，再利用淡水对海砂进行二次淡化，通过两次淡化，最终生产出符合要求的淡化海砂；最后，在解决淡化废水排放问题上，可将淡化后用水循环使用，循环过程中对水进行处理，去除其中氯离子等杂质再进行循环使用，这样不仅可以节约淡水资源，更实现了变废为宝，使淡化废水得到了有效利用。待技术成熟后，可实现海砂淡化—水质处理—循环使用的自动化工艺流程，并实现淡化废水零排放的目标[6]。

2）采用阻锈剂

混凝土中采用阻锈剂，那么即使氯离子破坏了钢筋表面的钝化层，阻锈剂仍然能阻止钢筋发生电化学锈蚀。

钢筋阻锈剂基本都属于钢材缓蚀剂的范围，根据目前市场上使用的阻锈剂可以按照以下方式分类[7]。

（1）按使用方式和应用对象分：掺入型（Darex Corrosion Inhibitor，DCI），是指将阻锈剂掺加到混凝土中，主要用于新建工程，也可用于已建工程的修复；渗透型（Migrating Corrosion Inhibitor，MCI），是指将阻锈剂涂于混凝土外表面，主要用于已建工程的修复。

（2）按作用原理可分为阳极型、阴极型和混合型。

阳极型：混凝土中钢筋的锈蚀通常是一个电化学过程。凡能够阻止或减缓金属阳极过程（金属作为反应物发生氧化反应的电极过程）的物质被称作阳极型阻锈剂。典型的化学物质有铬酸盐、亚硝酸盐、钼酸盐等，它们能在钢筋表面形成"钝化膜"。早期常用亚硝酸盐来做钢筋阻锈剂的主要成分。

阴极型：通过吸附成膜，能够阻止或减缓阴极过程（金属离子或氢离子在阴极上获得电子而被还原的电极过程）的物质，如锌酸盐、某些磷酸盐以及一些有机化合物等。这类物质单独作用时，其效能不如阳极型明显。

混合型：将阴极型、阳极型等多种物质合理搭配而成的综合型阻锈剂。

3）钢筋处理保护法

钢筋处理保护法是在钢筋表面添加涂层来避免氯离子对钢筋的腐蚀，包括镀锌、镀铬等金属涂层和环氧树脂等非金属涂层，使用时需要保证涂层的厚度和质量，同时还要求涂层不影响钢筋与混凝土间的黏结性能，工艺要求高，实际防锈效果并不显著。

另一思路是通过钢筋冶金技术，提高表层钢材的致密程度和抗腐蚀能力，但此方法成本较高，难度较大，目前尚未有较好的发展。

4）采用新型增强加筋材料

可以采用不锈钢钢筋，或以其他不会锈蚀的材料来替代钢筋，如 FRP 筋（见10.1.2 节）。

4. 展望

随着我国建筑业的大力发展，建筑用砂日益短缺，尤其是我国沿海地区出现了河砂短缺现象。过度的开采河砂已给各地造成严重的生态破坏和环境污染，亦可能造成洪涝灾害。合理地使用海砂资源可以有效解决建筑用砂日益短缺的问题。海水、海砂中的氯离子虽然会对混凝土的耐久性产生危害，但是只要使用合理的方法对海水、海砂进行处理，就可以减小甚至消除这种危害。沿海各地区可以根据自身情况和特点，选择合理的海水、海砂处理方式。在保证海水、海砂质量的前提下，将海水、海砂大量应用于建筑工程中，缓解建筑用砂用水短缺的压力。如何将储量巨大的海水、海砂资源化后应用到混凝土实际工程中，用更加经济高效省时的方法去除海水、海砂中的有害物质，减少其对混凝土耐久性造成的危害，必将是未来海砂混凝土研究的主要方向之一。

10.1.2　纤维增强复合材料（FRP）

1. 简况

钢筋混凝土中，钢筋与混凝土两种不同材料之所以能够共同作用，在于混凝土与钢筋之间有良好的黏结性能；两者能可靠地结合在一起共同受力与变形；两者的温度线膨胀系数相近。而钢筋易于锈蚀，是影响混凝土结构耐久性的重要因素。钢筋锈蚀后，会使混凝土胀裂，混凝土力学性能会极度恶化，最后只能拆毁，这样就会不利于混凝土的可持续利用。对钢筋进行防锈蚀处理是一种办法，但更好的是以新的材料取代钢筋，作为混凝土的加筋材料，这种材料要和钢材一样与混凝土能够共同作用，同时又有较好的耐腐蚀性能。

在之前章节已经提到，纤维增强复合材料（Fibre Reinforced Polymer，FRP）耐腐蚀性强、抗拉强度高、密度小，且抗疲劳性能好。采用 FRP 筋替代钢筋被认为是解决混凝土耐久性问题的有效方法。起初 FRP 多用于结构的加固中，由于其优良的性能，将其作为加筋材料（各类型材），会显著提高混凝土的力学性能以及耐久性能。

FRP 筋由高性能纤维和基体材料组成，纤维为增强材料，起加筋作用，基材起黏结、传递剪力的作用。纤维的种类主要包括玻璃纤维、碳纤维、玄武岩纤维、芳纶纤维和混杂纤维，基材主要包括聚酯、环氧树脂、乙烯基酯、聚酯树脂、聚酰胺树脂等。根据连续纤维种类的不同，现在常用的 FRP 筋主要有玻璃纤维增强塑料筋（GFRP 筋）、碳纤维增强塑料筋（CFRP 筋）、玄武岩纤维增强塑料筋（BFRP 筋）、芳纶纤维增强塑料筋（AFRP 筋）和混杂纤维增强塑料筋（HFRP 筋）。

不同类型的 FRP 筋性能有所不同，但是作为新型复合材料用于土木工程中，它们之间存在较多的共性。其优点分析见 3.1.4 节，值得强调的是：FRP 筋密度小，质量轻，其密度一般仅为钢筋的 1/6～1/4，有利于减轻结构自重，方便施工。FRP 筋顺纤维方向抗拉强度高，远高于普通钢筋，与高强钢丝或钢绞线相近。FRP 筋耐锈蚀性能良好，不会像钢筋那样因锈蚀而破坏，因此适合在一定的腐蚀环境中工作，且结构耐久性好，后期维修成本低。因此，将 FRP 筋作为混凝土加筋材料取代钢筋，可以很好地发挥 FRP 筋的各项优点。

虽然 FRP 的应用会有部分问题，但其良好的力学性能，仍是取代钢筋作为新型的混凝土加筋材料的理想选择。目前，其已按照颁布的《纤维增强复合材料建设工程应用技术规范》（GB 50608—2010）被用于工程之中。

2. 问题

FRP 筋在许多方面都获得了应用，与钢筋相比，有强度高、不会因氯离子而发生劣化等优点，但是在实际工程的应用上也还存在一些问题。

（1）无塑性。FRP 筋的应力-应变关系始终为线弹性。

（2）FRP 筋的极限延伸率远低于钢筋。

（3）FRP 筋的弹性模量比钢筋低。虽然 FRP 筋的弹性模量范围很宽，但常用 CFRP 筋、AFRP 筋和 GFRP 筋的弹性模量大致分别为钢筋弹性模量的 75%、35% 和 20%。

（4）抗剪和抗压强度较低。FRP 筋是各向异性材料，轴向抗压、横向抗压和抗剪性能较差，横向抗剪强度仅为纵向抗拉强度的 1/10 左右。

（5）温度膨胀系数与混凝土之间存在一定的差别。如第 3 章表 3.5 所示，CFRP 筋的轴向温度膨胀系数较低，AFRP 筋的轴向温度膨胀系数甚至为负数，GFRP 筋的轴向温度膨胀系数则与混凝土差不多。温度变化会引起 CFRP 筋预应力混凝土和 AFRP 筋预应力混凝土的预应力损失，而传统预应力混凝土结构则无此损失。FRP 筋横向温度膨胀系数均较大，温差作用有可能造成 FRP 筋与混凝土间黏结的破坏或混凝土的胀裂，影响结构的耐久性。

（6）热稳定性较差。当超过某一温度范围，FRP 筋的抗拉能力快速下降。

（7）不便现场加工。FRP 筋虽可制成任意形状，如直线形、直线带 90°弯钩或矩形箍筋等。但由于在生产 FRP 筋时，均采用热固性树脂制作，因而一旦成形后，一般在施工现场将难以改变其形状。

（8）成本较高。生产制作工艺较复杂，一般需专门的长线挤拉台座才能完成。单位重量的 FRP 筋的价格为钢筋的 8～12 倍。不过 FRP 筋的密度大约是钢筋的 1/4，这样，单位体积 FRP 筋的价格为钢筋的 2～3 倍。当然，随着 FRP 筋制作工艺的改进和 FRP 材料的大批量生产，其价格也将会随之降低。

（9）FRP 材料本身也具有一定的缺陷，尽管抗拉强度高，通常可达 3000 MPa 左右，但其弹性模量与强度的比值较低，因而纤维必须在相当大的变形下才能充分发挥其高强特性。大量试验结果表明，FRP 仅在构件受拉钢筋屈服后才发挥出较大的作用，纤维的实际强度利用率很低。因此预应力 FRP 筋也逐渐得到广泛的应用。

（10）FRP 筋压缩强度与其拉伸强度相比而言较低。因此，传统的设计方式不再有效。

（11）FRP 筋耐火性不如钢材，其防火保护要求比钢筋更为严格，在设计某些类型的建筑物时需要慎重考虑。

（12）FRP 筋与混凝土的黏结锚固性能。表面光滑的 FRP 筋与混凝土之间的黏结强度仅是钢筋与混凝土黏结强度的 10%～20%，并不适合作为结构构件的受力筋。因此，如何改变 FRP 筋的表面状况，加强 FRP 筋与混凝土自然黏结是一项重要的研究课题，也是解决两者之间黏结性能的关键所在。由于 FRP 筋与混凝土界面处的内部滑移难以测定，目前多利用平均黏结应力与试件加载端或自由端的滑移绘制的关系曲线，得到 FRP 筋与混凝土的黏结本构关系。显然，这个关系并不能反映黏结滑移沿 FRP 筋锚固长度变化的规律，也不能描述黏结滑移刚度退化的现象。因此，随不同位置变化的 FRP 筋与混凝土的黏结滑移性能和规律的研究很有必要。

3. 应用

过去几十年来，FRP 复合材料较好的工程性质，如高比强度系数、高比刚度系数、低密度、高耐疲劳度、抗腐蚀、高阻尼、沿纤维方向的低热膨胀率等，使得这种材料在航空、海洋和汽车工业中得到了广泛的应用。近十几年来，土木工程领域开始认识到复合材料作为加强材料的潜力[8]。由于其良好的工程特性，FRP 复合材料越来越多地被应用在建筑工业中。最初，将 FRP 复合材料作为加固材料对结构进行加固和修复；随后，FRP 复合材料以筋或其他形式应用于混凝土结构中。FRP 复合材料可以以棒、网、板片和绳的形式来使用，也可以加工成型材，取代型钢，形成 FRP 型材-混凝土组合结构，或者取代钢管，形成 FRP 管混凝土结构。

4. 展望

如前所述，海水海砂的资源化开采和应用是解决工程建设中淡水河砂紧缺难题的有效技术途径之一，利用其配制海水海砂混凝土，与钢材组合应用时需要采取严格的防锈措施；而与 FRP 组合应用时能从根本上避免锈蚀的问题[9, 10]，并有一系列应用形式，海砂混凝土和 FRP 组合应用的发展前景广阔，应用形式将会越来越多。与此同时，加速海洋建设开发已经成为我国经济发展和主权保护的重大需求之一，这也为海砂混凝土的应用提供了一个新的发展方向。海砂混凝土与 FRP 组合应用能解决海洋工程建设中所面临的各项难题：严苛的自然环境、复杂的荷载工况和受限的施工条件等。利用 FRP 材料实现结构功能一体化也是一个重要的研究方向[11]。

目前 Antonio Nanni 教授主持的工程项目 SEACON，就致力于研究海水海砂 FRP 混凝土的工程应用。在该项目中，运用海水海砂 FRP 混凝土，对美国佛罗里达州（Florida）锡特勒斯县（Citrus County）的一座桥梁（Halls River Bridge）进行了改造，替换原来承载能力和耐久性能均降低的钢筋混凝土结构，提升其安全性。原桥状况以及新桥施工概况如图 10.1 所示。

（a）原桥梁概况（钢筋混凝土结构）

（b）绑扎 GFRP 筋

（c）浇筑海水海砂混凝土

（d）新建桥梁（海水海砂 GFRP 混凝土）

图 10.1　海水海砂 FRP 筋混凝土工程示范

改建桥梁总长度为 56.5 m，由 5 个跨度为 11.3 m 的简支梁组成。桥梁宽度方向上包括两个 3.6 m 宽车道、2.4 m 宽路肩，1.5 m 宽的人行道以及标准的交通护栏和行人/自行车护栏。采用的是 GFRP 筋，后续还将对这座桥进行实时监测，对海水、海砂 FRP 混凝土的性能进行进一步现场测试研究。

10.1.3　高性能再生混凝土

1. 简况

再生骨料混凝土（RAC）是指以废弃的混凝土块经过破碎、清洗、分级，按照一定的比例和层次的混合物，取代全部或部分砂及其他天然骨料（粗骨料为主）所制备的混凝土。再生骨料混凝土技术可用于将废混凝土资源化，形成新的建材产品，从而可以充分利用有限的资源，并解决环保问题，有很好的经济效益与环境效益。

再生混凝土技术已有很长的一段发展历史，见第 5 章所述，再生混凝土的研究、应用是实现可持续发展的有效途径，是时代发展的趋势。为适应混凝土结构向高层、大跨度的发展趋势，混凝土正朝着高性能的方向发展。再生混凝土要想与拥有天然骨料混凝土相近的性能，未来也应该走高性能化路线。

同时，再生混凝土中再生粗骨料的取代率是实现梯度材料的有效方式，因此将再生混凝土梯度化也将是未来再生混凝土的一个发展方向。

2. 高性能化

高性能混凝土是一种新型高技术混凝土，是在大幅度提高普通混凝土性能的基础上采用现代混凝土技术制备的混凝土。它以耐久性作为设计的主要指标。针对不同的用途要求，重点保证耐久性、工作性、强度以及体积稳定性等。

高性能化主要致力于改善再生混凝土强度低、干缩大、工作性差、耐久性不好等问题，使再生混凝土的应用范围更加广泛。

由于废混凝土块在解体、破碎过程中在内部产生微裂纹的缺陷，加之骨料表面粗糙、棱角较多，造成再生骨料与天然骨料相比，具有强度低、孔隙率高、含泥量高、棱角裂纹多和吸水性大的特征。再生骨料的这些特点降低了再生混凝土的耐久性，限制了其应用领域。但从力学性能上看，再生骨料是完全可以满足工程建设要求的。若要拓宽其应用领域，如将再生骨料用于混凝土结构工程中去，对再生骨料进行活化和强化，降低其吸水率，提高再生骨料的综合性能就非常必要了。

再生粗骨料与水泥石的界面黏结性能较差，水化产物不能较好地填充二者的空间，结构相对疏松，再生细骨料几乎不再有什么活性，并且其中强度较低的杂质会对界面黏结性能产生不利影响，因此要针对再生混凝土的这些缺陷进行改性。目前再生混凝土高性能化的途径有：通过化学或物理方法对再生骨料进行改性；优化再生混凝土的配合比、水灰比等参数；通过添加外加剂对再生混凝土性能进行改善。

在再生混凝土中掺入一定量的矿物掺合料是一种改善混凝土强度和耐久性较好的方法。掺加矿物掺合料可使再生混凝土界面黏结性能得到提高，并能使水泥石微观结构变得更加致密，因而是解决再生混凝土在推广应用中存在的问题并改善其性能的一个非常有效的途径。另外，使用再生粉体作为矿物掺合料，不仅能够对再生混凝土进行改性，还能部分取代水泥，减少水泥用量，而且再生粉体来源于建筑废物，所以具有极大的环境效应。

通过合理考虑再生混凝土高性能化的影响因素，合理控制再生粗骨料取代率，合理选用外加剂和矿物掺合料，优化投料和搅拌工艺等措施，可使再生混凝土具有良好的工作性、耐久性及较高的强度等级；使高性能再生混凝土得以实现，发挥其最大的工程价值。

再生混凝土也可进行商品化生产以及泵送化施工，将粗骨料全部或部分采用再生粗骨料，考虑泵送商品混凝土的要求，通过设计合理的配合比，掺入粉煤灰、磨细矿粉等微细矿物质并加入高效减水剂，使再生混凝土实现高性能化，制备出大坍落度、大掺量再生骨料的绿色高性能商品再生混凝土。目前，再生骨料的生产已有一套较为成熟的生产工艺，为其商业化奠定一定基础。

高性能化是未来再生混凝土的一个重要发展方向。图 10.2（a）是高性能化再生混凝土应用于小高层建筑中的典型案例，是国内首个再生混凝土商品化生产、泵送化施工以及应用于小高层建筑中的工程实例。该楼位于上海市杨浦区五角场镇，结构形式为框架剪力墙结构，共 12 层，结构主体高度 49.2 m。该结构通过专门的设计以及专家论证，现场浇筑过程顺利，再生混凝土的工作性能与普通混凝土十分接近，其施工过程如图 10.2（b）和（c）所示。

（a）小高层建筑

（b）再生混凝土浇筑过程

（c）再生混凝土结构及构件

图 10.2　再生混凝土结构小高层工程实例

3. 梯度化

功能梯度材料是根据具体的使用要求，选择两种或两种以上具有不同性能的材料，采用先进的材料复合技术，通过连续改变这些材料的组成和结构，使其内部界面减小直至消失，从而使材料成为性质和功能均呈连续平稳变化的一种非均质复合材料[12]，它是由日本学者新野正之等为实现航天设备在巨大温差作用下取得热应力缓和效果而提出的[13]。其特点主要表现在其性能和结构的可设计性和控制性，进而实现对材料的强度、韧性、刚度、热学和电学特性的设计和控制，能够适应不同场合下的应用[14]。此概念提出以后，得到世界各国学者的广泛关注和研究，目前的研究主要体现在陶瓷、金属等材料领域，但在建筑材料方面报道较少[15]。

把梯度的概念引入到水泥混凝土中，通过组分的变化来改善其性能并能够适用于比较复杂特殊的工程环境中是很多混凝土材料工作者不断追求和探索的目标。结合梯度混凝土的优越性，由于梯度结构设计使得混凝土本身的力学性能、抗渗性、耐火性及耐腐蚀性都有所改善，梯度混凝土可以应用于地下工程结构混凝土和高抗渗性混凝土、隧道工程衬砌层混凝土管片、大跨度结构和高温等场合。

从梯度功能材料的概念可知，其各组分材料的体积含量在空间位置上呈连续变化，力学和热学参数没有突变，因而大大缓解了应力集中，从而保证了物理、力学、化学甚至生物特性的连续变化，以适应不同环境特殊功能的要求。

对水泥基材料考虑在 4 个层次上进行梯度复合：第 1 层次，即微观层次连续凝胶相上的梯度复合；第 2 层次，细观骨料、连续相的部分梯度复合，根据不同的功能要求，使具有某些功能的骨料、增强纤维呈梯度变化；第 3 层次，界面区梯度复合，界面区往往是水泥基材料（尤其混凝土）的最薄弱环节，采用活性骨料或特殊表面的骨料及加强材料使其界面呈梯度变化；第 4 层次，宏观层次的层状梯度复合材料。

水泥基梯度功能材料方面的研究才刚刚开始。对于再生混凝土，由于再生粗骨料强度低、内部损伤多，其性能相对于普通混凝土有一定程度的下降，再生粗骨料的分布对再生混凝土的各项性能有着重要影响。可考虑通过二次成型工艺，将再生混凝土试件做成沿某一方向再生粗骨料取代率呈梯度变化，并且不形成明显的过渡区。利用梯度变化改变构件受力状况，即在应力大的部位配置性能较好的混凝土，在应力小的部位配置性能较差的混凝土，从而提高再生混凝土构件的适用性。

这就是再生混凝土发展的另一个新方向，即利用再生粗骨料取代率这一项指标，制备梯度再生混凝土，从而在力学上和功能上进行改善[16]。再生粗骨料对再生混凝土的各种性能有非常大的影响。在以往的再生混凝土研究中，再生粗骨料在混凝土中均匀分布，其力学性能也是相对均匀分布的。若将再生粗骨料按受力状态分布，那么将会实现再生混凝土的可控设计，在原材料用量一定的情况下更加合理地利用资源。目前尚无再生粗骨料非均匀分布的设备，可采用不同取代率的再生混凝土进行分层浇筑、分层振捣的施工方法，实现再生粗骨料沿一定方向非均匀分布。每一层再生混凝土的再生粗骨料取代率均不同，因此各层混凝土的强度、弹性模量等力学参数也不同，再生粗骨料取代率的变化使混凝土力学性能和耐久性能沿一定方向变化。由于层与层之间差异只体现在力学性能上，本质上还是混凝土，层与层之间性质过渡比较缓和，不会出现突变。因此，再生粗骨料的不均匀分布会引起混凝土力学性能沿一定方向的梯度变化，而不是突变，可以实现梯度化。

目前对于梯度混凝土的研究都局限在理论和试验研究阶段，由于一般实际工程中应用的混凝土量非常大，特别是由于混凝土是由多相复杂材料组成，如何采用先进的制备技术和界面处理技术是实现梯度混凝土性能的关键之处。受到上述限制，导致梯度混凝土在实际应用中较少。此外，高温火灾环境中能否得到广泛应用，也将成为今后梯度再生混凝土材料研究中的一个热点课题。

4. 展望

再生混凝土技术是实现混凝土可持续性设计的重要基础手段，再生骨料的改性以及再生混凝土性能改进还有待发展，未来再生混凝土的发展方向会更加结合绿色环保理念，大力推广结构再生混凝土和功能再生混凝土的应用，实现绿色和高性能化。

10.1.4　非传统水泥基混凝土

1. 简况

在混凝土的生产过程中，水泥是混凝土最主要的胶凝材料，而水泥的生产不仅耗费大量的石灰石矿、黏土矿、煤炭、水和电等资源，还会排放大量粉尘和 CO_2、SO_2、NO_x 等多种有害气体，严重污染生态环境。

硅酸盐水泥不仅在生产过程中能耗大、污染严重、资源未充分利用，还存在其他一些问题，如在使用过程中，会因其水化产物的稳定性不佳，使混凝土结构产生耐久性不良的后果。

由于建筑行业对混凝土的大量需求，用于生产水泥的石灰质原料资源已出现短缺现象，针对传统水泥的高产量所导致的生存环境恶化和自然资源耗费的现状，迫切需要对传统胶凝材料进行改性，或开发出新型的胶凝材料。

2. 研究与应用现状

要解决上述问题，一种方式为节约水泥，充分发挥水泥的潜力。尽可能多地利用工业废渣。生产水泥时掺入水淬高炉矿渣、粉煤灰或其他工业废渣作混合材，对水泥进行改性，推动混合水泥的发展，从而降低水泥熟料用量[17, 18]。

我国目前生产普通水泥时，一般都仅掺有少量水淬高炉矿渣、粉煤灰或其他工业废渣作混合材，大多用于降低生产成本。而混合水泥生产时掺加的混合材含量相对较高，目前国家标准中矿渣硅酸盐水泥中可掺加 20%～70%的矿渣粉，粉煤灰/火山灰硅酸盐水泥中可掺加粉煤灰/火山质 20%～50%，复合硅酸盐水泥中则可掺加20%～50%两种以上的混合材。此外，利用再生资源，如再生粉体等对水泥改性，不仅可以充分利用资源，还能减小对环境的影响。虽然混合水泥生产中，已大幅度降低了水泥熟料的用量，但随着混合材掺量的增加，对水泥的性能有一定程度的影响。因此，如何进一步提高混合水泥中混合材的用量，增加混合水泥中混合材的种类，同时进一步优化混合水泥的性能，扩大其工程应用范围，将是目前研究的主要方向。

另外，我国目前的水泥工业，大部分产品掺加的混合材料多作为填料使用，没有能发挥它们的潜在胶凝性，其主要原因是大部分混合材料的胶凝活性较低，与水泥的水化反应慢，难以发挥其胶凝作用。提高常见混合材料的活性主要有两种方式，化学激发和物理激发。化学激发主要采用化学激发剂（强碱或硫酸盐类），激发混合材料中潜在的活性组分；物理激发主要采用粉磨工艺，增加混合材料的细度，增大反应表面积，提高反应活性。混合水泥生产中一般将两种方法结合使用，通过提高水泥的粉磨细度，可以大幅度提高水泥的强度，改善其性能，但在制备工艺上，尚需做一些改进。

解决传统水泥问题的另一种方式为开发新型的胶凝材料。这就要求对新材料作进一步探索，如上所述，目前，根据"碱激发"理论，已开发了一种新型的胶凝材料，也称为地聚物。地聚物主要是由含硅铝酸盐的天然矿物或工业废弃物制备得到的。自法国科学家 Joseph Davidovits 于 1985 年在其美国专利[19]中提出地聚物的概念以来，地聚物的研究已得到广泛关注。地聚物是一种碱激发胶凝材料，其主要性能与水泥相似，个别性能优于水泥。

随着人们对地聚物的深入研究，地聚物在建筑行业得到一些应用，如钢筋混凝土中用地聚物代替部分或全部水泥，将地聚物与水泥混合起来制备新型地聚物基建筑材料等。不仅如此，人们还对地聚物进行了改性，在地聚物中参加碳纤维、玻璃纤维等，提高地聚物的韧性，使其抗折能力可与金属媲美，因而地聚物复合材料又可应用于航天航空等领域。地聚物可由含硅铝酸盐的原料加入适量碱激发剂制备得到，它具有三维网状结构，能够固定工业废水废渣中的重金属离子，而且胶凝迅速，早期强度高。地聚物是一种具有良好应用前景的胶凝材料，不久的将来将会大量取代水泥，成为建筑行业主要原料之一[20]。

3. 展望

水泥作为胶凝材料已有很长历史，但其生产污染性高，且现在水泥生产资源逐渐短缺，而混凝土结构的建设量越来越大，迫切需要进行新型胶凝材料的研究，以部分或全部取代水泥。这些新型胶凝材料既绿色环保，生产能耗又低，最好能够重复利用，这样将会更加符合混凝土的可持续发展思想。

在采用各种措施，发挥混合材的潜在作用以提高它们在水泥或混凝土中的掺入量，从而减少水泥用量的同时，积极研究和开发新型的胶凝材料，包括各种新体系的水泥和碱激发胶凝材料，无疑是值得研究、开发和推广的。因为这类材料不仅能耗低，可以充分利用工业废渣，减少环境污染，且也提供了一种新的生产胶凝材料工艺的思路。当然，要能够广泛地应用这类新材料，还需要进行深入的研究和艰巨的开发工作。

10.1.5　吸能混凝土

1. 简况

混凝土是一种复合材料，具有高度的不均匀性、非线性及复杂的内部微观结构。普通混凝土是脆性的，其破坏应变较小，这对混凝土的变形性能是很不利的。因此需要采取措施，提高混凝土的变形能力。吸能混凝土便是一种代表。

吸能混凝土也就是柔性混凝土，要求具有一定的强度和较小的弹性模量，以及较大的极限拉应变，从而能够适应较大的变形。国内外很多学者采用了很多方法对水泥混凝土改性，以降低其弹性模量，提高其韧性。

采用纤维材料来增强混凝土是改善混凝土性能的一个有效途径，利用纤维对混凝土的分散配筋改善水泥混凝土的抗拉强度低、韧性差等弱点，降低其脆性、提高其变形能力。另一种改进途径就是采用特殊的轻骨料或以加气的方式来制备高性能轻骨料混凝土，与普通混凝土相比，轻骨料混凝土具有轻质高强、抗震性能好、抗裂性好、耐久性和耐火性好等诸多优点。

在此基础上，可以结合建筑废物和其他行业废物的资源化，采用再生材料，对混凝土的可持续发展有重要的意义。

目前，应用于机场跑道安全区（RSA）拦阻系统（EMAS）的材料即采用了吸能混凝土，如图 10.3 所示。该阻拦系统以数十厘米厚度的吸能混凝土，铺设在跑道延长线的地面上，形成一个拦阻床。其宽度与跑道一致，长度在数十米到一百多米之间。飞机一旦冲出跑道即进入其中，混凝土在机轮的碾压下破碎，以此吸收飞机的动能，在保证飞机和机上人员安全的前提下，让飞机逐渐减速并最终停止在拦阻床内[21]。

图 10.3　机场吸能混凝土道路

2. 纤维混凝土

纤维混凝土是纤维增强混凝土的简称[22]，是以混凝土为基材，在其中均匀掺入各种非连续的短纤维为增强材料而形成的水泥基复合材料。纤维加入水泥基体中，主要有以下 3 种作用。

1）提高基体的抗拉强度

混凝土内部缺陷是混凝土破坏的诱导因素，欲提高强度，必须尽可能地降低内部裂缝端部的应力集中程度。纤维混凝土中均匀而任意分布的短纤维在混凝土硬化过程中改变了混凝土的内部结构，减少了混凝土内部的缺陷，提高了混凝土材料的连续性。在混凝土受力过程中纤维与混凝土共同受力变形，纤维的牵连作用使混凝土裂而不断并能进一步承受载荷。这些都有助于提高纤维混凝土的抗拉强度。

2）阻止基体中原有缺陷（微裂缝）的扩展并延缓新裂缝的出现

纤维以单位体积内较大的数量均匀分布于混凝土内部，纤维的加入犹如在混凝土中掺入巨大数量的微细筋，起到支撑骨料的作用，从而阻止粗、细骨料沉降产生的离析。微裂缝在发展过程中必然遇到纤维的阻挡，消耗了能量，从而阻断裂缝扩展，起到抗裂的作用，增强了混凝土的耐久性。

3）提高基体的变形能力从而改善其韧性及抗冲击性

混凝土凝固后握裹水泥的高强纤维丝粘连成为致密的乱向分布的网状增强系统，增强了混凝土的韧性。纤维与水泥基料紧密结合在一起，保持了混凝土的整体强度。混凝土受到冲击时纤维吸收了大量的能量，从而有效地减少了集中应力的作用。纤维对水泥裂缝有搭接作用，对分离的水泥块有牵连作用，当纤维从水泥基体拔出时要消耗能量，这些影响都有助于提高混凝土的吸能效应。

纤维混凝土对于受到冲击疲劳作用的一些结构（如道路、人行道、停车场、停机坪、仓库地面、国防设施等）是非常有用的。目前纤维混凝土作为路面铺装层已有较广泛的应用。其应用增加了道路的使用寿命，路面质量高、经久耐用，大大降低了养护成本。另外，还可作为防浪块，防止波浪对堤、坝、海塘、岸坡的冲击破坏，减轻防汛抢险的紧张程度，如图 10.4 所示。

（a）纤维混凝土路面　　　　　　　　　　　　（b）纤维混凝土防浪块

图 10.4　纤维混凝土的应用

纤维混凝土使用的纤维材料种类有很多，包括钢纤维、碳纤维、玻璃纤维、石棉纤维等高弹性纤维及尼龙、聚丙烯、植物等低弹性纤维。有些纤维还能够提供更多的功能，如采用碳纤维，可使混凝土具有导电的性能。

目前纤维混凝土应用中的主要问题包括掺入纤维后混凝土成本过大，性能不稳定等。纤维混凝土中纤维一般用量较大，价格较高，纤维掺量大时，纤维在混凝土中容易产生纤维团，使得搅拌困难。在施工过程中钢纤维容易外露，这也增加了施工的难度。玻璃纤维由于耐碱性差，其应用受到限制。碳纤维生产成本高，制约了其发展应用。

目前纤维混凝土的发展主要包括以下几个方向。

（1）通过化学和物理的方法改性纤维，优化纤维与水泥基之间的界面黏结。

（2）使用不同类型纤维进行混杂使用，混凝土具有多相、多组分，在多尺度层次上复合的非均质结构特征。不同尺度和不同性质的纤维混合增强，可在水泥基中充分发挥各种纤维的尺度和性能效应，并在不同的尺度和性能层次上相互补充、取长补短。

（3）纤维新品种的研究，目前新型的玄武岩纤维和水镁石纤维混凝土是很有发展前景的新型纤维，具有优异的综合性能和性价比。

3. 轻质混凝土

轻质混凝土主要包括加气混凝土和轻骨料混凝土[23]。其中，加气混凝土的强度较低，主要用于对材料强度要求较低的非承重结构；轻骨料混凝土则具有轻质、强度可设计性、耐久等性能优点以及保温、隔音、抗震等功能特点，既可用于非承重结构，也可以用于承重结构，应用领域非常广阔。两类混凝土的延性均有较好的改善，具有吸收能量的功能。

加气混凝土的基本原材料是由某些硅质材料（如以 SiO_2 为主要成分的硅石、砂、粉煤灰、尾矿粉等）和钙质材料（如以 CaO 为主要成分的水泥、白灰、矿渣、火山灰等）组成。通过对基本原材料的磨细加工及一定数量的发气剂、稳定剂、调节剂按严格的配比相混合，经过浇注、发气而形成坯体；再经静停、切割进入蒸压釜养护；出釜后即为加气混凝土制品。目前国内生产的加气混凝土有三大品类，主要原材料分别为水泥、矿渣、砂；水泥、白灰、粉煤灰；水泥、白灰、砂。

加气混凝土也是一种脆性材料，但由于加气混凝土内部充满了许多蜂窝状小气孔，小气孔在外力作用下随材料的破坏发生压缩变形，这些小气孔相当于许多小弹簧夹杂在加气混凝土内部，大大增加了加气混凝土的塑性变形能力。因此，加气混凝土在同一应力下的应变比普通混凝土大，其破坏应变也比普通混凝土大许多，延性有很大改善。

轻骨料混凝土是指用轻质粗骨料、轻质细骨料（或普通砂）、水泥和水，必要时加入化学外加剂和矿物掺合料配制成的混凝土，其表观密度不大于 1950 kg/m^3。

轻骨料混凝土由于轻骨料的多孔性可以在一定程度上缓解混凝土内部水分结冰造成的膨胀应力，并可从根本上消除碱骨料反应风险，轻骨料混凝土具有良好的抗冻性和抗碱骨料反应性能。同时，由于轻骨料的"微泵"作用，轻骨料与水泥浆体之间的界面过渡层性能得到改善，从而使混凝土结构得到极大的改善，进而提高轻骨料混凝土的变形能力和耐久性能。

轻骨料混凝土按照轻骨料的种类可分为：天然轻骨料混凝土，如浮石混凝土、火山渣混凝土等；人造轻骨料混凝土，如黏土陶粒混凝土、页岩陶粒混凝土以及膨胀珍珠岩混凝土和用有机轻骨料制成的混凝土等；工业废料轻骨料混凝土，如煤渣混凝土、粉煤灰陶粒混凝土和膨胀矿渣珠混凝土等。

4. 橡胶混凝土

使用橡胶材料作为轻骨料加入混凝土是一种较好的方式，即所谓的橡胶混凝土[24]。将废旧轮胎等制成橡胶颗粒，然后以适宜的掺量加入混凝土中。橡胶颗粒加入到混凝土中后，可填充混凝土内部空隙，改善水泥与骨料的界面状况，约束混凝土中微裂缝的产生与发展，并形成吸收应变能的结构变形中心，吸收震动能，从而降低混凝土的弹性模量，明显改善混凝土抗冲击韧性、抗疲劳性能，隔热保温和隔音降噪等功能。

一方面，橡胶的掺入改善了混凝土的脆性，并且被赋予与"弹性混凝土"相称的新性能，使橡胶混凝土成为一种兼具结构和建筑功能的材料，极大地拓展了混凝土这种传统材料的应用范围以及深化了工程应用深度；另一方面，可以消耗大量的废旧轮胎，使废旧轮胎得到合理有效的循环利用，解决废旧轮胎所引起的环境破坏和资源浪费问题，把废旧轮胎从"黑色污染"转变成"黑色黄金"，顺应当今建筑业绿色低碳节能的发展。

目前的大多数防护结构主要是普通混凝土防护结构，比较笨重，有些防护门难于起闭，如果将普通混凝土换为轻质混凝土防护结构，不但将起到更好的吸能、缓冲作用，而且将大大减轻防护结构的自重。可以预计，在防护材料和结构领域内加紧研究轻质吸能混凝土，具有十分重要的理论意义和良好的推广应用前景。

5. 展望

现代材料科学的重要研究方向之一是将材料的结构性能与功能结合在一起。吸能混凝土就是采用一定的方式弥补混凝土脆性的缺点，使混凝土不仅有足够的强度也具备充足的耗能能力，同时具备结构和耗能性能。今后吸能混凝土的发展方向包括：发现新的混凝土制备材料来满足混凝土的延性需求，采用纤维加筋和轻骨料混合制备吸能混凝土也是一种有效方式；合理进行废物资源化，建筑废物和废旧轮胎等废物经适当处理后，均可作为纤维材料和轻质骨料使用，这样完全符合可持续发展的思想，在此基础上，将粗骨料用再生骨料进行取代，更能进一步体现绿色环保材料的理念。

10.2　新　结　构

结构类型上的优化能大大减小资源的浪费，目前的混凝土结构已有较为成熟的体系，其结构体系不会有太大的改变，但随着建筑功能的要求越来越高，结构与功能要求一体化，结构需要满足一定的功能要求。为满足混凝土结构的可持续性设计，要求结构绿色环保，资源浪费少，耐久性高。

为实现混凝土的可持续利用，混凝土在其应用结构形式上也可有所创新。在设计结构时，可以利用仿生学对建筑结构进行优化，通过特殊设计使混凝土结构具有特殊的功能。设计上使建筑在结构层面上能够再利用，采取特殊的构造，使建筑结构可以移位。在基于性能的抗震设计理念下，可恢复功能的概念也逐步引入建筑结构中，即采取一定的构造措施，设计为自恢复结构，使结构可以在灾后自行恢复原状，不需拆后重建。

10.2.1　仿生结构

生物在千万年进化的过程中，为了适应自然界的变化而不断完善自身的组织结构与性能，获得了高效低耗、自我更新、新陈代谢、结构完整的保障系统，从而得以顽强的生存与繁衍，维持了生物链的平衡与延续。其特点突出表现在通过选用合理的结构形式，最小限度地使用材料，来满足自身的功能需求。这将为结构设计提供一种全新的思路，通过对生物体结构的模仿，创造出经济、合理、高效的结构体系。采用仿生学原理设计建筑结构，包括以下几个方面[25, 26]。

1）城市规划仿生

对城市环境的仿生设计由来已久，巴黎在其城市结构功能上进行了仿生式的改善，使得其城市交通、环境绿化以及居住水平等都达到了一个新的境界，如图10.5所示。

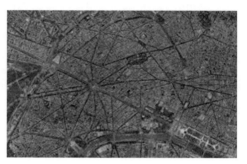

（a）巴黎宏伟的干道规划　　　　　　　　（b）巴黎轴线网络

图10.5　巴黎的城市规划

为实现这一设想，巴黎改建规划在某种程度上就是模拟了人的生理循环系统而进行设计的。例如，当时在巴黎东、西郊规划建设的两座森林公园，东郊文森公园（Vincennes）和西郊布隆（Boulogne）公园的巨大绿化面积，就象征着人的两肺，环形绿化带与塞纳河（Seine River）就像是人的呼吸管道，这样就使新鲜空气可以输入城市的各个区域。市区内环形和放射的各种主干与次要道路网就像是人的血管系统，使血流能够循环畅通。这种城市环境仿生思想，不仅解决了困扰巴黎的城市交通与环境美化问题，使巴黎在世界上成为城市改建的成功范例，而且它的城市环境仿生理念为今后的城市规划提供了很好的借鉴经验。

2）建筑造型仿生

建筑造型仿生是建筑创新设计的一种有效方法，它是通过研究自然界生物千姿百态的规律，而后探讨其在建筑上应用的可能性。这不仅使建筑形式与功能、结构有机融合，而且还是超越模仿而升华为创造的一种过程。

造型仿生在建筑工程设计中较为常见，它不仅可以取得新颖的造型，而且往往也能为发挥新结构体系的作用创造出非凡的效果。只要善于观察和吸收自然界中千变万化现象的内在规律，就能有取之不尽的灵感源泉。如图10.6所示，中国港口博物馆的建筑外形就是从海螺中获取的灵感，芝加哥的地标性建筑"双玉米楼"的造型就借鉴了玉米的外形。

（a）中国港口博物馆从海螺中获取灵感　　　　　　（b）芝加哥"双玉米楼"

图 10.6　建筑造型仿生

3）建筑功能仿生

在建筑使用功能方面的仿生，应用也很普遍，表现形式也是多种多样的，只要善于应用类推的方法，就可以从自然界中吸取无穷的灵感，使建筑的空间布局更具有新意。如图 10.7 所示，芬兰著名建筑师阿尔托（Alvar Aalto）设计的德国不莱梅高层公寓（1958～1962 年建成）的平面就是仿自蝴蝶的原型，他把建筑的服务部分与卧室部分比作蝶身与翅膀，不仅使内部空间布局新颖，而且也使建筑的造型变得更为丰富。又如，竹子是空心的，它既是自身的支承结构，也是各种养分的输送"管道"。受竹子结构的启发，慕尼黑 BMW 公司 22 层办公楼的四个结构圆筒作为整个建筑物的支承并兼有竖向交通的功能；美国芝加哥西尔斯大厦从外形看，有类似竹节的水平结构层。这种水平的结节既增加了建筑的整体刚度（加强层），又往往作为设备层使用，实现了多种功能。

建筑的功能往往是错综复杂的，它不仅仅是单一功能元素的相加，而是多功能发展过程的综合。如何有机地组织各种功能成为一种综合的整体，自然界生物也为人们提供了交织组合的范例，这使得建筑师在建筑功能组织中有所启发。当代集中式的建筑倾向已使巨型高层建筑与多功能建筑随处可见，这就要求在有限的空间内要高效低耗地组织好各部分的关系，使这些空间可以适应多种功能。

4）结构形式仿生

结构仿生是从自然界物象的力学特性、结构关系、材料性能等汲取灵感，应用于建筑的结构设计中，实现传统结构无法实现的功能要求。自然界中的生物体结构及其巢穴在许多方面都比人类的居所优越：它们总是能用最少的材料获得最大的刚度、承载力和使用空间。这些结构特征非常值得人类研究和借鉴，如图 10.8 所示。

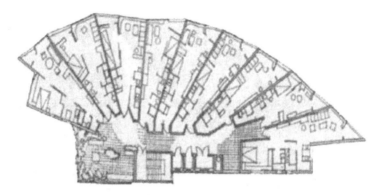

（a）德国不莱梅高层公寓平面图

（b）慕尼黑 BMW 公司

（c）美国芝加哥西尔斯大厦

图 10.7　建筑功能仿生

（a）荷兰鹿特丹"城市仙人掌"

（b）东京千年塔设计方案

（c）瑞士 RE 总部大楼

图 10.8　建筑结构仿生

　　荷兰鹿特丹的"城市仙人掌"是一个坐落在荷兰的住宅工程，它将在 19 层楼中提供 98 个居住单元。这种错落有致的曲线阳台的设计，每个单元的室外空间都能够得到足够的阳光。当所有居民的花园中的花正在开花期时，这个绿色摩天大楼将真的是绿色的，其节能减排能力很高，也帮助减轻了市内的热度。

　　双螺旋结构广泛存在于自然界中，如鲨鱼的表皮纤维就是双螺旋结构。当两个螺旋结构相交叉形成双螺旋时，抵抗外力的能力将大大增强。鲨鱼借此承受体压和弯曲力的巨大变化，海虾则用它抵抗巨大的洋流和压力。将双螺旋结构运用到高层建筑中，取得了结构和美学上的双重效果，东京千年塔的设计方案和福斯特设计的瑞士 RE 总部大楼都是成功的范例。

　　建筑结构可以仿生形态万千的自然界生物，根据自己不同的构造和存在方式，有着不同的特征，存在不同的体现自身特点的尺度。认真研究客观生物实体构造和空间结构形式之间的相似拟合度，认清生物体的优化程度和结构限定性，探寻空间结构形式与生物形体和构造之间的内在关系，有利于人们对结构仿生工程的认识，找到一条发展仿生建筑结构新形式的科学途径。

　　5）仿生建筑材料

　　科学家们通过对某些生物特殊的有机构成结构进行了广泛而深入的研究与试验，总结出某些仿生材料学方面的经验和规律。比如，模仿蜂巢创造了既轻又美的网格结构，而且也用于建筑材料的设计，设计出了各种轻质高强的泡沫蜂窝材料和结构，如图 10.9 所示。泡沫混凝土、泡沫塑料、泡沫玻璃和泡沫合金等都已得到大规模的使用。实践证明，这种材料中由气泡组成的蜂窝，既隔热又保温。英国的建筑师试制成功一种蜂窝墙壁，中间填满由树脂和硬化剂合成的尿素甲醛泡沫，用这种墙壁建造住宅结构轻巧、冬暖夏凉。

(a) 泡沫蜂窝材料　　　　　　　　　　　　　(b) 泡沫蜂窝板

图 10.9　轻质高强的泡沫蜂窝材料

　　综上所述，可以想象，未来的建筑如果是拼插模块式的，其间将更多地体现仿生学的元素。如津巴布韦（Zimbabwe）的建筑师米克·皮尔斯（Mick Pearce）研究了白蚁巢穴凉爽的"烟囱"和"隧道"，皮尔斯将白蚁巢穴的建筑理念用于首都哈拉雷（Harare）3.1 万 m² 的伊斯特盖特（Eastgate Center）中心建筑上，如图 10.10 所示，该建筑拥有很多的排气口和烟道，帮助热空气从建筑物中排出。当热空气上升，流出建筑物顶部的排气口时，较凉的空气则被从底部吸入，通过这种循环使得建筑比一般的建筑更凉爽，而且比一般的建筑节能 90%。建筑物上巨大的烟囱犹如白蚁巢穴一样，在夜晚吸收凉爽的空气用以降低楼板的温度，而在白天，楼板也可以保持凉爽，从而减少了空调的使用时间。

图 10.10　白蚁巢穴和办公楼（Eastgate Center）

　　未来建筑可以更多地吸收动物和昆虫在建造巢穴时体现出的生态、环保方面的特点，更多地着重于建筑生态环境的建设，体现人工智能的特点。

10.2.2　可移动结构

　　建筑物拆除时，将产生大量的建筑废物，对环境造成极大的污染，同时在拆除的过程中，会产生大量的粉尘和不可避免的噪声，对环境和人本身造成极大的危害。如果采取特殊的构造，将建筑结构设计为可以整体移动的，那么如果因特殊原因而需要拆迁的建筑，就能直接整体进行移位。这在现有的建筑移位技术下是完全可以实现的。

　　混凝土结构建筑物的整体平移是指在保持房屋整体性和可用性不变的前提下，将其从原址移到新址，它包括纵横向移动、转向或者移动加转向。对建筑物的整体平移通常是指对既有建筑的移位，而如果建筑在新建时，就考虑将其设计为可移位的，就会减小移位前的加固处理工作，移位更方便。另外，还可以设计出特殊的可移位结构，如海上漂浮混凝土房屋等。目前，对既有建筑的整体平移技术已较为成熟，将会成为今后可移位混凝土结构的技术支持。建筑物整体平移技术在国外已有上百年的历史，发达国家对于有继续使用和文物价值的建筑物都很珍爱，不惜重金通过移位工程将其移至合适位置予以保护。我国于 20 世纪 90 年代初开始应用这项技术，目前已平移与旋转了上百例建筑物，积累了一定的工程实践经验，并总结提出了相应的规范，《建（构）筑物移位工程技术规程》（JGJ/T 239—2011），指导移位工程的施工。如图 10.11 所示为上海音乐厅的移位工程，上海音乐厅建于 1930 年，结构总体上为框架-排架混合结构。根据规划要求，将音乐厅整体平移 66.46 m，并整体顶升 3.38 m。音乐厅总体平移方案为：先在原址顶升 1.7 m，然后平移 66.46 m 到达新址，最后顶升 1.68 m。音乐厅结构空旷，空间刚度较差，且结构强度很低，将如此风格和结构类型的优秀保护建筑整体移位，在国内尚属首例，在施工难度上堪称国内之最，顶升高度在世界上也属罕见。该工程经过 7 个月的精心施工，已于 2003 年 7 月取得了圆满成功，堪称建筑史上的一个奇迹。

（a）上海音乐厅平移前加固工作　　　　　　　（b）上海音乐厅平移过程

图 10.11　上海音乐厅建筑移位

建筑物整体平移技术包括以下基本内容[27]。

（1）建造建筑物规划新址的基础及移位轨道。

（2）对原建筑物在其基础顶面进行托换改造，在承重墙（柱）下面或两侧浇注混凝土托梁，形成钢筋混凝土托换底盘，既加强上部结构，又作为移动时的轨道。

（3）在建筑物原基础上和沿途基础上铺设钢垫板。

（4）在钢板上设置滚动支座。

（5）将建筑物与原基础分离，分离后的建筑物底盘放置于滚动支座上。

（6）施加牵引力，将分离后的建筑物沿所设轨道整体移位至指定位置。

（7）将整体移位后的建筑物承重墙（柱）与新建基础进行可靠连接，并进行必要的加固处理。

（8）最后恢复室内外地面，并进行一定的装修。

借鉴上述目前的建筑平移技术，完全可以将混凝土结构设计为可移动式的结构，"可移动混凝土结构"的基本要素和设计要点可概括如下。

（1）在混凝土结构设计时，就考虑将其设计为可移动的，采取特殊的构造措施，包括建筑与滑移轨道对接构造，以及建筑移位方式构造等。

（2）在结构基础设计上，考虑采取一定的构造措施，使上部结构与基础易于分离。

（3）结构上部适当部位应提前进行适当的加固处理，设计时就考虑到移动时的工况。

（4）对"可移动"的特殊构造进行标记，做好信息记录，为将来的移位工作建立基础。

（5）可采用预制结构，移位时可考虑拆除部分上部完整模块结构，减小移位牵引力，移位至相应地点后再重新进行组装。

另外，还有一类新型的结构能体现出建筑移位的功能，该类结构将结构整体划分为单独的模块，建造时将其按特殊的构造整合，移动拆除均很方便，这类结构称为"集装箱"结构。根据目前预制混凝土结构的成熟技术，可以提出一种"集装箱式混凝土结构"，那么可以使混凝土结构也具备集装箱的各个特点。结合目前"集装箱"结构，"集装箱式混凝土结构"可具有以下特点。

1）低碳环保

一般集装箱在运输业经过 10 年服役后，箱体作为废弃物经改造在建筑领域再次利用，仍可使用 30 年左右，若采取合理的维护措施，甚至可以将其使用寿命提升至 50 年。另外，集装箱建筑的拆卸组装工作简单快捷，构件大多可重复利用，回收率高达 90%。当其作为建筑的功能丧失后，绝大部分构件又可作为废旧材料回收再利用，这样的多重功能延长了集装箱的生命周期。

与建筑工程施工相关的建筑（宿舍、食堂、办公等）最具有临时性，短则数月，长则数年，一旦工程结束，这些建筑就可拆除转移到下一个工程继续使用。虽然施工场地不同，但是其内部使用空间不会有太大变化，这些建筑最具有循环再用的特点，"集装箱"正好满足这些要求。

2）绿色生态，节能省地

随着经济发展的越来越快，城市发展日新月异，其土地的使用也将随之调整，许多建筑由于城市规划建设的需要，在使用寿命不到 30 年便被拆掉，若所有建筑均按永久性的标准来建设，显然不能适应快速变化的市场需求，甚至造成提前拆迁和巨大浪费。一栋建筑的建与拆，拆掉的不仅是一些钢筋水泥，而是在整个建造过程中耗费的不可回收材料和资源，并产生环境污染，对生态环境是一种严重的破坏。

因此，建设绿色生态建筑，要形成可持续发展的建筑模式。"集装箱"作为可选择之一，是一种独特的解决方法，这不仅是循环再用，而是提升循环方式，这将给建筑业带来巨大变革。

首先，"集装箱"建筑属于预制装配式建造，没有传统建筑工地的尘土飞扬、机器轰鸣、大规模的建材堆场。

其次，"集装箱"作为独立完整的坚固结构体，对周边的配套设施要求不高。通常，施工现场只需将基地进行平整和清理工作，并不需要特殊的基础和深厚的桩基。不依赖于周边环境，对场地有很强的适应性，同时对土地和环境的原生态有很好的保护作用。

最后，"集装箱"单元箱体内部能够紧凑地布置家具，小面宽大进深的单元特征，也符合节地的住宅布局策略。"集装箱"改造建筑不需要占用城市规划空间，很少使用土地资源，有着非常广泛的应用空间。既可以改造成快捷酒店、临时商业小铺，也可以用于市政服务各种创意空间。目前，"集装箱"公寓非常适合单元式拼合结构，经济快捷，受到越来越多的建筑师的关注。

3）可移动性

"集装箱"建筑由标准化的模块单元拼装而成，它的工业化的连接方式和搭积木般的建造方式，便于运输并保证建筑能够不断翻新改造和异地重建，甚至整体迁移。

4）施工简捷，经济性好

"集装箱"单元以模块化的组合方式，简洁的构造连接，没有冗杂的施工工序和长时间的养护周期，大部分构件可在工厂预制，现场只是安装组合，大大提高了施工效率；"集装箱"符合多式联运的要求，并且作为容器内部又可装载其他建筑材料和构件，甚至可以直接运输、装修设备一体化的单元模块；"集装箱"也已具备很完备的吊装技术，这样大大提升了建造速度。从工厂加工、现场安装到最后入住，只需 1 个月时间。具体来说，平均 $100m^2$ 仅需 10 天的时间，而传统的砖混建筑需要 30 天。"集装箱"式建筑，一次性投资可重复使用，用作房屋建材可大量减少结构与基础的工程量，缩短施工周期，降低工程总造价及综合使用成本，具有较高的性价比。同时，对施工人员的数量和素质也无须过高的要求；其拆迁和运输都使用现成的配套设施和良好的货运条件。这样大大节省了人力、物力资源，体现了其经济性。

当以箱体为建筑单元进行预制时，箱内的水、电等管线及子系统将在工厂完成。现场进行房屋组合时，子系统将按设计接入总系统，其具备操作条件并满足相关标准的接口，从而使整个施工过程更加便捷。现在已有许多生产厂为箱式房屋设计生产专用的接口器件。由于"集装箱"建筑施工便捷、经济性强的特点，可以延伸其储存箱的作用直接用作仓库，需要改造的动作小，即买即用，经济实惠。在中国最常见于工地中的临时住所，而在非洲的一些国家被用作教室或难民的住房，亦可当作灾区的临时安置房，其施工迅速、稳定牢固、经济实惠、移动方便，其至可提前设计并制造一些居住及医疗室的模块单元，在紧急时快速运转至灾区，直接投入使用，迅速发挥重大的作用。图 10.12 为集装箱结构的示例。

（a）施工临时房屋　　　　　　　（b）集装箱式创意建筑（www.chhome.cn/S-471189.html）

图 10.12　集装箱建筑结构

　　从以上分析可见，"集装箱"在形式，空间、功能及其应用类型等方面都有着极强的适应性，这种建筑体系具有独特的魅力和发展潜力。"集装箱"的应用正在往更有效率，更专业的方向发展，越来越多的建筑师和事务所将其创造力应用在对"集装箱"建筑的研发上。如果将太阳能、地热及风能等生态技术与"集装箱"建筑结合，通过更多实践进一步拓展市场需求，形成特色产业链，可为绿色环保的新型产业及可持续低碳建筑的未来提供一个崭新的思路，前景可观。

10.2.3　自复位结构

　　混凝土结构要做到可持续利用，首先要解决的问题是混凝土的耐久性，混凝土材料、构件和结构层面上必须有足够的耐久性，在正常使用阶段能够保证完好无损，在承载能力极限状态下，能够尽量减少破坏，使其可以不经处理或者仅需简单的处理就能够继续使用。当出现构件耐久性问题以及结构出现无法修复的问题时，那么将其进行再利用，处理起来就会大量消耗能源，这样虽然能够得到再生的材料，但同时也付出了损耗大量能源的代价。所以，未来混凝土结构要做到绿色低碳环保，有足够的耐久性，结构不易损伤，在极限状态下，结构能够做到不发生破坏或少发生破坏。

　　地震会造成严重的破坏，使房屋建筑倒塌，变为废墟，而对这些废墟的处理会消耗大量的能源物资，并造成环境污染。如果在地震发生后，整个建筑物乃至整个城市，甚至整个社会具有恢复功能，那将会大大降低结构的损伤，使结构的寿命得到有效的延长，减小结构的破坏，利于其回收再利用。

　　2009 年 1 月在 NEES/E-Defense 美、日地震工程第二阶段合作研究计划会议上，美、日学者首次提出将"可恢复功能城市"作为研究地震工程的大方向[28]。如何设计出在地震中不发生破坏，或是仅发生可以迅速修复破坏的结构，将成为今后可持续发展工程抗震的重要研究方向之一。

2011 年我国学者明确了结构抗震设计的新概念——可恢复功能抗震结构[29]。"可恢复功能抗震结构"是指地震（设防或罕遇地震）后，不需修复或在部分使用状态下稍许修复即可恢复其使用功能的结构。其结构体系应易于建造和维护，生命周期成本效益高。可恢复功能抗震结构从结构形式上有多种实现方法，包括摇摆结构及自复位结构、可更换构件/部件结构等。

在地震作用下，建筑物向上抬升的趋势是一种对结构本身有利的保护作用。将这一特性运用于结构设计中，就产生了摇摆结构。

在早期的摇摆建筑结构中，一般做法为放松结构与基础之间的约束，使上部结构与基础交界面处，只能传递压力而几乎没有受拉能力，这样在水平倾覆力矩作用下，允许上部结构在与基础交界面处发生一定的抬升。在地震作用下，上部结构的反复抬升和回位就造成了上部结构的摇摆。这样处理后的摇摆结构，一方面降低了强地震作用下上部结构本身的延性设计需求，减小了地震破坏，降低了上部结构造价；另一方面，减小了基础在倾覆力矩作用下的抗拉设计需求，节约了基础造价。

进入 20 世纪 90 年代，除了放松基础约束构成摇摆结构设计外，美、欧、日学者也开展了放松构件间约束的结构设计。例如，后张预应力预制框架结构，通过放松梁柱节点约束允许框架梁的转动使结构发生摇摆，而通过预应力使结构自复位。

一般来说[30]，放松结构与基础交界面处或结构构件间交界面处的约束，使该界面仅有受压能力而无受拉能力，结构在地震作用下发生摇摆而结构本身并没有太大弯曲变形，最终回复到原有位置时没有永久残余变形，这样的结构称为自由摇摆结构；如果对自由摇摆结构施加预应力以保证其结构体系稳定，这样的结构可称为受控摇摆结构；如果放松约束的结构在地震作用下首先发生一定的弯曲变形，超过一定限值后发生摇摆，通过预应力使结构回复到原有位置，这样的结构称为自复位结构。如图 10.13 所示。

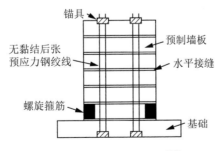

图 10.13　自复位摇摆墙[30]

从 1963 年 Housner 发现摇摆对上部结构抗震性能的有利作用以来，摇摆及自复位结构已有了摇摆桥墩、摇摆及自复位钢筋混凝土框架结构、摇摆及自复位钢框架结构、摇摆及自复位剪力墙结构、摇摆框架-核心筒结构等不同结构体系，其基本发展趋势总结如下[30]。

（1）摇摆及自复位结构中既可以将竖向构件设计为摇摆构件，如摇摆框架柱，又可以将水平构件设计为摇摆构件，如自复位框架梁等。

（2）可以在竖向或水平构件上引入后张预应力技术，以解决摇摆及自复位结构的残余变形问题。

（3）为更好地控制结构在地震作用下的摇摆幅值，可在摇摆及自复位结构中引入消能减震部件，如黏滞阻尼器、软钢阻尼器等。

（4）摇摆及自复位结构发展初期多采用单一技术，应用于一种构件，随着建筑结构抗震技术的发展，逐步在摇摆结构中采用多种技术，如后张预应力、消能部件的联合应用等，以控制整体结构在强震作用下的性能。因而，摇摆及自复位结构的未来发展趋势将更强调整体结构抗震的概念设计。

（5）为使摇摆及自复位结构得以推广应用，需建立一整套摇摆及自复位结构设计方法。在该方法的研究中，需对摇摆及自复位结构的整体及局部变形限值、附加阻尼器、构造措施等关键问题展开研究。目前，自恢复混凝土结构还在研究阶段，但其思想符合可持续发展的要求，今后将会更多地应用在工程实际中。发展混凝土结构抗震技术的最终目的是控制或尽量避免混凝土结构在强震作用下可能的破坏，实现混凝土建筑的可恢复功能。其核心技术经过开发高性能混凝土结构材料、高性能混凝土结构构件、高性能混凝土结构体系等进行"抗震"、采用隔震层"隔震"、引入消能元件"消震"等几个阶段后，逐步进入"抗震""消震""隔震"联合应用的发展阶段。摇摆及自复位结构通过放松特定位置约束、联合使用后张预应力和消能减震技术来控制变形与破坏，是今后抗震设计以及混凝土结构可持续设计的重要发展方向。

10.2.4　组合混凝土结构

混凝土和其他材料（如钢材和 FRP 材料）的组合结构形式已有较为深入的研究，钢-混凝土组合结构与 FRP-混凝土组合结构形式已在工程中得以应用。这些组合将混凝土材料和其他材料各自的优势充分发挥了出来。

反观混凝土材料本身，近年来，随着对混凝土材料的不断研究，诞生了一系列由不同配比和制备工艺得到的具有不同性能和功能的新型混凝土材料，包括海水海砂混凝土、再生混凝土、纤维混凝土、轻质混凝土、橡胶混凝土、高强混凝土、超高性能混凝土、高延性水泥基复合材料（ECC）等。其种类琳琅满目，各有其独特的优缺点。

本书提出可以通过各种混凝土的合理组合，充分利用各类混凝土材料的特点，这种组合可以是不同种类混凝土材料在混凝土构件上的组合，也可以是不同种类混凝土构件在结构上的组合，这种形式的结构本书称为组合混凝土结构（Composite Concrete Structures）。

　　混凝土是由胶凝材料将粗、细骨料胶结而成的固体材料，因此，混凝土材料本质上是由多种材料复合而形成的。将混凝土这种在材料上的组合性质，推广到构件和结构上，即可以得到组合混凝土结构。根据需求性能的不同，可以组合不同的混凝土材料及构件，达到最优化的结果。因此，组合混凝土结构的设计是对混凝土材料所建结构进行最优化处理，这不仅可以更好地发挥材料的作用，还能使混凝土材料的应用更为广泛。图 10.14（a）为在构件上组合混凝土的一些实例，ECC 由于具有高延性，可以作为组合构件受拉部分；纤维混凝土由于具有良好的吸能作用，可以将其作为剪力墙或梁构件的塑性铰区域。图 10.14（b）为在结构上组合混凝土的范例，在梁柱节点处采用纤维混凝土，可以保证节点具有充足的变形能力；框架结构可以根据其不同的部位，采用不同的混凝土构件，以达到受力最优的方式。

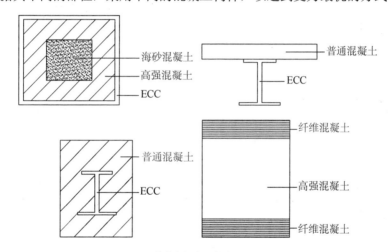

（a）构件上组合混凝土

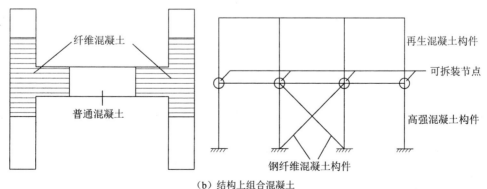

（b）结构上组合混凝土

图 10.14　组合混凝土结构

作者根据再生混凝土的特点，开展过组合再生混凝土梁[31]、组合再生混凝土柱[32]、组合再生混凝土板（梯度板）[33,34]和组合混凝土剪力墙[35]的试验与理论分析研究工作，得到了较好的效果。

组合混凝土结构在传统的施工方式上会遇到相当大的困难，但随着 3D 打印技术、预制装配技术、可拆装技术的发展，新型的混凝土施工技术将会有效地解决这些施工难题。随着建筑工业化的大力推进，混凝土产业预制装配式施工的要求越来越高，组合混凝土结构作为一种顺应建筑工业化潮流产生的新型结构形式，将对混凝土结构的可持续发展起到重要推动作用。

10.3　新　施　工

目前混凝土结构的建造以现场建造为主，这种方式会导致建造效率低、资源浪费、品质难以保障、对环境影响大等问题。近几年来，劳动力人口老龄化、劳动力短缺、成本大幅上升等问题日益显著，这就要求对现有生产体制进行一次较大的变革。目前国家发展战略要求进行新型城镇化建设、新农村建设、住宅产业化。国务院 2013 年 1 号文件《绿色建筑行动方案》中提到，要大力发展绿色建材、推动建筑工业化、加大政策激励。同时，建筑工业化也符合一些地方政府如上海、北京、江苏、浙江、山东等的相关政策，所以建筑工业化是当务之急。

建筑工业化是以标准化设计、工厂化生产、装配化施工、一体化装修和信息化管理等为主要特征的工业化生产方式来建造建筑。建筑工业化的目的为节省劳动力，改善劳动环境，大幅提高劳动效率；降低成本，提高性价比；提升工程的品质和安全，创造资源节约和环境友好型社会。

建筑工业化将是目前以及将来很长一段时间内建筑业相关行业的主要研究与发展方向。对混凝土结构来说，目前装配式混凝土结构是实现新型建筑工业化的主要方式和手段，各企业与高校也做了很多方面的研究与实验。如果将工业化中标准化、模数化、信息化等概念应用于混凝土结构的研究中，将会使生产更快捷、更经济、更环保。

10.3.1　可拆装结构

1. 简况

现有混凝土构件缺点在于无法重复使用，导致拆除时资源浪费严重。为贯彻"3R"理念，混凝土要求可持续利用，即要求混凝土结构能够从材料和构件上进行再利用。直接对混凝土构件进行重复利用，不仅效率高而且耗能少。因此，为了对混凝土构件进行重复利用，需要设计并制造一种混凝土构件，在结构拆除时可以拆卸并在新的建筑中能够完成二次装配。

目前对建筑物的拆除，主要采用的是传统的破坏性的建筑拆卸方法。在进行建筑拆卸时，往往仅从最易于操作的方面考虑问题，而不是利用建筑解构的思维来进行规划。设计时就考虑到拆卸过程，然后在正确合理的拆卸方式下进行结构的拆卸，这样不仅效率高，还能对构件进行有效的利用。

如果在设计混凝土结构时，引入可拆装设计（Design for Deconstruction，DfD）的概念，即设计成可拆装混凝土结构，这样在混凝土构件损坏时就可以拆下来换上新的构件。同时，在最后混凝土建筑拆除时能更方便地拆除，并能保留那些完好的混凝土构件重复利用。这样的混凝土构件也同时具备装配式混凝土构件在工厂预制精度高、在现场拼装快捷、方便等特点。

2. 可拆装设计的概念

起初可拆装设计的概念多用于工业设计领域中，包括对工业产品的标准化生产及元件的回收利用。对建筑业来说，它是一个新兴的概念。可拆装设计的建筑要求在拆除时，能够尽可能地保留结构中的构件，并尽可能地将其直接用于新的结构当中。从这个概念上来说，一些木结构和钢结构的建筑即为可拆装的建筑。

根据 Crowther[36]的研究，一个建筑在需要拆除时，回收利用应该包括 4 个方面，分别为建筑的整体移位、构件的直接利用、材料再加工为构件、材料回收处理再生。这 4 个方面中构件的直接重复利用相对于材料的再加工以及材料的回收再生而言，其消耗的能量最小也最快捷方便。所以构件的直接再利用是降低能耗与污染的最有效的方式，而做到这点，就要求结构可以拆装。

目前，可拆装设计并没有广泛应用，然而有些建筑能够给我们一些关于可拆装设计的启发，如传统的木结构、临时结构以及军用结构。Addis 和 Crowther 等[37,38]对这些结构进行了分析，并提出了一些有关可拆装设计的原则，可供设计参考，主要包括以下几个方面。

（1）为了实现建筑各级层次的循环利用，宜采用可回收利用的材料，并鼓励行业开发新技术，颁布相应的法律和规程，形成广阔的规范的回收市场。

（2）推荐使用预制构件，并对预制构件进行模块化设计，使预制构件的尺寸等达到兼容的目的，同时建立大规模标准化生产体系。

（3）构件之间连接的设计尤为重要，宜采用机械连接，方便拆卸。由于在拆装过程中可能受额外作用力，设计节点时要尽量减小不可修复的损坏，保证构件可以重复利用。

（4）构件要做到重复利用，还需要加强预制构件的耐久性，并考虑到拆卸方式以及程序，拆除时对构件的破坏要小或没有，构件本身强度可能需要加强。

（5）结构中的连接数量和连接的形式要尽量少，平面布置应简单规则，最好为整齐的结构网格，使拆卸程序简单明了。

（6）对构件的信息要记录好，并做好标记，方便识别以及一些操作的进行。最好能建立出构件的数据库，记录构件的力学信息、使用时间、构造以及其他信息。

混凝土结构通过一定设计是可以满足以上可拆装原则的，因此，可拆装的混凝土结构是可以实现的。

3. 展望

近年来，已有不少应用可拆装设计思想的实际工程。2000 年，CIB[39]就对当时一些国家中的可拆装设计的工程应用情况进行了调查，包括澳大利亚、德国、以色列、日本、荷兰、挪威和美国，其报告介绍和分析了一些工程实例，但其中关于混凝土结构的应用相对介绍得较少。

Saghafi 等[40]对在伊朗的可拆装设计以及材料回收的实际应用情况进行了调查，并着重对 Tehran 的一个两层住宅楼进行了分析，其材料回收率达到了 68.81%。Jaillon 等[41]对香港的实际工程也进行了分析，指出在建筑密度较大的城市，这类建筑的应用需要考虑更多因素。这两篇文献均指出，为促进可拆装设计在建筑领域的应用，政府应该颁布相应法律，采取相应措施来规范材料回收市场，同时应该发展新技术以及提出相应设计标准。

目前，生命周期设计的方法（LCA）以及建筑信息模型（BIM）都被运用在这类建筑的环境和经济效应的分析中，结果均表明可拆装设计的建筑能够明显减少 CO_2 的排放量以及建筑废物的数量。据研究[42]，重复利用预制混凝土构件，大约减少 56%的材料费用，CO_2 排放量减少大约 68%，废混凝土量也减少了许多，还有政府的相关税收，如垃圾填埋税等以及再生材料市场规模都将会影响其经济效应。

总的来说，在进行可拆装设计时，关键是对预制构件连接节点的设计。构件间的连接要可靠，并方便拆卸以实现构件的再利用。相对来说，混凝土结构的可拆装设计要比其他材料困难一些，因为要保证预制构件拼接节点的连续性，通常需要后浇混凝土；同时，钢筋也需要保证连续性，这些都将会对后面构件拆卸的过程造成一定困难。但仍有一些关于混凝土结构可拆装类节点的试验研究，如图 10.15 所示。这些试验研究[43-45]中，混凝土构件采用干连接，或只后浇少量混凝土，可以达到可拆装的目的。肖建庄等也提出了一种节点形式，并申请了相关专利[46]。

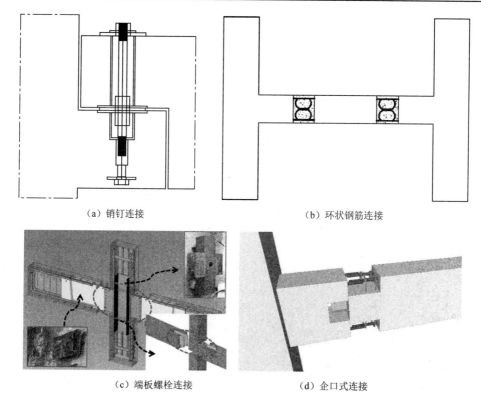

（a）销钉连接　　　　　　　　　（b）环状钢筋连接

（c）端板螺栓连接　　　　　　　　（d）企口式连接

图 10.15　可拆装的混凝土构件节点

目前，预制装配式混凝土结构正广泛应用于实际工程中，因为预制构件安装快捷方便，制作精度与质量均有保证，而且相对于现浇混凝土结构，其建造过程所消耗的能量以及产生的废物要少，更符合"Reduce"的理念。这些预制构件的尺寸一般是标准化的，当其连接节点采用干连接或只浇有少量混凝土，就可以比较容易地拆卸下来以重复利用，所以可拆装混凝土构件的设计可在预制装配式混凝土构件的基础上，设计出一种可以方便拆卸的节点，同时保证其结构的力学特性。

10.3.2　模块式结构

1. 简况

模块化的概念来源于电子硬件工程项目，通过对电子电路板进行模块化分隔设计，然后进行组装，可以完全控制数以万计的电子元件单元。

模块化因具有临时进行组合、产品化以及通用等特点，被引用到房屋建筑结构中来。建筑结构模块化过程是指对建筑物的空间功能进行类型划分，它是以建筑物为主体研究对象，将内部构成元素进行统一分解，然后组合的过程，具有相同或者是类似功能的空间将会被规列到某一特定的单元内，在房屋建筑结构设计过程中，利用模块与模块之间的组合方式，按照设计要求以及建筑学原理而搭建成的建筑结构过程。通过这一设计手段实现房屋建筑从某一建筑单元到建筑整体的变化，这种模块化设计注重的是建筑空间使用的标准化、建筑资源配置的统一化以及建筑内部管线的管理专业化。模块化技术集设计、制造、搭建和验收为一体，有效地缩短了建设工期，可以更快地回收资本。

新思维、新理念是土建行业发展的源泉。随着工程类型的复杂化，施工质量的标准化，社会对建设项目的精准程度要求越来越高。此时，为了满足日益增长的需求，就必须引入一种新的建设体系，来解决现阶段所存在的这些问题，而"建筑模块化"就是一个很好的创新体系。

2. 模块式结构的概念

关于模块的概念有很多[47]，比较精简的说法是："模块，就是可组合成系统的、具有某种确定功能和接口结构的、典型的通用独立的单元。"前面提到的集装箱建筑就是模块式结构的一种。

通过这个定义，可以了解模块具有以下几点特征。

1）模块是系统的组成部分

模块是系统经过分解的产物。模块能够组合成为一个新的系统，也易于从系统中分离、拆卸和更换。此处的"系统"所指的既可以是大型的工程系统，也可以是某种简单的产品。

模块是构成系统的单元，也是一种能够独立存在的由一系列零件组装而成的部件级单元。它可以组合成一个系统，也可以作为一个单元从系统中拆卸、取出和更替。倘若一个单元不能够从系统中分离出来，那么它就不能称之为模块。

2）模块是具有明确功能的单元

虽然模块是系统的组成部分，但这并不意味着模块是对系统任意分割的产物，模块应该具有某种特定和明确的功能，并且这一功能能够不依附于其他功能而相对独立存在，也不会受到其他功能的影响而改变自身的功能属性。

3）模块是一种标准单元

模块的结构具有典型性、通用性和兼容性，并可以通过合理的组织构成系统。这正是模块与一般构件的区别，或者说模块具有标准化的属性。

4）模块应具有能构成系统的接口

模块应该具有能够传递功能、组成系统的接口结构。设计和制造模块的目的就是要用它来组织成为系统。系统是模块经过有机结合组织而构成的一个有序的整体，其间的各个模块应该既有相对独立的功能，彼此之间又具有一定的联系，模块之间这种共享的界面就称之为"接口"，它的作用就是实现功能的传递，通过接口可以对模块进行串并联或是网状链接等构成设计，组建成为一个完整的系统。

由于混凝土预制装配技术已较为成熟，模块式混凝土结构可以在此基础上得到较好的发展，如图 10.16 所示，混凝土结构模块及其施工已有一定的工程尝试。模块式混凝土结构，组装的不再是单纯的结构性构件，还包括各种装饰层、保温层、防水层等功能性器件，甚至包括一些简单的设备以及管线等，这些都能和混凝土结构构件组装在一起进行施工。小至混凝土梁和柱，大至整个卫生间、整个房间模块，混凝土结构今后将会越来越多地运用这种模块化的思想。

（a）混凝土模块　　　　　　　　　　　（b）模块式混凝土结构拼装

图 10.16　模块式混凝土结构施工

3. 展望

对于模块化建筑，采用新技术、新材料是增强它竞争力的主要手段。目前，我国大量推广建筑模块化的条件还未完全成熟，但随着生产的规模化和生产技术水平的提高，越来越多新颖设计方案的涌现，模块化建筑将呈现出大规模的发展态势。建筑的模块化是整个建设领域工业化的结果，是行业发展渐进的方向。在初始阶段，由于存在着一些技术与管理上的问题，模块化的效益不太明显。但从长远发展来看，解决了上述问题后的整个建设行业将拥有巨大的发展前景，迎来一次新的腾飞。

可以设想未来建筑将是单元体结构，如同一个个火柴盒，但又不局限于四面体形的方块。每个单元体可以是多边形的，呈现不同的形体构造。这些利用特殊新型节能材料修建起来的单元体，将通过插件拼联在一起。这一过程有些类似于搭火柴盒，或是儿童搭建、拼联积木玩具。这就是模块化的建筑。模块建筑体系的技术代表了目前世界上最先进的住宅设计和建造水平，也是目前国际上最先进和最彻底的住宅产业化、工业化的建筑模式。

10.3.3　3D 打印结构

1. 简况

3D 打印技术，是一种增材制造的技术[48]，它通过将材料逐层叠加的方式完成实体部件的制造，不会像减法加工那样需要裁剪产生边角料，从而使原材料的使用率增加。运用该技术在生产制造时，无须模具，设计性强，能大大缩短产品的制造周期，降低成本，最适合于制造异型构件和批量生产。3D 打印构成和传统打印机基本一样，包括控制组件、机械组件、打印头、"油墨"耗材和介质等架构。根据电脑上设计的完整的三维模型数据，通过一个运行程序将材料分层打印输出并逐层叠加，最终将计算机上的三维模型变为实体。

3D 打印混凝土技术是在 3D 打印技术的基础上发展起来的应用于混凝土施工的新技术，将 3D 打印技术与建筑行业相结合，可以大大节约人工成本，做到就地取材，降低运输成本，符合当下建筑工业化的要求，如图 10.17 所示。

（a）3D 打印混凝土示意图　　　　　　　　　（b）3D 打印混凝土结构

图 10.17　3D 打印混凝土技术

与传统施工工艺相比，3D 建筑打印技术的优势主要有以下几点[49]。

（1）施工速度至少要快 10 倍，且建筑类型、复杂性等因素不会增加建设成本。

（2）由于全程由电脑程序操控，直接基于 CAD 设计等的施工建造只产生 5～10 mm 的误差，该技术允许的精度和设计自由性在过去闻所未闻，建筑师和工人间的问题将不再阻碍建筑师所要表达的设计想法。

（3）不需要模板，定制性强，可塑性好，可打印出任何细节特点与复杂曲面、管道等。

（4）无需人工干预，意味着建筑行业伤亡事故风险的大幅减少，大量节省人员劳工，且用于建筑施工的安全措施费降低。

（5）可以就地取材，极大节省建造的运输成本。

（6）由于是整体结构成形，建筑抗震性能大大增强。

（7）可以适应恶劣环境，如在高原、雪山、沙漠、海洋，甚至地球外星球等人为施工条件极其恶劣的环境下进行施工建造。

（8）可以运用于古文物保护中，精准恢复古建筑的残损、遗失部分。

3D 打印混凝土技术在打印过程中，无需传统混凝土成型过程中的支模过程，是一种最新的混凝土无模成型技术。其主要工作原理是将配制好的混凝土浆体通过挤出装置，在三维软件的控制下，按照预先设置好的打印程序，由喷嘴挤出进行打印，最终得到设计的混凝土构件。如图 10.18 所示为 3D 打印的混凝土构件。

图 10.18　3D 打印的混凝土构件

2. 问题

1）3D 打印混凝土材料

3D 打印混凝土与传统的普通预拌混凝土相比，主要区别如下。

（1）流动性、匀质性要求更高，确保混凝土在打印机管道中不堵管。

（2）凝结时间短，打印出管迅速初凝，上层材料累积堆积下不变形。

（3）打印工艺限制骨料粒径，如喷嘴、打印精度等，对骨料破碎工艺要求更高。对于上述要求，Richard Buswell 等提出混凝土的四大打印性能指标：可挤出性、工作性能、工作时间、可建造性。

对于新拌的混凝土浆体，为满足 3D 打印的要求，必须达到特定的性能要求。

首先是可挤出性，在 3D 打印混凝土技术中，混凝土浆体通过挤出装置前端的喷嘴挤出进行打印，因此配制浆体中颗粒大小要由喷嘴口的大小决定，并需严格控制，杜绝大颗粒骨料的出现，在打印过程中不致堵塞，以保证浆体顺利挤出。

其次，混凝土浆体要具有较好的黏聚性，一方面，较好的黏聚性可以保证混凝土在通过喷嘴挤出的过程中，不会因浆体自身性能的原因出现间断，避免打印遗漏；另一方面，3D 打印是由层层累加的方式而得到最终的产品，因此，层与层之间的结合属于 3D 打印混凝土的薄弱环节，是影响硬化性能的重要因素，而较好的黏聚性可以在最大程度上削弱打印层负面的影响。

3D 打印混凝土相对于传统的模成型混凝土对原料的要求更为苛刻，普通水泥可能无法同时满足建筑性能与打印技术的要求，粗细骨料的质量要求会更高，甚至要采用新的破碎工艺制度，而对于外加剂在混凝土体系中发挥的作用及作用机理也可能会发生改变。

3D 打印混凝土技术对混凝土的黏聚性、挤出性和可建造性等新拌性能提出了特殊的要求，同时，打印过程对混凝土的后期硬化性能会产生较大影响，这并不是可以简单地依据水灰比、砂率等参数的调整而满足的。依据现有的混凝土配合比理论配制的混凝土是否可以较好地满足 3D 打印的工作性要求，达到打印硬化后力学性能与耐久性指标的要求仍有待确定，这就需要从新的角度去提出新的理论，以更好地适应于 3D 打印混凝土技术。

2）打印配套设施

（1）3D 打印机。混凝土 3D 打印机是实现混凝土 3D 打印的工具，没有打印机，再好的材料也无用武之地。目前市面上还没有商用混凝土 3D 打印机，要想实现混凝土的 3D 打印需要企业有一定的 3D 打印研发技术作支撑。

混凝土 3D 打印机的组成包括以下几个部分：储料装置、主体支撑框架、传动装置、喷料装置、数控数显装置。储料装置即将拌合混凝土存储于打印机的部分；主体支撑框架为打印机外框架；传动装置包括滑动导轨、同步带及电机；喷料装置为给料装置（通常为压力泵机）及喷嘴部分；数控数显装置由数控芯片、配套电路、显示模块及操作模块（计算机终端或脱机操作）等构成。

（2）3D 打印软件。与传统混凝土施工不同的是，3D 打印混凝土需要先完成电脑上模型的构造，再通过自动化程序使之转换为实物，因此，设计软件成为 3D 打印混凝土技术准备阶段的重要组成部分，而如何实现软件与现实之间的转换成为打印混凝土发展不可或缺的步骤。

3D 打印软件主要由建模软件、切片软件和三维行程控制软件组成。建模软件主流支持 STL 格式文件的 AutoCAD、3DMAX、Pro Engineer 软件都能作为 3D 建模软件使用，易于上手，成本很低。切片软件负责将建模软件导出的 STL 文件转化为 G 代码，为 3D 打印的行程编码语言。这部分软件大多为开源（开放源代码）软件，如 Skein-forge、Slic3r、Cura，主要差别在切片速度、精度及个性化定制上。三维行程控制软件读取 G 代码，完成 3D 打印过程。行程控制软件是打印软件中最关键的一环，Printrun、Repeteir-Host 都是非常优秀的主机软件，但均有各自适合的领域。混凝土 3D 打印尚未商用意味着适合混凝土 3D 打印的开源软件几乎不存在，需要自主开发。

（3）打印质量控制。打印质量与打印混凝土的工作性能、设备打印参数设定及打印工艺息息相关。打印质量指的是打印建筑的力学性能、耐久性能及表观性能。打印材料逐层堆积时，如果形成空隙，将严重影响到打印建筑的各方面性能。

3）成型高度的问题

目前的 3D 打印混凝土技术所使用机械的能力仍处于平面扩展阶段，仅适用于低层大面积建筑的建设，而对于广泛使用的高层建筑还无法进行打印，只能通过先打印预制件、再进行组装的方式来实现，同时，要将几十层的建筑物打印出来，需要设计出巨型的 3D 打印机，解决大型建筑物的结构强度问题，以及建筑物中钢筋的打印问题。此外，3D 打印混凝土在生产流程、安全措施等方面均会产生较大的改变，都会造成或多或少的问题，这些均有待研究者进一步的研究与发现。

3. 3D 打印技术的应用

3D 打印技术已有所应用，国外相关的技术发展较快。意大利研究者 Enrico Dini 发明了世界首台大型建筑 3D 打印机，这台打印机的底部有数百个喷嘴，可喷射出镁质黏合物，在黏合物上喷撒砂子可逐渐铸成石质固体，通过一层层地黏合物和砂子结合，最终形成石质建筑物，并成功使用建筑材料打印出高 4 m 的建筑物。

2012 年，英国拉夫堡大学的 Richard Buswell 教授等与国际知名建筑设计公司英国福斯特事务所（Foster Partner）合作研发出一种新型的混凝土 3D 打印技术，使用的 3D 打印机为 3 轴龙门式，使用的材料为挤出性能可控的新型水泥基浆体材料，并成功打印了包含精确定位孔洞的混凝土面板及墙体等。

美国南加州大学的 Behrokh Khoshnevis 教授提出了 3D 打印的轮廓建造工艺。这个工艺包括轮廓打印系统和内部填充系统两部分，其原理是先进行外部轮廓的打印，之后向内部填充材料，形成混凝土构件。轮廓建筑工艺最大的特点是：在喷嘴上加入泥刀，泥刀可以在打印建筑的同时进行表面的平整，可很好地解决 3D 打印表面不平整的问题。此外，轮廓建筑工艺可以在 3D 打印建筑的同时，实现混凝土构件中配筋，还可以进一步尝试高层建筑的打印建设。

在我国，盈创建筑科技（上海）有限公司（简称盈创）在 3D 打印建筑方面已有许多应用[50]，它是国内 3D 打印建筑技术的开拓者，如图 10.19 所示为盈创 3D 打印建筑技术的整套工艺流程。

（a）构件的深化设计与打印

（b）打印构件的包装运输

图 10.19　3D 打印建筑技术的工艺流程

（c）3D 打印构件的安装

图 10.19　（续）

近年来，上海盈创公司致力于 3D 打印技术的创新以及工程应用，图 10.20 为其典型的工程应用。另外，辽宁格林普建筑打印科技有限公司在墙体打印等方面也取得了良好的进展。

（a）3D 打印别墅　　　　　　　　　　　　　　（b）3D 打印院落

图 10.20　3D 打印建筑

4. 展望

1）打印机制造技术的发展

混凝土 3D 打印机应以实际工作环境来设计，针对打印对象的不同，分为小型、中型、巨型 3D 打印机。小型 3D 打印机打印尺寸在 1～2 m，生产环境应在生产车间或类似环境，主要打印对象为个性化预制部件、小批量常规部件或造型工艺品；中型 3D 打印机打印尺寸为数十米，以打印墙面板、楼梯面板为主，配合人工辅助建造，以平房或低层小面积建筑为主；巨型 3D 打印机应为可拆卸式，打印尺寸根据组成零件可扩充至数百米，主体结构由龙门式改为塔吊式，设备在工地安装并根据打印进度进行调整，能完成高层建筑和大面积建筑的生产制造。

2）打印与预制的组合

为实现 3D 打印混凝土结构的产业化，有必要探讨其与预制混凝土的结合，与常规的现浇混凝土的结合，甚至与电气设备安装的有机结合。

实际上，现浇钢筋混凝土结构与预制钢筋混凝土结构材料可以与 3D 打印材料与技术在组成和构造上达到互补，在施工和性能上相互协调。现浇或预制钢筋混凝土构件可以形成框架结构,3D 打印可以形成填充墙体、剪力墙墙体、保温节能墙体,甚至是装修的地面、墙面、棚面;可以完成预制构件节点的打印"焊接"施工等。现浇或预制构件中的钢筋混凝土结构可以避免打印过程中的配筋烦琐、钢筋混凝柱竖向钢筋框架阻碍打印等情况以及混凝土梁钢筋框架打印不密实而导致的抗震能力不足等缺陷;3D 打印可以解决预制框架结构的冷桥,改善剪力墙结构的外保温隔热性能,实现建筑物的节能,亦可以通过 3D 打印技术,协同留置并安装各种水电气管线,实现电气安装和建筑装修的一体化过程。

3）与 BIM 技术结合

BIM 技术被称为建筑行业的发展新方向,是以软件技术模拟建筑真实属性,将建筑物信息化存储、传递的新概念。通过 BIM 技术,可以查询到建筑物生命周期内的各个信息,如材料性能、几何形状、工程进度等[51, 52]。形象地讲,BIM 技术可以把建筑物的"基因"信息完整地保存下来。

同样依赖于计算机这一特点,给了 3D 打印技术与 BIM 技术互通的完美平台。3D 打印的建模部分需要 BIM 核心建模软件的支持,BIM 建模软件又能通过 3D 打印技术分毫不差地完成数字化到实体化这一过程。如果说 BIM 技术是偏重交互设计的,那么 3D 打印技术就是为建造而生。可以说,3D 打印技术与 BIM 技术是相辅相成、相得益彰的。

混凝土 3D 打印技术仍处在发展初期,面临着设备、材料及工艺带来的一系列问题[53],3D 打印技术的兴起是实现建筑工业化的一个良好途径。通过技术高度集成、生产高度自动化、资源最大利用化,可以将粗放的传统建筑行业改造成绿色生态的高新行业。混凝土 3D 打印技术的前瞻性,注定该技术的成熟应用到普及推广仍需时日,自动化生产带来的便利性和高效性值得我们去深入研究探索。

自 3D 打印出现以来,这个新技术快速进入到各个研究领域,从工业设计、航空航天到医疗等各大领域均已出现 3D 打印的足迹,这对传统的社会生产产生巨大的冲击,成为改变未来世界的创造性科技。同样,3D 打印技术与混凝土技术相结合的 3D 打印混凝土技术,必将是未来可持续混凝土结构发展历程上一次重大的转折点。

10.4　本 章 小 结

本章基于目前较为成熟的理论与技术,对未来可持续混凝土结构的形式进行了展望。以对海水、海砂,FRP 材料等的应用,再生混凝土的高性能化,非传统水泥基混凝土及吸能混凝土的讨论,阐述了混凝土材料在可持续性方向发展的可能方式,即以仿生结构、可移位结构以及自复位结构为例,探讨了未来可持续混凝土结构在结构形式上的发展创新;最后从施工的角度,提出了混凝土结构的可拆装式施工、模块式施工以及 3D 打印等可持续性的施工方式，为将来混凝土可持续建造的发展方向奠定了基础。

　　本章的内容，揭示了混凝土结构在可持续性上有很大的发展空间和潜力，期待可持续混凝土结构创新研究与应用在未来得到蓬勃发展。

参 考 文 献

[1]　CALKINS M. Materials for sustainable sites: a complete guide to the evaluation, selection, and use of sustainable construction materials[J]. John Wiley & Sons, 2009.

[2]　朱航征. 使用海水和海砂混凝土的开发[J]. 建筑技术开发, 2014, 41（4）:71-75.

[3]　施惠生, 孙振平, 邓凯. 混凝土外加剂实用技术大全[M]. 北京: 中国建材工业出版社, 2008.

[4]　童昀, 李明利, 杨顺荣, 等. 淡化海砂在混凝土中应用前景浅析[J]. 福建建材, 2010（3）:5-7.

[5]　周庆, 许艳红, 颜东洲. 建筑中合理利用海砂资源的新技术[J]. 全面腐蚀控制, 2006, 6（20）: 8-10.

[6]　漆贵海, 王玉麟, 李硕. 海砂混凝土国内研究综述[J]. 混凝土, 2013（5）: 57-61.

[7]　周俊龙, 欧忠文, 江世永, 等. 掺阻锈剂掺合料海水海砂混凝土护筋性探讨[J]. 建筑材料学报, 2012, 15（1）: 69-74.

[8]　琚宏昌, 张凤, 张贝宜, 等. FRP 复合材料在土木工程中应用的研究进展[J]. 混凝土, 2012（2）: 11-17.

[9]　TENG J G, ZHANG S S, XIAO Q G, et al. Performance enhancement of bridges and other structures through the use of fibre-reinforced polymer（FRP）composites: Some recent Hong Kong research[C]. International Conference on Bridge Maintenance, Safety and Management, 2014: 73-81.

[10]　滕锦光, 余涛, 戴建国, 等. FRP 在新建结构中应用的现状及机遇[C]. 全国建设工程 FRP 应用学术交流会, 2011.

[11]　孟鑫淼, 冯鹏, 黄盛楠. FRP 在功能结构一体化非线性建筑中的应用[J]. 玻璃钢/复合材料, 2014（12）: 31-35.

[12]　王豫, 姚凯伦. 功能梯度材料研究的现状与将来发展[J]. 物理, 2000, 29（4）:206-211.

[13]　新野正之, 平井敏雄, 渡边龙三. 颜料机能材料[J]. 日本复合材料学会志, 1987（13）: 257-264.

[14]　袁秦鲁, 胡锐, 李金山, 等. 梯度复合材料制备技术研究进展[J]. 兵器材料科学与工程, 2003, 26（6）:66-69.

[15]　杨久俊, 贾晓林, 管宗甫, 等. 水泥基梯度复合功能材料物理力学性能的初步研究[J]. 新型建筑材料, 2001（11）:1, 2.

[16]　XIAO J Z, SUN C, JIANG X H. Flexural behaviour of recycled aggregate concrete graded slabs[J]. Structural Concrete, 2014, 16（2）:249-261.

[17]　姚武. 绿色混凝土[M]. 北京: 化学工业出版社, 2006.

[18]　魏微, 杨志强, 高谦. 全尾砂新型胶凝材料的胶结作用[J]. 建筑材料学报, 2013, 16（5）: 881-887.

[19]　DAVIDOVITS J. Geopolymers and geopolymeric materials[J]. Journal of Thermal Analysis, 1989, 35（2）:429-441.

[20]　简家成, 刘峥, 杨宏斌, 等. 地聚物胶凝材料制备及应用研究现状[J]. 矿产综合利用, 2014（3）:18-22.

[21]　孔祥骏, 史亚杰, 肖宪波, 等. 特性拦阻材料的台架实验装置研制[J]. 实验力学, 2014, 29（1）:83-88.

[22]　李燕飞, 杨建辉, 丁鹏, 等. 混杂纤维混凝土力学性能研究[J]. 玻璃钢/复合材料, 2013（2）: 60-64.

[23]　谢红武. 结构轻集料混凝土研究进展[J]. 21 世纪建筑材料, 2011（9）: 87-92.

[24]　阮盛华, 李丽娟, 刘锋, 等. 橡胶混凝土的研究及应用进展[C]. 全国索结构技术交流会. 2012.

[25]　俞冬良, 叶青会, 李忠学. 高层建筑中的仿生学原理及应用[J]. 结构工程师, 2009, 25（6）:138-143.

[26]　叶青会, 陶健, 俞冬良, 等. 仿生学原理在空间结构中的应用[J]. 结构工程师, 2010, 26（3）: 13-18.

[27]　张鑫. 建筑物整体平移技术的发展综述[J]. 山东建筑工程学院学报, 2005, 20（5）: 75-81.

[28]　Report of the seventh joint planning meeting of NEES/E-defense collaborative research on earthquake engineering [R]. PEER 2010/109. Berkeley: UC Berkeley, 2010.

[29] 吕西林, 陈云, 毛苑君. 结构抗震设计的新概念-可恢复功能结构[J]. 同济大学学报（自然科学版）, 2011, 39（7）: 941-948.

[30] 周颖, 吕西林. 摇摆结构及自复位结构研究综述[J]. 建筑结构学报, 2011, 32（9）: 1-10.

[31] XIAO J Z, PHAM T L, WANG P J, et al. Behaviors of semi-precast beam made of recycled aggregate concrete[J]. Structural Design of Tall & Special Buildings, 2013, 23(9):692-712.

[32] XIAO J Z, HUANG X, SHEN L. Seismic behavior of semi-precast column with recycled aggregate concrete[J]. Construction & Building Materials, 2012, 35(10):988-1001.

[33] XIAO J Z, SUN C, JIANG X H. Flexural behavior of gradient slabs with recycled aggregate concrete[J]. Structural Concrete, 2015, 16(2):249-261.

[34] 肖建庄, 姜兴汉. 一种梯度再生混凝土声屏障板[P]. 上海: ZL 201220119026.4.

[35] 肖建庄, 侯一钊. 一种具有良好耐火性能的叠合板式剪力墙[P]. 上海: ZL 201320225490.6.

[36] CROWTHER P. The state of building deconstruction in Australia[J]. Deconstruction and Materials Reuse—An International Overview, Gainesville: CIB and the University of Florida, 2005, 300: 23-54.

[37] ADDIS W, SCHOUTEN J. Design for reconstruction-principles of design to facilitate reuse and recycling construction[M], London: CIRIA, 2004.

[38] CROWTHER P. Design for disassembly-themes and principles[J]. BDP Environment Design Guide, 2005.

[39] KIBERT C J, CHINI A R. Overview of Deconstruction in Selected Countries[J]. CIB Report, Task Group, 2000: 39.

[40] SAGHAFI M D, TESHNIZI Z A H. Building deconstruction and material recovery in Iran: an analysis of major determinants[J]. Procedia Engineering, 2011, 21: 853-863.

[41] JAILLON L, POON C S. Life cycle design and prefabrication in buildings: A review and case studies in Hong Kong[J]. Automation in Construction, 2014, 39: 195-202.

[42] CHARLSON A. Recycling and reuse of waste in the construction industry[J]. The Structural Engineer, 2008, 86（4）: 32-37.

[43] CHOI H K, CHOI Y C, CHOI C S. Development and testing of precast concrete beam-to-column connections[J]. Engineering Structures, 2013, 56（6）:1820-1835.

[44] KORKMAZ H H, TANKUT T. Performance of a precast concrete beam-to-beam connection subject to reversed cyclic loading[J]. Engineering Structures, 2005, 27（9）:1392-1407.

[45] KHOO J H. Tests on precast concrete frames with connections constructed away from column faces[J]. ACI Structural Journal, 2006, 103（1）:18-27.

[46] 肖建庄, 丁陶, 张青天. 一种可拆装的混凝土梁[P]. 上海: ZL 201520623552. 8.

[47] 张鹏飞, 张锡治, 陈志华, 等. 模块化建筑结构体系研究[A]//天津大学, 天津市钢结构学会. 第十五届全国现代结构工程学术研讨会论文集. 天津: 天津大学, 天津市钢结构学会, 2015:6.

[48] 李小丽, 马剑雄, 李萍, 等. 3D 打印技术及应用趋势[J]. 自动化仪表, 2014, 1:1-5.

[49] 李忠富, 何雨薇. 3D 打印技术在建筑业领域的应用[J]. 土木工程与管理学报, 2015（2）: 47-53.

[50] 马义和. 3D 打印建筑技术与案例[M]. 上海: 上海科学技术出版社, 2016.

[51] 马敬畏, 蒋正武, 苏宇峰. 3D 打印混凝土技术的发展与展望[J]. 混凝土世界, 2014（7）: 41-46.

[52] 蒋佳宁, 高育欣, 吴雄, 等. 混凝土 3D 打印技术研究现状探讨与分析[J]. 混凝土, 2015（5）:62-65.

[53] 肖建庄, 都书鹏, 汲广超, 等. Q/LNGLP001—2017, 3D 打印建筑[S]. 沈阳: 辽宁格林普建筑打印科技有限公司, 2017.

致　　谢

本书参考了诸多研究文献和工程实践资料，本书作者首先对这些提供研究文献和工程实践资料的作者表示衷心的感谢；这些研究文献和工程资料也成为支撑本书的基础之一。

书中的许多学术思想源于作者师从朱伯龙教授攻读硕士和博士期间的老师指导、同门启发和自我思考，得益于许多学术前辈的指点和赐教，也萌发于父母的言传身教和成长于农村的历练。

感谢国家杰出青年科学基金（51325802）、国家自然科学基金（51178340、51438007）、国家自然科学基金国际合作项目（5161101205）、国家科技支撑计划（2006BAK13B07、2008BAK48B03、2008BAJ08B06、2014BAL04B05）、国家重点研发计划国际科技合作重点项目（2016YFE0118200）、教育部新世纪优秀人才支持计划（NCET-06-0383）和上海市科委科技行动创新计划（02DZ12104、04DZ05044、10231202000、14231201300）等的资助，使作者相继开展了一系列基础科研和实践探索。正是基于这些工作的深入思考，形成了本书的思想脉络。

感谢同济大学土木工程学院建筑工程系再生混凝土结构与建造研究室的研究生们，在本书的初稿准备中，丁陶、孙畅、胡博、郑世同、黄凯文、谢文刚、陈恩慈、卫凯华、胡茂昂、强成兵、廖清香、黎鹜、张青天、马志鸣、梁超锋、李坛、庞敏等同学提供了文献分析。他们的工作使我的思路得以实现和落地。博士研究生丁陶在本书的提纲准备、资料汇总以及成稿过程中付出了大量的时间和精力，博士研究生张青天在稿件校对和修改方面投入大量精力并放弃了暑假的休息。作者对他们的辛劳和贡献一并表示深深感谢。

感谢光华基金资助作者 2015 年访问香港理工大学一个月，有机会同滕锦光教授进行了深入讨论；感谢国家留学基金委员会资助作者 2016 年访问美国 UIUC 大学，期间有机会同 David Lange 教授、Yunping Xi 教授、S.P. Shah 教授、Qiang Yu 教授等进行沟通交流，加深了作者对可持续混凝土结构的理解和认识。

感谢吕西林教授、滕锦光教授和刘加平教授的支持，感谢张亚梅教授、赵羽习教授和王元丰教授的建议，感谢李镜培教授，余江滔副教授、吴宇清副教授、王婉博士和段珍华博士提供的帮助，感谢科学出版社童安齐老师的大量编辑工作。